国家"十二五"规划重点图书

中国地质调查局
青藏高原 1∶25 万区域地质调查成果系列

中华人民共和国
区域地质调查报告

比例尺　1∶250 000

那曲县幅

（H46C001002）

项目名称：西藏 1∶25 万那曲县幅区域地质调查
项目编号：200213000012
项目负责：谢尧武
图幅负责：尼玛次仁
报告编写：谢尧武　沙昭礼　西洛朗杰　强巴扎西
　　　　　彭道平　格桑索朗　洛松占堆
编写单位：西藏自治区地质调查院一分院
单位负责：苑举斌（院长）
　　　　　杜光伟（总工程师）
分院负责：夏抱本（分院院长）
　　　　　万永文（总工程师）

内容提要

西藏1∶25万那曲县幅区域地质调查是中国地质调查局下达的国土资源大调查项目任务,按基础地质调查与科研相结合开展工作。测区位于青藏高原腹地,西藏自治区北部,属藏北高原湖盆区。本书主要成果有:合理划分了测区构造单元并编制构造纲要图,构造单元表现为"一带一片"的构造格局,即各组-下秋卡结合带和桑雄-那曲-麦地卡板片。首次在班公错-怒江结合带以南发现大面积硅质岩出露为代表的三叠系地层,所获放射虫化石时代为拉丁期,新建立了嘎加组。班公错-怒江结合带(中特提斯洋)的闭合上限时间为$J_3—K_1$,其沉积一套残余盆地。聂荣变质核杂岩的隆升(抬升)的上限时间为$J_3—K_1$,在这时期内沉积一套残余盆地郭曲群,与下伏地层聂荣片麻杂岩和嘉玉桥岩群呈不整合接触关系,在生雀弄巴断裂带上的石英脉的电子自旋共振年龄为161.3Ma,标志着主拆离断裂的活动开始时间为中侏罗世。除测区内有新特提斯洋壳残片外,在测区内首次发现古特提斯洋壳残片(蛇绿岩)和之上的前陆残余盆地嘎加组,标志着班公错-怒江结合带是一条复合的结合带。

本书资料翔实,对从事青藏高原地质构造、古生物、矿产资源研究的生产、科研人员和高等院校相关专业师生具有重要参考价值。

图书在版编目(CIP)数据

中华人民共和国区域地质调查报告·那曲县幅(H46C001002):比例尺1∶250 000/尼玛次仁等著. —武汉:中国地质大学出版社,2014.8

ISBN 978-7-5625-3451-8

Ⅰ.①中…

Ⅱ.①尼…

Ⅲ.①区域地质调查-调查报告-中国 ②区域地质调查-调查报告-那曲县

Ⅳ.①P562

中国版本图书馆CIP数据核字(2014)第120208号

中华人民共和国区域地质调查报告 那曲县幅(H46C001002)　　比例尺1∶250 000	尼玛次仁　谢尧武　沙昭礼　等著
责任编辑:王　荣　刘桂涛	责任校对:戴　莹
出版发行:中国地质大学出版社(武汉市洪山区鲁磨路388号)	邮政编码:430074
电　　话:(027)67883511　　　　　　传真:67883580	E-mail:cbb@cug.edu.cn
经　　销:全国新华书店	http://www.cugp.cug.edu.cn
开本:880毫米×1 230毫米 1/16	字数:518千字　印张:14.5　插页:2　图版:10　附图:1
版次:2014年8月第1版	印次:2014年8月第1次印刷
印刷:武汉市籍缘印刷厂	印数:1—1 500册
ISBN 978-7-5625-3451-8	定价:470.00元

如有印装质量问题请与印刷厂联系调换

前　言

  青藏高原包括西藏自治区、青海省及新疆维吾尔自治区南部、甘肃省南部、四川省西部和云南省西北部,面积达 260 万 km^2,是我国藏民族聚居地区,平均海拔 4500m 以上,被誉为"地球第三极"。青藏高原是全球最年轻的高原,记录着地球演化最新历史,是研究岩石圈形成演化过程和动力学的理想区域,是"打开地球动力学大门的金钥匙"。

  青藏高原蕴藏着丰富的矿产资源,是我国重要的资源后备基地。青藏高原是地球表面的一道天然屏障,影响着中国乃至全球的气候变化。青藏高原也是我国主要大江大河和一些重要国际河流的发源地,孕育着中华民族的繁生和发展。开展青藏高原地质调查与研究,对于推动地球科学研究、保障我国资源战略储备、促进边疆经济发展、维护民族团结、巩固国防建设具有非常重要的现实意义和深远的历史意义。

  1999 年国家启动了"新一轮国土资源大调查"专项,按照温家宝总理"新一轮国土资源大调查要围绕填补和更新一批基础地质图件"的指示精神,中国地质调查局组织开展了青藏高原空白区 1∶25 万区域地质调查攻坚战,历时 6 年多,投入 3 亿多元,调集 25 个来自全国省(自治区)地质调查院、研究所、大专院校等单位组成的精干区域地质调查队伍,每年近千名地质工作者,奋战在世界屋脊,徒步遍及雪域高原,完成了全部空白区 158 万 km^2 共 112 个图幅的区域地质调查工作,实现了我国陆域中比例尺区域地质调查的全面覆盖,在中国地质工作历史上树立了新的丰碑。

  西藏 1∶25 万 H46C001002(那曲县幅)区域地质调查项目,由西藏自治区地质调查院一分院(西藏自治区区域地质调查大队)承担,工作区位于藏北羌塘高原腹地。目的是通过对调查区进行全面的区域地质调查,充分收集研究区内及邻区已有的基础地质调查资料和成果,按照《1∶25 万区域地质调查技术要求(暂行)》和《青藏高原艰险地区 1∶25 万区域地质调查要求(暂行)》及其他相关的规范、指南,参照造山带填图的新方法,应用遥感等新技术,以区域构造调查与研究为先导,合理划分测区的构造单元,对测区不同地质单元,不同的构造-地质单位采用不同的填图方法进行全面的区域地质调查。最终通过对沉积建造、变质变形、岩浆作用的综合分析,反演区域地质演化史,建立测区构造模式。

  H46C001002(那曲县幅)地质调查工作时间为 2002—2004 年,累计完成地质填图面积为 15 803km^2,实测剖面 148km。地质路线 3124km,采集种类样品 2000 余件,全面完成了设计工作量。主要成果有:①合理划分了测区构造单元并编制构造纲要图,构造单元表现为"一带一片"的构造格局,即各组-下秋卡结合带和桑雄-那曲-麦地卡板片。②首次在班公错-怒江结合带以南发现大面积硅质岩出露为代表的三叠系地层,所获放射虫化石时代为拉丁期(T_2^2),新建立了嘎加组($T_2^2 g$)。③班公错-怒江结合带(中特提斯洋)的闭合上限时间为 J_3—K_1,其沉积一套残余盆地($J_3K_1 s$)。④聂荣变质核杂岩的隆升(抬升)上限时间为

J_3—K_1，在这一时期内沉积一套残余盆地郭曲群（J_3K_1G），与下伏地层聂荣片麻杂岩和嘉玉桥岩群为不整合接触关系，在生雀弄巴断裂带上的石英脉的电子自旋共振年龄为 161.3Ma，标志着主拆离断裂的活动开始时间为中侏罗世。⑤除测区内有新特提斯洋壳残片外，在测区内首次发现古特提斯洋壳残片（蛇绿岩）和之上的前陆残余盆地嘎加组（T_2^2g），标志着班公错-怒江结合带是一条复合的结合带。

2005 年 4 月 25 日，中国地质调查局组织专家对项目进行最终成果验收，评审认为，成果报告资料齐全，工作量达到（或超过）设计规定，技术手段、方法、测试样品质量符合有关规范、规定。报告章节齐备，论述有据，在地层、古生物、岩石和构造等方面取得了较突出的进展和重要成果，反映了测区地质构造特征和现有的研究程度，经评审委员会认真评议，一致建议项目报告通过评审，那曲县幅成果报告质量评分为 89 分，被评为良好级。

参加报告编写的主要有尼玛次仁、谢尧武、沙昭礼、西洛朗杰、强巴扎西、彭道平、格桑索朗、洛松占堆，由尼玛次仁统纂、审定、定稿；地质图由尼玛次仁、彭道平、谢尧武、西洛朗杰和强巴扎西修编，尼玛次仁最终定稿；图件清绘由小其米、次仁央金、黄凤完成。

1∶25 万那曲县幅区域地质调查项目是在中国地质调查局、成都地质矿产研究所、中国地质调查局西南项目办、西藏自治区地质调查院以及西藏自治区地质矿产勘查开发局区调队（西藏自治区地质调查院一分院）的直接领导、关心、支持、帮助下，在人、财、物力充分保证的前提下，通过项目组全体同仁共同努力、团结一心、齐心协力，克服了高山缺氧恶劣的自然环境带来的种种困难，历尽艰险，付出了辛勤的劳动，终于如期圆满完成了项目任务书和设计书的各项要求及任务，并按时提交了区域地质报告等。先后参加本项目工作的人员有谢尧武（项目负责）、尼玛次仁（技术负责）、西洛朗杰、强巴扎西、彭道平、沙昭礼、格桑索朗、洛松占堆、于远山、张望北、巴旦、张玉萍、李虎、杨飞、周建国、加措、巴珠等。潘桂棠、王大可、王立全、王全海、周详、夏代祥、王义昭等几位专家、领导对项目给予了多方面的指导和帮助，西藏自治区地质调查院副院长刘鸿飞高级工程师、江万研究员、蒋光武高级工程师、总工程师杜光伟高级工程师、西藏自治区地质调查院一分院院长夏抱本高级工程师、总工程师万永文副研究员、副队长普布次仁工程师以及分院的胡敬仁高级工程师和曾庆高高级工程师等在项目实施过程中给予了大力支持并始终参与生产组织和工作质量监控，在此表示诚挚的谢意！

为了充分发挥青藏高原 1∶25 万区域地质调查成果的作用，全面向社会提供使用，中国地质调查局组织开展了青藏高原 1∶25 万地质图的公开出版工作，由中国地质调查局成都地质调查中心与项目完成单位共同组织实施。出版编辑工作得到了国家测绘局孔金辉、翟义青及陈克强、王保良等一批专家的指导和帮助，在此表示诚挚的谢意。

鉴于本次区调成果出版工作时间紧、参加单位较多、项目组织协调任务重以及工作经验和水平所限，成果出版中可能存在不足与疏漏之处，敬请读者批评指正。

"青藏高原 1∶25 万区调成果总结"项目组
2010 年 9 月

目 录

第一章 绪 言 …………………………………………………………………………………… (1)
 第一节 目的与任务 ………………………………………………………………………… (1)
 第二节 自然经济地理状况 ………………………………………………………………… (2)
 第三节 地质矿产研究程度 ………………………………………………………………… (2)
  一、地质矿产研究史 …………………………………………………………………… (2)
  二、前人工作中取得的主要地质成果及存在的问题 ………………………………… (2)
 第四节 主要实物工作量及报告编写 ……………………………………………………… (6)
  一、完成实物工作量 …………………………………………………………………… (6)
  二、报告编写 …………………………………………………………………………… (7)

第二章 地 层 …………………………………………………………………………………… (8)
 第一节 概 述 ……………………………………………………………………………… (8)
 第二节 前寒武纪构造地层 ………………………………………………………………… (10)
  一、剖面描述 …………………………………………………………………………… (10)
  二、原岩建造及层序 …………………………………………………………………… (11)
  三、时代探讨 …………………………………………………………………………… (13)
 第三节 古生代构造地层 …………………………………………………………………… (13)
  一、剖面描述 …………………………………………………………………………… (13)
  二、原岩建造及层序 …………………………………………………………………… (14)
  三、时代讨论 …………………………………………………………………………… (14)
 第四节 石炭纪岩石地层 …………………………………………………………………… (15)
  一、剖面描述 …………………………………………………………………………… (15)
  二、地层单元特征 ……………………………………………………………………… (15)
  三、时代探讨 …………………………………………………………………………… (16)
 第五节 二叠纪岩石地层 …………………………………………………………………… (16)
  一、剖面描述 …………………………………………………………………………… (17)
  二、岩石地层单元特征 ………………………………………………………………… (17)
  三、区域对比及时代探讨 ……………………………………………………………… (17)
 第六节 三叠纪岩石地层 …………………………………………………………………… (18)
  一、剖面描述 …………………………………………………………………………… (18)
  二、岩石地层单元特征 ………………………………………………………………… (20)
  三、时代探讨 …………………………………………………………………………… (20)
 第七节 侏罗纪岩石地层 …………………………………………………………………… (21)
  一、剖面描述 …………………………………………………………………………… (21)

二、地层单元特征 ··· (25)
　　　三、年代地层讨论 ··· (28)
　第八节　侏罗纪构造地层 ·· (29)
　　　一、剖面描述 ··· (29)
　　　二、构造地层单元特征 ·· (30)
　　　三、时代探讨 ··· (32)
　第九节　晚侏罗世—早白垩世岩石地层 ·· (33)
　　　一、剖面描述 ··· (33)
　　　二、地层单元特征 ··· (34)
　　　三、时代探讨 ··· (35)
　第十节　白垩纪岩石地层 ·· (35)
　　　一、剖面描述 ··· (35)
　　　二、地层单元特征 ··· (37)
　　　三、时代探讨及区域对比 ··· (38)
　第十一节　古近系 ·· (38)
　　　一、剖面描述 ··· (38)
　　　二、地层单元特征及年代地层讨论 ··· (40)
　第十二节　新近系 ·· (40)
　　　一、剖面描述 ··· (40)
　　　二、地层单元特征及年代地层讨论 ··· (40)
　第十三节　第四系 ·· (41)
　　　一、第四纪地层主要剖面描述 ·· (41)
　　　二、地层划分及成因类型 ··· (42)
　第十四节　沉积盆地分析 ·· (44)
　　　一、沉积盆地分类 ··· (44)
　　　二、盆地各论 ··· (44)
　　　三、沉积盆地演化 ··· (54)

第三章　岩浆岩 ·· (56)
　第一节　火山岩 ··· (56)
　　　一、古生界火山岩 ··· (56)
　　　二、晚石炭世火山岩 ·· (64)
　　　三、中三叠世火山岩 ·· (65)
　　　四、侏罗纪火山岩 ··· (68)
　　　五、晚白垩世火山岩 ·· (71)
　第二节　基性、超基性岩 ·· (73)
　　　一、余拉山蛇绿岩 ··· (73)
　　　二、夺列蛇绿岩 ·· (80)
　　　三、基性岩 ··· (82)
　第三节　中酸性侵入岩 ··· (84)

一、聂荣-郭曲乡构造岩浆岩带 ……………………………………………………………… (84)
　　二、桑雄-麦地卡构造岩浆岩带 ……………………………………………………………… (95)
第四节　脉　岩 ……………………………………………………………………………………… (116)
　　一、基性脉岩 ………………………………………………………………………………… (116)
　　二、中性脉岩 ………………………………………………………………………………… (117)
　　三、酸性脉岩 ………………………………………………………………………………… (118)
第五节　岩浆岩小结 ………………………………………………………………………………… (122)
　　一、岩石特征对比 …………………………………………………………………………… (122)
　　二、岩浆活动时空分布特点及演化趋势 …………………………………………………… (123)
　　三、岩浆活动与成矿作用 …………………………………………………………………… (124)

第四章　变质岩及变质作用 ……………………………………………………………………………… (125)
第一节　概　述 ……………………………………………………………………………………… (125)
　　一、变质地质单元的划分 …………………………………………………………………… (125)
　　二、变质作用类型的划分 …………………………………………………………………… (127)
　　三、变质带、变质相、变质相系的划分 …………………………………………………… (128)
　　四、变质期的划分 …………………………………………………………………………… (128)
第二节　区域变质作用及其岩石 …………………………………………………………………… (128)
　　一、扎仁-尼玛-郭曲变质岩带 ……………………………………………………………… (128)
　　二、余拉山-下秋卡变质岩带 ………………………………………………………………… (150)
　　三、桑雄-麦地卡变质岩带 …………………………………………………………………… (152)
第三节　接触变质作用及其岩石 …………………………………………………………………… (155)
　　一、热接触变质作用及其岩石 ……………………………………………………………… (155)
　　二、接触交代变质作用及其岩石 …………………………………………………………… (157)
第四节　动力变质作用及其岩石 …………………………………………………………………… (157)
　　一、脆性动力变质作用及其岩石 …………………………………………………………… (158)
　　二、韧性动力变质作用及其岩石 …………………………………………………………… (158)
第五节　气液变质作用及其岩石 …………………………………………………………………… (159)
　　一、蛇纹石化岩石 …………………………………………………………………………… (159)
　　二、青磐岩化岩石 …………………………………………………………………………… (159)
　　三、云英岩化岩石 …………………………………………………………………………… (159)
第六节　变质作用与岩浆作用、构造作用以及成矿作用的关系 ………………………………… (160)
　　一、变质作用与岩浆作用、构造作用的关系 ……………………………………………… (160)
　　二、变质作用与成矿作用的关系 …………………………………………………………… (160)
第七节　变质作用期次 ……………………………………………………………………………… (160)
　　一、中新元古变质期 ………………………………………………………………………… (160)
　　二、海西运动变质期 ………………………………………………………………………… (161)
　　三、早期燕山运动变质期 …………………………………………………………………… (161)
　　四、晚期燕山运动变质期 …………………………………………………………………… (161)

第五章　地质构造 ………………………………………………………………………………………… (162)
第一节　测区大地构造位置 ………………………………………………………………………… (162)

第二节	构造单元划分	(163)
第三节	构造单元边界断裂构造特征	(164)
	一、龙莫-前大拉-下秋卡石灰厂断裂(F_{23})	(164)
	二、假玉日-各组-尼玛区-下秋卡兵站断裂(带)(F_{13})	(165)
	三、嘎杂-罗马区-嘎理清-青木拉-董雄弄巴-沙马热断裂(F_{31})	(167)
第四节	构造单元特征	(169)
	一、聂荣微地块(体)	(169)
	二、余拉山-下秋卡混杂带	(180)
	三、嘎加-那曲-色雄陆缘逆推构造带	(184)
	四、桑雄-麦地卡陆缘岩浆弧带	(191)
第五节	构造变形及变形序列	(196)
	一、构造变形相	(196)
	二、变形序列	(196)
	三、变形序列的建立	(200)
第六节	地球物理及深部构造特征	(200)
	一、地球物理探测历史及现状	(200)
	二、地球物理探测成果及对测区深部构造的解释	(200)
第七节	新构造运动	(205)
	一、新构造运动的断裂特征	(205)
	二、新构造运动与第四纪沉积盆地的关系	(206)
	三、新构造运动与地震的关系	(207)
	四、地热与新构造运动的关系	(209)
	五、新构造运动与湖泊的关系	(209)
	六、第四纪矿产与新构造运动的关系	(211)
	七、新构造运动与高原形成(隆升)的关系	(212)
	八、高原隆升的时代及幅度探讨	(212)
第八节	地质发展演化史	(212)
	一、陆壳基底及稳定陆壳形成阶段	(212)
	二、离散拉张阶段	(214)
	三、闭合挤压碰撞造山阶段(J_3—N)	(214)
	四、高原隆升阶段	(215)

第六章 结束语 (216)

    一、取得的主要成果 (216)

    二、存在的主要问题 (217)

    三、今后的工作建议 (217)

主要参考文献 (218)

图版说明及图版 (221)

附图 1:25 万那曲县幅(H46C001002)地质图及说明书

第一章 绪 言

第一节 目的与任务

1∶25万那曲县幅(H46C001002)区域地质调查为国土资源部部署的新一轮国土资源大调查项目,2002年4月,国土资源部以国土发基[2002]002-25号文下达给西藏自治区地质调查院承担1∶25万那曲县幅(H46C001002)区域地质调查任务。

任务书编号:基[2002]002-25号

项目编号:200213000012

项目名称:H46C001002(那曲县幅)1∶25万区域地质调查

测区范围及面积:地理坐标为东经91°30′—93°00′,北纬31°00′—32°00′,面积约15 803 km²

所属实施项目:青藏高原南部空白区基础地质调查与研究

实施单位:成都地质矿产研究所

工作性质:基础地质调查

工作年限:2002年4月—2004年12月

工作单位:西藏自治区地质调查院一分院

总体目标任务:充分收集和研究区内及邻区已有的基础地质调查资料和成果,按照《1∶25万区域地质调查技术要求(暂行)》和《青藏高原艰险地区1∶25万区域地质调查要求(暂行)》及其他相关的规范、指南,参照造山带填图的新方法,应用遥感等新技术,以区域构造调查与研究为先导,合理划分测区的构造单元,对测区不同地质单元,不同的构造-地质单位采用不同的填图方法进行全面的区域地质调查。最终通过对沉积建造、变质变形、岩浆作用的综合分析,反演区域地质演化史,建立测区构造模式。

任务书指出:测区横跨羌塘-三江复合板片、班公错-怒江结合带、冈底斯-念青唐古拉板片,本着图幅带专题的原则,选择"藏北聂荣变质地体(块)的物质组成与构造演化"开展专题研究,将准确揭示聂荣地体的结构、组成及变形变质历史,认识其构造属性,对探讨班公错-怒江结合带及青藏高原特提斯构造演化具有重要意义。

预期成果:最终成果除纸介质的地质图件及报告(包括专题),还应提交 ARC/INFO 图层格式数据光盘、图幅与图层描述数据、报告文字数据光盘各一套,并于2004年7月提交野外验收成果,2004年12月提交最终验收成果。

根据任务书要求及测区实际情况,确定测区工作重点为"聂荣变质地体(块)与班公错-怒江结合带的成生关系研究",力争揭示聂荣变质核杂岩剥离时间与班公错-怒江结合带开、闭历史演化历程,探讨青藏高原隆升进程,具体目标任务如下。

(1)以构造岩浆演化理论为指导,研究各类岩浆成因、演化、侵位机制及与大地构造的关系,建立测区构造岩石单位系统。

(2)以构造解析为纲,对测区构造(特别是结合带)的几何学、运动学和动力学特征进行研究,建立测区构造序列及构造演化模式。

(3)以盆地演化、盆山转换为指导,对测区新生代以来沉积盆地演化历史进行研究,重塑班公错-怒江结合带闭合后盆山转换过程,进而探讨青藏高原的隆升进程。

(4)对测区北侧聂荣地体(块)的物质组成和变形、变质特征的进一步研究将准确揭示聂荣地体(块)的结构、组成及变形变质演化史,认识其构造属性,对探讨班公错-怒江结合带及青藏高原特提斯构造演化具有重要意义。

(5)以《西藏自治区岩石地层》为基础,全面清理测区内岩石地层单位,确定各岩石地层单位的界线性质,查明岩石组合、填图标志,进行以岩石地层为主的地层多重划分与对比,建立测区地层序列,填绘出班公错-怒江结合带中的现存客观地质体及其边界,查明其时序、相序和位序,研究其变形变质特征,采用剖面拼贴法,建立构造模型及构造岩石序列。

第二节 自然经济地理状况

测区位于青藏高原腹地,西藏自治区北部,隶属西藏自治区那曲地区那曲县、安多县、聂荣县、比如县和嘉黎县管辖,地理坐标:东经91°30′00″—93°00′00″,北纬31°00′00″—32°00′00″,总面积15 803km²(图1-1)。

以那曲镇为中心,各县的县级公路通行状况较好,纵横贯穿于测区,计有黑狮(黑河—狮泉河)、黑昌(黑河—昌都)、那聂(那曲—聂荣)、那嘉(那曲—嘉黎)等县、地区级公路,构成区内较好的交通干线网。邻接交通干线的乡级公路简易,各乡、镇均有乡村公路相通,主要村落都有季节性简易公路相连,较多沟谷山地均可季节性通车,良好的交通给工作带来了极大的便利,但雨季时洪水肆虐,大部分乡级公路和地区级公路(黑昌、黑狮公路)很难通行。测区怒江两岸的交通极差,山高沟深车辆无法进行,野外作业只能靠步行或雇马。

第三节 地质矿产研究程度

一、地质矿产研究史

测区地质矿产的研究工作开始于西藏和平解放之后的1951年。1951—1953年以李璞为代表的中国科学院西藏工作队地质组沿大路对测区北侧进行了地质考查,为该区的部分地层划分奠定了基础,有关成果反映在1959年出版的《西藏东部地质矿产调查资料》中,由此揭开了测区地质矿产调查的新篇章,见表1-1。随后,西藏第五地质大队针对测区余(依)拉山超基性岩开展铬铁矿调查,路线地质调查等专业性调查工作涉及测区部分地段。比较系统地开展地质矿产工作的有1:100万拉萨幅区域地质(矿产)调查、1:1万余(依)拉山铬铁矿调查、1:50万那曲县幅化探调查等。

二、前人工作中取得的主要地质成果及存在的问题

1951—1953年间,中国科学院西藏地质工作队李璞等人对藏东及黑河(那曲)以西进行过1:500万路线地质调查,发现了伦坡拉盆地的沥青脉,并对东部地区(包括测区)的地层划分提出了初步意见。

1969年国家计划委员会地质局航空物探大队902队在西藏地区进行了航空磁测,为区内的超基性岩铬铁矿研究提供了航磁资料。

1972年西藏自治区地质局第四地质大队进行了1:25万西藏那曲-索县石油地质调查,并编写了概查报告,收集了大量地层资料和浅井或钻探资料,对研究古近系、新近系地层提供了丰富的资料。

1973—1974年西藏自治区地质局综合普查大队(现西藏自治区地质矿产勘查开发局区域地质调查大队)进行西藏纳木错-嘉黎地区路线地质调查。

1974—1979年西藏自治区地质局综合普查大队(现西藏自治区地质矿产勘查开发局区域地质调查大队)开展1:100万拉萨幅区域地质(矿产)调查,填绘了1:100万地质图和矿产图,并对区内岩石地层进行了系统划分,提供了丰富的生物化石依据,为本次区调工作主要参考资料之一。

1975年中国科学院青藏高原综合科学考察队在比如县布隆乡新发现"三趾马动物群"及其地层古生物学的研究。

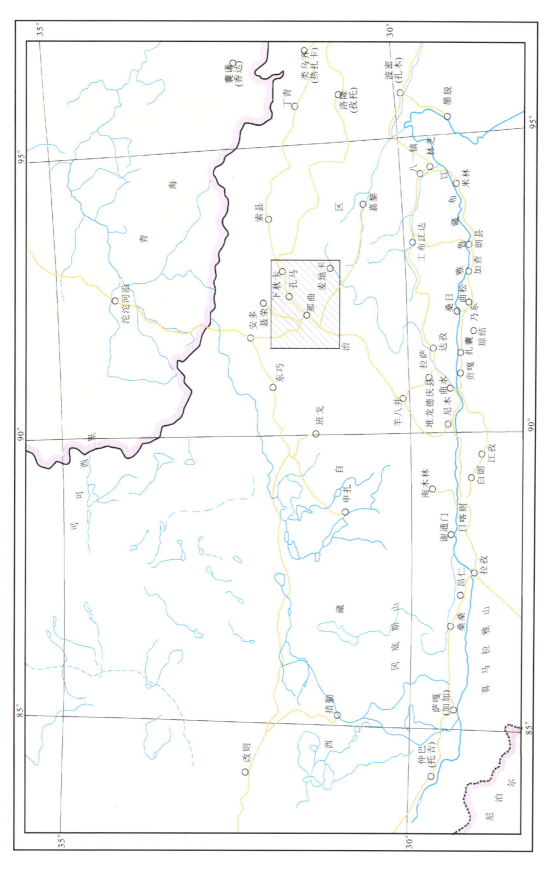

图1-1 测区范围及交通位置图

表 1-1 测区地质调查历史简表

序号	调查时间	作者、单位	成果、名称	编辑或出版时间	
1	1951—1953 年	李璞等	1:50 万西藏东部地质矿产调查资料	1953 年	内部资料
2	1957 年	青海、西藏石油普查大队	1:100 万西藏高原东部石油地质普查报告	1957 年	内部资料
3	1961 年	西藏拉萨地质队	拉萨地区路线找煤地质报告(1:100 万)	1962 年	内部资料
4	1971 年	西藏第二地质大队	藏北航磁异常检查及工作总结	1971 年	内部资料
5	1972 年	西藏地质四队	青藏高原基本地质情况及成油前景	1972 年	内部资料
6	1972 年	西藏地质四队	西藏比如-嘉黎-桑雄地区路线地质工作总结	1972 年	内部资料
7	1972 年	国家计划委员会地质局航磁物探大队 902 队	西藏地质航空磁测结果报告（试验生产）(1:50 万)	1972 年	
8	1972 年	西藏自治区地质局第四地质大队	1:25 万西藏那曲-索县石油地质概查报告	1972 年	内部资料
9	1972 年	西藏自治区地质局综合普查大队	1:20 万西藏旁多-谷露路线地质调查报告	1972 年	内部资料
10	1973 年	西藏自治区地质矿产厅第四地质队	西藏自治区那曲-聂荣-索县找煤路线概查及马查拉煤矿检查评价报告（那曲附近找煤路线地质概查）(1:50 万)	1973 年	内部资料
11	1973—1974 年	西藏自治区地质局综合普查大队	西藏纳木错-嘉黎地区路线地质报告(1:50 万)	1974 年	内部资料
12	1974—1979 年	西藏自治区地质局综合普查大队	1:100 万拉萨幅区域地质(矿产)调查	1979 年	内部资料
13	1975 年	西藏自治区地质局第五地质大队	1:1 万西藏安多县依拉山超基性岩体铬铁矿普查	1975 年	内部资料
14	1975 年	中国科学院青藏高原综合科学考察队	青藏高原主要公路干线泥石流初步调查报告	1976 年	内部资料
15	1975 年	中国科学院青藏高原综合科学考察队	青藏高原"三趾动物群"的新发现及其地层古生物学定义(摘录)	1976 年	内部资料
16	1976 年	国家地震局成都地震大队	1:100 万青藏公路南段(那曲-拉萨)地震基本烈度鉴定报告	1976 年	内部资料
17	1976 年	中国科学院	西藏麦地卡-下秋卡一带路线地质调查报告	1977 年	内部资料
18	1977 年	中国科学院	那曲地区地层概述	1977 年	内部资料
19	1980 年	中国科学院高原地质研究所	1:50 万青藏高原地质图	1980 年	
20	1980—1983 年	成家梁等	地矿部青藏高原地质调查大队班戈、那曲、下秋卡一带路线地质调查报告	1983 年	内部资料
21	1980—1984 年	中国地质科学院,中法合作地质考察队	喜马拉雅地质构造和地壳上地幔的形成演化	1984 年	
22	1983 年	中国科学院青藏高原综合科学考察队,李炳元等	西藏第四纪地质	1983 年	科学出版社
23	1984 年	西藏地质科学研究所,周详等	西藏板块构造-建造图及说明书(1:150 万)	1987 年	内部资料
24	1985 年	中国科学院、英国皇家学会、青藏高原综合地质考察队	格尔木-拉萨青藏公路沿线综合地质考查	1990 年	内部资料
25	1986 年	成都地质矿产研究所	1:150 万青藏高原及邻区地质图说明书	1988 年	
26	1986—1989 年	西藏自治区地质矿产局	西藏自治区区域地质志	1993 年	地质出版社

续表 1-1

序号	调查时间	作者、单位	成果、名称	编报或出版时间	
27	1987年	中国地质科学院,王希斌等	西藏蛇绿岩	1987年	内部资料
28	1987年	中国地质科学院,韩同林	西藏活动构造	1987年	地质出版社
29	1987—1990年	西藏物探队	1:50万那曲幅地球化学图及说明书	1990年	内部资料
30	1987—1990年	西藏自治区地质矿产厅区域地质调查大队	西藏班戈-嘉黎地区锡矿成矿条件及找矿方向研究	1990年	内部资料
31	1988年	西藏自治区地质矿产局第五地质大队	西藏比如县下秋卡砂金地质工作总结	1988年	内部资料
32	1989年	地质矿产部915水文地质大队	1:100万拉萨幅区域水文地质普查报告	1991年	
33	1990年	潘桂棠等	青藏高原新生代构造演化	1990年	地质出版社
34	1990—1995年	肖序常等	青藏高原岩石圈结构、构造演化及隆升	1990年	
35	1991年	西藏地热地质大队	西藏那曲-尼木地热带调查报告	1991年	
36	1992—1994年	西藏自治区地质矿产局区域地质调查大队	西藏自治区岩石地层	1997年	中国地质大学出版社
37	1995	中国地质科学院、中美高原综合地质考察队	第二期喜马拉雅和青藏高原深剖面及综合研究	1995年	
38	1997—1998年	西藏自治区地质矿产厅区域地质调查大队	西藏1:50万数字地质图	1998年	
39	1998—1999年	中国地质科学院	藏北地区路线地质调查	1999年	内部资料
40	2001年	西藏自治区地质勘测局地热地质大队	青藏铁路沿线(西藏境内)饮用天然矿泉水资源调查报告	2001年	内部资料
41	2002年	中国科学院南京地理与湖泊研究所,陈诗越等	青藏高原中部错鄂湖晚新生代以来的沉积环境演化及其构造隆升意义	2003年	

1975年西藏自治区地质局第五地质大队在余(依)拉山进行1:1万西藏安多县余(依)拉山超基性岩体铬铁矿调查,并填绘1:1万余(依)拉山超基性岩分布图,对矿区内超基性岩、铬铁矿方面做了大量的工作,取得了较多的地质矿产成果。

1976年中国科学院地学专家在测区麦地卡至下秋卡一带进行路线地质调查,编绘1:20万路线地质剖面,并对路线上的岩石地层进行了系统划分,提供了较多的岩石地层资料及古生物化石依据。

1977年中国科学院在那曲地区对那曲地层的研究,收集了岩石地层、古生物化石等资料,对进一步研究该区提供了宝贵的资料。

1980—1984年中国地质科学院中法合作考察队,1995年中国地质科学院中美青藏高原综合地质考察队,1998—2000年中国物探遥感中心等对测区进行调查研究,对本次工作提供了大量的地学成果及深部地球资料。

1985年西藏自治区地质矿产局地质科学研究所周详等所著的《西藏板块构造-建造图及说明书》,1992年《西藏自治区区域地质志》的编写和1997年《西藏自治区岩石地层》的出版等,标志着西藏区域地质矿产研究进入了一个崭新的阶段,为本次区域地质调查工作打下了坚实的基础。

1987—1990年西藏物探大队进行的1:50万那曲幅区域地球化学调查,对测区的地球化学研究、矿产调查、成矿规律研究收集了丰富的化探资料,也为本次区调工作提供了大量矿产资料。

第四节 主要实物工作量及报告编写

一、完成实物工作量

三年来,项目组同志克服重重困难,圆满地完成了野外路线的观测、剖面测制和专题研究任务。实际填图面积 15 803km²,地质路线 3124km,实测剖面 148km,各项实物工作量见表 1-2(完成实物工作量统计表)。

表 1-2 完成实物工作量统计表

序号	项目名称	单位	2002 年度	2003 年度	2004 年度	合计	设计工作量
1	填图面积	km²	4000	10 803		15 803	15 803
2	路线长度	km	595	2287	242	3124	2845
3	地质点	个	646	902	150	1698	
4	实测地层剖面	km		83	20	103	128
5	构造地层剖面	km	5	40		45	148
6	构造剖面	km	70	176.5		246.5	75.5
7	岩体剖面	km		30		30	26.5
8	陈列样品	件	542	856		1398	1642
9	岩矿薄片	件	330	856	40	1226	1150
10	硅酸盐样	件	68	80	18	166	153
11	稀土样	件	68	80	18	166	153
12	微量元素	件	68	80	18	166	153
13	碳酸盐样	件	6	10		16	15
14	定样薄片	件	6	10	10	26	24
15	粒度分析	件	31	50		81	73
16	电子探针	件		8		8	10
17	包体测温	件	1	15		16	7
18	bo 值	套		12		12	
19	自旋共振	件	1	5	6	12	8
20	U-Pb	件		2		2	7
21	K-Ar	件	1	8		9	5
22	Rb-Sr	套		2		2	7
23	大化石	件	123	238		361	420
24	微古	件	70	85	20	175	200
25	放射虫	件	20	30		50	225
26	孢粉	件		10		10	7
27	热释光样	件			2	2	
28	找矿人工重砂	件		10		10	12
29	矿点检查	点		5		5	5
30	化学简项	件	5	15		20	22
31	地质照片	张	180	320		400	
32	数码照片	张	200	100	50	300	

承担项目测试分析和定量的单位分别是：南京古生物研究所、宜昌地质矿产研究所、成都地质矿产研究所、成都理工大学、中国地质大学（北京）、四川区调队测试中心等。

在项目实施过程中，始终将质量管理放在首要位置，建立和完善地质调查院—项目—小组的"三级质量管理"监控体系。

二、报告编写

在区域地质调查资料验收、野外补课、测试分析和综合研究的基础上，2004年8月—12月进入报告编写阶段。全书按专业分工编写：第一章绪言、第五章地质构造、第六章结束语由尼玛次仁执笔；第二章地层由西洛朗杰执笔；第三章岩浆岩由强巴扎西执笔；第四章变质岩及变质作用由谢尧武执笔；专题由沙昭礼执笔完成。全书由尼玛次仁统纂、审定、定稿；地质图由尼玛次仁、彭道平、谢尧武、西洛朗杰和强巴扎西修编，尼玛次仁最终定稿；图件清绘由小其米、次仁央金、黄凤完成。

第二章 地 层

第一节 概 述

测区地处藏北高原羌塘南麓,在板块构造划分隶属于班公错-怒江结合带和冈底斯-念青唐古拉板片。

根据所属大地构造位置,按建造和改造统一的原则,以测区范围为尺度,以龙莫-前大拉-下秋卡石灰厂断裂为界将测区分为两个地层分区,即北为木嘎岗日地层分区(Ⅰ)和南为班戈-八宿地层分区(Ⅱ)。其中木嘎岗日地层分区又以假玉日-各组-尼玛区-下秋卡兵站断裂为界划分为两个地层小区:聂荣地层小区($Ⅰ_1$)和余拉山-下秋卡地层小区($Ⅰ_2$)(图2-1,图2-2)。

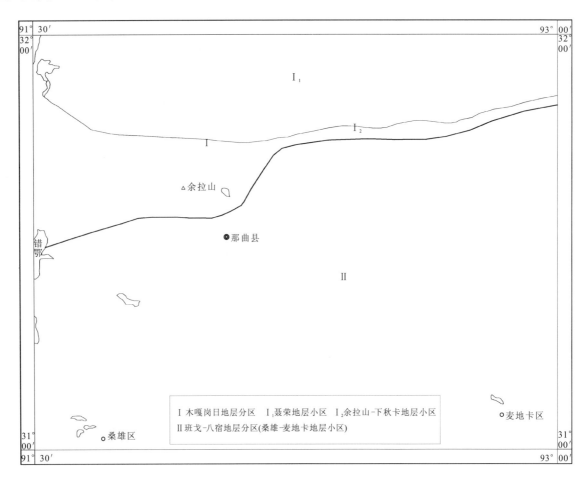

图 2-1 测区地层区划图

测区内出露的构造地层有前寒武系、古生界和侏罗系地层,岩石地层有石炭系、二叠系、三叠系、侏罗系、白垩系、古近系、新近系和第四系。各时代地层分布不均匀,东西向延伸相对稳定,南北向变化显著。

本次区调按《1:25万区域地质调查技术要求(暂行)》,以《西藏自治区岩石地层》为依据,以现代地层学理论为指导,对沉积地层采用岩石地层单位为主,兼以生物地层、年代地层和层序地层等多重地层划分

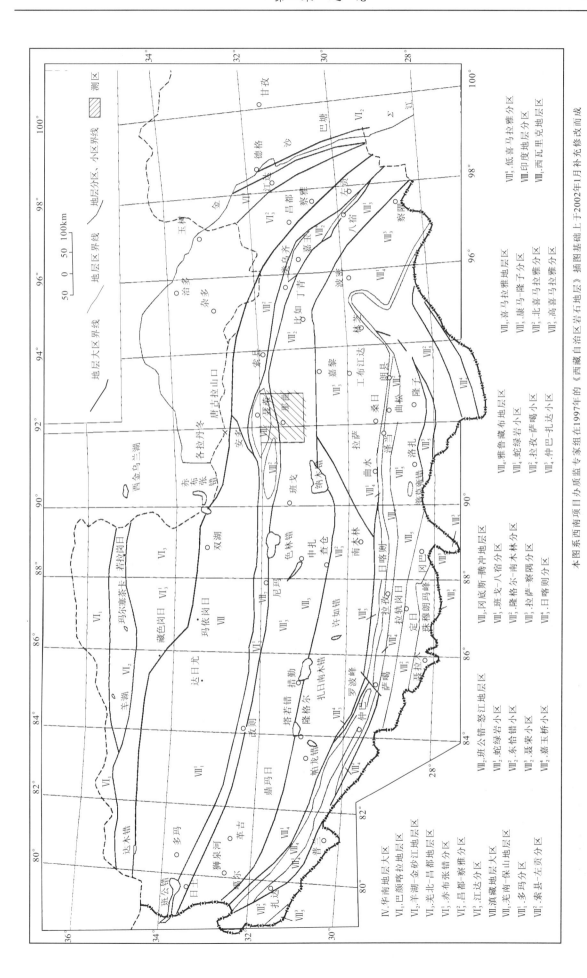

图2-2 青藏高原西藏地区综合地层区划图

方案。对聂荣变质(核)杂岩(扎仁岩群、嘉玉桥岩群)及班公错-怒江结合带内的木嘎岗日岩群(余拉山岩组、班戈桥岩组、各组岩组)采用构造岩石(岩片)地层单位为主,结合生物地层和年代地层的划分方案。在前人研究的基础上,依据新资料、新认识、新理论,重新厘定了测区的地层系统体系及地层单元划分序列表(表2-1)。

表 2-1 测区地层单元划分序列表

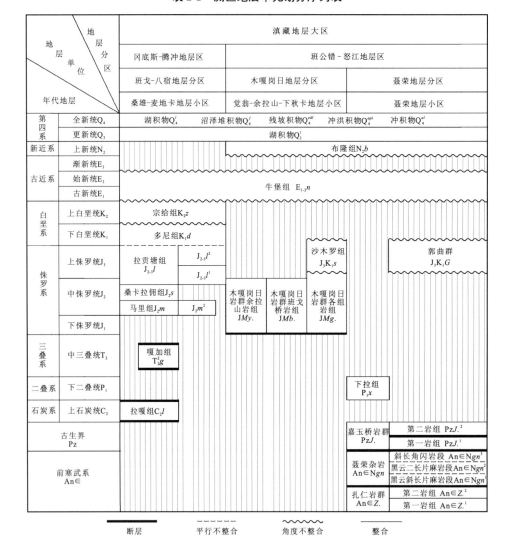

第二节 前寒武纪构造地层

测区内前寒武纪构造地层为扎仁岩群($An\in Z.$)和聂荣杂岩($An\in Ngn$),扎仁岩群分布局限,仅出露于测区北侧,出露面积约160km²;聂荣片麻杂岩分布于图幅北侧,出露面积约1455km²,地层区划都属聂荣地层小区。

上述地层前人研究甚少,1:100万拉萨幅区域地质调查时未进行详细工作,并归于古生界地层之中。本次工作后新建了扎仁岩群,并划分为两个岩组;聂荣片麻杂岩分为三个岩段。

一、剖面描述

(一)扎仁岩群第二岩组($An\in Z.^2$)

安多县拔格弄乡邛日马前寒武纪扎仁岩群第二岩组路线剖面图(图2-3)。

侏罗系各组岩组（JMg.） 深灰色砂岩、泥页岩
============ 断层 ============

扎仁岩群第二岩组（An∈Z.²）

3. 灰白色细晶白云石大理岩　　　　　　　　　　　　　　　　　　　　　　　　　　>700m
2. 灰色细粒钙质白云石大理岩　　　　　　　　　　　　　　　　　　　　　　　　　1200m
1. 灰色粗晶白云石大理岩　　　　　　　　　　　　　　　　　　　　　　　　　　　>1000m

============ 断层 ============

扎仁岩群第一岩组（An∈Z.¹）　灰色石榴黑云母石英片岩

（二）扎仁岩群第一岩组（An∈Z.¹）

安多县扎仁乡生雀弄巴前寒武纪扎仁岩群第一岩组（An∈Z.¹）实测剖面图位于安多县扎仁乡生雀弄巴，起点坐标：东经91°46′17″，北纬31°47′58″，为测区内扎仁岩群第一岩组代表性剖面（图2-4）。

扎仁岩群第二岩组（An∈Z.²）　灰白色厚层状粗晶白云石大理岩
============ 断层 ============

扎仁岩群第一岩组（An∈Z.¹）

7. 灰色石榴石二云石英片岩、二云母片岩　　　　　　　　　　　　　　　　　　　　>10m
6. 灰色黑云斜长角闪岩　　　　　　　　　　　　　　　　　　　　　　　　　　　　8m
5. 灰色蓝晶石、矽线石、石榴石二云母片岩　　　　　　　　　　　　　　　　　　　16m
4. 灰色薄层条纹状含透辉石黝帘石大理岩　　　　　　　　　　　　　　　　　　　　10m
3. 灰黑色石榴石、蓝晶石二云母片岩　　　　　　　　　　　　　　　　　　　　　　32m
2. 灰色石榴石、矽线石二云母片岩　　　　　　　　　　　　　　　　　　　　　　　58m
1. 灰白色条纹状角闪石、黑云母斜长石英片岩　　　　　　　　　　　　　　　　　　>60m

============ 断层 ============

前寒武纪聂荣片麻杂岩（An∈Ngn²）　灰白色斑状中粒黑云母二长片麻岩

（三）聂荣片麻杂岩（An∈Ngn）

本次工作后变质较深，以片麻岩类、角闪岩类等归于聂荣片麻杂岩，从岩性特征分析划分黑云斜长片麻岩段（An∈Ngn¹）、黑云二长片麻岩段（An∈Ngn²）和斜长角闪岩段（An∈Ngn³），总体上剖面测制中岩性单一，变形变质极强、覆盖严重，很难测制理想的剖面。

二、原岩建造及层序

聂荣杂岩以黑云斜长片麻岩段（An∈Ngn¹）、黑云二长片麻岩段（An∈Ngn²）和斜长角闪岩段（An∈Ngn³）组成杂岩，原岩结构、构造未见保留，依据特征岩石、岩石化学成分、稀土元素配分及微量元素特征等分析，恢复其原为片麻岩类的原岩为一套中酸性侵入岩；角岩类的原岩为中基性岩浆岩（脉）。

扎仁岩群第一岩组以灰色石榴矽线二云片岩、灰白色条纹状角闪黑云斜长石英片岩、深灰色矽线二云片岩、灰色石榴黑云石英片岩、灰—浅灰色蓝晶石榴二云片岩等为主，夹深灰色斜长角闪岩、灰白色大理岩等。原岩结构、构造未见保留，依据岩石（大理岩）特征、岩石化学成分、稀土元素配分及微量元素特征，恢复其原为碎屑岩夹灰岩及基性火山岩，厚度大于194m。

扎仁岩群第二岩组岩性为白云石大理岩。依据岩石（大理岩）特征，恢复其原岩为白云岩或白云质灰岩，厚度大于2900m。

扎仁岩群在聂荣变质核杂岩剖面中处于中间层（塑性揉流层）的位置，核心杂岩体（聂荣片麻杂岩）外部呈环带状分布，局部以剥离残留体形式出现。扎仁岩群经受了多期强烈变形变质作用的改造，原始层理已无残留，各种褶皱极其发育，地层层序已无法恢复，现存片理为多期构造作用把S_0置换的产物，该地层为成层无序状的构造地层单元，以片理面为面理的厚度已无实际意义。

图2-3 安多县拔格弄乡邛日马前寒武纪扎仁岩群第二岩组（$An\in Z_r^2$）路线剖面图

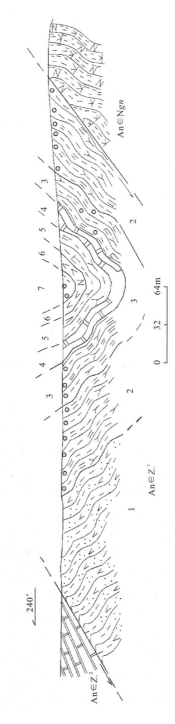

图2-4 安多县扎仁乡生雀弄巴前寒武纪扎仁岩群第一岩组（$An\in Z_r^1$）实测剖面图

三、时代探讨

测区聂荣变质(核)杂岩因变形变质强烈,原岩层序已无法恢复,未发现任何古生物化石,加之工作程度较低,因而有关时代的讨论属探讨性质。

据邻区《1:25万安多县幅区域地质调查报告》资料,聂荣片麻杂岩 Sm-Nd 等时线年龄为 600Ma±,英云闪长质片麻岩两个锆石(SHRIMPII)U-Pb 年龄分别为 491±1.15Ma、492±111Ma,片麻状二长花岗岩同一样品中两组年龄分别为 814±18Ma、515±14Ma(锆石 U-Pb SHRIMPII)。另外,据《西藏自治区区域地质志》资料,安多附近片麻岩的锆石 U-Pb 年龄值为 519±12Ma(许荣华,1983),530Ma、2000Ma(常承法,1986—1988)。

以上年代学数据表明,聂荣变质(核)杂岩的年龄是在前寒武纪(600Ma±、814±18Ma、515±14Ma),在泛非期(5亿年左右)是一次重要的构造热事件,并形成了聂荣地块的陆壳基底。局部地段见有扎仁岩群的包体,这可以说明扎仁岩群形成早于泛非期,燕山期(与班公错-怒江结合带打开有关)为主期变形变质,并在聂荣变质核杂岩核心部侵位花岗岩(J_2)及少量伟晶岩脉侵入,进而聂荣变质核杂岩隆起。通过对变质(核)杂岩各阶段的年龄分析,得出聂荣变质核杂岩的形成及演化与班公错-怒江结合带的演化密不可分。

第三节 古生代构造地层

测区古生代构造地层为嘉玉桥岩群($PzJ.$),主要分布于测区东北角南木拉一带,呈近东西向展布,出露面积约 $800km^2$。地层区划属聂荣地层小区。

由于该区研究程度较低,前人大多数认为该套地层与聂荣岩群同属一套地层。经本次工作后该套地层与聂荣岩群、扎仁岩群无论从岩性,还是变质程度上均截然不同。经区域对比,该套地层与区域上嘉玉桥群相当。由于该套地层构造置换较强,加之顶底不全,故采用嘉玉桥岩群之名,且划分为两个岩组。其划分沿革表见(表2-2)。

表 2-2 嘉玉桥岩群划分沿革

划分	富公勤等(1982);《西藏自治区区域地质志》(1993)		《1:20万洛隆县幅区域地质调查报告》(1990)		《1:20万丁青县幅、洛隆县(硕般)幅区域地质调查报告》(1994)		本书
命名	嘉玉桥群		嘉玉桥群	石炭系—二叠系	嘉玉桥岩群	苏如卡岩组	嘉玉桥岩群
划分方案及岩石组合	怒江组(片岩)	板岩、变砂岩、微晶灰岩		板岩		板岩、结晶灰岩、变砂岩、绢云石英片岩	
		片岩夹结晶灰岩	四组		二岩组		二岩组
			三组		一岩组		一岩组
	瞎绒曲组(大理岩)	大理岩夹片岩	二组				
			一组				
		板岩、千枚岩		板岩、千枚岩		板岩、千枚岩、变砂岩、结晶灰岩、绢云石英片岩	
时代	古生代		前石炭纪	石炭纪—二叠纪	前石炭纪	石炭纪—二叠纪	古生代

一、剖面描述

聂荣县尼玛区南木拉古生界嘉玉桥岩群($PzJ.$)实测剖面位于安多县尼玛区南木拉一带,起点坐标:东经92°18′38″,北纬31°55′46″。该剖面为测区内嘉玉桥岩群代表性剖面,叙述如下(图2-5)。

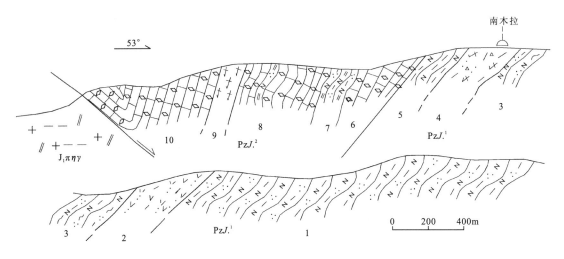

图 2-5 聂荣县尼玛区南木拉古生界嘉玉桥岩群实测剖面图

嘉玉桥岩群第二岩组($PzJ.^2$) （未见顶） 厚>1280m

10. 浅灰—灰白色薄层状中—细晶灰岩 >300m
9. 浅黄灰色层纹状蚀变英安岩 120m
8. 浅灰—灰白色薄层状中晶灰岩夹黄灰—灰绿色二云母钠长石英片岩 480m
7. 灰—蓝灰色二云母钠长石英片岩 140m
6. 灰—浅灰色中—厚层状中—粗晶灰岩 240m

——————— 整合 ———————

嘉玉桥岩群第一岩组($PzJ.^1$) 厚>3120m

5. 黄灰—浅灰色黑云母钠长片岩 160m
4. 浅灰色蚀变英安质含火山角砾玻屑晶屑凝灰岩 200m
3. 蓝灰色绿泥石白云母钠长石英片岩 460m
2. 灰—灰白色英安质晶屑凝灰岩 300m
1. 灰色白云母钠长石英片岩 >2000m

（未见底）

二、原岩建造及层序

第一岩组以黑云母钠长片岩、绿泥石白云母钠长石英片岩等为主，夹两层英安质凝灰岩，原岩结构、构造未见残留，依据岩石化学成分、稀土元素配分及微量元素特征，恢复其原岩为长石石英砂岩、石英砂岩、杂砂岩夹酸性火山岩等。

第二岩组以中—粗晶灰岩（局部地段为大理岩）为主，夹二云母钠长石英片岩，夹一层英安岩。依据岩石（灰岩、大理岩）特征、岩石化学成分、稀土元素配分及微量元素特征等，恢复其原岩为灰岩夹石英砂岩、长石石英砂岩、酸性火山岩等。

嘉玉桥岩群经受了多期强烈构造事件作用的改造，但在夹层（火山岩）中可见到原始层理S_0。整个地层层序重建难度较大，现存片理为多期构造作用置换的产物，地层已成层状有序（局部无序）的构造岩石单元。

三、时代讨论

测区内嘉玉桥岩群之上被有古生物依据的晚侏罗世—早白垩世的郭曲群角度不整合超覆。据《1:20万丁青县幅、洛隆县幅区域地质调查报告》资料：苏如卡岩组（CPs）含砾板岩中发现有细晶灰岩、片岩等嘉玉桥岩群的砾石，另外嘉玉桥岩群第二岩组中获全岩 Rb-Sr 等时线年龄 248±8Ma、317±41Ma。以上资料表明嘉玉桥岩群原岩形成时代可能为古生代。

第四节 石炭纪岩石地层

测区内石炭纪岩石地层为拉嘎组（C_2l），分布局限，仅出露于测区西侧列日执邛一带，呈断块或断片状产出，出露面积约 32km²。顶底不全。地层区划属桑雄-麦地卡地层小区。

拉嘎组是 1983 年林宝在申扎县永珠乡创名。先后由夏代祥、杨式溥、范影年、梁定益等工作并研究，是一套含砾砂岩为主的粗碎屑岩。正层型剖面位于申扎县永珠乡德日玛—昂杰，由西藏综合队 1978 年测制。测区内该地层是从拉贡塘组中解体而来。

一、剖面描述

那曲县西侧吓不达—咔热上石炭统拉嘎组（C_2l）实测剖面（图 2-6）位于那曲县西侧吓不达—咔热一带，起点坐标：东经 91°37′27″，北纬 31°32′26″。

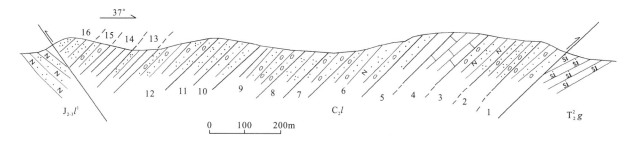

图 2-6　那曲县西侧吓不达—咔热上石炭统拉嘎组实测剖面图

中—上侏罗统拉贡塘组第一岩性段（$J_{2-3}l^1$）　灰—灰黄色长石石英砂岩

================ 断层 ================

上石炭统拉嘎组（C_2l）	（未见顶）	厚＞1164m
16. 灰黄色中厚层状中—粗粒石英砂岩		95m
15. 灰—杂色中厚层状含砾粗砂岩		48m
14. 深灰色中—薄层状板岩		66m
13. 灰绿色中—厚层状细粒石英砂岩夹深灰色薄层状板岩		68m
12. 灰—灰绿色中—厚层状含砾石英砂岩		138m
11. 灰白色厚层状中—细粒石英砂岩		43m
10. 灰色中—厚层状中—粗粒石英砂岩夹杂色含砾砂岩		58m
9. 灰—灰黄色粗砾岩夹灰色薄层状板岩		96m
8. 灰色中—厚层状中—细粒石英砂岩		54m
7. 杂色中—薄层状含砾砂岩		61m
6. 灰色中—薄层状含砾砂岩夹褐色薄层状长石石英砂岩		116m
5. 灰—深灰色薄层状砂质板岩		58m
4. 浅灰—灰白色中—薄层状灰岩		68m
3. 灰色中—薄层状长石石英砂岩夹灰色含砾砂岩		71m
2. 灰色中—薄层状含砾砂岩夹灰绿色薄层状石英砂岩		52m
1. 灰—灰黄色中—厚层状含砾砂岩		72m

（未见底）

二、地层单元特征

拉嘎组为测区内新发现地层体，但顶底不全，以断片或断块状产出。主要岩性为含砾砂岩、含砾石英砂岩、石英砂岩、长石石英砂岩、板岩、底部夹灰岩，局部地段上部夹基性火山岩等。所含砾石成分复杂，主要有砂岩、板岩、硅质岩、灰岩等，其分选性差，磨圆度呈棱角状—次棱角状。各砾石大小不一，砾径大者 11cm×14cm±，小者 4mm±，一般在 32cm×2cm±，其含量 25%～35%。砾石不具定向，局部地段砾石有压坑现象，说明当时可能受到冰川影响。拉嘎组基本层序如图 2-7 所示，图中Ⅰ由灰—灰黄色中—厚层状含砾砂岩 a、灰绿色薄层状石英砂岩 b 构成韵律型基本层序；Ⅱ由灰—灰黄色粗砾岩 a 与灰色薄层状板岩 b 构成韵律型基本层序；Ⅲ由灰绿色中—厚层状中粒石英砂岩 a 与深灰色薄层状板岩 b 构成韵律型基本层序。Ⅰ基本层序发育于拉嘎组下部，Ⅱ、Ⅲ基本层序发育于拉嘎组偏上部。总体上拉嘎组为一套含砾砂岩为主的冰筏沉积物。

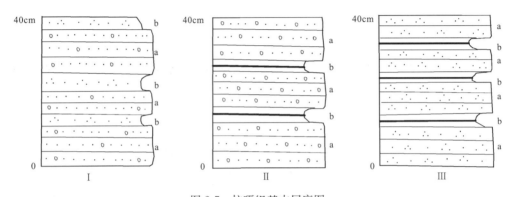

图 2-7 拉嘎组基本层序图

Ⅰ：灰—灰黄色中—厚层状含砾砂岩 a、灰绿色薄层状石英砂岩 b；Ⅱ：灰—灰黄色粗砾岩 a、
灰色薄层状板岩 b；Ⅲ：灰绿色中—厚层状中粒石英砂岩 a、深灰色薄层状板岩 b

拉嘎组局部地段夹有基性火山岩（图 2-8），出露宽度约 300m。其岩石地球化学特征表明，火山岩属碱性系列，形成于大洋岛弧环境（见火山岩章节）。

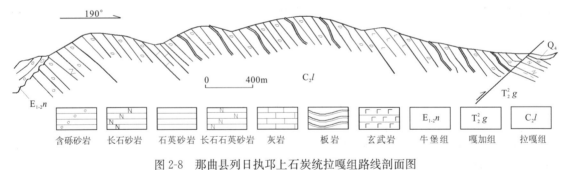

图 2-8 那曲县列日执邛上石炭统拉嘎组路线剖面图

三、时代探讨

测区内拉嘎组分布局限，仅在测区西侧出露。该套地层化石稀少，本次工作未能采到任何古生物化石，根据所处位置、岩性特征等与区域对比，其时代仍沿用《西藏自治区区域地质志》资料，为晚石炭世。

第五节 二叠纪岩石地层

测区内二叠纪岩石地层为下拉组（P_1x），分布局限，仅分布于测区西北角，出露面积约 15km²，呈断块或断片状产出。地层区划属聂荣地层小区。

下拉组由夏代祥、徐仲勋 1979 年创名，夏代祥 1983 年介绍，创名剖面位于申扎县永珠下拉山。1957 年地质部青海石油普查大队王文彬等最先发现申扎北部地区的二叠纪地层，并命名为"米酒雄灰岩系"。

1979年随着西藏区调队对该地区1:100万区域地质调查工作的发展,先后有中国地质科学院、中国科学院南京地质古生物研究所、成都地质矿产研究所等单位多次在该区进行地质研究工作。大多数学者称这套灰岩为下拉组。《西藏自治区区域地质志》(1993)以及《西藏自治区岩石地层》(1997)亦沿用此名。另外,2002年由西藏自治区地质调查院承担的《1:25万班戈县幅区域地质调查报告》也沿用了此名,时代为早二叠世。

一、剖面描述

安多县扎仁乡曲汝沟下二叠统下拉组(P_1x)实测剖面如图2-9所示。剖面位于安多县扎仁乡曲汝沟,起点坐标:东经91°43′14″,北纬31°46′43″。露头良好,构造简单,化石稀少,未见顶、底。

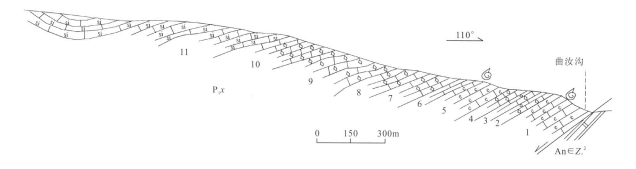

图2-9 安多县扎仁乡曲汝沟下二叠统下拉组(P_1x)实测剖面图

下二叠统下拉组(P_1x)	(未见顶)	厚＞419.4m
11. 灰—深灰色中—厚层状含硅质条带灰岩		122m
10. 浅红—粉红色中—厚层状中晶灰岩		48.7m
9. 青灰色厚—巨厚层状粉晶灰岩		74.3m
8. 深灰色中层状粉晶灰岩		30.8m
7. 浅红色中—薄层状中—细晶灰岩		43.8m
6. 深灰色含方解石脉细晶灰岩		13.6m
5. 粉红色中—厚层状生物碎屑灰岩		38.7m
4. 青灰色中层状粉晶灰岩		22.7m
3. 深灰色厚层状白云质粉晶灰岩		13.5m
2. 灰色中厚—厚层状结晶灰岩		12.9m
1. 青灰色厚—巨厚层状生物碎屑灰岩		34m
	(未见底)	

二、岩石地层单元特征

以上剖面描述可知测区内下拉组为一套碳酸盐岩沉积,与正层型剖面岩性相似。测区内该套地层顶、底不全,以断片或断块状产出(图版Ⅴ,1),为聂荣变质(核)杂岩的滑覆盖层层系。该套地层基本层序组合见图2-10。上部为灰—深灰色中—厚层状含硅质条带灰岩;中部为浅红—粉红色中—厚层状中晶灰岩、青灰色厚—巨厚层状粉晶灰岩;下部为粉红色、青灰色生物碎屑灰岩夹青灰色、深灰色粉晶灰岩。

三、区域对比及时代探讨

测区内下拉组古生物化石稀少,仅发现一些生物碎片,不具时代依据。据2002年《1:25万班戈县幅区域地质调查报告》资料,该套地层内发现有丰富的古生物化石,计有腕足类、珊瑚、䗴类、双壳类、苔藓虫、海百合茎、海绵等。

腕足类主要分子有 *Meekella* sp., *Squamularia* cf. *inaequilateralis*, *Leptodus* cf. *noblis*, *Slisam*

结构图	岩性描述	副层序	厚度(m)
	灰—深灰色中—厚层状含硅质条带灰岩	III	122
	浅红—粉红色中—厚层状中晶灰岩 青灰色厚—巨厚层状粉晶灰岩	II	209.6
	粉红色、青灰色生物碎屑灰岩夹青灰色、深灰色粉晶灰岩	I	87.8

图 2-10 下拉组基本层序（未按严格比例尺）

sp., *Costiferina* cf. *indca*, *Linoprioductus* sp., *Dielasma* sp., *Martina* sp., *Crassispirifer* sp. 等，为 *Costiferina-Stenoscisma* 组合。该组合时代大致相当于栖霞期至茅口期早期。组合分子中有暖水和冷水混合型。其层位相当于栖霞阶—茅口阶下部。

鏟类主要分子有 *Parafusulina*, *Pseudofusulina*, *Russiella*, *Nankinella*, *Schwagerina* 等，为 *Monodiexodina* 带特征分子，时代为早二叠世栖霞期，层位相当于栖霞阶。另外还有茅口期 *Neosch-Nagerina* 带特征分子。

苔藓虫有 *Rhadomeson* cf., *Fistulipora* sp., *Polypora* sp., *Fenestella* cf. 等，其中 *Rhadomeson* 仅限于栖霞阶，*Fistulipora* 为我国南方栖霞阶标准化石。

以上古生物化石资料有力地证明了下拉组时代为早二叠世栖霞期—茅口期，其层位相当于栖霞阶—茅口阶。

第六节 三叠纪岩石地层

测区内三叠纪岩石地层出露有嘎加组（T_2^2g），分布局限，仅出露于测区那曲县城以西，嘎加村以南，出露面积约 310km²。顶、底不全，以断块或断片状产出。该套地层为班公错-怒江结合带南缘首次发现的三叠纪地层，在区域上无法对比。该地层的岩性组合、成岩环境、化石类型等较特殊，因此本次工作后新建了嘎加组。但因顶、底不全，加之露头情况较差，故嘎加组为非正式建组岩石地层单位。地层区划属桑雄-麦地卡地层小区。

一、剖面描述

(1) 西藏那曲县嘎加村中三叠统嘎加组（T_2^2g）实测剖面如图 2-11 所示。剖面位于那曲县嘎加村，起点坐标：东经 91°49′05″，北纬 31°33′09″。

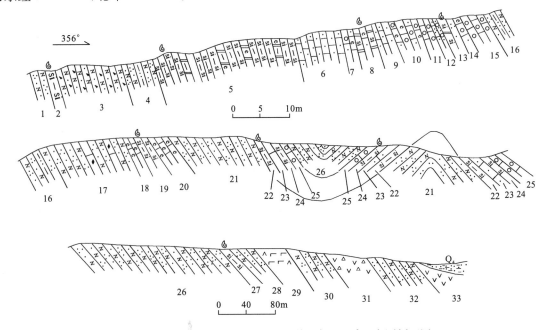

图 2-11 西藏那曲县嘎加村中三叠统嘎加组（T_2^2g）实测剖面图

| 中三叠统嘎加组(T_2^2g) | （未见顶） | 厚＞711.05m |

33. 灰黑色气孔状蚀变安山岩　　　　　　　　　　　　　　　　　　　　　　　　　　17.29m
32. 灰色中—厚层状长石石英砂岩夹深灰色薄层状粉砂岩　　　　　　　　　　　　　　47.6m
31. 深灰—灰黑色致密块状安山质火山角砾岩　　　　　　　　　　　　　　　　　　　36.21m
30. 黄灰—灰色中—薄层状长石石英砂岩　　　　　　　　　　　　　　　　　　　　　24.11m
29. 灰黑色蚀变橄榄玄武岩　　　　　　　　　　　　　　　　　　　　　　　　　　　32.66m
28. 灰—灰绿色中—薄层状长石石英砂岩夹灰黄色薄层状粉砂岩　　　　　　　　　　　21.82m
27. 深灰色薄层状放射虫泥质硅质岩　　　　　　　　　　　　　　　　　　　　　　　9.02m
26. 浅灰色中—薄层状细粒长石石英砂岩　　　　　　　　　　　　　　　　　　　　　136.19m
25. 灰—灰绿色中—厚层状砾屑灰岩　　　　　　　　　　　　　　　　　　　　　　　5.08m
24. 灰—灰绿色中—薄层状含放射虫硅质岩　　　　　　　　　　　　　　　　　　　　1.01m

　　放射虫：*Pselledostylosphaera* sp.

　　　　　　Cruella sp.

　　　　　　Praemesosaturnalis sp.

　　　　　　Paronaella sp.

　　　　　　Canoptum sp. 等

23. 灰—深灰色中—薄层状砂屑灰岩　　　　　　　　　　　　　　　　　　　　　　　0.96m
22. 灰绿—黄灰色中—薄层状含放射虫硅质岩　　　　　　　　　　　　　　　　　　　1.45m
21. 灰绿—黄灰色中—厚层状长石石英砂岩夹灰绿色薄层状粉砂岩　　　　　　　　　　108.33m
20. 灰—黄灰色薄层状生物碎屑灰岩　　　　　　　　　　　　　　　　　　　　　　　19.21m
19. 灰绿色薄层状放射虫泥质硅质岩，放射虫含量10%±　　　　　　　　　　　　　　13.54m
18. 深灰色薄层状含粉砂质生物碎屑灰岩　　　　　　　　　　　　　　　　　　　　　12.31m
17. 黄灰—绿灰色中—薄层状中—细粒长石石英砂岩夹深灰色豆荚状细晶灰岩　　　　　90.9m
16. 浅灰色中—薄层状中—细粒长石石英砂岩夹杂色薄层状粉砂质泥岩　　　　　　　　38.69m
15. 灰绿色中—厚层状含砾灰岩　　　　　　　　　　　　　　　　　　　　　　　　　4.15m
14. 深灰色中层状含砾屑生物碎屑砂屑灰岩　　　　　　　　　　　　　　　　　　　　0.83m
13. 浅灰—黄色中—薄层状含石英砂岩砂屑灰岩夹灰色薄层状含放射白云质硅质岩　　　3.32m
12. 深灰色中—薄层状含石英砂屑灰岩与深灰色薄层状石英粉砂岩互层　　　　　　　　2.32m
11. 浅灰色中—薄层状含砾灰岩　　　　　　　　　　　　　　　　　　　　　　　　　0.99m
10. 深灰色中—厚层状含砾屑生物碎屑砂屑灰岩　　　　　　　　　　　　　　　　　　4.98m
9. 灰色中—厚层状砂屑灰岩　　　　　　　　　　　　　　　　　　　　　　　　　　3.32m
8. 浅灰色中—薄层状含放射虫硅质微晶白云岩夹灰色薄层状含生物碎屑砂屑灰岩　　　2.49m
7. 深灰色中—厚层状含砾屑生物碎屑砂屑灰岩　　　　　　　　　　　　　　　　　　1.92m
6. 灰色中—薄层状砂屑灰岩　　　　　　　　　　　　　　　　　　　　　　　　　　9.6m
5. 灰黑色中—薄层状含放射虫泥质硅质岩夹灰色中—薄层状含生物碎屑钙质白云质微晶灰岩　　29.75m
4. 灰色中—薄层状中—细粒长石石英砂岩夹黄灰色薄层状泥质粉砂岩　　　　　　　　6.72m
3. 灰色中—薄层状细粒岩屑长石石英砂岩，偶见黄铁矿　　　　　　　　　　　　　　13.29m
2. 灰绿色中—薄层状含放射虫泥质硅质岩，放射虫含量5%±　　　　　　　　　　　　1.37m
1. 灰黄色中—薄层状细粒长石石英砂岩　　　　　　　　　　　　　　　　　　　　　8.25m

（未见底）

（2）西藏那曲县昌捕洛马中三叠统嘎加组（T_2^2g）路线剖面如图2-12所示。剖面位于测区西侧昌捕洛马一带，露头零星，为嘎加组辅助剖面，仅供参考。

| 中三叠统嘎加组(T_2^2g) | （未见顶） | 厚＞738m |

9. 灰绿色中—薄层状含放射虫硅质岩，放射虫含量15%～20%　　　　　　　　　　　＞170m
8. 灰黑色蚀变玄武岩　　　　　　　　　　　　　　　　　　　　　　　　　　　　　30m
7. 灰—灰黄色薄层状粉砂岩　　　　　　　　　　　　　　　　　　　　　　　　　　20m
6. 灰黑色蚀变玄武岩　　　　　　　　　　　　　　　　　　　　　　　　　　　　　30m

5. 深灰色薄层状含放射虫泥质硅质岩	50m
4. 深灰—灰黑色蚀变玄武岩	80m
3. 灰绿—灰黑色细碧质火山角砾岩	110m
2. 灰黑色蚀变枕状玄武岩	50m
1. 灰绿色中—薄层状放射虫硅质岩	98m

(未见底)

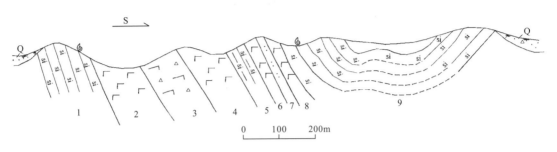

图 2-12 西藏那曲县昌捕洛马中三叠统嘎加组($T_2^2 g$)路线剖面图

二、岩石地层单元特征

区域上的三叠纪地层确哈拉群和巫嘎群岩性为长石石英砂岩、粉砂质板岩、硅质条带灰岩等，所含化石为双壳类、珊瑚类。而本区内的嘎加组岩性为长石石英砂岩，大量硅质岩、砂屑灰岩、砾屑灰岩、含砾灰岩，上部夹有基性火山岩，硅质岩中放射虫含量为5%～20%；与区域上的确哈拉群、巫嘎群相比，无论从岩性组合上，还是所含化石组合都有很大的差别。

嘎加组为一套陆棚相快速堆积的地质体，基本层序见图 2-13。图中，Ⅰ是嘎加组剖面中 1—3 层基本层序，由灰黄色中—薄层状细粒长石石英砂岩 a 与灰绿色中—薄层状含放射虫硅质岩 b 组成，放射虫含量 5%；Ⅱ是 5 层基本层序，由灰黑色中—薄层状含放射虫泥质硅质岩 a 与灰色中—薄层状含生物碎屑钙质白云质微晶灰岩 b 组成（图版Ⅳ，2）；Ⅲ是 6—9 层基本层序，是由灰色中—薄层状砂屑灰岩 a 与深灰色中—厚层状含砾屑生物碎屑砂屑灰岩 b、浅灰色中—薄层状含放射虫硅质微晶白云岩夹灰色薄层状含生物碎屑砂屑灰岩 c 组成；Ⅳ是 10—15 层基本层序，由深灰色中—厚层状含砾砂屑生物碎屑灰岩 a 与含砾灰岩 b、砂屑灰岩与石英粉砂岩互层 c、含石英砂屑灰岩夹含放射虫白云质硅质岩 d 组成；Ⅴ是 16 层基本层序，由细粒长石石英砂岩 a 与粉砂质泥岩 b 组成；Ⅵ是 17 层基本层序，由细粒长石石英砂岩 a 与豆荚状细晶灰岩 b 组成；Ⅶ是 18—20 层基本层序，由砂质生物碎屑灰岩 a 与含放射虫泥质硅质岩 b 组成，放射虫含量约 10%；Ⅷ是 22—25 层基本层序，由含放射虫硅质岩 a 与砂屑灰岩 b、砾屑灰岩 c 组成；Ⅸ是 20—30 层基本层序，由长石石英砂岩 a 与蚀变橄榄玄武岩 c 组成。

嘎加组见有中基性火山岩分布，其岩石化学及地球化学特征表明。火山岩性质为钙碱性，形成于大陆边缘岛弧环境（见火山岩章节）。

三、时代探讨

嘎加组硅质岩内采获丰富放射虫化石，有 *Tritoris* sp., *Triassocampe* sp., *Pseudostylosphaera* sp., *Muelleritortis* sp., *Annulotriassocampe* sp., *Canoptum* sp., *Crucella* sp., *Praemesosatutnalis* sp. 等，见图版Ⅰ、图版Ⅱ、图版Ⅲ。以上化石由中国科学院南京地质古生物研究所的王玉净鉴定："鉴定时代为 T，最有可能为 T_{2-3}，可以同我国云南西部牡音河组放射虫动物群和欧洲拉丁期放射虫动物群对比"。根据上述放射虫动物群与云南、欧洲拉丁期放射虫动物群对比，化石都采于同一个点上，无法划分出拉丁期化石带，故嘎加组时代定为拉丁期（$T_2^2 g$）。

依据上述放射虫化石，嘎加组时代为中三叠世中期。

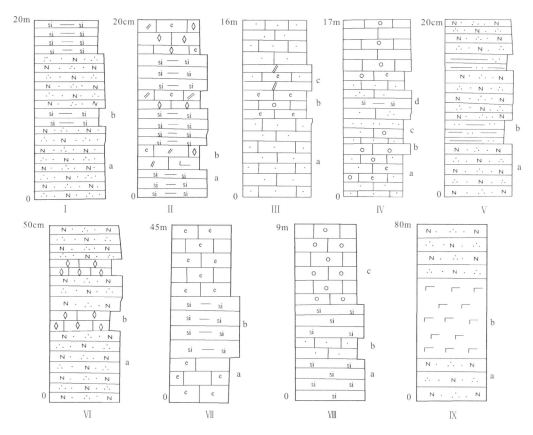

图 2-13 嘎加组基本层序图(嘎加实测剖面图)

Ⅰ:灰黄色中—薄层状细粒长石石英砂岩 a、灰绿色中—薄层状含放射虫硅质岩 b;Ⅱ:灰黑色中—薄层状含放射虫泥质硅质岩 a、灰色中—薄层状含生物碎屑钙质白云质微晶灰岩 b;Ⅲ:灰色中—薄层状砂屑灰岩 a、深灰色中—厚层状含砾屑生物碎屑砂屑灰岩 b、浅灰色中—薄层状含放射虫硅质微晶白云岩夹灰色薄层状含生物碎屑砂屑灰岩 c;Ⅳ:深灰色中—厚层状含砂屑生物碎屑灰岩 a、含砾灰岩 b、砂屑灰岩与石英粉砂岩互层 c、含石英砂屑灰岩夹含放射虫白云质硅质岩 d;Ⅴ:细粒长石石英砂岩 a、粉砂质泥岩 b;Ⅵ:细粒长石石英砂岩 a、豆荚状细晶灰岩 b;Ⅶ:砂质生物碎屑灰岩 a、含放射虫泥质硅质岩 b;Ⅷ:含放射虫硅质岩 a、砂屑灰岩 b、砾屑灰岩 c;Ⅸ:长石石英砂岩 a、蚀变橄榄玄武岩 c

第七节 侏罗纪岩石地层

侏罗纪岩石地层在测区是分布最广的地层,其主要分布在结合带以南,班戈-八宿地层分区之桑雄-麦地卡地层小区,约占测区总面积的75%。主要出露有马里组、桑卡拉佣组、拉贡塘组等连续沉积的侏罗纪地层,现从老到新分述如下。

一、剖面描述

(1)那曲县格索乡中侏罗统马里组第二岩性段(J_2m^2)实测剖面如图 2-14 所示。剖面位于那曲县格索乡,起点坐标:东经92°49′27″,北纬31°42′02″。

上覆地层:中侏罗统桑卡拉佣组(J_2s)　深灰色板岩夹灰白色薄层状灰岩

——————整合——————

中侏罗统马里组第二岩性段(J_2m^2)　　　　　　　　　　　　　　　　　　　　　　　　　**厚>195.72m**

7.浅灰黄、浅灰色中—厚层状白云质中粒岩屑石英砂岩夹紫红色中厚层状泥质粉砂岩,
　二者之比3:1　　　　　　　　　　　　　　　　　　　　　　　　　　　　　　　　　　　129.87m

6.紫红色中—薄层状长石石英砂岩夹紫红色薄层状白云质细粒岩屑石英砂岩　　　　　　　　　33.8m

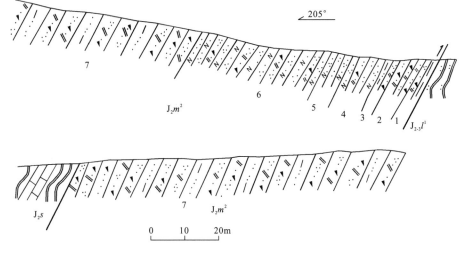

图 2-14　西藏那曲县格索乡中侏罗统马里组第二岩性段(J_2m^2)实测剖面图

5. 紫红色中—薄层状长石石英砂岩夹薄层状粉砂岩,二者之比为 2∶1	5.63m
4. 紫红色薄层状长石石英砂岩夹薄层状长石细砂岩,夹白云质岩屑粉砂岩	9.27m
3. 紫红色中厚层状白云质中粒岩屑石英砂岩夹薄状泥质粉砂岩	4.41m
2. 紫红色厚层状白云质细砂质岩屑粉砂岩	8.19m
1. 紫红色、黄色中—薄层状含砾白云质中粒岩屑砂岩夹薄层泥页岩	4.55m

(未见底)

(2)那曲县达仁乡拔格弄巴中侏罗统桑卡拉佣组(J_2s)实测剖面如图 2-15 所示。剖面位于那曲县达仁乡拔格弄巴,起点坐标:东经 92°30′01″,北纬 31°15′15″。

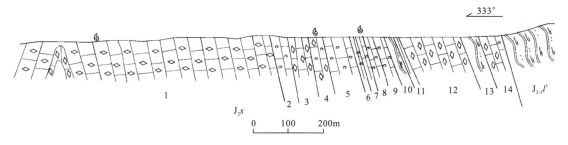

图 2-15　那曲县达仁乡拔格弄巴中侏罗统桑卡拉佣组(J_2s)实测剖面图

上覆地层:中—上侏罗统拉贡塘组($J_{2-3}l$)　灰黑色粉砂质绢云母板岩
————————整合————————

中侏罗统桑卡拉佣组(J_2s)　　　　　　　　　　　　　　　　　　　　　　**厚>1257.83m**

14. 灰黑色生物碎屑粉晶灰岩	60.15m
13. 灰黑色含粉砂质绢云母板岩	47.04m
12. 灰色中—厚层状粉晶灰岩	182.1m
11. 浅灰色薄层状微晶灰岩	15.16m
10. 灰黑色砂质绢云母板岩	29.72m
9. 灰黑色生物碎屑灰岩与钙质板岩互层	22.5m
8. 灰色钙质板岩夹生物碎屑灰岩,二者比例为 2∶1	25.2m
7. 深灰色中—薄层状生物碎屑灰岩,含有海百合茎及笛管孔珊瑚碎片	19.0m
6. 浅灰色生物碎屑灰岩夹钙质板岩,二者比例为 3∶1	17.28m
5. 深灰色中—薄层状生物碎屑灰岩	9.12m
4. 浅灰色中—薄层状含生物碎屑微晶灰岩,产有海百合茎碎片	41.88m

3.灰色厚—块状层粒晶灰岩	55.52m
2.深灰色中—薄层状生物碎屑灰岩	30.91m
1.浅灰色中—薄层状粉晶灰岩,产有珊瑚类化石 Stylina,Gryptocoenia,Stylosmilia 等	642.25m
（未见底）	

(3)那曲县达仁乡拔格弄巴中—上侏罗统拉贡塘组($J_{2-3}l$)实测剖面如图 2-16 所示。剖面位于达仁乡拔格弄巴,起点坐标:东经 92°30′59″,北纬 31°12′42″。

中—上侏罗统拉贡塘组第二岩性段($J_{2-3}l^2$)　　（未见顶）　　厚＞2293.51m

29.灰色厚层状中细粒长石石英砂岩与黑色绢云母板岩不等厚互层	212.77m
28.灰绿色厚层状细粒石英砂岩夹黑色绢云母板岩,二者比例为 3∶1	192.85m
27.深灰色绢云母板岩	170.01m
26.深灰色粉砂质绢云母板岩夹灰绿色—薄层状细粒石英砂岩	65.4m
25.灰色中厚层状中细粒长石石英砂岩夹黑色绢云母板岩,二者比例为 2∶1	155.38m
24.灰色中薄层状中细粒长石石英砂岩与黑色绢云母板岩互层	237.03m
23.灰绿色具厚层状石英砂岩	37.2m
22.灰色厚层状中粒长石石英砂岩夹黑色薄层绢云母板岩,二者比例为 3∶1	268.03m
21.灰绿色厚层状细粒石英砂岩夹灰色薄层状细粒长石石英砂岩,夹黑色绢云板岩,三者比例为 3∶1∶1	335.71m
20.灰色中厚层状细粒长石石英砂岩与黑色绢云母板岩不等厚互层	51.76m
19.灰绿色厚层状中细粒石英砂岩	94.41m
18.深灰色粉砂质绢云母板岩	28.86m
17.深灰色粉砂质绢云母板岩夹灰色中薄层状中细粒长石石英砂岩,二者比例为 3∶1	98.49m
16.灰色中厚层状中粒长石石英砂岩夹黑色中薄层状绢云母板岩,二者比例为 2∶1	21.37m
15.深灰色粉砂质绢云母板岩	67.71m
14.深灰色粉砂质绢云母板岩夹灰色薄层状中细粒长石石英砂岩	38.52m
13.灰绿色中细粒石英砂岩夹灰色薄层状长石石英粉砂岩,夹深灰色粉砂质绢云板岩,三者之比为 3∶2∶1	17.51m
——————整　合——————	
12.深灰色粉砂质绢云母板岩夹灰色中薄层状长石石英粗砂质杂砂岩	577.41m
11.深灰色粉砂质绢云母板岩,夹有顺层的铁质、砂质结核	220.06m
10.深灰色粉砂质绢云母板岩,局部夹有灰黄色中薄层状长石杂砂岩	161.38m
9.黑色粉砂质绢云母板岩	51.48m
8.黑色绢云母板岩夹中薄层状中细粒石英砂岩,二者比例为 3∶1	135.8m
7.黑色粉砂质绢云母板岩	155.2m
6.黑色绢云板岩夹细粒岩屑石英砂岩,二者比例为 3∶1	223.6m
5.黑色粉砂质绢云母板岩与厚层状粗粒长石杂砂岩互层	329.21m
4.黑色绢云母板岩夹中厚层状细粒长石杂砂岩,二者之比为 2∶1	118.79m
3.黑色绢云母板岩	22.22m
2.黑色绢云母板岩夹中厚层状细粒岩屑石英砂砂岩	28.71m
1.黑色绢云母板岩	120.38m
——————整　合——————	

下伏地层:中侏罗统桑卡拉佣组(J_2s)　灰色生物碎屑灰岩

(4)那曲县罗麦乡共土弄巴拉贡塘组一段火山岩夹层路线剖面图如 2-17 所示。其底部夹有一套中性火山岩。

火山岩夹层　　厚＞3360m

9.灰白色蚀变安山岩	120m

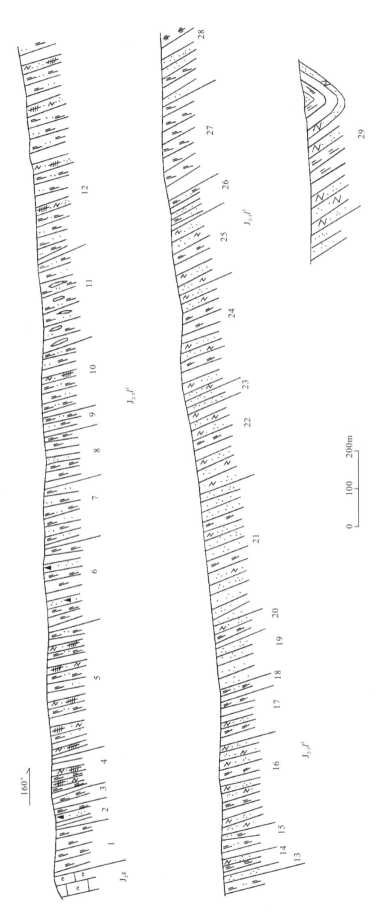

图2-16 那曲县达仁乡拨格弄巴中上侏罗统拉贡塘组（$J_{2-3}l$）实测剖面图

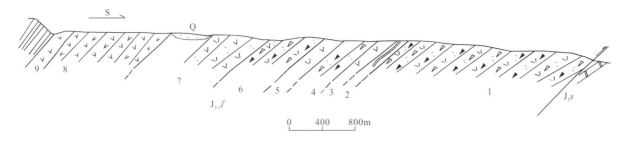

图 2-17 那曲县罗麦乡共土弄巴拉贡塘组一段火山岩夹层路线剖面图

8.浅灰色蚀变角闪安山岩	630m
7.浅灰色安山质凝灰岩	600m
6.灰绿色岩屑晶屑火山角砾凝灰岩	600m
5.灰绿色蚀变安山岩	50m
4.灰色蚀变岩屑凝灰质火山角砾岩	100m
3.灰绿色蚀变安山岩	50m
2.灰白色白云质绢云母板岩	10m
1.深灰色岩屑晶屑火山角砾凝灰岩	1200m

============断层============

中侏罗统桑卡拉佣组(J_2s)　灰白色白云质灰岩

二、地层单元特征

(一)马里组第二岩性段(J_2m^2)

由史晓颖等(1985)在洛隆县城76°方向45km处的马里创名,是将原柳湾组下部的碎屑岩单独划分出来建立的。

测区内马里组出露局限,仅在测区南侧及那曲县格索乡一带零星分布,依据区域对比及邻区图幅资料,测区马里组相当于其第二岩性段,未见其第一岩性段。测区内马里组与上覆地层桑卡拉佣组为整合接触,与拉贡塘组断层接触。马里组为一套由滨岸—浅海相沉积组合,主要岩性为浅灰黄色、浅灰色中粒岩屑石英砂岩、紫红色长石石英砂岩、紫红色—黄色含砾白云质中粒岩屑砂岩、泥页岩、长石细砂岩、泥质粉砂岩、粉砂岩等。其基本层序见图2-18。

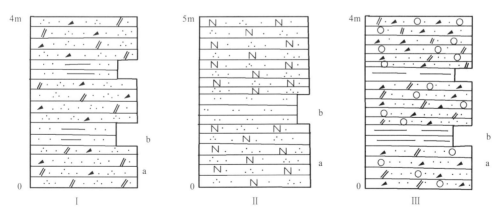

图 2-18　测区马里组二段基本层序(那曲县格索乡)

Ⅰ:马里组上部,浅灰黄色、浅灰色中—厚层状白云质中粒岩屑石英砂岩a与紫红色中—薄层状泥质粉砂岩b组成
Ⅱ:马里组中部,紫红色中—薄层状长石石英砂岩a与薄层粉砂岩b构成韵律型层序
Ⅲ:马里组下部,紫红色中—薄层状含砾白云质中粒岩屑砂岩a与薄层泥页岩b构成韵律型层序

马里组各岩类微量元素含量见表2-3。从表中可以看出砂岩中除W、Ga、B、Zr元素略低于涂氏和费氏平均值外，其他元素均高于涂氏和费氏平均值。

(二) 桑卡拉佣组(J_2s)

四川区调队于1990年据洛隆县马里乡剖面命名，原指位于洛隆县马里乡瓦合断裂南的中侏罗统灰岩地层，相当于四川第三区测队1974年引用云南滇西地层的柳湾组上部的碳酸盐岩。现在定义为是指整合于马里组碎屑岩之上和拉贡塘组页岩之下的一套碳酸盐岩组合。

测区内桑卡拉佣组主要分布于那曲县格索乡、达仁乡、罗麦乡、查荣电站等，出露面积约为25km²。桑卡拉佣组下伏地层为马里组，上覆地层为拉贡塘组，均为整合接触，局部地方与拉贡塘组断层接触，出露厚度大于1257.83m。主要岩性为粉晶灰岩、微晶灰岩、生物碎屑灰岩，局部夹有薄层钙质板岩及粉砂质板岩。另外在查荣电站灰岩具有大理岩化现象。罗麦乡以东沿罗曲河边桑卡拉佣组由于受构造影响强烈，呈断片或断夹块状，使地层产状紊乱，地势陡峭(图2-19)。

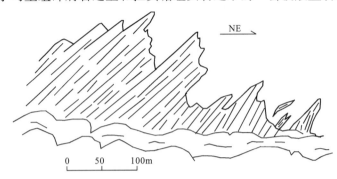

图2-19 沿罗曲河边桑卡拉佣组地貌特征素描图

桑卡拉佣组微量元素含量见表2-3，从表中可以看出，在碳酸盐岩中除Ba、Nb、Zr元素略高于涂氏和费氏平均值外，其他元素均低于涂氏和费氏平均值。泥岩中除Zn、Ca、Sn、Zr元素略高于涂氏和费氏平均含量值外，其他元素含量均低于涂氏和费氏平均值。

本次工作中在桑卡拉佣组中的粉晶灰岩中采获珊瑚化石，有 *Styina*，*Cryptocoenia*，*Stylosmilia* 等。

(三) 拉贡塘组($J_{2-3}l$)

李璞(1955)始称拉贡塘层，创名地点位于洛隆县腊久区西卡达至藏卡扎乌沟。顾知微(1962)改称拉贡塘群。四川第三区测队(1972)在1:100万昌都幅填图中以修订为主。1:100万拉萨幅将其引入本地层分区。文世宣等在《西藏地层》，四川区调队在《1:20万洛隆县幅区调报告》，河南区调队在《1:20万丁青县幅、硕般多幅区调报告》以及《西藏自治区区域地质志》、《西藏自治区岩石地层》均采用了拉贡塘组这一单位，时代置于中—晚侏罗世。本书亦采用拉贡塘组这一名称，且划分为两段。

测区内拉贡塘组分布最广，出露于班公错-怒江结合带以南的桑雄-麦地卡地层小区，出露面积约占测区面积的1/3。

1. 拉贡塘组一段($J_{2-3}l^1$)

一段岩性主要以黑色板岩为主，夹有岩屑石英砂岩、长石杂砂岩、长石石英杂砂岩、铁质砂质结核等。其基本层序见图2-20，总体上为板岩夹砂岩的一套韵律型基本层序。测区内青木拉—罗麦乡一带一段底部夹有一套厚度大于3360m的中性火山碎屑岩，岩性主要为浅灰色角闪安山色岩屑晶屑火山角砾凝灰岩、灰色蚀变岩屑凝灰质火山角砾岩、灰白色白云质绢云母板岩等。该火山岩在测区内东西向延伸不远，南北向出露宽窄不一。另外对该火山岩进行化学元素分析(分析结果见火山岩部分)，得出火山岩属于钙碱性火山岩，形成于大陆边缘火山弧环境。火山岩的出现说明侏罗纪时该地区火山活动较为频繁。

拉贡塘组一段微量元素含量见表2-3，从表中可知，板岩中除Zn、Ca元素略高于涂氏和费氏平均值外，其他元素均低于涂氏和费氏平均含量值；砂岩中除Pb、Zn、Ni、Co、W、Mo、Sr元素略高于涂氏和费氏平均值外，其余元素均低于涂氏和费氏平均含量值。

2. 拉贡塘组二段($J_{2-3}l^2$)

二段岩性主要以中细粒石英砂岩、细粒长石石英砂岩为主，夹有黑色绢云母板岩、深灰色粉砂质绢云母板岩等，其基本层序见图2-21。测区西部罗马乡一带二段具有深水浊积岩特征，发育鲍马序列(图2-22)。

表 2-3 班戈-八宿地层及分区侏罗纪地层微量元素含量表

微量元素含量（$\times 10^{-6}$）

组合	样号	岩性	Cu	Pb	Zn	Cr	Ni	Co	Li	W	Mo	Sb	Sr	Ba	Ca	Sn	B	Nb	Ta	Zr
马里组	P(Ⅱ)Gp-1	含砾白云质岩屑砂岩	10.5	8.30	26.2	65.9	21.2	8.25	35.1	2.4	1.9	0.67	97.8	166	12.2	1.2	18.2	4.25	<0.5	50.2
	P(Ⅱ)Gp-3	白云质岩屑粉砂岩	15.7	9.30	24.6	147	40.9	12.1	18.3	1.0	0.80	0.65	70.5	262	6.15	3.6	57.7	9.45	0.85	183
	P(Ⅱ)Gp-7	岩屑石英砂岩	15.2	9.20	27.9	170	20.7	9.35	37.4	0.60	1.9	0.50	54.1	96.3	9.48	1.4	29.3	3.81	<0.5	170
桑卡拉俑组	P(Ⅰ)Gp-1	生物碎屑微晶灰岩	2.85	5.60	11.0	6.55	4.80	<19.85	0.68	1.4	0.16	0.13	267	59.1	1.51	<0.3	1.36	1.06	<0.5	61.6
	P(Ⅰ)Gp-2	粉砂质岩屑绢云母板岩	29.2	25.2	96.4	64.7	20.9	9.85	41.5	1.1	0.10	0.28	85.2	339	32.2	2.9	59.8	17.2	2.55	160
	P(Ⅰ)Gp-4	微晶灰岩	7.25	10.6	22.7	<1	23.8	6.65	2.89	0.38	0.14	0.42	175	35.4	2.91	<0.3	14.2	4.25	<0.5	50.0
拉贡塘组 一段	P10Gp-1	绢云母板岩	29.8	23.7	120	101	36.7	13.0	41.8	0.92	0.22	0.54	89.7	428	22.4	0.96	31.9	12.9	1.67	80.2
	P10Gp-2	岩屑石英砂岩	16.3	9.70	21.4	27.7	9.60	5.15	8.87	0.92	2.8	0.31	94.7	166	9.37	<0.3	15.2	4.88	<0.5	50.4
	P10Gp-3	长石石英砂岩	17.6	11.8	62.2	34.2	22.1	7.42	28.8	0.62	0.63	0.22	55.5	293	19.4	0.42	22.5	11.1	0.76	117
	P10Gp-4	粉砂质绢云母板岩	17.8	<1	46.2	79.2	17.6	9.15	34.4	0.38	0.22	0.29	118	560	21.6	3.6	97.2	19.9	1.91	162
二段	P10Gp-15	粉砂质绢云母板岩	6.35	10.0	35.3	33.7	8.40	4.55	12.3	1.2	0.90	0.33	53.1	535	25.2	3.1	54.4	18.6	2.50	244
	P10Gp-16	长石石英砂岩	7.95	27.9	32.5	26.2	5.60	1.25	5.36	1.4	1.4	0.57	113	128	6.51	1.8	14.5	7.76	1.99	176
涂氏和费氏(1961)		砂岩	X	7	15	35	2	0.3	15	1.6	0.2	0.0n	20	Xo	12	0.n	35	0.0n	0.0n	220
		碳酸盐岩	4	9	20	11	0.20	0.1	5	0.6	0.4	0.2	610	10	4	0.n	20	0.3	0.0n	19
		粘土	250	80	15	90	225	74	57	n	1.0	1.0	180	2300	20	1.5	330	14	0.0n	150

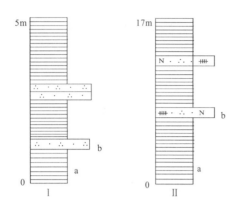

图 2-20　拉贡塘组一段基本层序

Ⅰ 黑色绢云线板岩 a 夹中薄层状中细粒石英砂岩 b；
Ⅱ 深灰色粉砂质绢云母板岩 a 夹灰色中薄层状长石石英杂砂岩 b

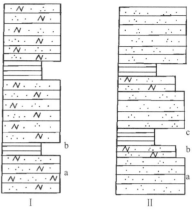

图 2-21　拉贡塘组二段基本层序

Ⅰ 灰色中厚层状中粒长石石英砂岩 a 夹黑色薄层状绢云母板岩 b；Ⅱ 灰绿色厚层状细粒石英砂岩 a 夹薄层状长石石英砂岩 b，夹黑色绢云母板岩 c

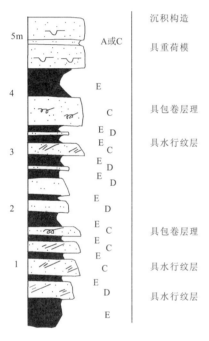

图 2-22　那曲县罗马乡拉贡塘组二段浊积岩基本层序

为 C—E，D—E 组合，缺少 A—B 层序，属远离源区的末端浊流沉积特征。

二段各岩性微量元素含量见表 2-3，从表中可知，板岩中除 Ca、Sn、Nb 元素略高于涂氏和费氏平均值外，其余元素均低于涂氏和费氏平均值；砂岩中除 Zn、Cr、Ni、Co、Sr 元素略高于涂氏和费氏平均值外，其他元素均低于涂氏和费氏平均值。

三、年代地层讨论

测区内马里组和拉贡塘组化石稀少，仅有一些遗迹化石，桑卡拉佣组虽生物化石不少、但因构造挤压或重结晶作用，化石严重破坏，保存较差。

1. 马里组（J_2m^2）

测区内马里组与上覆地层桑卡拉佣组整合接触，本次工作中未采到任何化石。前人曾在该带洛隆县马里剖面上获得了大量的双壳类及腹足类化石（表 2-4），依据双壳类化石其时代置于中侏罗世。马里组双壳类组合为 Protocardia stricklandi - Myophorella signata 组合。其中最重要而最丰富的是三角蛤科的 Myophorella 和心角蛤科的 Protocardia，主要分子有：Protocardia stricklandi (Morris et Lycett)，Myophorella signata (Agassiz)，M. maliensis sp. nov.，Chlamys (Chlamys) sp. 等。

表 2-4　洛隆马里侏罗系腕足类、双壳类动物群组合简表

地层	时代	腕足类组合	双壳类组合
拉贡塘组	Tithonian - M. callovian		Entolium proeteus-Placunopsis maliensis Ass.
桑卡拉佣组*	L. callovian	Dorsoplicathyris - D. dorsolicata Ass.	Lopha qamdoensis - Pseudotrapezium cordiforme - Chlamys (Radulopecten) baimaensis Ass.
	U. bathonian	Cererithyris intermedia - Auonothyris luolongensis Ass.	
	M. bathonian	Cererithyris richardsoni - Pseudotubithyris powerstockensis Ass.	
	L. bathonian - U. bajocian	Sphaeroidothyris lenthayensis - Monsardithyris ventricosa Ass.	
马里组	M. bajocian - L. bajocian		Protocardia stricklandi - Myophorella signata Ass.

注：据《西藏洛隆马里侏罗纪地层与古生物》（1985）；* 即原文所称"柳湾组"。

2. 桑卡拉佣组(J_2s)

本次区调在该组内获得少量珊瑚化石 Stylina，Cryptocenia，Stylosmilia 等，此外见有海百合茎及苔藓虫碎片，时代为侏罗纪。《1∶20万丁青县幅、洛隆县幅区域地质调查报告》中显示，该组内产有双壳类 Chlamys (Radulopecten) baimaensis，为青藏高原中侏罗统常见分子，大致相当于巴通阶至下卡洛阶。此外，文世宣(1982)曾发表有产自硕般多乡日许的双壳类 Nuculana (Praesaella) juriana，原产于印度卡那奇地区中侏罗统。Chlamys (Radulopecten) cf. tipperi 的比较种分布于欧洲及唐古拉地区巴通阶。据此，本组归入中侏罗统无疑，大致可对比为巴通阳至下卡洛阶。

3. 拉贡塘组($J_{2-3}l$)

测区内拉贡塘组中除采获一些遗迹化石外，未获其他化石，因此这里仅作简略的分析探讨。测区拉贡塘组内所侵入的最老花岗岩年龄为93.9Ma，相当于早白垩世。此外拉贡塘组与上覆地层多尼组(K_1d)平行不整合接触。据此拉贡塘组时代上限应为晚侏罗世。结合《西藏自治区岩石地层》和《西藏自治区区域地质志》等资料，将本组时代归入中—晚侏罗世。

第八节 侏罗纪构造地层

结合带内大面积出露的构造地层为前人所称的木嘎岗日群，且按构造地层处理。其划分沿革表见表2-5。本次工作后认为，该套地层整体无序，局部有序，并具构造混杂及蛇绿混杂岩特征，故作为构造地层（非斯密斯）单位，称之为木嘎岗日岩群($JM.$)。该岩群进一步可划分为各组岩组($JMg.$)、余拉山岩组($JMy.$)和班戈桥岩组($JMb.$)。

表 2-5 测区木嘎岗日岩群划分沿革表

孙东立(1979)	文世宣(1979)	《1∶100万拉萨幅区域地质调查报告》(1979)	《1∶100万改则幅区域地质调查报告》(1986)	《1∶100万日土幅区域地质调查报告》(1987)	郭铁鹰等(1991)		《西藏自治区区域地质志》(1993)	《西藏自治区岩石地层》(1997)	《1∶25万班戈县幅区域地质调查报告》(2002)	本书
复理石砂页岩及混杂沉积	格拉隆巴组 J_1	木嘎岗日群 J_2	拉贡塘组 J_3	木嘎岗日群 J_2	木嘎岗日群 J_2	日松群 J_2	答波组 麻嘎藏布组	木嘎岗日岩群 J	木嘎岗日岩群 J	木嘎岗日岩群 J	木嘎岗日岩群 J

一、剖面描述

(1) 安多县格马弄巴东侧木嘎岗日岩群各组岩组短剖面如图2-23所示。

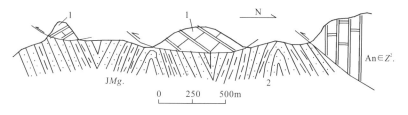

图 2-23 安多县格马弄巴东侧木嘎岗日岩群各组岩组短剖面图

各组岩组($JMg.$)

1. 灰白色大理岩化灰岩，为外来岩块

━━━━━━ 断层 ━━━━━━

2. 基质为深灰色砂岩、泥页岩、变形较强

(2) 聂荣县余拉山木嘎岗日岩群余拉山岩组(J$My.$)路线剖面如图 2-24 所示。

余拉山岩组(J$My.$)
12. 深灰色泥页岩夹砂岩
　　　　　　　　　　　　　　　　　━━━━━━ 断层 ━━━━━━
11. 蚀变细粒灰色辉长石
　　　　　　　　　　　　　　　　　━━━━━━ 断层 ━━━━━━
10. 白云石化、蛇纹石化斜辉辉橄岩
　　　　　　　　　　　　　　　　　━━━━━━ 断层 ━━━━━━
9. 铬镍矿化、白云石化、蛇纹石化纯橄岩,具有闪长岩脉贯入
　　　　　　　　　　　　　　　　　━━━━━━ 断层 ━━━━━━
8. 白云石化、蛇纹石化斜辉辉橄岩
　　　　　　　　　　　　　　　　　━━━━━━ 断层 ━━━━━━
7. 灰黑色细砂岩夹泥页岩
　　　　　　　　　　　　　　　　　━━━━━━ 断层 ━━━━━━
6. 白云石化、蛇纹石化斜辉辉橄岩
　　　　　　　　　　　　　　　　　━━━━━━ 断层 ━━━━━━
5. 蚀变辉长岩
　　　　　　　　　　　　　　　　　━━━━━━ 断层 ━━━━━━
4. 深灰色砂页岩
　　　　　　　　　　　　　　　　　━━━━━━ 断层 ━━━━━━
3. 蚀变辉长岩
　　　　　　　　　　　　　　　　　━━━━━━ 断层 ━━━━━━
2. 白云石化、蛇纹石化斜辉辉橄岩
　　　　　　　　　　　　　　　　　━━━━━━ 断层 ━━━━━━
1. 深灰色长石杂砂岩夹薄层泥页岩

(3) 西藏那曲县班戈桥木嘎岗日岩群班戈桥岩组(J$Mb.$)短剖面如图 2-25 所示。

班戈桥岩组(J$Mb.$)	(未见顶)	厚＞1826m
5. 灰色中薄层状细粒长石石英砂岩夹黑色薄层泥页岩,产有遗迹化石 *Cosmorhaphe* sp. indet		470m
4. 灰黑色泥页岩夹灰色薄层状粉砂岩		360m
3. 灰绿色中厚层状长石杂砂岩夹灰黑色薄层泥页岩		300m
2. 灰色中薄层状长石石英砂岩与灰黑色泥页岩互层		396m
1. 青灰色薄层状粉砂岩夹灰黑色薄层泥页岩		300m

(未见底)

二、构造地层单元特征

测区内结合带西宽东窄,主要构造地层为木嘎岗日岩群,进一步可划分为三个岩性组:沉积-构造混杂亚带称为各组岩组(J$Mg.$);蛇绿-构造混杂亚带称为余拉山岩组(J$My.$);无外来岩块的变形复理石亚带称为班戈桥岩组(J$Mb.$)。

1. 各组岩组(J$Mg.$)

该岩组基质为深灰色砂页岩,变形强烈,岩块主要为外来岩块及原地岩块。外来岩块成分为灰岩(图版Ⅴ,5)、大理岩化灰岩、大理岩等,往往在地势较高的山顶或山坡上分布(图 2-26),局部地方以飞来峰形

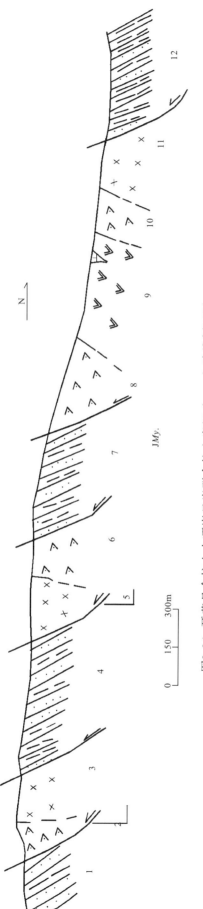

图2-24 聂荣县余拉山木嘎岗日岩群余拉山岩组（$JMy.$）路线剖面图

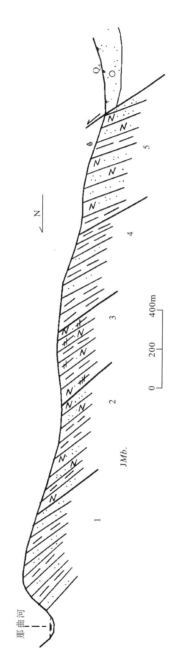

图2-25 那曲县班戈桥木嘎岗日岩群班戈桥岩组（$JMb.$）短剖面图

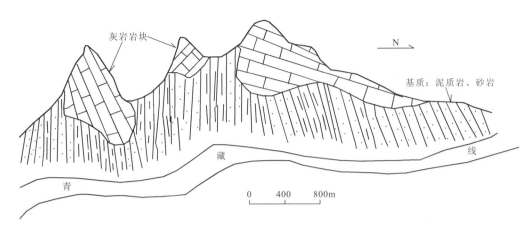

图 2-26　木嘎岗日岩群各组岩组外来岩块素描图(各组乡)

式出现。外来岩块含量约 30%,其中结合带东部含量更高。岩块(片)大小各异,小者几十米,大者 1～6km(延伸)。外来岩块与基质之间为构造接触,原地岩块为基性火山岩、砂岩岩块,基性火山岩岩块主要分布于结合带西侧夏穷见、曲布尝一带(图 2-27),岩块出露宽度 5～1200m,延伸 20～1000m,与基质间为沉积接触,岩块与基质均有不同程度的变形现象。

2. 余拉山岩组(JMy.)

该岩组主要分布于安多县余拉山一带,为一套蛇绿-构造混杂堆晶体。基质为深灰色砂板岩,常见变形较强。岩块有纯橄岩、堆晶辉长岩、斜辉辉橄岩等基性、超基性岩,蛇绿岩各单元间为构造接触,与基质间也为构造接触(详情见岩浆岩章节)。

3. 班戈桥岩组(JMb.)

该岩组主要分布于班戈桥一带,呈断片状产出,为一套成层有序的变形复理石组合,该岩组内无外来岩块(片)。主要岩性为灰色细粒长石石英砂岩、灰黑色泥页岩、灰色粉砂岩和灰绿色长石杂砂岩等组成,其基本层序如图 2-28 所示。本次工作后该岩组内获少量遗迹化石 Cosmorhaphe sp. indet 等。

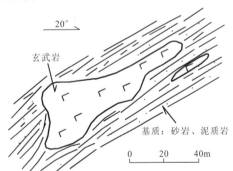

图 2-27　木嘎岗日岩群各组岩组中火山岩
原地岩块特征素描图(曲布尝)

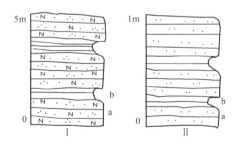

图 2-28　班戈桥岩组基本层序(班戈桥)
Ⅰ:灰色中薄层状细粒长石石英砂岩 a 夹黑色泥页岩 b;
Ⅱ:青灰色薄层粉砂岩 a 夹灰黑色薄层泥页岩 b

三、时代探讨

测区木嘎岗日岩群所含化石稀少,仅在班戈桥岩组内获少量遗迹化石 Cosmorhaphe sp. indet,时代为早—中侏罗世,各组岩组外来岩块中获有孔虫化石 Endothyridae, Glomospirast, Palaeotextularidae,时代为 C—P。

余拉山超基性岩形成于侏罗纪。

综上所述,木嘎岗日岩群时代为早—中侏罗世,与区域上木嘎岗日岩群的时代一致。

第九节 晚侏罗世—早白垩世岩石地层

该岩石地层属于木嘎岗日地层分区,由沙木罗组(J_3K_1s)和郭曲群(J_3K_1G)组成。其中沙木罗组主要分布于余拉山-下秋卡地层小区;郭曲群分布于测区东北角郭曲公社一带,地层区划属聂荣地层小区。

一、剖面描述

(1)安多县各组乡东侧上侏罗统—下白垩统沙木罗组实测剖面如图 2-29 所示。剖面位于安多县各组乡,起点坐标:东经 91°54′08″,北纬 31°40′51″,露头良好,未见顶、底。

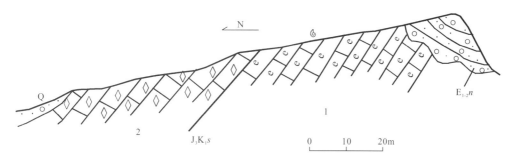

图 2-29　安多县各组乡东侧上侏罗统—下白垩统沙木罗组实测剖面图

上侏罗统—下白垩统沙木罗组(J_3K_1s)	(未见顶)	厚>51m
2.浅灰色中—薄层状隐晶灰岩		23m
1.青灰色薄层状生物碎屑灰岩		28m

海绵类化石:*Cladocoropsis* sp.

　　　　　　　Inozoans

　　　　　　　Stromatoporoids

　　　　　　　Actionostromarianina sp. 等

(2)比如县下秋卡区郭曲公社弄模沟上侏罗统—下白垩统郭曲群(J_3K_1G)实测剖面如图 2-30 所示。

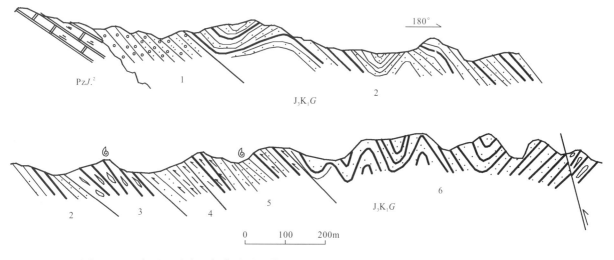

图 2-30　比如县下秋卡区郭曲公社弄模沟上侏罗统—下白垩统郭曲群(J_3K_1G)实测剖面图

上侏罗统—下白垩统郭曲群（J_3K_1G）	（未见顶）	厚>1049m
6. 灰黑色—深灰色砂质条带板岩		140m
5. 深灰色钙质板岩与灰色中薄层状泥质粉砂岩不等厚互层		190m
菊石类化石：*Virgatosphinctes*		
4. 下部灰色中—薄层状钙质砂岩，上部深灰色钙质泥岩		65m
3. 灰黑色含砂质、铁质结核板岩夹少量薄层凝灰质中细粒砂岩		180m
菊石类化石：*Virgatosphinctes* sp. Berriasellinae 等		
2. 浅灰色中—薄层状凝灰质砂岩与深灰色板岩不等厚互层，局部夹有含砾砂岩		482m
1. 底部为底砾岩，中部为砂砾层，顶部为含砾粗砂岩，砾石成分主要为大理岩、灰岩、片岩等		73m

============ 断层 ============

古生界嘉玉桥岩群二岩组（$PzJ.^2$）　灰白色薄层状绿泥石化云母大理岩

二、地层单元特征

测区内晚侏罗世—早白垩世的岩石地层，代表班公错-怒江结合带（新特提斯洋域）闭合的残余海盆沉积。

1. 沙木罗组（J_3K_1s）

西藏区调队（1987）创名，创名地点在革吉县盐湖区沙木罗。自创名以来，范和平（1988）、《西藏自治区区域地质志》（1993）、《西藏自治区岩石地层》（1997）等沿用此名。

测区内沙木罗组分布局限，仅在各组乡一带零星出露。主要岩性为浅灰色中—薄层状隐晶灰岩和青灰色薄层状生物碎屑灰岩，属浅海前缘斜坡相沉积，而未见有碎屑岩组分，多被第四系或陆相红层所覆盖。测区余拉山东侧沙木罗组不整合于木嘎岗日岩群之上。其基本层序见图2-31，本次工作后该组内获海绵类化石 *Cladocoropsis* sp., *Inozoans*, *Stromatoporoids*, *Actinostromarianina* sp. 等。

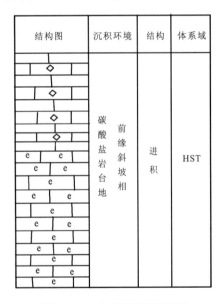

图2-31　沙木罗组沉积层序图

2. 郭曲群（J_3K_1G）

中国科学院（1977）创名，创名地点位于测区比如县下秋卡区郭曲公社，并划分了上、中、下三个组，即弄模组、哈拉组和日阿鲁组，后被地质研究者弃用。《1∶100万拉萨市幅区域地质调查报告》（1979）将该套地层归入拉贡塘组（$J_{2-3}l$）。本次区调恢复郭曲群名称，仅相当于原郭曲群上部层位。地层区划属聂荣地层小区。

郭曲群分布于测区东北角下秋卡区郭曲公社一带，出露面积约20km²。其为一套深灰色浅海陆棚沉积组合，主要岩性组合：底部为底砾岩及砂砾岩，中部为凝灰质砂岩、粉砂岩、钙质板岩、含砂质、铁质结核板岩和钙质泥岩等，上部为砂质条带板岩。郭曲群褶皱极其发育，与下伏地层古生界嘉玉桥岩群（$PzJ.$）为角度不整合接触（图2-32）。底砾岩砾石成分复杂（图2-33），见有灰色云母石英片岩、石英岩、灰色细粒花岗岩、大理岩以及较大块长石、石英晶屑等下伏地层的砾石。砾石大小悬殊极大，一般5~10cm，最大可达60cm以上，小者一般0.5~2cm。砾石均为棱角状，未经任何磨圆，分选极差，砾石总体下部多而大，向上逐渐变小变少。胶结物一般很少，主要为绿泥石、黑云母及石英长石碎屑等。

综上所述，郭曲群与嘉玉桥岩群间角度不整合关系是较为可靠的。本次工作后采获锥石、菊石类化石 *Virgatosphinctes*, Berriasellinae 等，其时代为晚侏罗世—早白垩世。

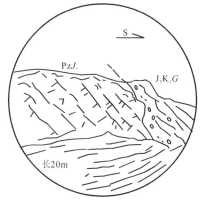

图 2-32 郭曲群与嘉玉桥岩群角度不整合关系素描图

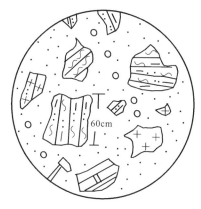

图 2-33 底砾岩砾石特征素描图

三、时代探讨

1. 沙木罗组（J_3K_1s）

测区内沙木罗组出露不全，仅出露有碳酸盐岩部分，灰岩内化石较单调，产有海绵类化石 *Cladocoropsis* sp.，*Inozoans*，*Stromatoporoids*，*Actinostromarianima* 等，鉴定时代为 $J_3—K_1$。另区域上该组内产有珊瑚化石 *Heliocoenia* cf. *orbignyi*，*H. meriani*，*Dermoseris deloguboi*，*Stylina lobata*，*Thecosmilianayna*，*Axosmilia* cf. *marcou*，*Plesiosmilia* sp.；层孔虫 *Parastromatopora* sp.，*Xizangstromatopora* sp.，时代为晚侏罗世，主要为牛津期—基末果期。综上所述，测区内沙木罗组时代为晚侏罗世—早白垩世。

2. 郭曲群（J_3K_1G）

测区内郭曲群与下伏地层古生界嘉玉桥岩群为角度不整合接触。该组产有丰富的菊石类化石，主要有 Aspidoceratinae，*Berriasella* sp.，*Aspidoceras* sp.，Berriasellinae，Virgatosphinctinae，*Virgatosphinctes* sp. 等，鉴定时代为 $J_3—K_1$。另外本次工作中该组泥质粉砂岩内获得少量锥石化石，其时代为 $J_3—K_1$。据此测区内郭曲群时代为晚侏罗世—早白垩世。

第十节　白垩纪岩石地层

测区内出露的白垩纪岩石地层有多尼组和宗给组，属桑雄-麦地卡地层小区。

一、剖面描述

（1）那曲县窝玛听下白垩统多尼组（K_1d）实测剖面如图 2-34 所示。剖面位于那曲县窝玛听，起点坐标：东经 91°59′37″，北纬 31°28′29″。露头良好，构造简单，化石丰富，为测区内多尼组代表性剖面，可惜未见顶。

下白垩统多尼组（K_1d）	（未见顶）	厚＞826.50m
13. 黄灰色薄层状含白云质细粒岩屑石英砂岩夹灰色中—薄层状石英粉砂质白云质粉晶灰岩，产植物碎片		166.94m
12. 黄灰色中—厚层状粉砂质泥岩，产植物碎片及遗迹化石		94.97m
11. 浅灰色厚层状细粒岩屑石英砂岩夹深灰色薄层状粉砂质板岩，二者比例为 4∶1		7.37m
10. 深灰色粉砂质板岩夹黄灰色中—薄层状细粒岩屑石英砂岩		44.4m
9. 灰黄色中—厚层状钙质白云质岩屑石英粉砂岩		73.03m

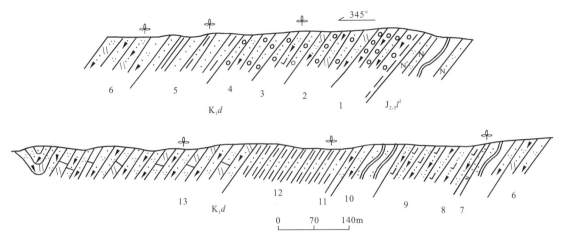

图2-34 那曲县窝玛听上侏罗统—下白垩统多尼组（K_1d）实测剖面图

8. 黄灰色中—厚层状长石石英粉砂岩夹灰色中—薄层状含白云质岩屑石英粉砂岩 　　　　　　　　　　　6.56m
　　锥叶蕨：*Coniopteris* sp.
7. 深灰色粉砂质板岩夹黄灰色中薄层状细粒岩屑石英砂岩 　　　　　　　　　　　　　　　　　　　　39.2m
6. 黄灰色中层状细粒岩屑石英砂岩与薄层状含白云质岩屑石英粉砂岩不等厚互层 　　　　　　　　　97.95m
5. 黄灰—灰色中—厚层状细粉砂质粘土岩，夹同色中—薄层状粗砂岩，含植物碎片 　　　　　　　　103.18m
4. 灰黄—灰褐色中—厚层状含砾粗砂岩夹同色中—薄层不等粒岩屑石英砂岩，发育平行层理，
　　二者比例为3∶1 　　　　　　　　　　　　　　　　　　　　　　　　　　　　　　　　　　　　　　3.28m
3. 浅灰—黄灰色厚层状含砾砂岩，砾岩夹灰褐色薄层状钙质不等粒岩屑石英砂岩，产植物碎片 　　　36.26m
2. 灰黄—灰色中—厚层状白云质不等粒岩屑石英砂岩与灰黑色厚层状粗砾岩互层 　　　　　　　　　58.54m
1. 灰绿色厚层状岩屑砾岩夹白云质石英质岩屑砂岩，二者比例为3∶2 　　　　　　　　　　　　　　　63.83m
　　　　　　　　　　　　— — — — — — — — 平行不整合 — — — — — — — —
下伏地层：中上侏罗统拉贡塘组第二岩性段（$J_{2-3}l^2$）　长石石英砂岩夹灰黑色板岩

(2)西藏那曲县阿儿苍上白垩统宗给组（K_2z）实测剖面如图2-35所示。

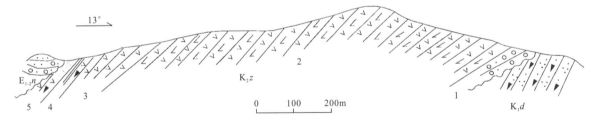

图2-35 西藏那曲县阿儿苍上白垩统宗给组（K_2z）实测剖面图

古近系牛堡组（$E_{1-2}n$）　紫红色复成分砾岩及砂砾层

上白垩统宗给组（K_2z）　　　　　　　　　　（未见顶）　　　　　　　　　　　　　　　　**厚＞535m**
5. 紫灰—紫红色安山质岩屑火山角砾岩 　　　　　　　　　　　　　　　　　　　　　　　　　　　　28m
4. 紫红—紫灰色安山质岩屑火山角砾岩，充填有方解石细脉，脉宽15～30cm 　　　　　　　　　　　30m
3. 紫红—紫灰色蚀变安山岩 　　　　　　　　　　　　　　　　　　　　　　　　　　　　　　　　　52m
2. 浅灰绿色蚀变辉石安山岩 　　　　　　　　　　　　　　　　　　　　　　　　　　　　　　　　　385m
1. 紫灰色厚层状复成分砾岩 　　　　　　　　　　　　　　　　　　　　　　　　　　　　　　　　　40m
　　　　　　　　　　　　～～～～～～～角度不整合～～～～～～～
下伏地层：下白垩统多尼组（K_1d）　浅灰黄色中厚层状细粒岩屑石英砂岩

二、地层单元特征

(一) 多尼组

李璞(1955)命名"多尼煤系",1964年全国地质委员会将其改称为多尼组。1974年四川第三区测队在多尼测制了多尼组剖面,与韩湘涛(1983)创名的曲松波群相当。西藏区调队(1983)又进一步将曲松波群分为多巴组和川巴组,《西藏自治区区域地质志》(1993)沿用此划分方案。《西藏自治区岩石地层》(1997)、《1:25万班戈县幅区域地质调查报告》(2002)仍用多尼组这一名称,本书亦沿用此名。

多尼组主要分布于测区中部,出露面积约120km²,与下伏地层拉贡塘组平行不整合接触,未见顶,厚度大于826.5m。多尼组基本层序见图2-36。Ⅰ—Ⅳ为多尼组底部基本层序:Ⅰ由灰绿色厚层状岩屑砾岩与白云质石英质岩屑砂砾岩组成,砾石成分有板岩、硅质岩、灰岩、石英等,砾径一般为0.5~3cm,最大者达10cm±,砾岩磨圆度为次棱角状—圆状,分选一般;Ⅱ由灰黄—灰色中厚层状白云质不等粒岩屑石英砂岩与灰黑色厚层状粗砾岩组成,砾石成分多为砂岩板岩,次为灰岩、石英等,砾径多为5~12cm,大者可达20cm±,磨圆度一般,分选差;Ⅲ由浅灰—黄灰色厚层状含砾砂岩、砾岩夹褐色薄层状钙质不等粒岩屑石英砂岩组成,砂岩内发育平行层理和低角度交错层理;Ⅳ由灰黄—灰褐色中厚层状含砾粗砂岩与同色中薄层状不等粒岩屑石英砂岩组成,发育平行层理。Ⅴ—Ⅶ为多尼组中部基本层序:Ⅴ由黄灰色中层状细粒岩屑石英砂岩与薄层状含白云质岩屑石英粉砂岩组成(图版Ⅴ,4);Ⅵ由深灰色粉砂质板岩与黄灰色中薄层状细粒岩屑石英砂岩组成;Ⅶ由黄灰—灰色中厚层状细粉砂质粘土岩与同色中薄层状粗砂岩组成;Ⅷ是多尼组上部基本层序,由黄灰色薄层状含白云质细粒岩屑石英砂岩与灰色中薄层状石英粉砂质白云质粉晶灰岩组成。

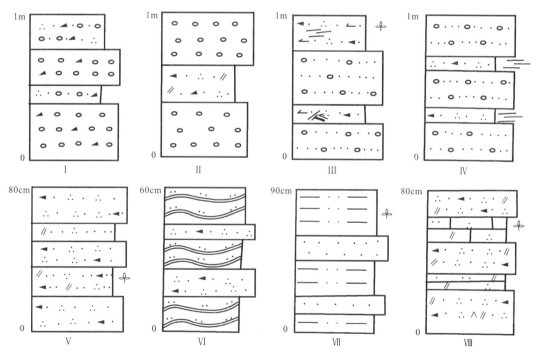

图2-36 多尼组基本层序(据多尼组实测剖面图)

Ⅰ:灰绿色厚层状岩屑砾岩、白云质石英质岩屑砂砾岩;Ⅱ:灰黄—灰色中厚层状白云质不等粒岩屑石英砂岩、灰黑色厚层状粗砾岩;Ⅲ:浅灰—黄灰色厚层状含砾砂岩、砾岩夹褐色薄层状钙质不等粒岩屑石英砂岩;Ⅳ:灰黄—灰褐色中厚层含砾粗砂岩、同色中薄层状不等粒岩屑石英砂岩组成;Ⅴ:黄灰色中层状细粒岩屑石英砂岩、薄层状含白云质岩屑石英粉砂岩;Ⅵ:深灰色粉砂质板岩、黄灰色中薄层状细粒岩屑石英砂岩;Ⅶ:黄灰—灰色中厚层状细粉砂质粘土岩、同色中薄层粗砂岩;Ⅷ:黄灰色薄层状含白云质细粒岩屑石英砂岩、灰色中薄层状石英粉砂质白云质粉晶灰岩测区内多尼组所产化石有小领针海绵 *Pernidella* sp.，绵型螅 *Spongiomorphan* sp.，锥叶蕨 *Coniopteris* sp. 等，此外还有大量植物碎片及少量煤线。

（二）宗给组

西藏地质局综合普查大队（1979）创名，宗给组含义是：不整合在多尼组或拉贡塘组之上，以紫红色为主的碎屑岩，下部为火山岩。本书厘定为：不整合于中—上侏罗统拉贡塘组、下白垩统多尼组之上的一套紫红色、紫灰色火山岩，属于陆相盆地沉积。

测区内宗给组分布局限，仅出露于测区中部阿儿苍及脱哥拉一带，出露面积约 2km²，其岩性主要为浅灰绿色蚀变辉石安山岩、紫红—紫灰色蚀变安山岩、紫红—紫灰色安山质岩屑火山角砾岩等。以上岩性组合相当于区域上宗给组下部层位。宗给组火山岩微量元素分析（见火山岩章节）显示为火山岩属钙碱性系列，形成于俯冲火山弧环境。

三、时代探讨及区域对比

多尼组产有丰富的植物化石及蕨类、海绵类、遗迹化石等，其次还有少量煤线。本次工作中多尼组内获得化石由锥叶蕨 *Coniopteris* sp.，小领针海绵 *Pernidella* sp.，绵型螅 *Spongiomorphan* sp. 等。以上化石鉴定时代为 J_3—K_1，不排除 K_1 的可能性。

《1:20 万洛隆县幅区域地质调查》在该组内获有淡水双壳类 *Trigonioides*（*Diversitrigonides*）*naquenis* Gu，*Cuneopsis sakaii*（Suzuki），海生双壳类 *Weyla*（*Weyla*）sp.，其中本组所产双壳类 *Trigonioides*（*Diversitrigonioides*）属早白垩世中期 TPN（*Trigonioides - Plicatounio - Nippononaia*）动物群的成员。

此外，西藏地质局第一地质大队（1974）曾在洛隆县城北山，硕般多、中亦松多、拉孜等地采获植物化石 *Klukia xizangensis* Lee，*K.* cf. *browniana*（Dunker），*Onychiopsis elongate*（Geyler），*Cladophlebis ihorongensis* Lee，*C. exiliformis* Oishi，*C.*（*Klukia?*）*koraiensis*，*Weichselina reticulata*（Stokos et Webb），*Gleichenites* cf. *giesekiana* Heer，cf. *Frenelopsis hoheneggeri*（Ett.），*Zamiophyllum buchianum*（Ett.），*Podozamites* sp.，*Carpolithus* sp.，*Ptilophyllum* cf. *borealis*（Heer），*Zamiostrobus?* sp.，*Sphenopteris cretacea* Lee。多尼组植物群以真蕨类、苏铁类占重要地位，缺乏银杏类，与西欧早白垩世韦尔登期植物群性质相同。*Weichselia reticulata* 是世界性早白垩世标准分子。*Zamiophyllum buchianum* 地理分布广泛，地层分布仅限于早白垩世，被视为早白垩世重要植物之一。李佩娟（1982）在研究该植物群时，认为时代可进一步确定为早白垩世早期。

经区域对比及综合分析，认为多尼组时代为早白垩世早中期。

宗给组测区内未获任何古生物化石，区域上也未见有化石，本次工作中该组内安山岩的钾-氩法同位素年龄为 62.8Ma，另外测区内宗给组不整合在下白垩统多尼组之上，因此本书将其时代暂置于晚白垩世。

第十一节　古近系

测区内古近系地层为牛堡组，各地层小区均有零星出露。关于古近系前人划分方案较多（表 2-6），名称较繁多，分歧较大。本书沿用《西藏自治区岩石地层》（1997）的划分方案，即古新世—新始世牛堡组，而丁青湖组在测区内未见出露。

一、剖面描述

比如县下秋卡区热线沟古近系牛堡组（$E_{1-2}n$）实测剖面如图 2-37 所示。剖面位于比如组下秋卡区热线沟，起点坐标：东经 92°49′41″，北纬 31°46′55″。露头良好，构造简单，为测区内牛堡组代表性剖面。

表 2-6 牛堡组划分沿革表

岩性	李璞(1955)	青海石油队王文彬等(1957)	藏北地质队(1961)	石油综合队(1966)	西藏第四地质队(1979)	西藏第四地质队(1981)	南古所(1979)	西藏综合队(1979)	西藏区调队(1983)	西藏区调队(1987)	《西藏自治区区域地质志》(1993)	本书
			班戈-伦坡拉盆地					丁青地区	尼玛	奇林湖	改则	班戈	那曲
灰绿、灰、紫红色泥页岩夹凝灰岩及油页岩	古近系	丁青层	牛堡组	砂页岩	伦坡拉组	丁青组	丁青组	伦坡拉群	宗白群	丁青群	青石群	龙门卡群	丁青湖组	丁青湖组
				泥页岩										
				页岩	伦坡拉群	牛堡组		伦坡拉组						
紫红色、灰色粉砂岩夹砂砾岩、凝灰岩、油页岩		牛堡层	宗曲口组				?	牛堡组	柴玛武巴组	丁青群	柴玛弄巴群		牛堡组	牛堡组
		的欧层		的欧段		的欧组	牛堡组			牛堡组				
		宗曲品层		宗曲品群										

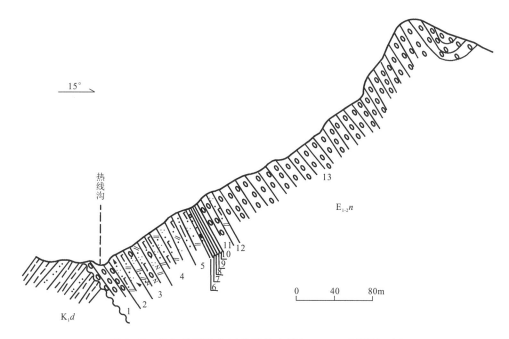

图 2-37 比如县下秋卡区热线沟牛堡组（$E_{1-2}n$）实测剖面图

古近系牛堡组（$E_{1-2}n$）　　　　　　　　　　（未见顶）　　　　　　　　　　厚度＞513.35m

13. 紫红色复成分砾岩　　　　　　　　　　　　　　　　　　　　　　　　　　　　343.2m
12. 紫红色薄层状钙质白云质粗粒石英砂岩　　　　　　　　　　　　　　　　　　　　5.0m
11. 紫红色复成分砾岩　　　　　　　　　　　　　　　　　　　　　　　　　　　　　13.0m
10. 紫红色薄层状粉砂岩　　　　　　　　　　　　　　　　　　　　　　　　　　　　1.0m
9. 紫红色厚层状钙质白云质(含砾)粗粒石英砂岩　　　　　　　　　　　　　　　　　5.7m
8. 紫红色薄层状泥质粉砂岩　　　　　　　　　　　　　　　　　　　　　　　　　　0.96m
7. 紫红色厚层状钙质白云质中细粒石英砂岩　　　　　　　　　　　　　　　　　　　2.88m
6. 紫红色含砾粗砂岩　　　　　　　　　　　　　　　　　　　　　　　　　　　　　2.88m
5. 紫红色厚层状钙质白云质粗粒石英砂岩夹薄层泥质粉砂岩　　　　　　　　　　　　36.48m
4. 紫红色中厚层状钙质白云质不等粒石英砂岩　　　　　　　　　　　　　　　　　　43.2m
3. 紫红色厚层状钙质白云质(含砾)粗粒长粒石英砂岩　　　　　　　　　　　　　　 11.31m

2. 紫红色中薄层状钙质白云质细粒岩屑石英砂岩　　　　　　　　　　　　　　　　　24.88m
1. 紫红色厚层状复成分砾岩（未见底）　　　　　　　　　　　　　　　　　　　　　22.8m
〜〜〜〜〜　不整合　〜〜〜〜〜
下伏地层：下白垩统多尼组（K_1d）　黑色泥页岩夹中薄层状粉砂岩

二、地层单元特征及年代地层讨论

牛堡组各地层小区均有零星出露。以断陷盆地为特征的陆相盆地。其相序为滨湖—浅湖，基本层序：下部紫红色中薄层状钙质白云质细粒岩屑石英砂岩、紫红色中厚层状钙质白云质不等粒长石石英砂岩，紫红色含砾粗砂岩、泥质粉砂岩等；上部为紫红色复成分砾岩，垂向上具有进积结构特征。牛堡组沉积构造较发育，有水平层理、板状交错层理、波状纹层、粒序层等，牛堡组红层地貌上呈阶梯状（图版Ⅴ,6）。

测区牛堡组内未获任何古生物化石，据西藏第四地质队（1978—1979）钻孔资料显示，牛堡组中含大量的孢粉和介形虫。介形虫 *Cypris-Limnocythere* 组合，主要分子与湖北洋溪组、湖南枣市组、广东三水华涌组中面貌相似。孢粉 *Quercoidites-Ulmipollenites* 组合，其面貌与江西清江盆地早始新世的"清二段"，湖北江汉盆地早始新世沟咀组二段的孢粉组合相当。此外还产轮藻 *Obtrsochara* 组合，其面貌与湖北新沟咀组下部，渤海沿岸孔店组等的轮藻面貌相当。因此牛堡组的时代应为古新世—始新世。测区牛堡组岩性相当于该钻孔资料的一段、二段。

第十二节　新近系

测区内新近系地层仅出露有布隆组，地层区划属聂荣地层小区。

一、剖面描述

比如县下秋区尔雄沟新近系布隆组（N_2b）实测剖面在图 2-38 所示。剖面位于比如县下秋卡镇尔雄沟，起点坐标：东经 90°59′12″，北纬 31°51′45″。

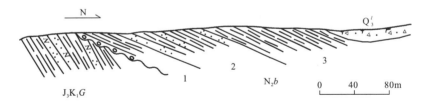

图 2-38　比如县下卡秋区尔雄沟新近系布隆组（N_2b）实测剖面图

新近系布隆组（N_2b）　　　　　　　　　　（未见顶）　　　　　　　　　　　　　**厚>28.7m**
3. 灰褐色具可塑性的厚层泥岩　　　　　　　　　　　　　　　　　　　　　　　　13.7m
2. 松散胶结的石英砂与薄层泥岩成不等厚互层　　　　　　　　　　　　　　　　　9.6m
1. 灰、黄灰及褐灰色泥岩（未见底）　　　　　　　　　　　　　　　　　　　　　　5.4m
〜〜〜〜〜　不整合　〜〜〜〜〜
下伏地层：上侏罗统—下白垩统郭曲群（J_3K_1G）　灰黑色中薄层状泥岩夹薄层细粒长石石英砂岩

二、地层单元特征及年代地层讨论

布隆组是中国科学院（1977）所建，命名地位于本测区下秋卡区布隆乡。《1∶100万拉萨幅区域地质调查报告》（1979）沿用此名。本书仍沿用该名称。

测区内布隆组分布局限，仅出露于测区东侧布隆乡一带，为一套河湖相沉积的碎屑岩和粘土岩组成。

主要岩性组合：下部为灰色、黄灰色、褐灰色泥岩；中部为松散胶结的石英砂与薄层泥岩不等厚互层；上部为灰褐色具可塑性的厚层泥岩等。测区内布隆组与下伏地层郭曲群为角度不整合接触，上覆第四系湖积物，布隆组厚度大于28.7m。

本次工作中该组内未获得任何古生物化石，前人曾在(1977—1979)布隆乡一带获有大量的哺乳动物及植被化石，动物化石有三趾马、犀牛等，植被有云杉、山核桃、竹林、罗汉松、雪松等。以上化石充分反映了当时该地区为低山、湿润多雨的气候环境，布隆组时代暂置于上新世。

第十三节　第四系

测区内第四系分布广泛，主要集中于测区西、西南部、沿沟谷水系及湖泊分布，其成因类型较复杂，以湖泊沉积(Q_3^l、Q_4^l)为主，次为冲积(Q_4^{al})、洪积(Q_4^{pl})、残坡积(Q_4^{edl})、泥沼堆积(Q_4^f)和泉华堆积(Q_4^{cas})等。

一、第四纪地层主要剖面描述

(1)西藏那曲县孔玛区上更新统湖积物(Q_3^l)实测剖面如图2-39所示。剖面位于那曲县孔玛区，起点坐标：东经92°22′02″，北纬31°39′42″，为测区内第四系古大湖中心附近沉积物代表性剖面。

上更新统湖积物(Q_3^l)	厚＞41.0m
12. 黄褐色、灰褐色含砂质粉砂质粘土岩	2.2m
11. 黄灰色中厚层状粘土层	4.3m
10. 浅黄灰色砂质、粉砂质粘土层	5.3m
9. 浅灰绿色含粘土粉砂层	5.8m
8. 浅黄褐色砂质、粉砂质粘土层	3.2m
7. 浅灰绿色、灰黄色粉砂质粘土层	6.1m
6. 浅灰绿色粘土层	0.5m
5. 深灰黄色粉砂质粘土层	0.6m
4. 浅灰绿色粉砂质粘土层	2.9m
3. 浅灰绿色粘土层	1.3m
2. 浅黄灰色厚层状粘土层	2.8m
1. 浅灰绿色粉砂质粘土层	6.0m

(未见底)

(2)西藏那曲县班戈桥上更新统湖积物(Q_3^l)实测剖面如图2-40所示。剖面位于那曲县班戈桥西侧，起点坐标：东经91°43′10″，北纬31°35′29″，为测区内第四系古大湖边部沉积物代表性剖面。

上更新统湖积物(Q_3^l)	厚＞19.4m
13. 黄色中砾层与砂砾层不等厚互层	5.6m
12. 灰色松散粉砂与粘土层互层	0.6m
11. 灰黄色钙质胶结坚硬的粉砂、粘土层	0.2m
10. 灰黄色砂、砾石互层	0.4m
9. 灰黄色钙质胶结坚硬的砂、砾石互层	0.2m
8. 灰黄色含少量细砾的松散砂、粉砂、粘土层	1.2m
7. 灰黄色中—粗粒砾石、砂互层，砾石砾径一般10mm，大者30～50mm，成分复杂，磨圆度好，分选性差	3.5m
6. 黄色钙质胶结的粉砂层，含少许砾石	0.3m
5. 灰色砂砾层，砾石含量50%左右	1.5m
4. 灰色钙质胶结砾石层	0.2m

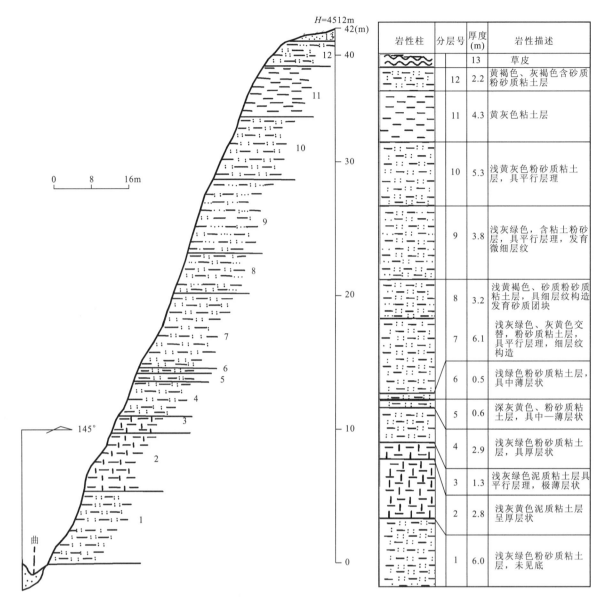

图 2-39 西藏那曲县孔玛区第四系上更新统（Q_3^l）湖积物实测剖面图

3. 灰黄色粉砂-粘土层,含少许砾石　　　　　　　　　　　　　　　　　　　　　　　　1.8m
2. 灰色中—粗粒砾石及砂互层　　　　　　　　　　　　　　　　　　　　　　　　　　　2.8m
1. 灰白色含砾粘土、粉砂层　　　　　　　　　　　　　　　　　　　　　　　　　　　　1.1m

（未见底）

二、地层划分及成因类型

第四纪地层可划分为上更新统（Q_3）和全新统（Q_4）及多种成因类型。

（一）上更新统（Q_3）

上更新统代表测区泛湖期的一套碎屑沉积物,代表性剖面如图 2-39、图 2-40 所示,其中图 2-39 所描述的剖面代表古大湖期靠近湖中心部位的沉积物,为一套浅灰色较细的粘土及粉砂层,产状平缓,厚度大于 41.0m,现在海拔高度为 4512m。图 2-40 所描述的剖面代表古大湖期靠近湖边部的沉积物,为一套灰色砾石及砂砾层。砾石成分复杂,砾径 5~50mm,磨圆度较好,分选性中等,产状平缓,厚度大于 19.4m,高出现在湖面 45~100m,海拔 4500~4550m。

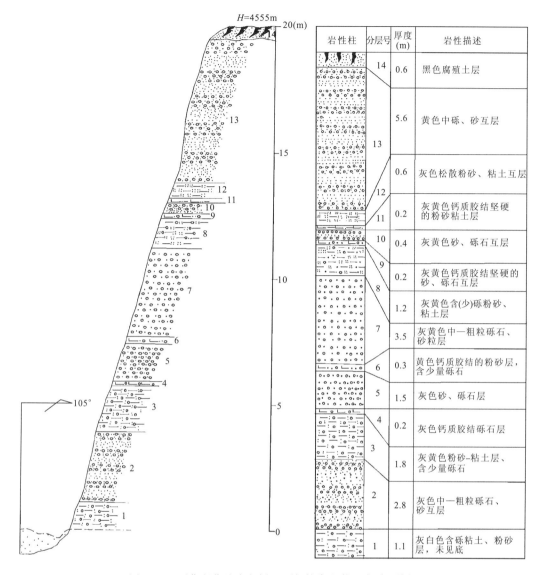

图 2-40　西藏那曲县班戈桥上更新统湖积物(Q_3^l)实测剖面图

(二)全新统(Q_4)

(1)冲积(Q_4^{al}):主要沿河床及河漫滩分布。多发育河流二元结构,下部为河床砂砾石层,上部为河漫滩细砂、粉砂等。

(2)洪积(Q_4^{pl}):分布于主干河流二、三级支流及山麓沟口地带,形成洪积扇。扇的顶面高出河水面1～15m。由砾石、砂土组成,砾石磨圆度中等,分选差,大小混杂。

(3)残坡积(Q_4^{edl}):沿山坡分布,为物理风化作用的产物,通常为棱角状大小不一的岩块及碎石堆。

(4)湖积(Q_4^l):分布于测区各大湖区及干湖区,包括湖漫滩。为砂砾石及泥质沉积物,一般高出现在湖面50m左右。

(5)泥沼堆积(Q_4^f):分布于湖区,河流谷地等低洼地带,多为牧区草场,主要为灰黑色泥炭、腐殖质,多为牧区草场,植物根系较发育。

(6)泉华堆积(Q_4^{cas}):分布于达仁乡、孔玛乡等地,多呈平台地貌,高出河水面5m左右,面积几十平方米,由泉华及钙华组成,颜色发白。

第十四节 沉积盆地分析

沉积盆地(sedimentary basin)是地球表面或者可以说岩石圈表面相对长时期沉降的区域,换言之,是基底表面相对于海平面长期沉陷或坳陷(depression)并接受沉积物沉积充填的地区。从构造意义上说,沉积盆地是地表的"负性区"。相反,地表除沉积盆地以外的其他区域都为遭受侵蚀的剥蚀区,即沉积物的物源区,这种剥蚀区是构造相对隆起的"正性区"。隆起的正性区遭受侵蚀、剥蚀,使其剥蚀下来的物质向负性区的沉积盆地迁移,并在盆地中堆积下来,这实际上就是一种均衡调整(补偿)作用。

盆地分析是将沉积盆地视作一个整体对其地球动力学进行综合研究,并利用这种知识解决当前人类所面临的资源短缺和环境问题。其内容主要有:沉积组合(沉积建造)、盆地沉积层序、砂岩骨架成分、火山岩夹层、盆内含矿性、沉积盆地分类及其演化等。

一、沉积盆地分类

本书采用与板块构造相关的盆地分类与方案,其分类依据一般包括:①盆地形成时大陆边缘性质;②盆地在板块边缘或板块内部的位置;③盆地基底地壳的性质;④盆地形成时动力学模式。同时参考孟祥化(1982)和余光明、王成善(1990)的盆地分类方案,将测区沉积盆地粗略划分如下(表2-7)。

表2-7 测区沉积盆地分类表

板块构造与沉积盆地			主要沉积建造		时空分布
离散阶段	稳定陆壳区	克拉通陆表海盆地	复陆屑建造、火山岩建造,台地碳酸盐岩建造	稳定型	班公错-怒江结合带,古生代
	被动边缘区	前陆盆地	杂色复陆屑建造,台地碳酸盐岩建造,火山岩建造	非稳定型	班公错-怒江结合带,中晚三叠世
	洋壳区	洋底盆地	大洋玄武岩建造	非稳定型	班公错-怒江结合带,J
会聚阶段	活动边缘区	活动边缘盆地	复陆屑建造,台地碳酸盐岩建造,火山岩建造	非稳定型	班公错-怒江结合带冈底斯-念青唐古拉板片北缘,早中侏罗世
		岩浆弧		非稳定型	晚白垩世火山岩及燕山晚期侵入岩
		残余海盆	复陆屑建造,台地碳酸盐岩建造	非稳定型	班公错-怒江结合带冈底斯-念青唐古拉板片北缘,晚侏罗世-早白垩世
碰撞阶段		前陆盆地	陆相火山岩建造	稳定型	各区,晚白垩世
		再生陆相盆地	红色复陆屑建造		各区,第三纪

测区沉积地层广泛发育,从石炭系到古近系均有出露,其中侏罗系出露面积最广,约占测区总面积的75%,其余地层均零星分布,加之测区第四系覆盖广泛,因此根据实际情况及所收集到的资料,本书中只对测区三叠纪(嘎加组)、侏罗纪(马里组、桑卡拉佣组、拉贡塘组)、白垩纪(多尼组)和古近纪(牛堡组)等地层进行较粗浅的沉积盆地分析。

二、盆地各论

(一)三叠纪沉积盆地

1. 沉积建造

陆棚沉积组合:以嘎加组为代表,主要岩性有细粒长石石英砂岩、岩屑石英砂岩、粉砂岩、(含)放射虫泥质硅质岩、砾屑灰岩、砂屑灰岩、角砾状灰岩等。角砾状灰岩的砾石成分以灰岩为主,次为硅质岩,砾石磨圆度中等,为次棱角状—圆状,砾径大小一般为1cm左右,大者约7cm×12cm,长轴与岩层层面平行,砾石定向性排列(图版Ⅴ,3),可能为大陆边缘(陆棚)滑塌所致。

2. 沉积学特征

1) 成分特征

嘎加组中砂岩碎屑成分主要为石英、长石（斜长石），岩屑以硅质岩岩屑、绢云母板岩岩屑为主。火山岩屑极少（2%左右）。胶结物主要为硅质物；重矿物为电气石、锆石等。成分成熟度不高，碎屑以棱角状—次棱角状，呈孔隙式胶结。硅质岩颜色常为灰—灰绿色。少量具紫红色，主要成分为硅质物、泥质物、生物碎屑等。硅质岩中放射虫含量5%~20%，呈不均匀星散状分布，直径一般0.2~0.3mm，均被玉髓所充填。灰岩类型有砾屑灰岩、砂屑灰岩、角砾状灰岩，颜色为深灰—灰绿色，常含有生物碎屑。

2) 粒度特征

嘎加组粒度曲线如图2-41所示，从图中可以看出嘎加组发育跳跃总体和悬浮总体，不发育滚动总体，其中跳跃总体占主要，斜率大于45°，说明分选中等—好。悬浮总体的存在是半深海沉积的一大特点。

3) 沉积构造

嘎加组中沉积构造发育有水平层理、斜层理及少量重荷模等。

4) 古生物特征

嘎加组硅质岩中普遍含有放射虫化石，含量5%~20%，呈不均匀星散状分布。其次，灰岩中也含有大量的生物碎屑。

以上分析反映嘎加组沉积环境为浅水相快速堆积的地质体。

5) 沉积背景

硅质岩是确定沉积盆地大地构造位置和古水深条件最有意义的岩石类型。研究硅质岩岩石地球化学特征是确定其沉积构造背景的有效手段。测区嘎加组中含有大量硅质岩，下面根据大量分析结果及图解手段展示其沉积背景。

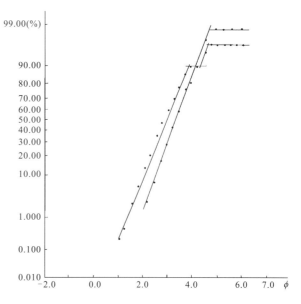

图2-41 嘎加组砂岩粒度分布曲线图

Murray认为Al和Ti与陆缘Si关系密切，可作为陆缘物质注入的良好标志，Fe在洋脊附近的富金属沉积物中富集，可作为洋盆扩张中心热液注入的标志，根据Al、Ti、Fe和Si氧化物比值的相互关系，提出了区分洋脊硅质岩和大陆边缘硅质岩的判别图（图2-42）。从图中可以发现，测区内各有两件样品点在边缘及大陆边缘区内，其他样品点则靠近边缘及大陆边缘区，远离洋脊区。

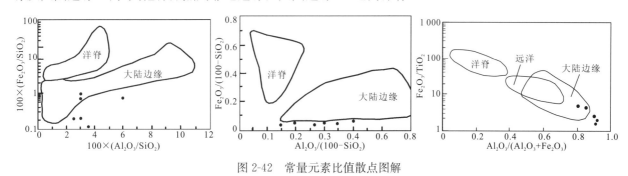

图2-42 常量元素比值散点图解

MnO/TiO_2比值也可作为判别硅质来源及沉积盆地古地理位置的重要指标。MnO常作为来自大洋深部物质的标志，离陆较近的大陆坡和陆缘海沉积的硅质岩MnO/TiO_2比值偏低，一般均小于0.5；而开阔大洋中的硅质沉积物比值较高，可达0.5~3.5。表2-8所列为测区嘎加组硅质岩氧化物分析结果表，不难看出嘎加组硅质岩6件样品MnO/TiO_2比值均小于0.5，说明测区嘎加组硅质岩属大陆坡和陆缘海沉积的硅质岩。

表 2-8 测区嘎加组硅质岩氧化物分析结果表

样号	SiO_2	Al_2O_3	Fe_2O_3	TiO_2	MnO	MnO/TiO_2
PⅧ-5	82.84	2.60	0.45	0.082	0.027	0.3
PⅧ-18	84.88	3.01	0.09	0.16	0.051	0.3
PⅧ-26	85.74	5.50	0.65	0.31	0.075	0.24
PⅧ-31	90.04	2.93	0.15	0.14	0.028	0.2
N-6	92.20	2.78	0.63	0.11	0.044	0.4
N-7	93.10	2.37	0.15	0.085	0.023	0.27

注：氧化物含量数量级为%。

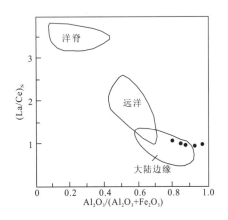

图 2-43 $(La/Ce)_N - Al_2O_3/(Al_2O_3+Fe_2O_3)$图解

稀土元素是硅质岩沉积背景研究的最有效手段之一，这是由稀土元素的自身特征、来源及其在海水中的变化规模所决定的。Murray 等根据加利福尼亚海岸带的 Franciscon 岩系、Claremont 组和 Monterey 组层状燧石和页岩的稀土元素研究，指出扩张洋中脊区（400km 以内）沉积的燧石、页岩以极小的 Ce/Ce^*（约 0.29）为特征，洋盆区的 Ce/Ce^* 以中等值（约 0.55）为特征，而大洋边缘区的 Ce/Ce^* 值很大（0.90～1.30）。测区硅质岩 5 件样品 Ce/Ce^* 值 0.97～1.16，平均值 1.01，说明测区硅质岩属大陆边缘型硅质岩。Murray 等将稀土元素与常量元素结合，提出燧石和页岩的三种沉积背景经验图解（图 2-43），测区嘎加组硅质岩 5 件样品有 3 件样品点落入大陆边缘地区，其余 2 件样品点靠近该区，说明嘎加组硅质岩沉积背景为大陆边缘环境。

嘎加组中见有基性火山岩，属钙碱性火山岩，具初始岛弧特点。

综上所述，嘎加组沉积盆地类型为残余前陆盆地，该盆地是古特提斯残余洋盆发生洋内消减时，冈底斯-念青唐古拉板片北缘大陆前缘形成的地质体，嘎加组为前陆盆地早期的产物。具有活动性及初始岛弧特点。沉积背景为大陆边缘陆棚相环境。

(二)侏罗纪盆地

早中侏罗世班公错-怒江结合带继续扩张，形成以马里组、桑卡拉佣组（图 2-44）、拉贡塘组（图 2-45）等为沉积物的前陆盆地。而余拉山蛇绿岩带则代表当时的洋盆，晚侏罗世—早白垩世班公错-怒江结合带进入挤压会聚阶段，在其南侧形成活动边缘盆地。

1. 主要沉积组合

1）深海沉积组合

该沉积组合见于木嘎岗日岩群，其沉积基底为余拉山蛇绿岩组合，出露范围与班公错-怒江结合带一致。木嘎岗日岩群基质部分主要岩性组合为黑色板岩、泥页砂岩、长石石英砂岩等，局部见有薄层硅质岩夹层，常发育水平层理，局部见有鲍马序列，偶见有晶形完好的黄铁矿，呈星点状分布。

2）滨岸-浅海沉积组合

该沉积组合见于马里组，测区内马里组分布面积很小，岩性主要为长石石英砂岩、白云质岩屑石英砂岩、岩屑粉砂岩、含砾白云质岩屑砂岩、泥质粉砂岩、白云质岩屑粉砂岩、长石细砂岩等（图 2-44）。岩石颜色为紫红色，具磨拉石特点。总体来看，马里组由下到上粒度变细，沉积作用属退积型。测区东部（1∶20 万洛隆县幅、昌都幅）马里组下部为紫红色砾岩；上部为灰色长石石英砂岩，少量灰岩，上部含底栖双壳类

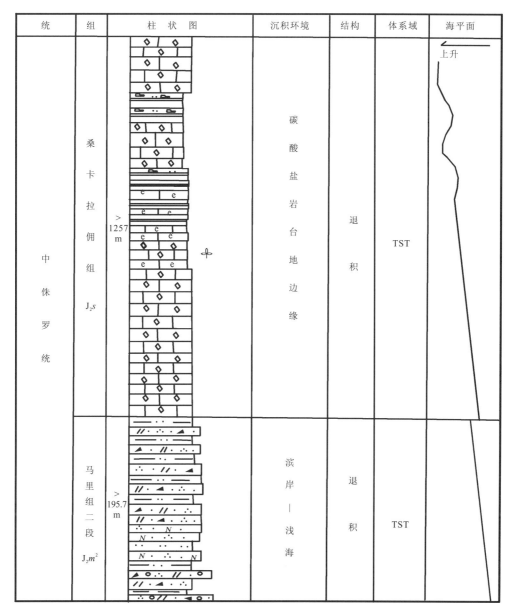

图 2-44 马里组、桑卡拉佣组沉积层序图（未按严格比例尺）

化石。从这些特征可清楚地看出，马里组为海侵初期水体逐渐加深情况下滨岸—浅海相的沉积。

3) 碳酸盐岩台地边缘沉积组合

该沉积组合见于桑卡拉佣组，由灰黑色生物碎屑粉晶灰岩、浅灰色微晶灰岩等组成，局部夹有薄层钙质板岩（图 2-44）。产有珊瑚类化石及大量生物碎片，说明当时水动力条件较强。

4) 陆缘碎屑海岸沉积组合

该沉积组合见于拉贡塘组二段，为进积型海岸沉积（图 2-45）。近滨是海水平均低潮以下到正常浪基面与海底相交的地区。沉积组合为灰色中厚层状长石石英砂岩，灰绿色具厚层状石英砂岩、灰黑色粉砂质绢云母板岩等，显示出近陆棚区的沉积特点。发育平行层理。砂岩分选良好，磨圆度差，多呈次棱角状。粒度曲线主要由跳跃总体组成（图 2-46），跳跃总体明显存在两个次级总体，这是由于波浪往复冲刷的结果，曲线斜率大于50°，反映其分选良好的特征。

5) 陆缘碎屑浅海（陆棚）沉积组合

该沉积组合见于拉贡塘组一段，为进积型浅海沉积组合（图 2-45）。沉积组合为灰黑色粉砂质绢云母板岩、灰色薄层状中细粒长石杂砂岩、石英砂岩、铁质、砂质结核等。发育交错层理，砂岩分选性及磨圆度都较好。

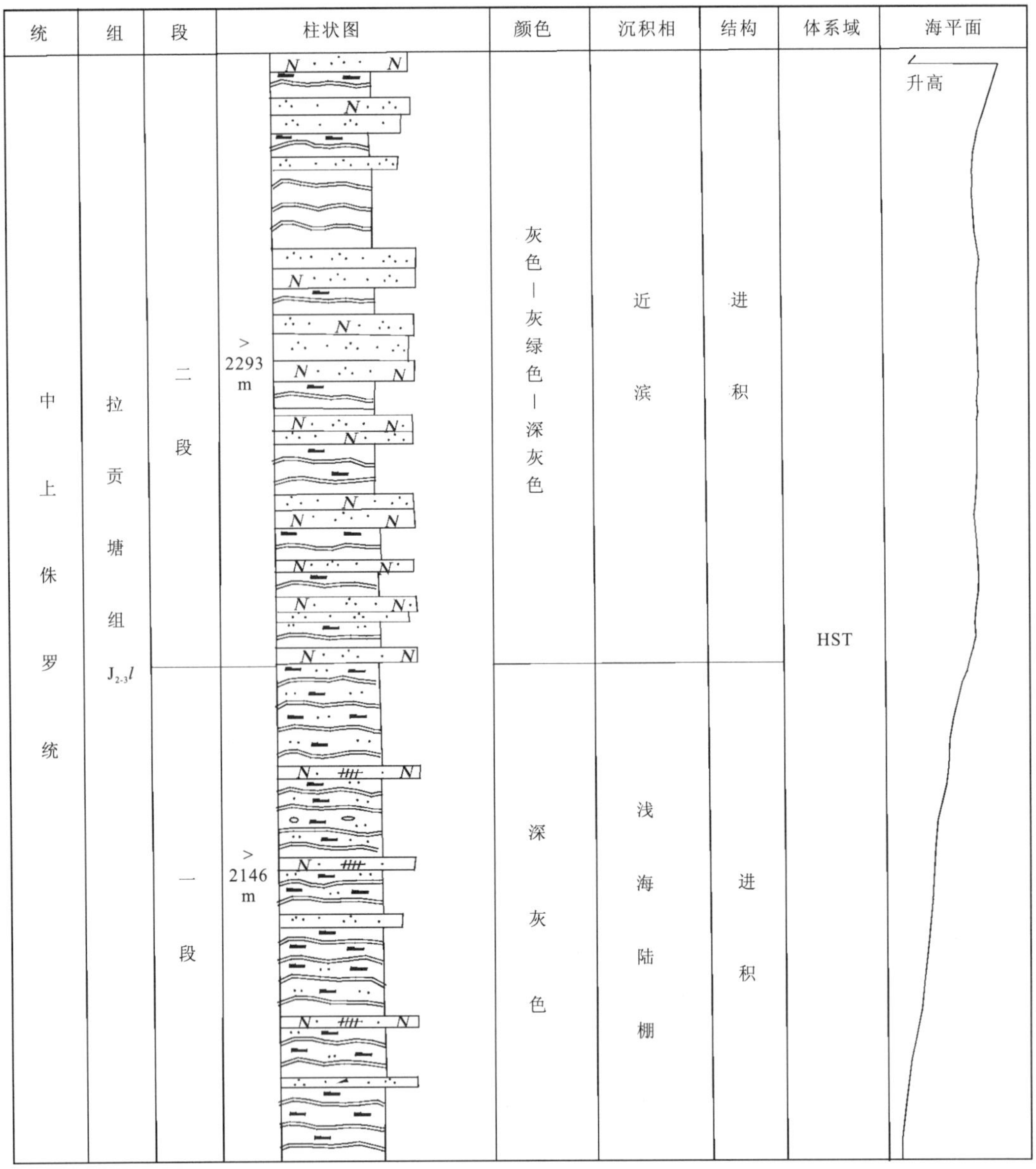

图 2-45 拉贡塘组沉积层序图(未按严格比例尺)

2. 沉积层序分析

前陆盆地内层序受全球海平面变化和构造沉降双重影响,形成机制比较复杂。这里只对测区侏罗纪地层层序作些粗浅分析。

测区内从马里组到拉贡塘组为连续沉积的地层体,而测区内马里组未见顶、底。区域上马里组角度不整合于前石炭系嘉玉桥岩群之上(图2-47),属Ⅰ型不整合,该层序为Ⅰ型层序,层序顶底不全。由海侵体系域和高水位体系域组成。

海侵体系域 TST:由马里组和桑卡拉佣组构成。马里组由一系列退积型基本层序叠置而成,剖面结构亦为退积型(图2-44),显示海平面不断上升的特点。沉积相为滨岸—浅海相。底部发育有一百多米厚的海侵滞留砾岩,砾石含量75%左右,成分复杂,有石英质砾岩、千枚岩、云母石英片岩等。砾径一般为0.5~5cm,下部稍大,磨圆度好,呈浑圆状、椭球状,分选性好,为海侵初期的产物。桑卡拉佣组剖面结构为退积型,沉积相为碳酸盐岩台地边缘相。

高水位体系域(HST):由拉贡塘组构成,拉贡塘组为一系列进积型基本层序叠置而成,从一段到二段

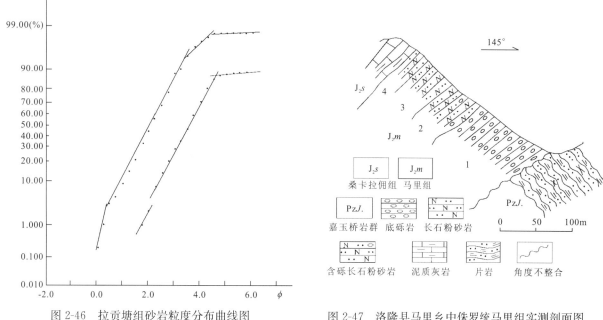

图 2-46　拉贡塘组砂岩粒度分布曲线图

图 2-47　洛隆县马里乡中侏罗统马里组实测剖面图
(据《1∶20 万洛隆县幅、昌都幅区域地质调查报告》)

颜色由深灰色到灰色,岩性由细变粗,砂岩厚度由薄变厚。沉积相为浅海陆棚—近滨相。拉贡塘组内偶见有黄铁矿,很好地反映了其还原环境的特征。

3. 稀土元素分析

本次工作在马里组和拉贡塘组中取了 30 件稀土样品,分析结果显示(图 2-48、图 2-49,表 2-9),曲线右倾,斜率不大,轻稀土相对富集程度不高,Eu 具明显负异常。

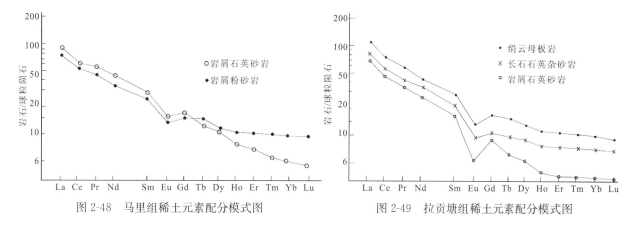

图 2-48　马里组稀土元素配分模式图　　　图 2-49　拉贡塘组稀土元素配分模式图

曲线模式与 Bhatia(1985)所作的安第斯型大陆边缘稀土元素曲线特征相似。稀土元素分析很好地反映了盆地性质为前陆盆地。

4. 砂屑模型分析

1)马里组

马里组砂岩碎屑成分主要是单晶石英($Q_m = 67\% \sim 79\%$)、多晶石英($Q_p = 3\% \sim 6\%$)、长石($F = 1\%$)、沉积岩岩屑($L_s = 15\% \sim 25\%$)、火山质岩屑(L_v)极少,其基本碎屑组合为 QL 型,投影在库吉(1974)QFR 图解中,样品点落入前陆盆地区内(图 2-50)。

在判别物源区方面,投影在 Dickinson(1985)QmFLt、QtFL 图解中,样品点均落入再循环造山带物源区内(图 2-51),由此可见马里组物源主要来自冈底斯带等地。

表 2-9 实测各地层单位稀土元素分析结果

稀土元素（里德常数）（×10⁻⁶）

地层单元	样号	La	Ce	Pr	Nd	Sm	Eu	Gd	Tb	Dy	Ho	Er	Tm	Yb	Lu
马里组 J_2m	PⅡ-XT₁	91.3	59.3	53.7	42.6	27.3	15.4	16.1	12.3	10.1	7.49	6.94	6.02	5.66	5.17
	PⅡ-XT₂	50.3	32.3	25.9	23.2	16.5	8.43	10.7	9.68	7.85	6.22	6.04	6.02	5.14	4.39
	PⅡ-XT₃	72.5	49.5	44.0	33.2	23.2	12.5	15.4	14.3	11.6	10.3	10.4	10.3	9.24	8.79
	PⅡ-XT₄	46.0	29.5	22.6	20.1	12.7	7.27	7.85	6.16	5.87	4.95	4.90	4.51	4.34	4.39
	PⅡ-XT₅	68.5	59.1	49.6	39.4	23.2	11.1	15.0	13.0	12.6	11.2	11.2	11.0	10.5	9.82
	PⅡ-XT₆	88.1	57.9	49.1	38.4	23.2	11.2	14.3	14.8	12.0	9.22	10.4	10.0	9.56	9.30
拉贡塘组 $J_{2-3}l$	P10-GP₁	104	72.8	59.2	48.3	29.4	14.5	19.4	18.0	16.4	14.5	14.4	14.0	13.9	11.6
	P10-GP₂	69.3	46.1	33.6	28.2	17.1	6.93	9.94	7.75	6.79	5.88	5.61	5.76	5.26	4.39
	P10-GP₃	80.7	55.4	40.9	35.2	21.1	9.82	13.5	12.0	10.4	8.53	8.71	8.77	8.63	7.49
	P10-GP₄	93.7	64.4	53.7	41.5	25.0	11.5	16.3	15.7	14.0	12.7	12.8	12.8	12.8	10.6
	P10-GP₅	91.5	63.7	47.3	38.4	24.5	9.47	14.9	12.5	10.8	9.10	9.57	9.02	9.92	8.01
	P10-GP₆	107	71.9	52.8	45.9	28.6	11.5	15.9	15.0	13.7	12.1	12.3	12.0	12.3	10.6
	P10-GP₁₀	104	72.4	55.9	45.1	28.3	9.58	17.9	16.0	15.4	13.0	13.8	12.8	14.0	11.9
	P10-GP₁₁	72.2	50.8	36.2	30.9	17.5	8.78	11.6	8.63	8.18	6.68	7.06	7.02	6.27	5.43
	P10-GP₁₃	108	73.3	57.2	48.3	30.6	13.7	19.7	17.1	15.2	12.8	12.9	13.0	13.0	11.4
多尼组 K_1d	PⅧ-XT₁	70.1	45.3	37.9	28.2	19.9	11.0	14.6	14.1	12.3	11.3	9.80	8.52	8.35	7.75
	PⅧ-XT₂	65.1	42.9	35.4	29.2	20.1	11.5	13.6	12.7	10.9	8.99	8.82	8.02	7.27	6.72
	PⅧ-XT₃	99.2	65.5	49.9	42.9	26.3	12.4	16.1	14.1	13.6	11.6	12.3	10.0	10.9	10.1
	PⅧ-XT₄	71.4	46.2	32.9	28.8	17.1	10.2	11.5	10.7	9.46	8.99	8.04	6.77	6.91	6.20
	PⅧ-XT₅	82.5	54.1	42.2	34.6	21.6	12.8	13.6	12.0	10.9	8.53	8.75	8.52	7.67	6.46
	PⅧ-XT₆	78.8	53.2	41.4	31.8	20.8	8.66	15.2	15.5	14.1	11.3	11.3	9.27	9.92	8.79
	PⅧ-XT₇	69.8	46.9	38.6	29.5	19.1	7.39	12.0	10.6	9.13	7.83	6.86	6.02	5.86	5.17
	PⅧ-XT₈	56.3	37.7	31.8	25.4	20.3	29.0	14.5	12.3	10.3	8.87	7.53	7.27	6.35	5.94

2)拉贡塘组

拉贡塘组砂岩碎屑成分主要是单晶石英（Qm＝50%～75%）、多晶石英（Qp＝2%～6%）、长石（F＝5%～15%）、沉积岩岩屑（Ls＝3%～8%）、火山质岩屑（Lv＝1%～2%），其基本碎屑组合为 QF 型。投影在库吉（1974）QFR 图解中，样品点落入安第斯型活动边缘区和前陆盆地区内（图 2-52）。

在判别物源区方面，投影在 Dickinson（1985）QmFLt、QtFL 图解中，样品点大部分落入再循环造山带物源区，有少量落入大陆块

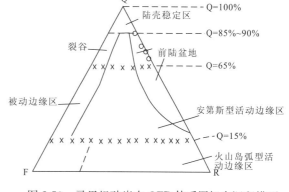

图 2-50 马里组砂岩在 QFR 体系图解中沉积模型

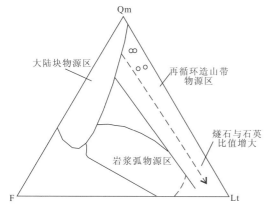 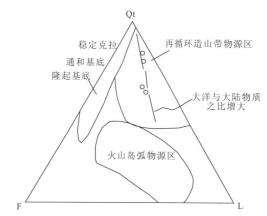

图 2-51 马里组砂岩在 QmFLt、QtFL 体系图解中沉积模型

物源区（图 2-53）。说明拉贡塘组物源主要来于冈底斯-念青唐古拉板片。

拉贡塘组一段底部见有中性火山岩，其岩石地球化学特征表明，火山岩性质为钙碱性，形成于大陆边缘火山弧环境（见火山岩章节），这与盆地性质是一致的。

（三）白垩纪沉积盆地

与侏罗纪沉积盆地相比，白垩纪盆地面积大为缩小，在区内仅限于班公错-怒江结合带以南，本书只对多尼组作粗浅的沉积盆地分析。从区域情况来看，西藏白垩纪盆地自南而北为喜马拉雅

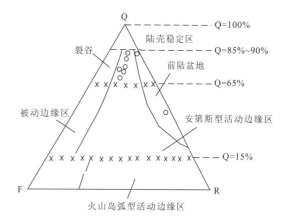

图 2-52 拉贡塘组砂岩在某些方面 QFR 图解中沉积模型

被动陆缘盆地、低分水岭深海-洋底盆地、雅鲁藏布江洋盆、冈底斯南缘弧前盆地、冈底斯-念青唐古拉弧内盆地、冈底斯北缘弧背盆地（余光明，王成善等，1990）。测区为冈底斯北缘弧背盆地的一部分。弧背盆地又称弧后前陆盆地，是前陆盆地的一种类型。因此测区早白垩世盆地为前陆盆地，也称残余海盆。

1. 主要沉积组合

1)滨海平原沉积组合

该沉积组合见于测区多尼组中部和下部，建造分类属杂色复陆屑建造。基本层序为退积型结构（图 2-54），其组合为中—厚层状复成分岩屑砾岩、厚层状粗砾岩、厚层状含砾粗砂岩、厚层状含砾砂岩、厚层状含砾白云质岩屑砂砾岩、中厚层状不等粒白云质岩屑石英砂岩、中薄层状细粒岩屑石英砂岩和薄层状含白云质岩屑石英粉砂岩等。每个基本层序由上述两种岩性以上组成，粒度向上变细，岩层变薄。颜色较杂，

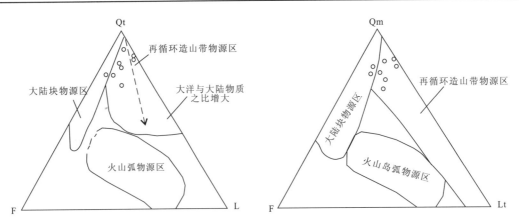

图 2-53 拉贡塘组砂岩在 QtFL、QmFLt 图解中沉积模型

有黄灰色、深灰色、灰黄色、浅灰色、灰绿色等。沉积构造发育较弱,偶见平行纹层、交错层理。植物化石及碎片较发育。在沉积组合中粒度从细粒—粗粒都有,分选中等—好,磨圆度差—中等,呈棱角状—次棱角状—次圆状。颗粒支撑孔隙式胶结,接触方式多呈点线式。砂岩粒度曲线(图 2-55)显示,由跳跃总体和悬浮总体组成,其中跳跃总体占主要,发育两个次级总体,斜率较陡,反映其分选好的特征。

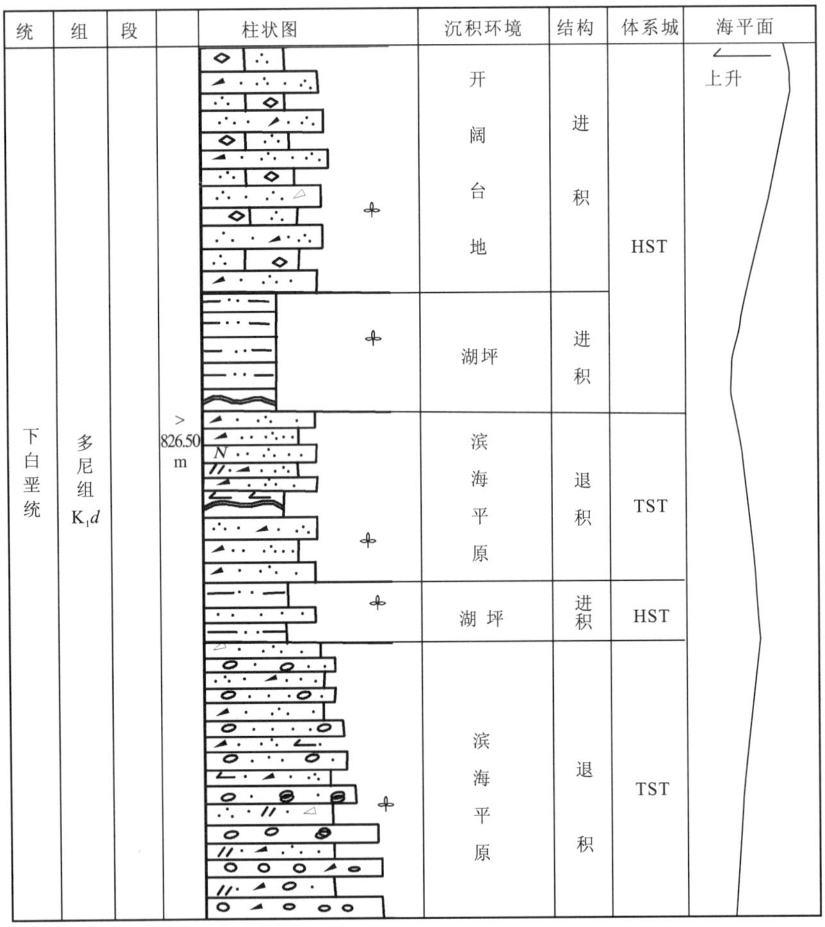

图 2-54 多尼组沉积层序(未严格按比例尺)

2)开阔台地沉积组合

该沉积组合见于多尼组上部,为进积型剖面结构(图 2-54),由黄灰色薄层状含白云质细粒岩屑石英砂岩、灰色中薄层状石英粉砂质白云质粉晶灰岩组成,见有植物碎片。

3)潮坪沉积组合

该沉积组合见于多尼组中部,由黄灰色中—厚层状粉砂质泥岩组成,发育大型砂纹,指示潮坪沉积特征。

2. 沉积层序分析

测区内多尼组和其下伏地层拉贡塘组为平行不整合,属Ⅰ型不整合,该层序为Ⅰ型层序,由海侵体系域和高水位体系域组成。

海侵体系域(TST):由多尼组中、下部组成,由一系列退积型基本层序叠置而成,剖面结构为退积型,显示海平面不断上升的特点。沉积相为滨海平原相,底部发育有一百多米厚的海侵滞留砾岩,砾石含量65%左右,成分复杂,有砂岩、硅质岩、板岩等。砾径一般0.5~3cm,最大者达10cm左右,磨圆度为次棱角状—浑圆状。分选一般,为海侵初期的产物。

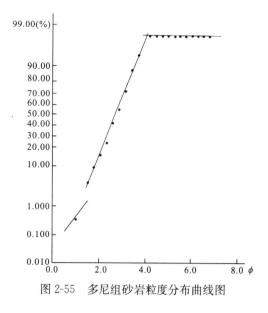

图 2-55 多尼组砂岩粒度分布曲线图

高水位体系域(HST)由多尼组上部组成,沉积相为开阔台地相。

3. 稀土元素分析

测区多尼组稀土元素分析结果显示(表2-9,图2-56),曲线右倾,斜率不大,轻稀土相对富集程度不高,Eu具明显负异常。曲线模式与Bhatia(1985)所作的安第斯型大陆边缘稀土元素曲线特征相似。稀土元素分析反映为活动边缘盆地。

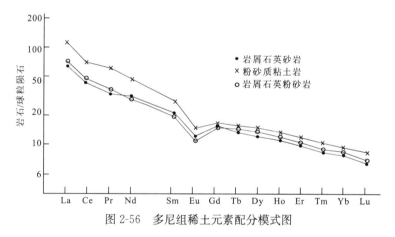

图 2-56 多尼组稀土元素配分模式图

4. 砂屑模型分析

多尼组砂岩碎屑成分主要是单晶石英(Qm=63%~73%)、多晶石英(Qp=2%~3%)、长石(F=5%)、沉积岩岩屑(Ls=6%~16%)、火山质岩屑(Lv=1%),其基本碎屑组合为OL型。投影在库克(1974)QFR图解中,样品点落入安第斯型活动边缘和前陆盆地区内(图2-57)。在判别物源区方面,投影在Dickinson(1985)QtFL、QmFLt图解中,样品点均落入再循环造山带物源区内(图2-58),由此可见,多尼组物源区主要为班公错-怒江结合带及冈底斯-念青唐古拉板片北缘。

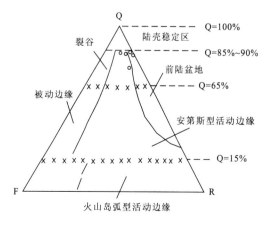

图 2-57 多尼组砂岩在QFR图解中碎屑沉积型

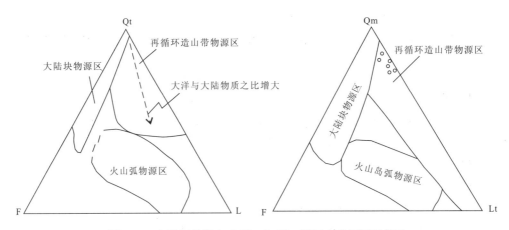

图 2-58 多尼组砂岩在 QtFL、QmFLt 图解中碎屑沉积模型

(四)古近纪沉积盆地

晚白垩世海水从测区全部退出,古近纪转变为以断陷盆地为特征的陆相红盆。盆地出露分散,面积大大缩小,主要分布于下秋卡镇及达仁乡一带,主要为牛堡组。

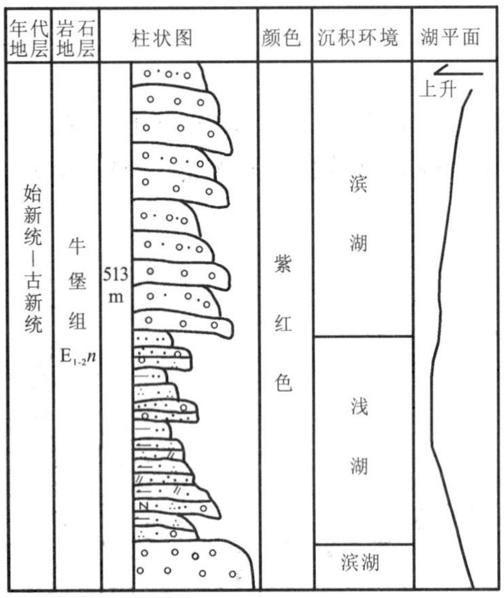

1. 滨湖沉积组合

该沉积组合发育于牛堡组上部和下部,由一系列退积型基本层序叠置而成(图2-59)。其基本层序为紫红色厚层状复成分砾岩、含砾砂岩以及粗砂岩等。总体分选差,磨圆度中等,为次棱角状—次圆状,沉积构造不发育。

2. 浅湖沉积组合

该沉积组合发育于牛堡组中部,主要由紫红色钙质白云质(含砾)粗砂岩、钙质白云质中粒石英砂岩、含砾粗砂岩、粗粒石英砂岩、粉砂岩等组成,发育平行层理、斜层理、粒序层等沉积构造。

图 2-59 牛堡组沉积层序

三、沉积盆地演化

测区地处藏北高原羌塘南麓,在区域板块构造划分上隶属于班公错-怒江结合带中段,冈底斯-念青唐古拉板片北缘。因此,构造十分强烈且很复杂,盆地类型较多。测区从古生代到第四纪均有不同程度的沉积,沉积盆地分布广泛,盆地演化模式如图2-60所示。

早古生代测区处于稳定陆壳形成阶段,形成联合古陆,聂荣微地块并伴有古老花岗岩侵入。石炭纪到早三叠世,测区西部开始下沉,并接受沉积,形成陆表海盆地,沉积以拉嘎组和下拉组为代表(图2-60,Ⅰ),而早三叠世地层在测区内无记录,但在邻区以希湖组($J_{1+2}xh$)为代表。

中三叠世中期,由于古特提斯洋盆发生消减,在构造带上以夺笫蛇绿岩为代表,而冈底斯-念青唐古拉板片北缘大陆壳前缘,形成三叠纪残余前陆盆地,沉积以嘎加组为代表,并伴有中基性岛弧型火山岩喷发(图2-60,Ⅱ)。

晚三叠世末期至早侏罗世班公错-怒江结合带开始在三叠纪残余前陆盆地(嘎加组)基础之上打开。冈底斯-念青唐古拉板片与羌塘板片向南北两侧扩张,形成张性海槽,伴生聂荣变质(核)杂岩的出露以及新特提斯洋的形成,洋底沉积包括蛇绿岩套及深海复理石。洋南侧即冈底斯-念青唐古拉板片北缘接受马里组、桑卡拉佣组的沉积;洋北侧接受色哇组、莎巧木组等沉积(图2-60,Ⅲ)。

中晚侏罗世,班公错-怒江结合带进入挤压会聚阶段,发生洋内消减。随之形成以拉贡塘组为代表的

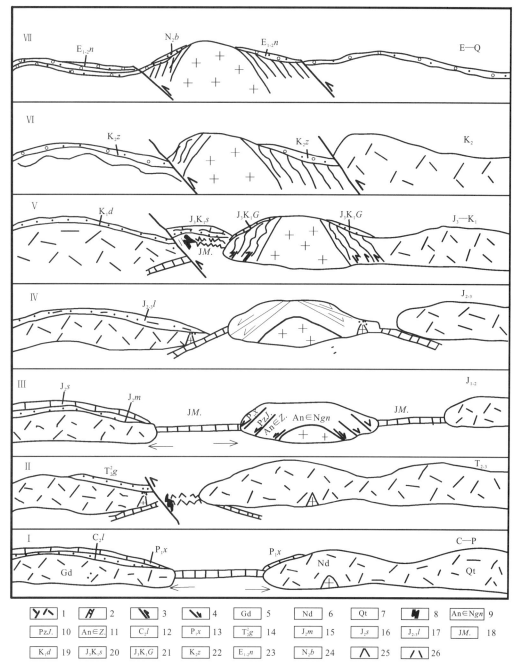

图 2-60　测区沉积盆地演化模式图

1.陆壳；2.洋壳；3.逆冲断层；4.剥离断层；5.冈底斯-念青唐古拉板岩；6.聂荣微地块；7.羌塘板片；8.超基性岩及蛇绿岩；9.聂荣片麻杂岩；10.嘉玉桥岩群；11.扎仁岩群；12.拉嘎组；13.下拉组；14.嘎加组；15.马里组；16.桑卡拉佣组；17.拉贡塘组；18.木嘎岗日岩群；19.多尼组；20.沙木罗组；21.郭曲群；22.宗给组；23.牛堡组；24.布隆组；25.花岗岩；26.火山喷发

前陆盆地沉积,伴生有中基性火山岩喷发(图 2-60,Ⅳ)。

晚侏罗世到早白垩世,班公错-怒江结合带闭合,完成"洋陆转变",结合带内形成一系列残余海盆。标志之一是:冈底斯-念青唐古拉板片北缘沉积以多尼组(K_1d)为代表;结合带上沉积以沙木罗组(J_3K_1s)为代表;聂荣微地块周边沉积以郭曲群(J_3K_1G)为代表,这一阶段岩浆活动仍很强烈(图 2-60,Ⅴ)。

晚白垩世,测区进入超碰撞阶段。冈底斯-念青唐古拉板片北缘形成以宗给组为代表的弧后前陆盆地,其沉积相具有陆相火山岩(俯冲型火山弧)和构造磨拉石特点(图 2-60,Ⅵ)。

古近纪到第四纪,测区进入陆内造山阶段,并形成一系列断陷盆地,沉积以牛堡组和布隆组为代表的陆相再生盆地(图 2-60,Ⅶ)。

第三章 岩浆岩

测区岩浆岩较发育,出露面积约 1478.61km², 约占图幅总面积的 9.6%, 其中火山岩占 1.72%, 基性、超基性侵入岩占 0.45%, 中酸性侵入岩类占 7.43%(图 3-1)。

岩浆活动时间、空间分布与板块构造运动的各阶段密切相关,伴随着班公错-怒江结合带向南俯冲消减将测区分割为具有不同特征的板片。不同板片上具有不同岩浆活动特征,岩浆活动自华力西期、印支期、燕山期、喜马拉雅期均有。其中燕山期最为强烈,岩石类型从超基性—基性—中性—酸性均有,其中以中酸性岩分布最广,规模最大,成为岩浆岩的主体。根据其岩石组合和所处大地构造位置,以龙莫-前大拉-下秋卡石灰厂断裂为界,将测区划分为两个构造岩浆岩带即聂荣-郭曲乡构造岩浆岩带和桑雄-麦地卡构造岩浆岩带。

第一节 火山岩

区内从古生界至晚白垩世均有不同程度的火山活动,主要分布在测区中部,嘎加-脏木拖-阿儿苍-罗麦乡共土弄巴一带,是班公错-怒江结合带洋盆向南消减及俯冲时火山活动的产物。分布面积约 264.68km², 仅占测区总面积的 1.72%, 平面上多呈条带状,不规则椭圆状展布,与区域构造线方向一致。

火山岩主要赋存层位为古生界嘉玉桥岩群($PzJ.$)、上石炭统拉嘎组(C_2l)、中三叠统嘎加组(T_2^2g)、中—上侏罗统拉贡塘组($J_{2-3}l$)、上白垩统宗给组(K_2z)及侏罗系木嘎岗日岩群各组岩组($JMg.$)。其中以晚白垩世火山活动规模最大。空间分布上,晚白垩世火山岩与侵入岩有良好的依存关系。其余时代的火山岩规模较小,且分布零星。表 3-1 为火山活动特征简表。

表 3-1 火山活动特征简表

层位	主要分布地区	典型岩石组合	主要火山岩相	火山地层结构类型	火山岩系厚度(m)				火山爆发指数
					火山熔岩	火山角砾岩	碎屑岩	沉积岩	
K_2z	那曲县脏木拖-阿儿苍-江仓弄巴等	蚀变安山岩-安山质火山角砾岩	喷溢—爆发	火山熔岩-火山角砾岩	698	28		>798.95	
$J_{2-3}l$	那曲县共土弄巴-孔迁弄巴等	安山岩-火山角砾岩-火山角砾凝灰岩	喷溢—爆发—沉积	火山岩呈夹层	800	100	2400	2146	72.7%
$JMg.$	日弄错木杂-曲布尝	蚀变玄武岩	喷溢	火山岩呈岩块	600			>1500	
T_2^2g	那曲县嘎加-烈日拖波-捌嘎等	蚀变玄武岩-蚀变安山岩-火山角砾岩	喷溢—爆发	火山岩呈夹层	50~290	36~110		>720	
C_2l	那曲县列日执邛等	蚀变玄武岩	喷溢	火山岩呈夹层	400				
$PzJ.$	聂荣县山拉弄-南木拉等	蚀变流纹岩-英安质晶屑凝灰岩	喷溢-沉积	火山岩呈夹层	260		440	>5400	78.57%

一、古生界火山岩

本期火山岩是区内最早的火山活动产物。火山岩呈层状产于古生界嘉玉桥岩群($PzJ.$)中上部,规模相对较小,分布于聂荣县山拉弄、南木拉等地。据路线剖面(见第二章,图 2-5),岩性主要为英安岩及英安质晶屑凝灰岩,火山岩厚约 700m, 约占地层的 12.9%。

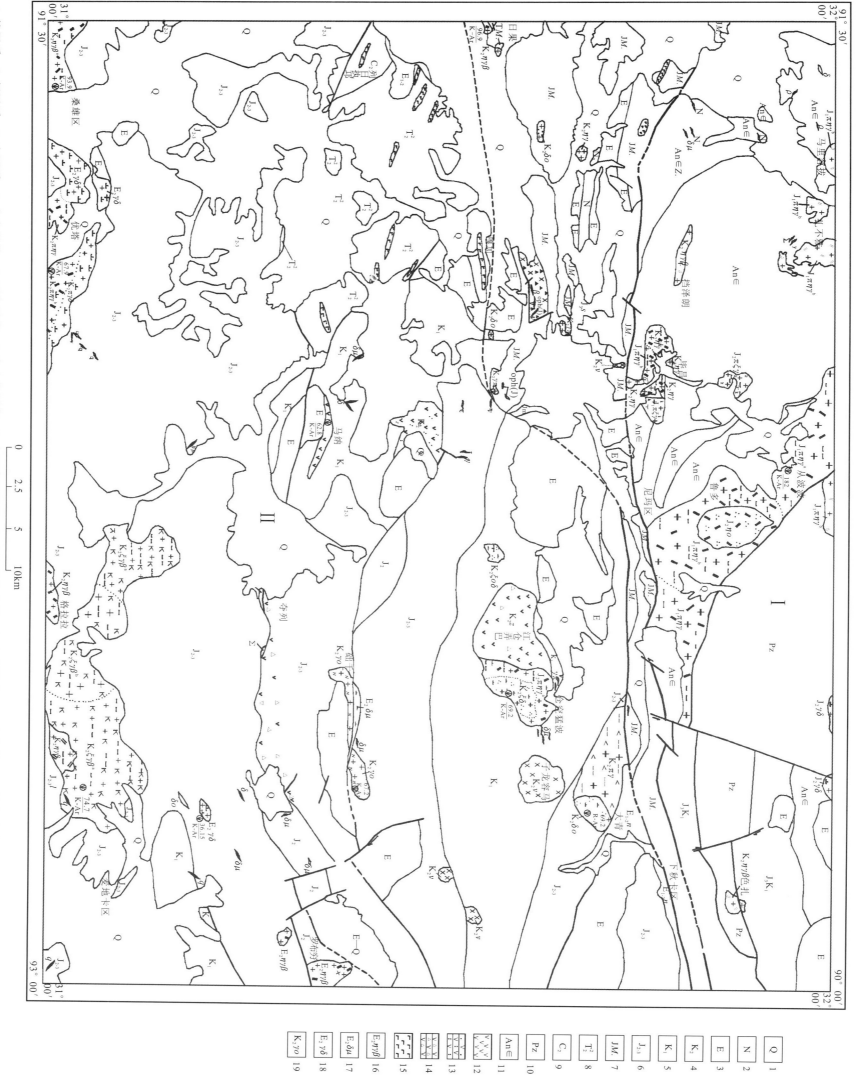

图3-1 测区岩浆岩分布图

1.第四系；2.新近系；3.古近系；4.上白垩统；5.下白垩统；6.中上侏罗统；7.木嘎岗日岩群；8.中三叠统中期；9.上石炭统；10.古生界；11.前寒武系；12.安山岩；13.安山质凝灰岩；14.安山质火山角砾岩；15.玄武岩；16.二长花岗岩；17.闪长玢岩；18.花岗闪长岩；19.斜长花岗岩；20.似斑状花岗闪长岩；21.斑状二长花岗岩；22.石英正长花岗岩；23.斑状细粒二长花岗岩；24.中粒钾长花岗岩；25.斑状细粒角闪石英二长岩；26.中粒角闪花岗闪长岩；27.辉长岩；28.中粒黑云二长花岗岩；29.石英二长岩；30.斑状钾长花岗岩；31.斑状二长花岗岩；32.蛇绿岩；33.超基性岩；34.脉岩；35.推测断层；36.岩相过渡界线；37.断层；38.同位素年龄(Ma)；Ⅰ.夏秦-果曲乡构造岩浆岩带；Ⅱ.桑雄-麦地卡构造岩浆岩带

(一)岩石学特征

蚀变英安岩 浅黄灰色,斑状结构,基质具鳞片微晶结构,块状构造。斑晶:石英13%±,呈自形熔蚀状;斜长石2%±,蚀变为绢云母鳞片集合体,粒径0.3~1.5mm;基质由更长石(52%±)、石英(12%±)和绢云母鳞片集合体(20%±)组成。

英安质晶屑凝灰岩 紫灰色,晶屑凝灰结构,块状构造。岩石成分由晶屑、岩屑和火山灰组成。晶屑主要为石英(12%±)、更长石(45%±)和黑云母(3%±),晶屑多呈棱角状、次棱角状,少数呈浑圆状、熔蚀港湾状,分布较均匀,粒径0.5~1.5mm;岩屑为酸性火山灰(7%±),呈不规则形状,大部分呈棱角状,粒径0.5~1.5mm;充填及胶结物由火山物分解的霏细状长英质(20%±)、方解石(2%~3%)、绢云母及粘土类矿物(5%±)等组成。

(二)岩石化学特征

岩石化学分析结果、CIPW标准矿物及特征参数列于表3-2、表3-3。据邱家骧硅-碱图(图3-2),两个样品分别定名为流纹岩和英安质流纹岩。从表中可以看出:①岩石SiO_2平均含量为75.69×10^{-2},属酸性

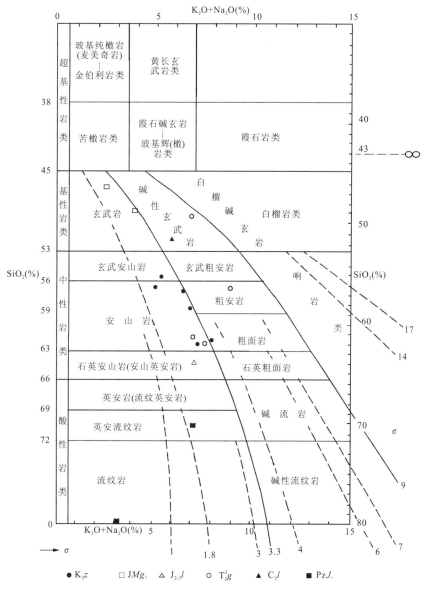

图3-2 硅-碱图(据邱家骧,1985)

表 3-2 测区火山岩氧化物含量表

氧化物含量（$\times 10^{-2}$）

岩性	代号	样号	SiO_2	TiO_2	Al_2O_3	Fe_2O_3	FeO	MnO	MgO	CaO	Na_2O	K_2O	P_2O_5	LOS	总量
安山质岩屑火山角砾岩		P9-2	61.31	0.84	15.34	2.34	3.38	0.4	0.35	3.95	7.24	0.92	0.22	3.13	99.42
蚀变安山岩		P9-4	56.34	0.97	18.82	2.47	5.06	0.18	1.00	5.14	5.66	1.22	0.26	2.46	99.58
蚀变辉石安山岩	K_2z	P9-5	55.02	0.92	17.82	2.42	4.48	0.10	3.66	3.72	5.28	0.27	0.21	5.14	99.04
蚀变辉石安山岩		P9-6	56.44	0.71	15.18	2.21	4.44	0.069	2.75	4.16	2.01	3.34	0.19	7.84	99.34
蚀变安山岩		2114-1	62.46	0.62	13.87	2.12	4.43	0.11	1.86	2.56	5.62	1.85	0.16	2.99	98.29
蚀变安山岩		P11-22	58.58	0.94	19.27	2.44	2.90	0.05	0.83	5.1	4.49	2.42	0.24	1.92	98.98
凝灰质火山角砾岩	$J_{2-3}l$	5119-1	64.68	0.39	17.2	1.26	3.10	0.036	1.50	0.81	4.95	2.40	0.12	2.69	99.14
蚀变玄武岩	$JMg.$	2022	46.65	1.21	16.12	1.31	8.88	0.31	7.58	2.56	1.78	0.6	0.17	3.84	91.01
		5392-3	48.66	0.69	14.68	2.19	6.95	0.19	8.39	10.14	2.67	1.61	0.052	3.10	99.32
安山岩		PⅧ-40	56.48	0.89	18.27	2.39	4.91	0.067	3.40	0.95	6.53	2.48	0.22	2.69	99.24
安山质岩屑火山角砾岩	T_2^2g	PⅧ-39	62.14	0.74	14.74	2.24	4.40	0.082	3.38	1.05	4.48	3.39	0.19	2.36	99.19
蚀变安山岩		PⅧ-gj	61.46	0.73	16.04	0.85	3.62	0.069	1.8	3.5	3.60	3.44	0.20	4.30	99.61
蚀变橄榄玄武岩		5387	49.58	2.83	14.48	4.33	8.38	0.078	1.68	6.15	6.10	0.85	0.70	3.74	98.9
玄武岩	C_2l	4221	51.86	0.78	15.14	2.02	6.65	0.12	6.02	6.26	5.30	0.70	0.074	3.75	98.67
英安质晶屑凝灰岩	$P_zl.$	4568-6	70.88	0.25	14.61	0.19	1.51	0.024	0.57	1.59	3.99	3.83	0.07	2.14	99.65
蚀变英安岩		4567-2	80.00	0.066	12.48	0.66	0.74	0.014	0.14	0.078	0.054	3.86	0.12	1.79	100.00

第三章　岩浆岩

表 3-3　测区火山岩 CIPW 标准矿物含量及特征参数表

代号	样号	CIPW 标准矿物（$\times 10^{-2}$）												特征参数				
		Ap	Il	Mt	Or	Ab	An	Qz	C	Di	Hy	Ol	Ne	DI	A/CNK	SI	σ_{43}	AR
K_2z	P9-2	0.5	1.66	3.52	5.65	63.62	6.9	8.43		9.73				77.7	0.76	2.46	3.47	2.47
	P9-4	0.59	1.9	3.69	7.42	49.31	23.01	4.67		1.43	8.0			61.4	0.94	6.49	3.34	1.81
	P9-5	0.49	1.86	3.74	1.7	47.58	18.34	8.69	2.7		14.92			57.96	1.13	22.72	2.24	1.69
	P9-6	0.45	1.47	3.5	21.57	18.59	21.33	18.61	1.21		13.26			58.77	1.05	18.64	1.83	1.76
	2114-1	0.37	1.23	3.21	11.43	49.71	7.48	13.91		4.01	8.66			75.04	0.87	11.71	2.74	2.67
	P11-22	0.54	1.84	3.64	14.7	39.06	24.56	11.11			4.03			64.88	1.0	6.35	2.95	1.79
$J_{2-3}l$	5119-1	0.27	0.77	1.89	14.7	43.43	3.43	21.96	5.44		8.10			80.09	1.41	11.36	2.41	2.38
$JMg.$	2022	0.43	2.64	2.118	4.07	17.28	13.42	13.03	9.47		37.49			34.38	1.96	37.62	0.71	1.29
	5392-3	0.12	1.36	3.30	9.89	22.77	24.23			22.43		15.52		33.04	0.6	38.47	2.61	1.42
T_2^2g	PⅦ-40	0.50	1.75	3.59	15.17	57.2	3.54		3.72		14.17	0.36		72.38	1.21	17.25	5.62	2.76
	PⅦ-39	0.43	1.45	3.35	20.69	39.15	4.23	14.41	2.27		14.02			74.25	1.14	18.89	3.12	2.99
	PⅦ-gi	0.46	1.45	1.29	21.33	31.96	16.98	16.23	0.48		9.81			69.52	1.00	13.52	2.54	2.13
	5387	1.61	5.65	6.60	5.28	50.46	10.11				14.86	3.39	2.05	57.78	0.65	7.87	5.86	2.02
C_2l	4221	0.17	1.56	3.09	4.36	47.24	16.28			13.02	0.48	13.8		51.6	0.73	29.1	3.43	1.78
	4568-6	0.16	0.48	1.34	23.04	34.37	7.61	28.69	1.18		3.13			86.10	1.07	2.27	2.17	2.87
$PzJ.$	4567-2	0.27	0.13	0.97	22.07	0.46	0.32	66.68	8.65		1.10			89.21	2.96	2.65	0.37	1.85

岩范畴。K_2O 平均含量为 $3.85×10^{-2}$，Na_2O 平均含量为 $2.02×10^{-2}$，全铁含量普遍较低（$1.4×10^{-2}$～$1.7×10^{-2}$）。②$Al_2O_3 >$ Na_2O+K_2O+CaO，标准矿物中均出现刚玉（C）分子，未出现透辉石（Di），属铝过饱和岩石类型。③里特曼指数（σ）为 0.37～2.17，属太平洋型钙碱性岩石系列；碱度指数（AR）变化于 1.85～2.87 之间，在 AR-SiO_2 图解（图 3-3）上落入钙碱性岩区和碱性岩区；在硅-碱关系图（图 3-4）中，样品均落入亚碱性系列区，岩石化学成分上具酸—强酸性组合。分异指数 DI＝86.10～89.21，反映岩浆分异程度较充分；固结指数 SI＝2.65～5.27，反映岩浆总体结晶程度较好。④标准矿物组合为：Or＋Ab＋An＋Qz＋Hy＋C。

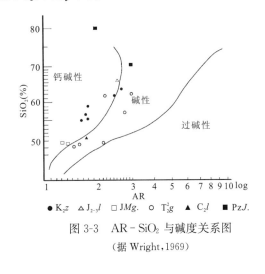

图 3-3 AR-SiO_2 与碱度关系图
（据 Wright，1969）

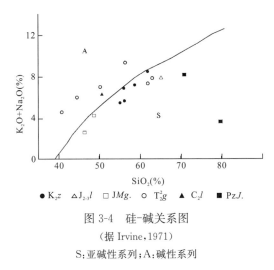

图 3-4 硅-碱关系图
（据 Irvine，1971）
S:亚碱性系列；A:碱性系列

（三）地球化学特征

岩石稀土、微量元素含量及特征参数见表 3-4～表 3-6。稀土总量平均为 $94.22×10^{-6}$。两件安山质火山碎屑岩，$\Sigma Ce/\Sigma Y$ 均远大于 1，属轻稀土富集型；δEu、δCe 均接近于 1，表明铕和铈二者亏损不明显，说明火山碎屑岩中可能是参有大量围岩物质的缘故；而英安岩（熔岩），$\Sigma Ce/\Sigma Y=0.34$，反映重稀土相对富集，δEu＝0.11，反映铕明显亏损，类似幔源型花岗岩的稀土特征。从稀土元素配分模式图（图 3-5），可以明显看出二者的区别，结果与前述一致。

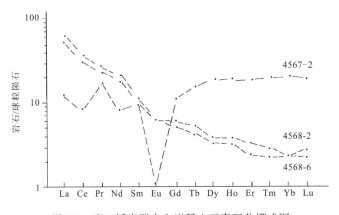

图 3-5 嘉玉桥岩群火山岩稀土元素配分模式图

由微量元素含量表（表 3-6）及分布图（图 3-6）可知，三件样品中英安岩（熔岩）Rb、Th 强烈富集，形成两个高峰，而 Ba 则相对亏损，形成深谷，高场强元素 Nb、Ta 相对富集，上述特征与板内花岗岩相似，但 Ce、Hf、Zr、Sm、Y、Yb 又比洋脊花岗岩低，这一特征与碰撞花岗岩相似。两件火山碎屑岩的分布型式比较一致，Rb、Th 相对富集，Ba 亏损，但不强烈，后面的高场强元素 Nb、Ta、Zr、Hf 及 Ce、Y、Yb 均小于洋脊花岗岩，这一特征与碰撞花岗岩相似。

表 3-4 测区火山岩稀土元素含量表

稀土元素含量值($\times 10^{-6}$)

代号	样号	La	Ce	Pr	Nd	Sm	Eu	Gd	Tb	Dy	Ho	Er	Tm	Yb	Lu	Y
K_2z	P9-2	28.50	53.3	5.15	20.30	4.51	0.83	4.47	0.77	4.07	0.74	2.38	0.38	2.26	0.35	20.5
	P9-4	24.8	43.90	5.54	22.00	5.07	1.13	4.54	0.79	5.20	1.06	3.02	0.44	2.63	0.40	25.50
	P9-5	33.3	55.8	6.60	26.10	5.25	1.20	4.62	0.83	4.91	1.02	2.74	0.42	2.63	0.39	19.8
	P9-6	37.1	61.7	6.32	27.1	5.78	1.00	4.44	0.71	4.00	0.76	2.22	0.34	2.07	0.31	16.4
	P11-22	23.60	41.3	4.79	19.2	4.00	1.11	4.02	0.68	4.63	0.99	2.69	0.38	2.37	0.39	21.80
$J_{2-3}l$	5119-1	41.40	71.40	8.14	34.00	6.89	1.31	5.83	0.92	5.98	1.17	3.40	0.52	3.07	0.40	26.30
	2022	5.28	9.90	1.38	7.16	2.34	1.00	3.70	0.64	5.47	1.16	3.55	0.53	3.22	0.44	23.80
$JMg.$	5392-3	4.44	6.81	1.38	4.75	1.65	0.62	2.34	0.45	3.37	0.72	2.05	0.32	1.95	0.3	14.30
T_2^2g	PⅧ-40	26.30	45.40	5.84	24.40	4.98	1.24	4.52	0.74	4.81	0.97	2.46	0.37	2.24	0.35	20.2
	PⅧ-39	24.8	41.00	4.58	20.50	3.89	1.02	3.61	0.59	3.74	0.79	2.14	0.32	1.92	0.31	15.80
	PⅧ-gi	36.80	65.40	6.76	30.90	5.63	1.19	4.98	0.87	4.68	0.84	2.54	0.37	2.41	0.31	18.8
	5387	40.90	68.50	7.50	29.30	5.46	0.95	4.59	0.74	4.64	0.87	2.44	0.39	2.37	0.35	20.00
C_2l	4221	5.38	8.69	1.36	5.53	1.55	0.67	2.48	0.41	3.44	0.66	2.25	0.32	2.03	0.27	15.60
	4568-6	21.40	32.50	3.49	14.10	2.45	0.53	1.66	0.26	1.49	0.30	0.68	0.10	0.62	0.094	5.46
$P_zJ.$	4568-2	25.4	37.3	3.94	16.10	2.89	0.58	1.92	0.31	1.68	0.37	0.92	0.13	0.66	0.12	6.42
	4567-2	4.95	8.48	2.48	6.32	2.46	0.11	3.79	1.01	8.07	1.8	5.49	0.88	5.71	0.83	46.4

表 3-5 测区火山岩稀土元素特征参数表

代号	样号	$\Sigma REE(\times 10^{-6})$	$\Sigma Ce(\times 10^{-6})$	$\Sigma Y(\times 10^{-6})$	$\Sigma Ce/\Sigma Y$	δEu	δCe	$(Ce/Yb)_N$	$(Gd/Yb)_N$	$(La/Yb)_N$	$(La/Sm)_N$	La/Yb
K_2z	P9-2	148.51	112.59	35.92	3.13	0.56	0.97	6.01	1.59	8.30	3.85	12.61
	P9-4	146.02	120.44	43.58	2.35	0.71	0.85	4.25	1.38	6.19	2.98	9.43
	P9-5	165.61	128.25	37.36	3.43	0.74	0.84	5.40	1.41	8.31	3.86	12.66
	P9-6	170.25	139.00	31.25	4.45	0.58	0.88	7.61	1.72	11.81	3.91	17.92
	P11-22	131.95	94.00	37.95	2.48	0.42	0.87	4.44	1.36	6.55	3.59	9.96
$J_{2-3}l$	5119-1	210.73	163.14	47.59	3.43	0.62	0.87	5.95	1.52	8.94	3.67	13.49
$JMg.$	5392-3	45.45	19.65	25.8	0.76	0.97	10.85	0.89	0.96	1.49	1.63	2.28
T_2^2g	PⅧ-40	144.82	108.16	36.66	2.95	0.79	0.83	5.17	1.61	7.73	3.20	11.74
	PⅧ-39	125.01	95.79	29.22	3.28	0.83	0.85	5.45	1.50	8.51	3.88	12.92
	PⅧ-gi	182.48	146.68	35.80	4.10	0.68	0.92	6.92	1.65	10.06	3.98	15.27
	5387	189.00	152.61	36.39	4.19	0.57	0.87	7.38	1.55	11.34	4.56	17.26
C_2l	4221	50.64	23.18	27.46	0.84	1.05	0.74	1.09	0.98	1.74	2.11	2.65
$PzJ.$	4568-6	85.13	74.47	10.66	6.99	0.76	0.81	13.37	2.14	22.73	5.29	34.52
	4568-2	98.74	86.21	12.53	6.88	0.71	0.79	14.42	2.33	25.36	5.33	3.96
	4567-2	98.78	24.8	73.98	0.34	0.11	0.56	0.38	0.53	0.57	1.22	0.87

表 3-6 测区火山岩微量元素含量表（$\times 10^{-6}$）

代号	样号	Ga	Sn	Be	B	Se	Te	Nb	Ta	Zr	Hf	Au	Ag	U	Th	Cr	Co	Rb	Mo	Sb	Bi	Sr	Ba	V	Sc	Rb/Sr
K₂z	P9-2	12.6	0.35	1.39	22.5	0.012	0.01	9.63	1.06	113	3.44	0.8	0.005	0.97	14.3	17.8	6.95	30.8	0.5	0.49	0.012	103	207	27.5	7.98	0.30
	P9-4	20.4	0.96	1.60	18.5	0.026	0.005	8.05	1.81	143	4.91	1.0	0.014	1.2	12.6	21.2	18.1	12.4	0.8	0.78	0.02	362	294	103	13.1	0.03
	P9-5	21.8	0.77	2.07	15.9	0.007	0.004	10.9	1.19	156	4.81	0.4	0.08	0.98	16.6	33.0	18.3	98.69	0.7	0.36	0.003	383	171	138	18.4	0.02
	P9-6	21.7	0.48	2.29	40.4	0.002	0.002	11.8	1.45	137	4.06	0.5	0.002	0.76	18.8	46.4	8.85	150	0.6	2.59	0.033	150	354	163	17.2	1.0
J₂₋₃l	5119-1	27.0	2.0	3.54	47.7	0.005	0.014	12.6	0.63	119	4.04	0.5	0.02	0.65	19.4	11.0	3.15	122	0.22	0.21	0.094	182	562	54.2	12.6	0.67
JMg.	5392XT3	21.5	0.3	1.86	33.2	0.013	0.046	2.03	<0.5	48.3	1.41	17.3	0.082	2.34	1.90	355	48.6	24.4	1.5	0.11	0.017	91.0	88.6	260	45.9	0.27
T₂²g	PⅧ-40	40.2	4.4	2.82	22.7	0.014	0.007	10.1	1.14	177	5.42	0.2	0.017	2.25	10.0	36.7	22.2	68.8	1.3	0.13	0.077	578	655	167	13.8	1.19
	PⅧ-39	30.4	3.4	2.08	15.1	0.01	0.006	10.9	0.76	171	5.35	0.3	0.02	2.63	9.93	56.4	21.2	90.4	5.8	0.06	0.01	305	839	129	11.5	0.30
	PⅧ-gi	30.0	3.8	2.81	48.8	0.034	0.017	9.76	0.75	94.9	2.91	0.2	0.058	1.09	17.4	22.0	11.7	103	3.1	0.26	0.081	286	840	86.5	10.5	0.36
	5387XT1	28.0	3.4	1.58	34.1	0.011	0.019	35.3	2.32	159	5.1	2.1	0.06	0.86	8.84	244	55.7	7.5	2.0	0.5	0.016	44.0	251	233	20.9	0.07
C₂l	4221	23.2	<0.3	2.40	32.2	0.32	0.005	2.29	<0.5	47.1	1.34	0.1	0.052	0.65	11.1	96.4	37.9	12.6	0.3	0.1	0.014	454	401	297	45.4	0.03
	4569-5	15.1	2.0	2.52	48.5	0.007	0.01	9.69	0.85	150	4.95	0.1	0.033	7.86	10.9	47.4	4.75	102	6.7	0.35	0.06	48.2	698	41.5	5.57	2.12
PzJ.	4568-6	24.0	4.0	4.20	13.4	0.018	0.016	7.72	0.65	97.7	3.33	1.0	0.057	4.82	14.9	10.2	2.25	164	3.3	0.17	0.54	601	707	17.2	2.60	0.27
	4567-2	23.8	10.4	5.36	15.8	0.18	0.019	26.5	4.36	54.7	2.25	0.1	0.31	5.44	35.9	6.6	<1	303	7.1	2.49	0.65	2.84	86.9	2.06	4.39	1.07

(四)火山环境分析

古生界火山岩产于嘉玉桥岩群中下部,夹于中粗晶灰岩与二云母钠长石英片岩之间。在里特曼-戈蒂里图(图3-7)中,投影点落入B区造山带火山岩区;在Bass(1973)的$Zr-TiO_2$图(图3-8)中,投影点落入火山弧环境,结合区域地质情况,区内古生界火山岩可能形成于大洋岛弧环境。

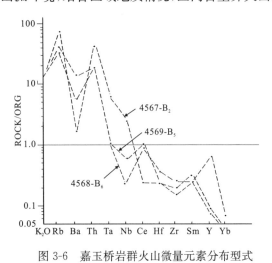

图3-6 嘉玉桥岩群火山微量元素分布型式

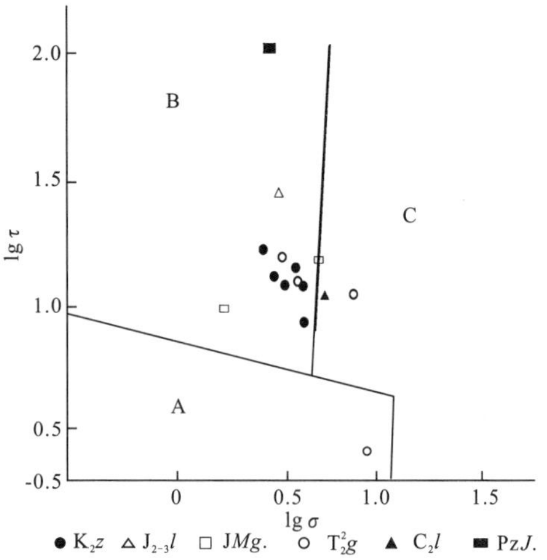

图3-7 里特曼-戈蒂里图

二、晚石炭世火山岩

晚石炭世火山岩仅出露于那曲县列日执邛一带,火山活动规模较小,火山岩厚约300m,约占地层26%,呈夹层产出,赋存于上石炭统拉嘎组(C_2l)上部,火山活动方式以喷溢为主。所见岩石类型单一,在邱家骧硅-碱图(图3-2)和火山岩硅-碱命名图解(图3-9)中均落入玄武岩区,与镜下定名一致。

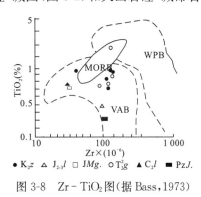

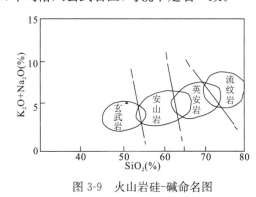

图3-8 $Zr-TiO_2$图(据Bass,1973)

图3-9 火山岩硅-碱命名图

(一)岩石学特征

玄武岩 呈暗绿色,斑状结构,基质具间隐结构,块状构造。斑晶成分为斜长石15%±,呈自形柱状,卡钠双晶发育;硅化橄榄石10%±,粒径1.2~2.2mm;基质成分为斜长石60%±,呈板条状,杂乱排列;辉石17%±、绿泥石5%±、石英3%±,粒径0.1~0.3mm。岩石蚀变强烈,斜长石均已碳酸盐化、钠黝帘石化。副矿物有磷灰石、锆石等。

(二)岩石化学特征

岩石化学分析结果、CIPW标准矿物及特征参数列于表3-2、表3-3。①SiO_2含量为51.86×10^{-2},属基性岩范畴。K_2O平均含量为0.7×10^{-2},Na_2O平均含量为5.3×10^{-2},全碱含量较高。与Le Maitre(1976)平均玄武岩相比,碱质偏高,低TiO_2、TFe。②$K_2O+Na_2O+CaO>Al_2O_3>K_2O+Na_2O$,表现火山岩属正常岩石系列。③里特曼指数($\sigma$)为3.43,属碱性岩石系列,碱度指数(AR)为1.78,在$AR-SiO_2$

图解(图3-3)中,火山岩落入碱性岩石系列区;在硅-碱关系图(图3-4)中落入碱性系列区。在硅-碱变异图(图3-10)中位于碱性玄武岩系列。分异指数DI=51.6,反映岩浆分异程度较差;固结指数SI=29.1,反映岩浆总体分离结晶程度较差,分异也较差。④标准矿物特征组合为:Or+Ab+An+Hy+Di+Ol。

(三)地球化学特征

岩石稀土、微量元素含量及特征参数列于表3-4~表3-6。稀土元素总量为$50.64×10^{-6}$,稀土含量低,$\Sigma Ce/\Sigma Y=0.84$,属重稀土略富集型。$\delta Eu=1.05$,表明铕具不明显的正异常,$\delta Ce=0.74$,具弱铈亏损,反映火山岩形成于较弱的氧化环境。$(Ce/Yb)_N=1.09$,$(La/Sm)_N=2.11$,反映了轻稀土与重稀土、轻稀土之间分馏程度都较差。$(Gd/Yb)_N=0.98$,反映重稀土之间分馏程度差。$(La/Yb)_N=1.74$,$La/Yb=3.65$,皆略大于1,反映在稀土元素配分模式图上曲线总体为向右倾斜(图3-11),趋于平坦型,Eu无亏损。

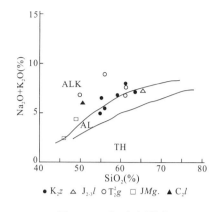

图 3-10 硅-碱变异图
ALK:碱性玄武岩系列;AL:高铝玄武岩系列;TH:拉斑玄武岩系列

从微量元素分布图(图3-12)中可以看出,Th强烈富集,而Ce、Zr、Sm、Ti、Y则表现为亏损,曲线型式与过渡型火山岩的地球化学型式相似(Pearce et al,1982),$Rb/Sr=0.03$,说明该火山岩特征介于钙碱性-碱性玄武岩与拉斑质玄武岩之间。

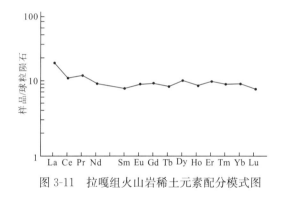

图 3-11 拉嘎组火山岩稀土元素配分模式图

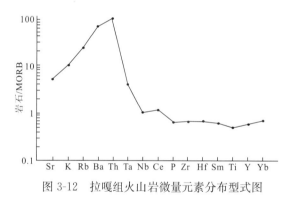

图 3-12 拉嘎组火山岩微量元素分布型式图

(四)火山环境分析

晚石炭世火山岩产于拉嘎组(C_2l)上部,夹于含砾砂岩、板岩、灰岩之间,其沉积于水比较深的环境。在里特曼-戈蒂里图解(图3-7)中,火山岩投点于C区,为AB区派生的碱性岩,在Bass(1973)的$Zr-TiO_2$图(图3-8)上,该火山岩投影点落入火山弧环境(VAB)。在Hf/3-Th-Nb/16和Hf/3-Th-Ta判别图(图3-13)上均投入岛弧火山岩区。综上所述,本期火山岩形成于大洋岛弧环境。

三、中三叠世火山岩

中三叠世火山岩出露于测区中西部那曲县嘎加、阿昌麻、德朗等地带,分布较为零星,平面上多呈条带状近东西向展布。火山岩分布于嘎加组中,规模相对较小,出露厚度不大。均呈夹层形式产出。火山活动方式以喷溢为主,火山岩夹层在走向延伸上极不稳定,时而尖灭,时而出现。岩石类型有蚀变橄榄玄武岩、蚀变玄武岩和火山角砾岩等。

据嘎加组实测剖面与洛马路线剖面分析,前者可划分出3个火山喷发旋回(图3-14),后者可划分出4个火山喷发旋回(图3-15)总体上为一套中基性火山岩组合,以喷溢—沉积为火山喷发特征。前者地层总厚度大于711.005m,后者地层总厚度大于738m。其中火山岩厚度,前者86.16m,占地层总厚度的12.1%;后者400m,占地层总厚度的54.2%。火山岩以熔岩为主,火山角砾岩厚度小于110m,占火山岩

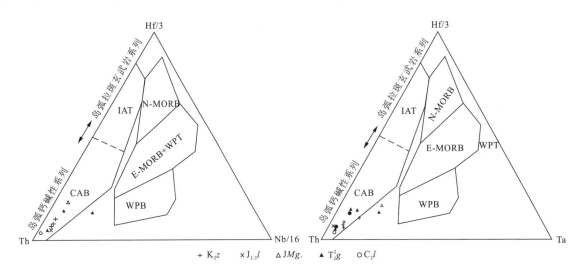

图 3-13 不同构造环境的 Hf/3 - Th - Nb/16 和 Hf/3 - Th - Ta 判别图

IAT:岛弧拉斑玄武岩;CAB:岛弧钙碱性玄武岩;WPB:板内玄武岩;
WPT:板内拉斑玄武岩;N-MORB:N 型洋中脊玄武岩;E-MORB:E 型洋中脊玄武岩

层位	韵律	层号	柱状图	厚度(m)	岩性	岩相
T_2^2g	III	34		>16	中—薄层状长石石英砂岩	喷溢—沉积
		33		17.29	气孔状蚀变安山岩	
	II	32		47.6	中厚层状长石石英砂岩	爆发—沉积
		31		36.21	黑色致密状安山质火山角砾岩	
	I	30		24.11	中薄层状长石石英砂岩	喷溢—沉积
		29		32.66	黑色蚀变橄榄玄武岩	
		28		21.82	中薄层状长石石英砂岩	沉积

图 3-14 嘎加组火山喷发旋回结构图(一)

总厚度小于 14.9%,反映本期火山活动以喷溢为主。本次区调在该套地层中新采获拉丁期放射虫动物群化石,并根据火山岩在地层中产出状况,推断本期火山岩时代应为中三叠世中期。

(一)岩石学特征

橄榄玄武岩 岩石呈棕黑色,斑状结构,基质具间隐结构,气孔、杏仁状构造。斑晶成分:长石15%±,自形柱状,均已碳酸盐化、硅化,粒径 2~5mm;橄榄石 10%±,均硅化、被石英集合体所代替,粒径 2~5mm。基质成分:钠更长石 45%±,呈细小板条状,无规则分布,其间隙充填绿泥石,呈间隐结构。次生矿物:方解石 10%±、绿泥石 15%±,充填于气孔中,呈圆形、椭圆形。副矿物有磷灰石-钛铁矿等。

安山质火山角砾岩 岩石呈深灰色—黑色,火山角砾结构,块状构造。火山角砾成分单一,为蚀变安山岩75%±,多呈不规则形,粒径 1~2mm;基质成分为石英晶屑 5%±、蚀变安山岩 10%±,多呈棱角状,粒径 0.1~0.5mm;充填胶结物为绿泥石 4%±、霏细状长石集合体 4%±。副矿物组合为磷灰石-钛铁矿等。

层位	韵律	层号	柱状图	厚度(m)	岩性	岩相
$T_2^2 g$	IV	9		>170	中薄层状含放射虫硅质岩	喷溢—沉积
		8		30	灰黑色蚀变玄武岩	
	III	7		20	灰黄色薄层状粉砂岩	喷溢—沉积
		6		30	灰黑色蚀变玄武岩	
	II	5		50	深灰色薄层含放射虫泥质硅质岩	喷溢—沉积
		4		80	黑色蚀变玄武岩	
	I	3		110	灰绿—灰黑色细碧质火山角砾岩	喷溢—爆发
		2		150	灰黑色蚀变枕状玄武岩	
		1		>98	中薄层状放射虫硅质岩	沉积

图 3-15 嘎加组火山喷发旋回结构图(二)

安山岩 岩石呈灰黑色,斑状结构,基质具交织结构,块状构造。斑晶成分:斜长石 25%±,为更长石,自形柱状,钠长石律与卡钠复合律发育;次为角闪石 3%±、辉石 2%±,均蚀变为绿泥石、方解石,粒径 1~3mm。基质成分:斜长石 50%,为更长石,呈板条状、无规则分布,其间为绿泥石 12%±、石英 3%±、方解石 3%±、白钛石 0.5%±等矿物呈交织结构,不均匀分布组成,粒径 0.05~0.3mm。副矿物组合为磷灰石-金属矿物。

(二)岩石化学特征

岩石化学分析结果、CIPW 标准矿物及特征参数列于表 3-2、表 3-3。表中数据为已校正后的氧化物含量。①SiO_2 含量变化于 49.58×10^{-2}~62.14×10^{-2} 之间,属中基性岩范畴,其中安山岩 SiO_2 平均含量为 57.42×10^{-2},与岛弧安山岩 57.30×10^{-2} 接近,K_2O 平均含量 2.54×10^{-2},Na_2O 平均含量 5.18×10^{-2},Na_2O 含量明显大于 K_2O,与典型安山岩基本一致。与 Le Maitre(1976)安山岩平均值相比,嘎加组安山岩碱质偏高,而 MgO、CaO 偏低;嘎加组玄武岩与平均玄武岩相比,碱质和 TiO_2 偏高,而 MgO、CaO 偏低。②安山岩分子数 $Al_2O_3>CaO+Na_2O+K_2O$,标准矿物中均出现刚玉(C)分子,未出现透辉石(Di),属铝过饱和岩石类型;玄武岩分子数 $CaO+Na_2O+K_2O>Al_2O_3>Na_2O+K_2O$,属正常的岩石系列。③里特曼指数 $\sigma=2.54$~5.86,属碱性岩石系列,碱度指数 $AR=2.02$~2.99,在 $AR-SiO_2$ 图解(图 3-3)中,除一个样品投于钙碱性区,其余样品均落入碱性系列区;在硅-碱关系图(图 3-4)中,除一个样品投入亚碱性系列,其余样品都落入碱性系列区,在硅-碱变异图(图 3-11)中均投入碱性玄武岩系列区。分异指数 $DI=57.78$~74.25,反映岩浆分异程度较差,固结指数 $SI=7.87$~18.82,反映岩浆总体分离结晶程度较差。④火山岩标准矿物组合为:Or+Ab+An+Qz+C+Hy 和 Or+Ab+An+Hy+Ol+Ne。

(三)地球化学特征

岩石稀土、微量元素含量及特征参数列于表 3-4~表 3-6。稀土元素总量变化于 125.01×10^{-6}~189.0×10^{-6} 之间,从早期到晚期显示递减趋势。$\Sigma Ce/\Sigma Y$ 比值均大于 1,表明火山岩属轻稀土富集型。$\delta Eu=0.57$~0.83,为铕亏损型,$\delta Ce=0.83$~0.92,为弱铈亏损。$(Ce/Yb)_N=5.17$~7.38,$(La/Sm)_N=$

3.2～4.56,反映了轻稀土与重稀土、轻稀土之间分馏程度都较高。$(Gd/Yb)_N=1.50$～1.65,反映火山岩浆早期比晚期重稀土富集。$(La/Yb)_N$、La/Yb比值皆远大于1,稀土元素配分模式为向右倾斜的曲线(图3-16),表明轻稀土相对富集,而重稀土相对亏损,具负铕异常,反映火山岩稀土分馏作用较好。

微量元素含量与地壳同类岩石平均含量比较(维氏,1962),相对富集B、Sc、Sr、Ta、Zr、Hf等元素,而Se、Nb、Cr、Sb等相对贫乏。Rb/Sr比值较小(0.11～0.36),从微量元素分布图(图3-17)中可以看出,强富集K、Rb、Ba、Th,而Sm、Ti、Y、Yb严重亏损,曲线型式与火山弧型相似(Pearce et al,1982),反映火山岩可能与火山弧的形成发展有关。

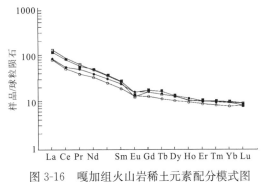 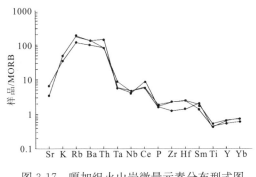

图3-16　嘎加组火山岩稀土元素配分模式图　　图3-17　嘎加组火山岩微量元素分布型式图

(四)火山环境分析

中三叠世火山岩产于嘎加组(T_2^2g)之中,呈层状夹于长石石英砂岩、粉砂岩、硅质岩、灰岩之间,在地层中发育斜层理,角砾灰岩代表着水比较浅的陆棚相环境。

从岩石演化来看,由老到新,总的趋势由基性向酸性演化。安山岩SiO_2和K_2O+Na_2O含量特征与康迪确定的岛弧安山岩成分基本接近,在里特曼-戈蒂里图解(图3-7)上,安山岩落入B区而橄榄玄武岩投入A区;在Bass(1973)的$Zr-TiO_2$图(图3-8)上,安山岩均落入火山弧环境。在$Hf/3-Th-Nb/16$和$Hf/3-Th-Ta$判别图上(图3-13)均落入岛弧火山岩区。综上所述,本期火山岩可能形成于大陆边缘初始岛弧环境。

四、侏罗纪火山岩

(一)侏罗系木嘎岗日岩群各组岩组中的火山岩

该火山岩仅出露于测区西北部,安多县舍日可马、曲布尝一带,分布零星,平面上呈条带状、椭圆状近东西向展布。火山岩呈岩块产出,出露宽度在400～900m。火山岩活动方式以喷溢为主。岩石类型单一,为玄武岩。

1. 岩石学特征

玄武岩　该岩浅灰绿色,具羽状结构,碎裂构造。岩石遭受蚀变,原生矿物均不同程度地蚀变分解。组成成分:钠长石35%±,呈板条状;次闪石48%±,呈纤状分布于细长钠长石板条两侧;绿帘石7%±,绿帘石细脉及方解石脉7%±。

2. 岩石化学特征

岩石化学分析结果、CIPW标准矿物及特征参数列于表3-2、表3-3。根据邱家骧硅-碱命名图解(图3-2),岩石均为玄武岩。①SiO_2平均含量为47.66×10^{-2},属基性岩范畴。与Le Maitre(1976)平均玄武岩相比,火山岩MgO、CaO较高,而全碱TiO_2偏低。②$CaO+Na_2O+K_2O>Al_2O_3>Na_2O+K_2O$,表现火山岩属正常的岩石系列。③里特曼指数($\sigma$)为0.71～2.61,属钙碱性岩石系列,碱度指数(AR)为1.29～1.42,在$AR-SiO_2$图解(图3-3)中,火山岩落入钙碱性岩系列区,在硅-碱关系图(图3-4)中,落入亚碱性岩石系列区,硅-碱变异图(图3-10)中落入碱性玄武岩系列区。分异指数DI=33.04~34.38,反映岩浆分异程度度差,固结指数SI=37.62~38.47,反映岩浆总体分离结晶程度差。④火山岩标准矿物组合为:Or+Ab+An+Hy+Ol。

3. 地球化学特征

岩石稀土、微量元素含量及特征参数列于表3-4~表3-6。稀土元素总量变化于45.45×10^{-6}~69.57×10^{-6}。$\Sigma Ce/\Sigma Y$比值小于1,属重稀土略富集型,$\delta Eu=0.97$,铕没有亏损,$\delta Ce=10.85$,铈富集。$(Ce/Yb)_N=0.89$,$(La/Sm)_N=1.63$,反映了轻稀土与重稀土、轻稀土之间分馏程度差。$(Gd/Yb)_N=0.96$,反映岩浆重稀土富集,$(La/Yb)_N=1.49$,$La/Yb=2.28$,略大于1,反映在稀土元素配分模式曲线上(图3-18)总体为向右平缓倾斜,倾角小于5°,接近于平坦型,由图可以看出重稀土相对富集,与Frey等(1968)大洋玄武岩的稀土配分型式中的岛弧拉斑玄武岩相似。

微量元素与地壳同类岩石平均含量比较(维氏,1962),K、Rb、Sc、Cr、Hf等元素含量相对富集,而Zr、Sr、Ba、Sn等相对贫乏。Rb/Sr比值为0.27。微量元素分布图(图3-19)与钙碱性火山弧型相似(Pearce et al,1982),故火山岩可能形成于火山弧环境。

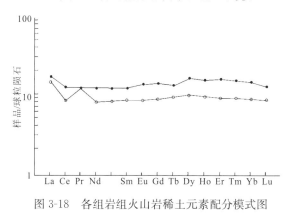

图3-18 各组岩组火山岩稀土元素配分模式图

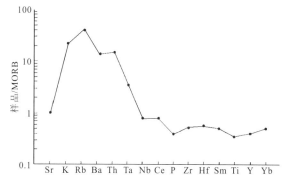

图3-19 各组岩组微量元素分布型式

4. 火山环境分析

在里特曼-戈蒂里图中(图3-7),投影点落入B区(造山带火山岩区);在Bass(1973)的$Zr-TiO_2$图上(图3-8),落入火山弧玄武岩区(VAB),在$Hf/3-Th-Nb/16$判别图(图3-13)中落入岛弧火山岩区,在硅-碱变异图(图3-10)中落入碱性玄武岩系列区中。综上所述,并结合木嘎岗日岩群的沉积环境,本期火山岩可能形成于洋岛环境。

(二)中晚侏罗世拉贡塘组中的火山岩

该火山岩出露于测区东南部,那曲县哈尔麦乡孔迁弄巴、共土弄巴一带,分布相对较广。平面上呈条带状近东西向展布,以哈尔麦乡共土弄巴出露较为典型。火山岩赋存于中—上侏罗统拉贡塘组,该火山岩划分出4个喷发韵律(图3-20),其中以中性火山角砾凝灰岩—中性熔岩—正常沉积组成至少两个以上爆发→喷溢→沉积韵律,在火山活动的整个过程中均有强烈的爆发作用,出现有火山角砾岩类。据哈尔麦路线剖面火山岩厚3300m,约占地层的37.5%。火山岩中碎屑岩占了绝对优势,该火山岩的爆发指数为72.7%,主体为爆发相,总体形式以爆发→喷溢→沉积为火山喷发特征,因受强变形改造及覆盖严重等原因,火山机构特征不详。

从火山岩面状分布特征上看与测区构造线一致,呈东西向,推断火山岩为沿裂隙喷发而形成,根据共生的沉积岩特征判断火山的喷发与堆积环境应为浅海—半深海相。

1. 岩石学特征

安山岩 岩石呈浅灰、浅灰绿色,残余斑状结构,基质具鳞片微粒结构,块状构造。斑晶:斜长石25%

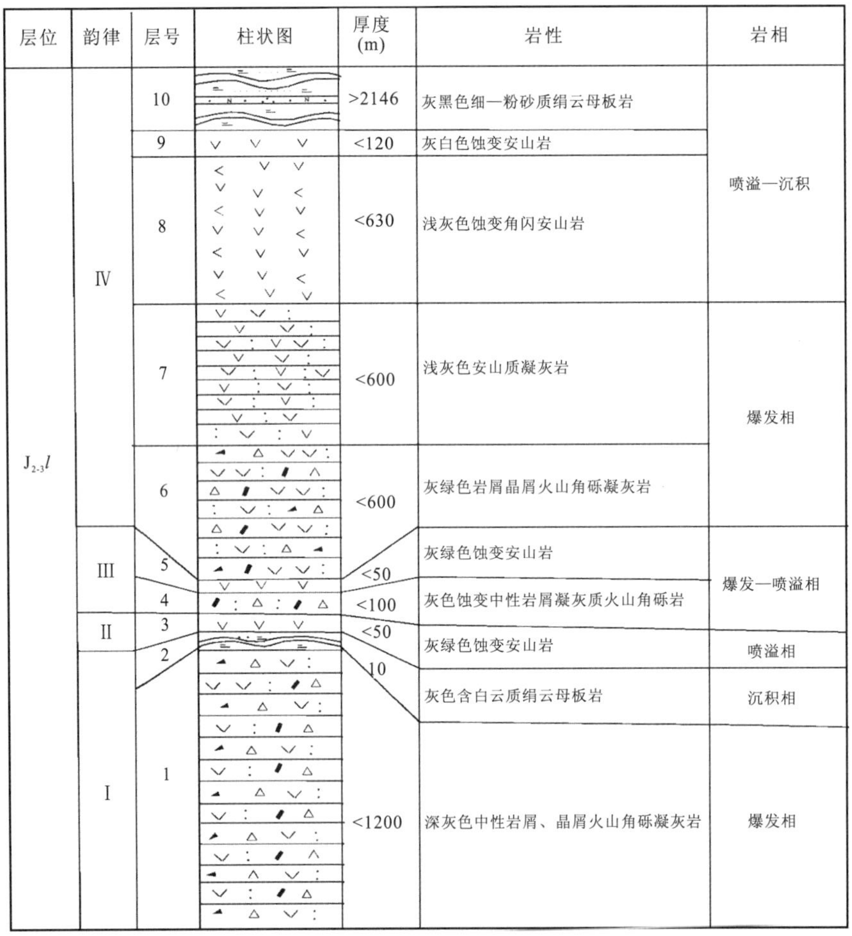

层位	韵律	层号	柱状图	厚度(m)	岩性	岩相
$J_{2-3}l$	IV	10		>2146	灰黑色细—粉砂质绢云母板岩	喷溢—沉积
		9		<120	灰白色蚀变安山岩	
		8		<630	浅灰色蚀变角闪安山岩	
		7		<600	浅灰色安山质凝灰岩	爆发相
		6		<600	灰绿色岩屑晶屑火山角砾凝灰岩	
	III	5		<50	灰绿色蚀变安山岩	爆发—喷溢相
		4		<100	灰色蚀变中性岩屑凝灰质火山角砾岩	
	II	3		<50	灰绿色蚀变安山岩	喷溢相
		2		10	灰色含白云质绢云母板岩	沉积相
	I	1		<1200	深灰色中性岩屑、晶屑火山角砾凝灰岩	爆发相

图 3-20 拉贡塘组火山岩喷发韵律结构图

土,为更长石,自形柱状,钠长石律和卡钠复合律发育,个别具环带构造,粒径0.5～2.5mm。基质成分:斜长石50%±,为微粒更长石,粒径0.05～0.3mm;绢云母20%±,呈鳞片状,不均匀分布组成,石英4%±。副矿物为磷灰石—褐铁矿。

火山角砾岩 岩石呈灰色,岩屑凝灰火山角砾结构,块状构造。火山角砾成分:蚀变中性火山岩70%±,呈无规则形状,粒径0.7～2cm。基质成分:蚀变中性火山岩屑10%±、酸性火山岩屑4%±,霏细状长英质,呈不规则形状,粒径0.3～1mm,火山灰(25%±)颗粒细小。

火山角砾凝灰岩 岩石呈灰绿色,岩屑晶屑火山角砾凝灰结构,块状构造。火山角砾20%±,主要由酸性火山岩、晶屑凝灰岩等组成,粒径0.5～1.5cm,多呈熔蚀状。晶屑成分有钠更长石25%±、石英2%±、正长石3%±和金属矿物1%等,呈次棱角状、熔蚀状,粒径0.3～1.5mm。岩屑成分有酸性霏细状长英质24%±、安山岩10%±,呈棱角状、长椭圆状,粒径0.5～1mm。岩石中的胶结物为火山物分解的霏细状长英质物10%±及次生的绿泥石5%±。

2. 岩石化学特征

岩石化学分析结果、CIPW标准矿物及特征参数列于表3-2、表3-3。①SiO_2含量为$64.68×10^{-2}$,属于中性岩范畴。②$Al_2O_3 > CaO+Na_2O+K_2O$,标准矿物中均出现刚玉(C)分子,未出现透辉石(Di),属铝过饱和岩石类型。③里特曼指数$\sigma=2.41$,属钙碱性岩石系列,碱度指数$AR=2.38$,在$AR-SiO_2$图解(图3-3)中,落入钙碱性系列区,在硅-碱关系图解(图3-4)中落入亚碱性系列区。在硅-碱变异图(图3-10)上落入高铝玄武岩系列。分异指数$DI=80.09$,反映岩浆分异程度充分;固结指数$SI=11.36$,反映岩浆总体分离结晶程度较高。④火山岩标准物组合为:$Or+Ab+An+Qz+C+Hy$,为硅铝过饱和类型。

3. 地球化学特征

岩石稀土、微量元素含量及特征参数列于表 3-4～表 3-6。稀土总量为 210.73×10^{-6}；$\sum Ce/\sum Y=3.43$，属轻稀土富集型。$\delta Eu=0.62$，铕略有亏损；$\delta Ce=0.87$，铈弱亏损。$(Ce/Yb)_N=5.95$，$(La/Sm)_N=3.67$，反映了轻稀土与重稀土、轻稀土之间分馏程度都较高。$(Gd/Yb)_N=1.52$，反映火山岩重稀土弱富集。$(La/Yb)_N=8.94$，反映在稀土元素配分模式为向右倾斜的曲线(图 3-21)，轻稀土相对富集，具有较明显的负铕异常。

微量元素与地壳同类岩石平均值比较（维氏，1962），Th、Hf、Ag、Rb、Sc 等元素含量相对较高，而 Sr、V、Cr、Co、Nb 等元素含量相对较低。从微量元素分布图(图 3-22)中可以看出，K、Rb、Ba、Th 较富集，P、Zr、Ti、Y、Yb 亏损，曲线形式与钙碱性火山弧型相类似(Pearce et al,1982)，故火山岩可能形成于火山弧环境。

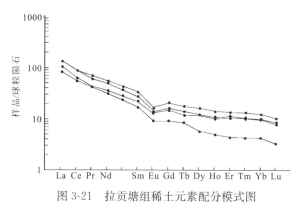 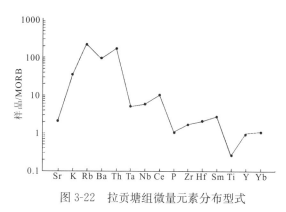

图 3-21 拉贡塘组稀土元素配分模式图　　　　图 3-22 拉贡塘组微量元素分布型式

4. 火山环境分析

在里特曼-戈蒂里图解(图 3-7)上投点位于造山带环境，在 Bass(1973) 的 $Zr-TiO_2$ 图解(图 3-8)上，投入火山弧玄武岩区，在 $Hf/3-Th-Nb/16$ 和 $Hf/3-Th-Ta$ 判别图上(图 3-13)均落入岛弧火山岩区。结合火山岩共生的沉积特征，说明本期火山岩形成于大陆边缘火山弧环境。

五、晚白垩世火山岩

该火山岩出露于测区中部那曲县阿儿苍、脏木拖、江仓弄巴一带，分布较零星。平面上呈条带状，不规则椭圆状。以那曲县阿儿苍出露较典型，据实测剖面火山岩划分出 2 个火山喷发韵律(图 3-23)，总体上为一套中性火山熔岩组合，火山岩厚 698.95m，本期火山活动以喷溢为主，该火山岩获 K-Ar 法同位素年龄为 $62.8\pm5Ma$，并进行了区域对比，最终将其时代划为晚白垩世。

(一) 岩石学特征

安山岩　岩石呈紫红色，斑状结构，基质具交织结构，气孔构造、块状构造。斑晶成分：斜长石 30%±，为更长石，呈半自形板状，粒径不均，钠长石律和卡钠复合律发育，个别仍可见残余环带构造，粒径 0.5～3mm。基质成分：斜长石 52%±，为更长石，呈细小板条状，无规则分布，其间隙充填褐铁矿赤铁矿尘点(7%)、方解石(2%±)等呈交织结构不均匀分布组成。气孔呈不规则形状，直径为 0.2～1mm，均充填绿泥石，部分充填方解石。

安山质岩屑火山角砾岩　岩石呈紫灰色，具火山角砾结构，块状构造。火山碎屑成分：蚀变安山岩 75%±，形状多呈不规则熔蚀状，由极细斜长石板条，褐铁矿、赤铁矿尘点呈交织结构组成，粒径 2～4mm；晶屑 17%±，为更长石，多呈次棱角状，粒径 2～4mm。岩石中胶结物由褐铁矿、赤铁矿尘点(5%±)，次生矿物方解石(2%±)等组成。

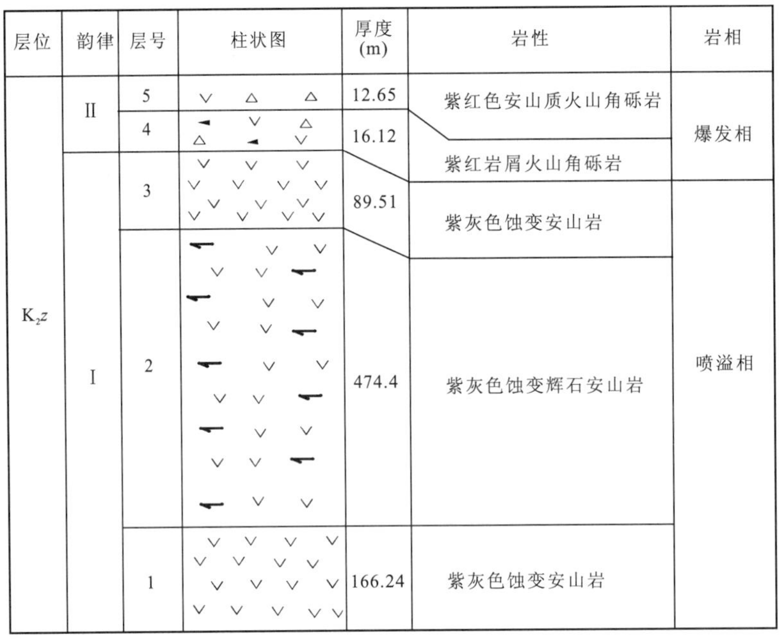

层位	韵律	层号	柱状图	厚度(m)	岩性	岩相
K₂z	II	5		12.65	紫红色安山质火山角砾岩	爆发相
		4		16.12	紫红岩屑火山角砾岩	
	I	3		89.51	紫灰色蚀变安山岩	喷溢相
		2		474.4	紫灰色蚀变辉石安山岩	
		1		166.24	紫灰色蚀变安山岩	

图3-23 宗给组火山喷发韵律结构图

(二)岩石化学特征

岩石化学分析成果、CIPW标准矿物及特征参数见表3-2、表3-3。①SiO_2含量变化于$55.02×10^{-2}$~$62.46×10^{-2}$，属中性岩范畴。②总体上$CaO+Na_2O+K_2O>Al_2O_3>Na_2O+K_2O$，属正常岩石系列，少数$Al_2O_3>CaO+Na_2O+K_2O$，出现刚玉分子(C)，属铝过饱和岩石类型。③里特曼指数$\sigma=1.83$~3.47，总体属钙碱性岩石系列，碱度指数$AR=1.69$~2.67，在$AR-SiO_2$图解(图3-3)中，样品总体上投入钙碱性系列区，在硅-碱关系图解(图3-4)中均落入亚碱性系列区，在硅-碱变异图(图3-10)上落入碱性玄武岩系列与高铝玄武岩系列界线附近。反映本期火山岩主体为钙碱系列的火山岩。分异指数$DI=57.96$~77.7，反映岩浆分异程度较好，固结指数$SI=2.46$~22.72，反映岩浆总体分离结晶程度较好。④火山岩标准矿物组合为：$Or+Ab+An+Qz+Di+Hy$和$Or+Ab+An+Qz+C+Hy$。

(三)地球化学特征

岩石稀土、微量元素含量及特征参数列于表3-4~表3-6。稀土总量平均总量为$152.47×10^{-6}$；$\sum Ce/\sum Y=2.35$~4.45，属轻稀土富集型。$\delta Eu=0.42$~0.74，铕略有亏损。$\delta Ce=0.84$~0.97，铈弱亏损，$(Ce/Yb)_N=4.25$~7.61，$(La/Sm)_N=2.98$~3.91，反映了轻稀土与重稀土、轻稀土之间分馏程度都较高。$(Gd/Yb)_N=1.36$~1.72，反映火山岩重稀土弱富集。$(La/Yb)_N=6.55$~11.841，反映在稀土配分模式为向右倾斜的曲线(图3-24)，轻稀土富集，具有较明显的负铕异常。

微量元素含量与地壳同类岩石平均含量比较(维氏，1962)：B、Se、Hf、Th、Co、Sb、Sc等元素含量相对较高，而Nb、Zr、Cr、Rb、Sr、Ba等元素含量相对较低。从微量元素分布图(图3-25)中可以看出，Rb、Ba、Th等元素较富集，Zr、Ti、Yb等元素亏损，曲线与钙碱性火山弧型相似(Pearce et al,1982)。故本期火山岩形成与火山弧的发展有一定关系。

(四)火山环境分析

在里特曼-戈蒂里图解(图3-7)中，全体样品无一例外落入造山带地区火山岩环境；在Bass(1973)的$Zr-TiO_2$图解(图3-8)上均投入火山弧环境，在$Hf/3-Th-Nb/16$和$Hf/3-Th-Ta$判别图(图3-13)上均投影于岛弧火山岩区，TiO_2含量变化于0.62%~0.97%，沉积环境为陆相，故本期火山岩形成于俯冲火山弧环境。

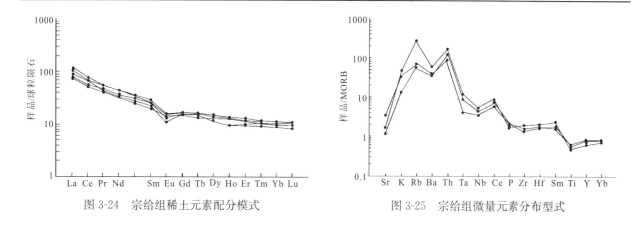

图 3-24 宗给组稀土元素配分模式　　　图 3-25 宗给组微量元素分布型式

第二节　基性、超基性岩

区内基性、超基性岩集中分布在聂荣-郭曲乡构造岩浆岩带，以余拉山蛇绿岩为代表，其次分布于桑雄-麦地卡构造岩浆岩带，以夺列蛇绿岩为代表。均被断层所夹持，呈构造岩块产出。

一、余拉山蛇绿岩

(一)地质特征

余拉山蛇绿岩主要分布于安多县扎仁乡东南余拉山及错莫绒南东达尔仓玛一带，以余拉山铬铁矿出名，位于班公错-东巧-丁青-怒江岩带、白拉-余拉山岩带，为著名的班公错-怒江结合带蛇绿岩重要组成部分。岩体长约 13km，最宽 2km，总面积约 17km²，总体走向 70°～80°，呈北北东向，平面上呈菱形。

岩体构造侵位在浅变质的侏罗纪构造地层木嘎岗日岩群余拉山岩组之中，与围岩均呈构造接触。结合区域资料，推测侵位时期为侏罗纪。其构造侵位产出特征表现为：第一，岩块蛇纹石化强烈，以斜方辉石橄榄岩为主体的各类超基性岩高度裂隙化、碎裂化等标志；第二，整个岩块在平面上呈现菱形，南北两侧呈逆推断层接触；第三，围岩无接触变质，岩块边部遭受后期热液蚀变，产生强烈硅化或碳酸盐化。

1. 岩石组合及其分布

余拉山超基性岩主要岩石类型有全蛇纹石化、白云石化纯橄岩、全蛇纹石化斜辉橄榄岩及蚀变二辉辉长岩组成。岩石蚀变极为强烈，均已蛇纹石化。根据岩石组合，岩体可分两个岩相带：①纯橄岩带，主要沿岩体两侧分布，东西长 6～7km，最宽 700m，北侧的延续性更好；②方辉橄榄岩带，分布在岩体的中央。

2. 余拉山蛇绿岩剖面

(1)剖面(一)见第二章地层第八节(图 2-24)。

(2)剖面(二)位于余拉山一带(图 3-26)，由全蛇纹石化纯橄岩、硅化、白云石化超基性岩和二辉辉长岩等组成。

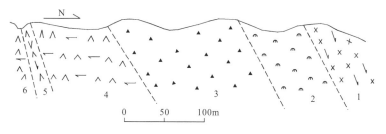

图 3-26 安多县余拉山蛇绿岩信手剖面

1. 灰绿色、暗色、蚀变细粒二辉辉长岩,具残余细粒辉长结构,块状构造,与下层关系清楚,为突变　　　＞50m
2. 黑色、褐黄色蛇纹石化、白云石化超基性岩,具粒状变晶结构。略显片理化、岩石蚀变强烈,在
   放大镜下仅见黑色细粒铬铁矿和铬尖晶石　　　＞70m
3. 深灰色、灰绿色铬铁矿化、白云石化、蛇纹石化纯橄岩,具网格结构,块状构造。岩石致密、坚硬,
   蚀变强烈,见少量黑色的铬铁矿,铬尖晶石　　　＞170m
4. 灰色、灰绿色全蛇纹石化斜辉橄榄岩,具假斑结构、网格结构,块状构造。岩石全蚀变,表面可见
   蛇纹石,石棉　　　＞100m
5. 灰绿色全蛇纹石化斜方辉橄岩,具网格结构,块状构造。见少量细粒铬铁矿或铬尖晶石　　　＞50m
6. 灰色、灰绿色全蛇纹石化斜辉橄榄岩,具网格结构,块状构造　　　＞50m

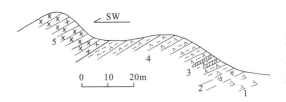

图 3-27　余拉山堆晶杂岩剖面
(据王希斌,1984)

(3)剖面(三)位于余拉山一带,这里除大面积出露的超基性岩外,还有发育很好的堆晶杂岩盖在斜辉橄榄岩之上,其间为断层接触(图 3-27)。主要堆晶岩类有层纹状辉长岩。

4. 墨绿色、深黑色含长异剥橄榄岩,与橄长岩呈几厘米厚的
   深浅不同颜色的条带,具堆晶结构,块状构造　　　＞30m
3. 深灰色异剥钙榴岩,夹于含长异剥橄榄岩中　　　＜2m
2. 灰绿色、墨绿色纯橄岩,成层状或条带状与其他堆晶岩相间产出,具块状构造　　　＞5m
1. 灰绿色斜辉橄榄岩,具网格结构,块状构造　　　＞30m

(二)岩石学特征

1. 全蛇纹石化斜辉橄榄岩

岩石呈灰绿色,具假斑结构、网格结构,块状构造。矿物粒径一般为 0.2~0.6mm,个别可达 2~5mm。主要矿物成分:蛇纹石 70%±,呈网格状,由橄榄石蚀变为网格状蛇纹石;绢石 27%±,呈半自形—他形,不均匀分布在岩石中,由斜方辉石蚀变而来。少量金属矿物:铬尖晶石 2%±,他形—半自形,边缘常磁铁矿化,中心呈半透明棕褐色,磁铁矿 1%±,呈微粒,尘点,常沿网脉或星散分布。

2. 蛇纹石化纯橄岩

岩石呈深灰色、灰绿色,具网格结构,稀疏浸染状构造、块状构造。矿物成分:蛇纹石 86%±,由纤维蛇纹石细脉组成网格状,网格中心分布叶蛇纹石;白云石 10%±,呈斑点、不均匀分布,斑点直径为 0.2~0.5mm;铬尖晶石 1%~2%,呈自形—半自形,粒径一般为 0.2~0.5mm,边缘常磁铁矿化,中心呈半透明,棕褐色;磁铁矿 2%±。岩石中橄榄石先蚀变为网格蛇纹石,后与 CO_2 作用又转变为白云石。

3. 硅化、白云石化超基性岩

岩石呈黑色、褐黄色,具鳞片粒状变晶结构,残余网格结构,块状构造。矿物粒径一般为 0.3~0.8mm,个别为 0.2~0.5mm。矿物成分:白云石 68%±,石英 25%±,滑石 3%±,磁铁矿 2%±,铬尖晶石 1%~2%。岩石遭受强烈白云石化、硅化。原生矿物均蚀变分解,残余结构基本消失。蚀变后的岩石由白云石集合体、热液石英集合体组成,呈粒状结构,不均匀分布。

4. 蚀变细粒二辉辉长岩

岩石呈灰绿色、暗色,具残余细粒辉长结构,块状构造。矿物粒径为 0.5~2mm。矿物成分:斜长石 35%±、普通辉石 43%±,具斜消光;顽火辉石 20%±,具平行消光,多色性不太明显,干涉色一级灰色;绿泥石 2%±。岩石蚀变较强烈,普通辉石少量蚀变为绿泥石鳞片集合体,斜长石蚀变被绢云母鳞片所代替。

(三)岩石化学特征

1. 变质橄榄岩类

余拉山变质橄榄岩岩石化学分析结果及特征参数列于表 3-7。从表中可以看出:岩石的化学成分变化范围较小,SiO_2 含量为 $33.14\times10^{-2}\sim42.79\times10^{-2}$;$TiO_2$ 含量为 $0.008\times10^{-2}\sim0.02\times10^{-2}$;$K_2O$ 含量为 $0.008\times10^{-2}\sim0.04\times10^{-2}$;$Na_2O$ 含量为 $0.01\times10^{-2}\sim0.06\times10^{-2}$,与世界超基性岩平均含量相比较总体上偏低(黎彤,饶纪龙,1962);但 Al_2O_3 含量为 $0.125\times10^{-2}\sim1.75\times10^{-2}$,高于平均值,为平均值的 2 倍;MgO 含量为 $40.44\times10^{-2}-47.15\times10^{-2}$,均高于平均值,与特罗多斯方辉橄榄岩特征相似。变质橄榄岩基性度(Mg+<Fe>)/Si 为 $1.62\sim2.49$,M/F 比值为 $6.77\sim11.58$,M/F 比值均大于 6.5,反映岩石为镁质超基性岩,MgO/(MgO+<FeO>)比值为 $0.8\sim0.86$,平均值为 0.83,略低于世界蛇纹岩(科尔曼,1977)平均值 0.85。在图 3-28 中样品位于镁铁质区,说明岩石总体上属于镁铁质超基性岩;在图 3-29 中样品无一例外地投影于贫碱质区;在图 3-30 中样品均投影于贫铝质区,对变质橄榄岩类进行 AFM 图解(图 3-31)判别,样品投影点集中于变质橄榄岩区内。由此可见,余拉山变质橄榄岩总体上呈现出低钛、贫铝、贫碱、高镁质的变质橄榄岩类型。

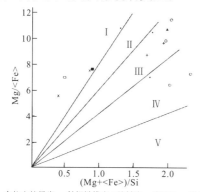

余拉山蛇绿岩:●斜辉橄榄岩 ○纯橄榄岩 + 堆晶岩 ×辉长岩
夺列蛇绿岩:▲纯橄榄岩 ■辉石岩 □橄长岩

图 3-28 Mg/<Fe>-(Mg+<Fe>)/Si 图解
Ⅰ:超镁质区;Ⅱ:镁质区;Ⅲ:镁铁质区;
Ⅳ:铁镁质区;Ⅴ:铁质区

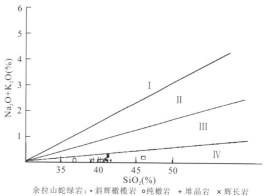

余拉山蛇绿岩:●斜辉橄榄岩 ○纯橄榄岩 + 堆晶岩 ×辉长岩
夺列蛇绿岩:▲纯橄榄岩 ■辉石岩 □橄长岩

图 3-29 (Na_2O+K_2O)-SiO_2 图解
Ⅰ:强碱质区;Ⅱ:碱质区;Ⅲ:弱碱质区;Ⅳ:贫碱质区

2. 堆晶岩类

余拉山堆晶岩类岩石化学化学分析结果及特征参数列于表 3-7。从表中可以看出:SiO_2 含量为 $38.05\times10^{-2}\sim42.24\times10^{-2}$,$TiO_2$ 含量为 $0.012\times10^{-2}\sim0.08\times10^{-2}$,均小于 0.1×10^{-2},堆晶岩类各岩石的化学成分与变质橄榄岩类成分比较,堆晶岩类 TiO_2、Al_2O_3、Na_2O+K_2O 相对变质橄榄岩类明显偏高,而 Fe_2O_3、FeO、MgO 等则明显偏低,其基性度(Mg+<Fe>)/Si 为 $1.55\sim2.04$,MgO/(MgO+<FeO>)比值为 $0.77\sim0.84$,略低于世界蛇纹岩(科尔曼,1977)平均值 0.85,反映出酸性程度增高和基性程度降低,成负相关关系。在图 3-28 中样品位于超镁质与镁铁质区,在图 3-29 中样品均投影于贫碱质区;在图 3-30 中样品投影点主体位于贫铝质区,个别样品位于高铝质区。在超基性岩 AFM 判别图解(图 3-31)中堆晶岩样品投影点位于超镁铁质堆晶岩区及其附近,从而证实余拉山所见堆晶岩具超镁铁质堆晶岩特点。

(四)地球化学特征

1. 变质橄榄岩类

余拉山蛇绿岩带变质橄榄岩类稀土及微量元素含量列于表 3-8~表 3-10。稀土总量较低为 3.62×10^{-6},总体表现为严重亏损,特别是重稀土球粒陨石的 1/6~1/3,Tm、Lu 的丰度均小于 0.01×10^{-6},几乎近于枯竭。在总体亏损的情况下,$\Sigma Ce/\Sigma Y=3.36$,反映轻稀土相对富集。$(La/Yb)_N=17.89$、

表 3-7 测区蛇绿岩岩石化学分析成果表（%）

代号	岩性名称	样号	氧化物含量（×10⁻²）													主要参数			
			SiO_2	TiO_2	Al_2O_3	Fe_2O_3	FeO	MnO	MgO	CaO	Na_2O	K_2O	P_2O_5	Cr_2O_3	NiO	LOS	总量	M/F	(Mg+<Fe>)/Si	MgO/(MgO+<Fe>)	MgO/FeO
聂荣-那曲乡构造岩浆岩带	斜方辉石橄榄岩	6001-2	39.6	0.02	0.125	5.12	1.83	0.103	39.54	0.03	0.042	0.006	0.01		13.52	99.95	10.89	1.62	0.84	13.07
	斜方辉石橄榄岩	*1	42.38	0.002	1.41	8.51	3.36	0.11	43.83	0.38	0.02	/	/	/	/		100.00	7.05	1.75	0.8	7.49
	斜方辉石橄榄岩	*2	42.79	0.01	1.17	4.75	3.41	0.12	46.37	0.44	0.06	/	0.04				99.16	10.66	1.76	0.86	12.38
	纯橄榄岩	*3	39.54	0.01	1.75	3.90	4.91	0.12	47.15	0.36	0.01	0.04	0.01	1.87	0.36		97.8	10.00	1.96	0.85	16.26
	纯橄榄岩	△4	33.95	0.003	1.19	7.86	4.33	0.09	40.44	0.13	/	0.03	0.008				88.03	6.77	2.05	0.82	6.72
	纯橄榄岩	6001-4	33.14	0.021	0.375	5.45	1.61	0.096	42.53	0.002	0.037	0.008	0.007			14.94	98.22	11.58	2.07	0.86	13.69
	纯橄榄岩	6001-4-A	33.62	0.008	0.145	7.71	2.67	0.093	40.4	0.006	0.058	0.005	0.004			14.43	99.15	7.42	2.49	0.80	8.08
	含长橄榄岩	*E-10	38.08	0.06	3.84	5.29	3.25	0.10	35.02	1.71	0.15	0.02	0.04	0.48	0.17	11.36	99.57	7.68	1.55	0.81	8.95
	堆晶纯橄岩	△5	38.86	0.019	1.39	7.13	2.5	0.23	48.35	/	0.58	0.008	0.033	0.579	0.323	4.8	100.00	9.73	2.04	0.84	10.62
	辉长岩	*E-9	41.2	0.08	14.13	1.06	3.72	0.09	20.21	11.46	0.15	0.02	0.03	0.215	0.097	7.39	99.44	7.59	0.83	0.81	/
	二辉正长岩	6005-2	38.05	0.012	0.72	1.51	6.33	0.12	38.38	0.41	0.014	0.028	0.0068			12.97	98.55	8.9	1.67	0.83	/
	辉长岩	6001-9	42.24	0.064	18.4	0.56	2.29	0.072	9.34	21	0.21	0.08	0.005				94.26	5.63	0.39	0.77	/
桑雄-麦地卡构造岩浆岩带	纯橄岩	dl-6	33.98	0.015	0.88	5.32	2.18	0.092	41.73	0.2	0.036	0.003	0.0032	/	/	14.76	99.2	10.61	1.99	0.85	11.89
	橄榄岩	dl-1	38.88	0.013	17.53	0.04	4.4	0.063	19.94	11.24	0.25	0.032	0.014	/	/	7.54	99.94	7.65	0.86	0.82	8.0
	辉长岩	dl-3	45.44	0.1	13.55	0.55	2.63	0.072	13.27	20.61	0.22	0.013	0.0048	/	/	3.68	100.13	7.28	0.49	0.81	9.0

注：*引自《西藏蛇绿岩》，△引自《西藏自治区区域地质志》，其余样品由宜昌地矿所测试中心测定。

表 3-8 测区蛇绿岩岩石稀土元素含量表

稀土元素含量（$\times 10^{-6}$）

代号	样号	La	Ce	Pr	Nd	Sm	Eu	Gd	Tb	Dy	Ho	Er	Tm	Yb	Lu	Y
聂荣-那曲乡构造岩浆岩带	6001-2	0.9	1.18	0.14	0.43	0.12	0.023	0.12	0.024	0.16	0.028	0.077	<0.01	0.033	<0.01	0.37
	6001-4	0.74	0.87	0.10	0.44	0.092	0.022	0.06	0.012	0.063	0.019	0.05	<0.01	0.044	<0.01	0.44
	6001-4A	0.67	0.66	0.069	0.36	0.092	0.029	0.093	0.011	0.078	0.017	0.052	<0.01	0.05	<0.01	0.38
	6001-9	0.66	0.78	0.091	0.54	0.14	0.15	0.19	0.028	0.35	0.069	0.18	0.028	0.18	0.019	1.97
桑雄-麦地卡岩浆岩带	dl-1	2.34	2.26	0.28	1.26	0.39	0.15	0.37	0.062	0.41	0.077	0.17	0.028	0.23	0.025	0.48
	dl-5	1.02	1.13	0.21	0.91	0.30	0.14	0.48	0.085	0.60	0.13	0.39	0.06	0.38	0.053	2.08
	dl-6	0.77	0.96	0.11	0.57	0.18	0.073	0.3	0.051	0.33	0.069	0.2	0.032	0.21	0.027	0.63

表 3-9 蛇绿岩岩石稀土元素特征参数表

代号	样号	稀土元素含量（$\times 10^{-6}$）				主要参数					
		ΣREE	ΣCe	ΣY	ΣCe/ΣY	δEu	δCe	(Ce/Yb)$_N$	(Gd/Yb)$_N$	(La/Yb)$_N$	La/Yb
聂荣-那曲乡构造岩浆岩带	6001-2	3.62	2.79	0.83	3.36	0.59	0.71	9.1	2.9	17.89	27.27
	6001-4	2.97	2.26	0.71	3.18	0.86	0.66	5.03	1.09	11.07	16.82
	6001-4A	2.58	1.88	0.7	2.69	0.96	0.6	3.36	1.49	10	13.4
	6001-9	5.37	2.36	3.01	0.78	2.84	0.67	1.11	0.85	9.89	3.67
桑雄-麦地卡岩浆岩带	dl-1	8.53	6.68	1.85	3.61	1.20	0.56	2.52	1.29	6.73	10.17
	dl-5	7.97	3.71	4.26	0.87	1.14	0.55	0.76	1.01	1.76	2.68
	dl-6	4.51	2.66	1.85	1.44	0.96	0.69	1.17	1.14	2.43	3.67

表 3-10 测区蛇绿岩岩石微量元素含量表

微量元素含量（×10⁻⁶）

代号	样号	Ga	Sn	Be	Nb	Ta	Zr	Hf	Y	Th	Sc	V	Li	Rb	Sr	Ba	Sb	Bi	Mo	Cr	Ni	Co
聂荣-那曲乡构造岩浆岩带	6001-2	7.35	5.16	0.51	1.46	<0.5	26.6	1.1	1.58	4.22	4.78	12.7	1.5	1.0	<0.1	25.8	0.46	0.068	0.17	4720	2910	102
	6001-4	13.3	4.10	0.58	1.21	<0.5	23.8	1.74	1.46	5.4	7.69	20.1	1.0	0.8	<0.1	25.7	1.18	0.094	0.46	12 500	3260	100
	6001-4A	5.58	0.98	<0.5	1.48	<0.5	26.9	1.24	1.72	4.05	2.67	3.72	1.5	1.0	<0.1	26.6	0.41	0.066	0.17	6375	262	97.8
	6001-9	10.9	1.66	0.9	1.44	0.5	39.1	1.14	1.65	5.92	38.9	10.6	35.6	2.45	150	40.2	0.2	0.078	0.37	\	\	27
桑雄-麦地卡构造岩浆岩带	dl-1	12.3	<0.3	0.38	<1	<0.5	32.0	0.91	0.65	2.82	1.9	3.17	60.1	<0.5	1080	1250	0.085	0.005	1.3	127	748	46.6
	dl-3	8.37	<0.3	0.99	<1	<0.5	18.9	0.7	0.44	4.62	49.7	10.8	26.0	<0.5	298	63.2	0.075	0.003	5.0	2330	189	29.5
	dl-6	11.4	<0.3	0.4	<1	<0.5	42.2	1.31	0.65	0.59	4.71	15.7	0.15	0.75	<1	40.9	0.072	0.004	2.1	3010	1720	125

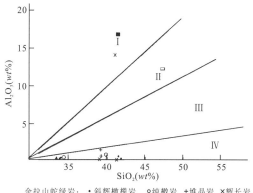

图 3-30 Al_2O_3-SiO_2 图解
Ⅰ:高铝质区;Ⅱ:铝质区;Ⅲ:低铝质区;Ⅳ:贫铝质区

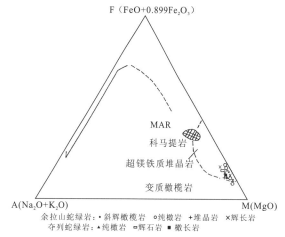

图 3-31 超基性岩 AFM 图解

$(Ce/Yb)_N=9.1$、$La/Yb=27.27$,比值均远远大于1,反映在稀土元素配分型式(图3-32)为向右缓倾斜的曲线,显示轻稀土轻度富集,而重稀土严重亏损,略具负铕异常的特点,表明岩石为高度选择性熔融分离后难熔残余的物质。

微量元素与维氏世界同类岩石平均值相比,以富集 Cr、Ni、Th、Ba、Nb、Ta、U 等元素,而贫化 V、Rb、Sr、Co、Ta 等元素为特征。

2. 堆晶岩类

堆晶岩类岩石稀土及微量元素含量列于表3-8~表3-10。由表中可见稀土特征总体表现出明显的亏损状态,稀土总量较低,在 $2.58×10^{-6}$~$2.37×10^{-6}$ 之间,特别是重稀土亏损严重。$\Sigma Ce/\Sigma Y$ 平均为2.22,显示轻稀土相对富集。$\delta Eu=0.86$~0.96,反映铕无明显的负异常;$(La/Yb)_N$、$(Ce/Yb)_N$、La/Yb 均远远大于1,反映在稀土元素配分型式(图3-33)为向右缓倾斜的曲线,接近于平坦型,总体显示轻稀土相对富集,而重稀土严重亏损,说明稀土元素未发生强烈的分离作用。

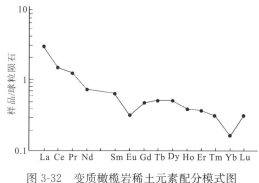

图 3-32 变质橄榄岩稀土元素配分模式图

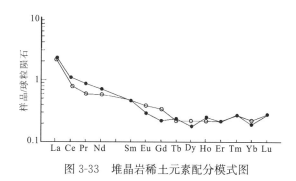

图 3-33 堆晶岩稀土元素配分模式图

微量元素与世界同类岩石平均值(维氏,1962)相比,以富集 Ga、Nb、Hf、U、Cr、Ni,而贫化 Nb、Zr、V、Rb、Bi、Co 为特征。

余拉山超基性岩锶同位素见表3-11。由表可见岩石的 $^{87}Sr/^{86}Sr$(初始值)比其他地区镁铁质岩石都要高得多,而且也高于 Coleman(1977)总结的蛇绿岩中的变质橄榄岩。

表 3-11 余拉山超基性岩的初始 $^{87}Sr/^{86}Sr$ 比值(王希斌等,1984)

样号	岩石名称	初始 $^{87}Sr/^{86}Sr$ 比值
81-E-14	纯橄岩	0.711 07±0.000 24
81-E-14	纯橄岩	0.718 69±0.000 06
E-H-91	纯橄岩	0.726 74±0.015

(五)成因及形成环境

据上述岩石学、岩石化学及地球化学等特征,反映余拉山超基性岩具有较明显的分带性,由下到上显示酸性程度递增。各类岩石总体表现为富镁、贫碱、贫铝、低钛,微量元素富含 Cr、Ni、Nb、Ta 等元素,且稀土枯竭及较高的初始 $^{87}Sr/^{86}Sr$ 比值等特征的超镁铁质岩,属阿尔卑斯型蛇绿岩套建造。彼努斯认为超基性岩浆成因 MgO/FeO 分子比值大于 7 为超基性橄榄岩浆直接结晶产物,小于 7 为玄武岩岩浆分异的产物,本带变质橄榄岩、堆晶岩 MgO/FeO 比值平均为 10.8,由此可见余拉山超基性岩成因为上地幔超基性岩浆直接结晶产物。其在中特提斯洋壳消亡时,仰冲侵位过程中被肢解形成了残留地幔断片,现在的位置是构造移置的结果。

二、夺列蛇绿岩

(一)地质特征

夺列蛇绿岩主要分布于那曲县达仁乡夺列、青木朵一带,该蛇绿岩在测区内沿断裂带断断续续展布,为本次区调新发现。平面上呈透镜状或楔状,总体表现为西边大、东边小的特点,西边岩体长约14km,最宽约0.5km,东边岩体长约2km,最宽约0.4km,二者相距2.3km,总面积约为2km²。岩体构造侵位在中—上侏罗统拉贡塘组和中侏罗统桑卡拉佣组之间,与围岩均呈断层接触关系,呈构造透镜状产出。在辉长岩中测得同位素年龄(U-Pb法)为242Ma、259Ma,其形成时代为晚二叠世—早三叠世。

夺列蛇绿岩剖面如图3-34所示,剖面位于那曲县达仁乡罗里垌一带,岩石类型由蛇纹石化斜辉橄榄岩、纯橄榄岩、橄榄辉长岩、辉长岩及辉石岩等组成。

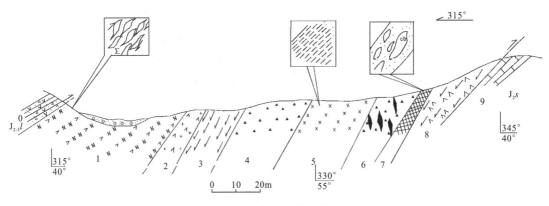

图 3-34 夺列蛇绿岩剖面

中上侏罗统拉贡塘组($J_{2-3}l$)

0. 深灰色安山质火山角砾岩	厚度>100m
========断层========	
1. 灰色灰绿色蚀变中细粒橄长岩,具残余辉长结构,块状构造	>50m
2. 黑灰色蚀变细粒橄榄辉长岩,具细粒辉长结构,块状构造	>10m
3. 黑灰色辉石岩,具半自形粒状结构,块状构造。与上下层关系清楚,为突变	>15m
4. 深灰色、墨绿色铬铁矿化,强蛇纹石化纯橄榄岩,具网格结构,块状构造。与上下层呈突变关系	>22m
5. 深灰色蚀变细粒辉长岩,具细粒辉长结构,块状构造	>24m
6. 黑色、墨绿色全蛇纹石化纯橄榄岩,网格结构,块状构造。该层赋存铬铁矿	>15m
7. 黑色铬铁矿	>5m
8. 灰绿色全蛇纹石化斜辉橄榄岩,具假斑结构、网格结构,块状构造	>20m
========断层========	

中侏罗统桑卡拉佣组(J_2s)

9. 浅灰色、浅灰色中厚层状灰岩	>50m

(二)岩石学特征

1. 全蛇纹石化纯橄岩

全蛇纹石化纯橄岩呈墨绿色,具网格结构,块状构造。矿物成分:蛇纹石 93%±,呈网格状,由纤维蛇纹石细脉组成网格,网眼中心分布叶蛇纹石;绿泥石 3%±,不均匀分布于网脉之中;铬尖晶石 2%,呈半自形熔蚀状,不透明,粒径为 0.2~0.6mm,星点状分布;磁铁矿 2%±。岩石全部蛇纹石化。

2. 蚀变中细粒橄长岩

蚀变中细粒橄长岩呈灰绿色,具残余辉长结构,块状构造。矿物粒径一般为 1~3mm。矿物成分为橄榄石 20%±、斜长石 68%±、透辉石 8%±、次闪石 2%~3%、磁铁矿 0.5%±。岩石遭受强烈蚀变,原生矿物绝大部分被蚀变分解,残余辉长结构仍清楚可见。橄榄石全部蛇纹石化,斜长石全部蚀变分解为绢云母鳞片集合体。

3. 辉石岩

辉石岩呈深灰色,具半自形粒状结构,块状构造。矿物粒径为 2~7mm,个别为 0.1~0.6mm。矿物成分为透辉石 74%±,呈半自形,粒状结构;蛇纹石 20%±,绿泥石 0.5%;铬尖晶石 2%±,自形,中心呈半透明棕褐色,星点状分布于岩石之中;磁铁矿 1%±。

(三)岩石化学特征

夺列超基性岩各岩石化学测试结果及特征参数列于表 3-7。从表中可以看出,纯橄榄岩 SiO_2 含量为 33.98×10^{-2},TiO_2 含量为 0.015×10^{-2};K_2O 含量为 0.003×10^{-2};Na_2O 含量为 0.043×10^{-2},与世界超基性岩平均含量相比均明显偏低(黎彤,饶纪龙,1962)。橄长岩 SiO_2 含量为 38.88×10^{-2},TiO_2 含量为 0.013×10^{-2},K_2O 含量为 0.035×10^{-2},Na_2O 含量为 0.27×10^{-2}。辉石岩 SiO_2 含量为 47.11×10^{-2},TiO_2 含量为 0.1×10^{-2},K_2O 含量为 0.013×10^{-2},Na_2O 含量为 0.23×10^{-2}。各类岩石基性度$(Mg+<Fe>)/Si$ 在 0.49~1.99 之间,纯橄岩为 1.99,橄长岩为 0.86,辉石岩为 0.49;M/F 比值在 7.28~10.61 之间,均大于 6.5,说明岩石为镁质超基性岩;纯橄岩 $MgO/(MgO+<Fe>)$ 比值为 0.85,橄长岩为 0.82,辉石岩为 0.81,均低于科尔曼(1977)蛇纹岩平均值 0.85。在图 3-28 中纯橄岩位于镁铁质区,而橄长岩和辉石岩位于超镁质区;在图 3-29 中均投入于贫碱质区。在图 3-30 中纯橄岩位于贫铝质区,橄长岩位于高铝质区,辉石岩位于铝质区。在 AFM 图解(图 3-31)上纯橄岩、橄长岩、辉石岩均位于 MgO 端附近变质橄榄岩区。由于该蛇绿岩带上的基性—超基性岩均属变质橄榄岩类,总体表现出低钛、弱铝,贫碱质,而高镁质的镁铁质特征,反映其可能属于地幔残余成因。

(四)地球化学特征

夺列蛇绿岩带各岩石的稀土元素含量列于表 3-8、表 3-9。从表中可以看出,稀土总量较低,$4.51 \times 10^{-6} \sim 8.53 \times 10^{-6}$,其 ΣREE 是球粒陨石的 1.4~2.6 倍,说明未曾受到明显的分离和熔融。δEu 值为 0.96~1.2,铕无明显亏损,纯橄岩、橄长岩显示正铕异常,而辉石岩显示负铕异常,δCe 值为 0.55~0.69,显示铈弱亏损。稀土配分模式(图 3-35)呈平坦的曲线,说明稀土元素未发生强烈的分离作用。对变质橄榄岩,轻稀土相对富集,可能与本带岩石强烈蚀变,变形有关。本书认为是变质、交代、蚀变的结果。

微量元素见表 3-10。与世界超基性岩微量元素相比较(维诺格拉多夫,1962),岩石明显富集 Cr、Th、Ba、Be、Ta 等元素,而 Sn、Nb、Zr、Rb、Sr、Co 等元素则明显亏损,约为标准丰度值的 1 个数量级。

综上所述,夺列蛇绿岩在宏观上与围岩均呈断层关系属外来移置岩块,由下到上显示基性向酸性演变的特点;岩石类型为镁铁质超基性岩,以富含铬、镍以及稀土枯竭为特征,总体表现为地幔残余成因,后被构造活动挤刮上来的。

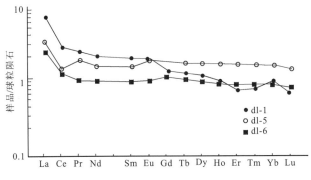

图 3-35 夺列超基性岩稀土元素配分模式图

三、基性岩

基性岩主要分布于尼玛乡北侧子龙容玛、那贡等一带，属于桑雄-麦地卡构造岩浆岩带。平面上均呈椭圆状小型岩株，面积约 38.5 km^2。所见岩石类型单一，均为辉长岩。

基性岩岩体与多尼组的侵入接触面呈高角度波状起伏，围岩砂、页岩系均已角岩化，并见有岩枝侵入于地层中。据该辉长岩侵入地层时代为早白垩世，并结合区域地质情况，推测岩体为晚白垩世岩浆的产物。

（一）岩石学特征

辉长岩 呈暗绿色，具中细粒半自形柱状结构、辉长结构、块状构造。粒径 1～3 mm 为主。主要矿物成分：斜长石 60%±，呈半自形—自形柱状，稍显示双晶特点，为基性斜长石；单斜辉石，为透辉石，呈暗色调，充填于斜长石之间；角闪石 35%±，长柱状，为辉石蚀变后的产物；石英，他形粒状。岩石蚀变较强烈，斜长石普遍绢云母化、角闪石多变为阳起石，个别绿泥石化。

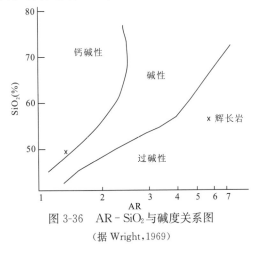

图 3-36 AR-SiO$_2$ 与碱度关系图
（据 Wright，1969）

（二）岩石化学特征

岩石化学成果、CIPW 标准矿物及特征参数列于表 3-12。SiO$_2$ 含量为 47.92×10^{-2}，属基性岩范畴。Na$_2$O+K$_2$O 为 4.09×10^{-2}，而 CaO 含量较高，为 9.97×10^{-2}，表明岩石为弱碱性。K$_2$O+Na$_2$O+CaO>Al$_2$O$_3$>K$_2$O+Na$_2$O，属正常的岩石化学类型。里特曼指数 σ=2.95，属钙碱性系列，碱度指数 AR=1.47，在 SiO$_2$-AR 图（图 3-36）上，投点于钙碱性岩区。分异指数 DI=30.46，固结指数 SI=34.38，反映其分离结晶程度和分异程度均较差。标准矿物组合为：Or+Ab+An+Di+Hy+Ol，表明 Al$_2$O$_3$ 为不饱和状态正常岩石化学系列。

（三）地球化学特征

岩石稀土、微量元素含量及特征参数列于表 3-13。稀土元素总量为 192.19×10^{-6}，ΣCe/ΣY 比值为 4.08，表明轻稀土相对富集。δEu=0.72，比值略大于 0.7，表明铕弱亏损且由基性岩浆分异而成。δCe=0.84，铈弱亏损，反映岩石形成于较弱的氧化环境；(Ce/Yb)$_N$=7.53、(La/Sm)$_N$=3.43，反映了轻重稀土之间、轻稀土之间分馏程度相对较好。(Gd/Yb)$_N$=1.96，说明重稀土元素之间分馏程度差，且富集程度不高。(La/Yb)$_N$、(La/Lu)$_N$、La/Yb 比值均大于 1，反映在稀土元素配分型式为向右倾斜的曲线（图 3-37），重稀土呈近于水平，说明轻稀土为弱富集型，与上述判断是一致的。

微量元素与世界基性岩类平均值（维氏，1962）相比，Ca、Be、Ta、V、Th、Sc、Rb、Sr、Ba、Sb 等元素均高出维氏平均值，而 Sn、Nb、Zr、Ni 等元素低于维氏平均值，而其他元素无明显变化。

表 3-12 尼玛乡辉长岩岩石化学含量、CIPW 标准矿物及特征参数

岩性名称	样号	氧化物含量(×10⁻²)											
		SiO_2	TiO_2	Al_2O_3	Fe_2O_3	FeO	MnO	MgO	CaO	Na_2O	K_2O	P_2O_5	LOS	总量
辉长岩	D5332	47.92	1.2	11.63	5.54	7.79	0.22	9.12	9.97	2.22	1.87	0.49	1.64	99.61

岩性名称	样号	CIPW 标准矿物(×10⁻²)									特征参数				
		Ap	Il	Mt	Or	Ab	An	C	Qz	Di	Hy	Ol	Ne	DI	A/CNK	SI	σ_{43}	AR
辉长岩	D5332	1.09	2.33	4.41	11.28	19.17	16.58			25.27	3.04	16.82		30.46	0.49	34.38	2.95	1.47

表 3-13 岩石稀土、微量元素含量与特征参数

岩性名称	样号	稀土元素含量(×10⁻⁶)													
		ΣREE	La	Ce	Pr	Nd	Sm	Eu	Gd	Tb	Dy	Ho	Er	Tm	Yb	Lu	Y
辉长岩	D5332	192.19	39.8	65.6	7.54	33.7	7.03	1.5	5.45	0.93	5.06	0.92	2.60	0.39	2.22	0.35	19.9

岩性名称	样号	稀土元素特征参数							
		ΣCe	ΣY	ΣCe/ΣY	δEu	δCe	(Ce/Yb)ₙ	(Gd/Yb)ₙ	(La/Sm)ₙ	(La/Yb)ₙ
辉长岩	D5332	154.37	37.82	4.08	0.72	0.84	7.53	1.96	3.43	11.77	17.92

岩性名称	样号	微量元素含量(×10⁻⁶)													
		Ga	Sn	Be	Nb	Ta	Zr	Hf	V	Th	Sc	Li	Rb	Sr	Ba	Sb	Bi	Mo	Cr	Ni	Co
辉长岩	D5332	28.2	5.4	2.44	6.07	0.99	51.8	1.61	2.76	11.5	30.4	37.4	81.5	666	344	0.59	0.95	3.0	194	74.9	43.4

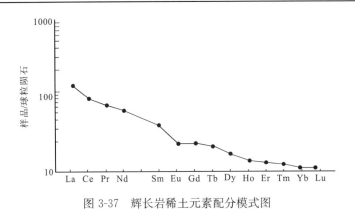

图 3-37 辉长岩稀土元素配分模式图

据上述特征及区域地质分析,该辉长岩形成于班公错-怒江结合带向南消减俯冲时,是上部地幔及下部地壳硅铝层熔融岩浆,沿逆冲断裂及张性裂隙上侵形成的岩浆产物。

第三节 中酸性侵入岩

测区中酸性侵入岩较发育,尤其以酸性岩分布广泛,出露面积约 1144.12km²,占岩浆岩出露总面积的 77.38%,分属聂荣-郭曲乡构造岩浆岩带和桑雄-麦地卡岩浆岩带。

通过对聂荣片麻杂岩的不同片麻岩进行原岩恢复,证实聂荣片麻杂岩为区内古老的花岗质侵入岩,其原岩类型有:二长花岗岩、石英二长岩、花岗闪长岩和斜长花岗岩等。已测得同位素年龄集中于 500~800Ma 之间,故其时代为寒武纪至震旦纪,对其岩石化学、地球化学特征等在专题中有详细论述。

一、聂荣-郭曲乡构造岩浆岩带

该岩浆岩带位于测区北部,沿马鲁淌挡泽朗、夺嘎马弄巴、从青、郭曲乡一带分布,共圈定 17 个侵入体。面积约 384.44km²,占测区中酸性侵入岩总面积的 33.60%。侵入活动有燕山早期、燕山晚期,以燕山早期活动为主体,从大型岩基到小型岩株均有产出,且岩浆侵入活动由早到晚趋于减弱。侵入体平面上均呈近椭圆状或不规则形,其侵入活动和空间明显受板块俯冲、消减、碰撞等控制。在岩石类型上主要有斑状中粗粒角闪黑云二长花岗岩、中粒斑状黑云钾长花岗岩、中细粒黑云二长花岗岩等,其划分方案见表 3-14。

表 3-14 聂荣-郭曲乡构造岩浆岩带侵入岩划分表

时代		代号	岩石名称	结构构造	同位素年龄值(Ma)	岩浆系列	构造环境
纪	世						
白垩纪	晚白垩世	$K_2\eta\gamma$	中细粒黑云二长花岗岩	中粒花岗结构,块状构造	96.9/K-Ar•	同碰撞花岗岩系列	同碰撞环境
侏罗纪	中侏罗世	$J_2\eta\rho$	中粒黑云角闪石英二长岩	中粒半自形粒状结构,块状构造	146/K-Ar★		
	早侏罗世	$J_1\pi\xi\gamma$	中粒斑状黑云钾长花岗岩	似斑状结构,基质具中粒花岗结构,块状构造			
		$J_1\pi\eta\gamma^b$	斑状中粒黑云二长花岗岩	似斑状结构,基质具中粒花岗结构,块状构造			
		$J_1\pi\eta\gamma^a$	斑状中粗粒角闪黑云二长花岗岩	似斑状结构,基质具中粗粒花岗结构,块状构造	182/K-Ar★		

注:★引自《西藏自治区区域地质志》;•引自《1:25 万班戈幅区域地质调查报告》。

(一)早侏罗世花岗岩

1. 地质特征及岩石学特征

早侏罗世花岗岩出露于聂荣县细米龙格木、鲁多、德忠弄巴、嘎玛弄巴一带。侵入体呈岩基、岩株,以尼玛区岩体为代表在本带呈较大的岩基,中心相为中粒斑状黑云二长花岗岩、黑云二长花岗岩构成,二者在岩相上呈渐变过渡关系(图 3-38),其区别仅表现在粒度上的变化。岩体呈不规则状向北西西方向延伸至图外,出露面积约 273.98km²。侵入于前寒武系聂荣片麻杂岩中,从而构成了聂荣变质核杂岩的核部。侵入接触关系清楚,平面上呈港湾状,接触面总体向外陡倾。边缘相岩体内见有暗色角闪闪长岩,呈包体形式出现,其大小不一,一般为 10cm×15cm,小者为 3cm×6cm,大者为 28cm×40cm,形态多呈椭圆形,无定向排列,含量小于 1%;中心相岩体中见肉红色花岗岩脉,脉壁均直立,脉宽一般小于 60cm,延伸不稳定。

据《西藏自治区区域地质志》在该带同一构造环境下捕获的中粗粒斑状二长花岗岩同位素年龄为 182Ma(K-Ar),故此花岗岩侵入时代为早侏罗世。

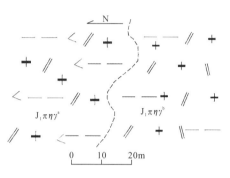

图 3-38 斑状中粗粒角闪二长花岗岩(左)与中粒黑云二长花岗岩(右)岩相呈渐变过渡关系示意图

斑状中粗粒角闪黑云二长花岗岩($J_1\pi\eta\gamma^a$)
岩石呈浅灰白色,似斑状结构,基质具中粗粒花岗结构,块状构造。斑晶粒径为 0.5cm×1.2cm~2.5cm×4.5cm,基质粒径为 3~7mm。斑晶主要成分:钾长石 12%±,为正长石,半自形—自形厚板状,显示卡斯巴双晶,在岩石中分布无规律(图 3-39)。基质成分:斜长石 40%±,为更长石,自形—半自形粒状,钠长石律双晶发育;钾长石 15%±,为正长石,半自形厚板状,显示卡斯巴双晶;石英 20%±,他形填隙粒状,显微裂隙发育,具强烈的波状消光现象;普通角闪石 4%±,呈半自形—自形细长柱状;黑云母 80%±,呈半自形叶片状。副矿物组合为磷灰石-锆石-榍石-褐帘石。

斑状中粒黑云二长花岗岩($J_1\pi\eta\gamma^b$) 岩石呈浅灰、浅肉红色,似斑状结构,基质具中粒花岗结构,块状构造。斑晶粒径为 1~1.5cm,基质粒径为 2~4mm。斑晶成分:钾长石 25%±,为正长石,呈肉红色,半自形—自形板状,显示卡斯巴双晶,具强烈的波状消光现象。基质成分:斜长石 30%±,为更长石,半自形—自形柱状;钾长石 15%±,为正长石,半自形—自形板状,显示卡斯巴双晶,具波状消光;石英 20%±,他形填隙粒状,具强烈波状消光现象;黑云母 8%±,呈半自形叶片状。副矿物组合为磷灰石-锆石-磁铁矿。

中粒斑状黑云钾长花岗岩($J_1\pi\xi\gamma$) 岩石出露于聂荣县呀塔耳一带,由两个侵入体构成,呈小型岩株,面积约 18.45km²。岩体分别侵入于前寒武系聂荣片麻杂岩、前寒武系扎仁岩群中。与扎仁岩群侵入接触面呈波状起伏,具明显烘烤现象,外接触带石英砂岩均已角岩化,见细小岩枝侵入于围岩中;内接触带发育细粒边,在岩体内见围岩捕虏体,形状不规则(图 3-40)。岩体内花岗细晶岩脉发育,脉宽约 30cm,脉壁较平直,延伸不稳定。岩体发育有三组节理,产状分别为 32°∠30°、200°∠84°、315°∠62°。

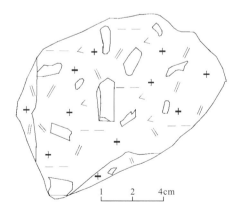

图 3-39 斑状中粗粒角闪二长花岗岩斑晶素描图(转石)

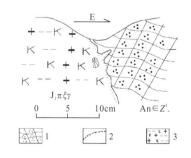

图 3-40 中粒斑状钾长花岗岩侵入于前石炭系扎仁岩群中

1.角岩化石英砂岩;2.细粒边;3.斑状钾长花岗岩

岩石呈浅灰白—浅灰色,似斑状结构,基质具中粒花岗结构,块状构造。斑晶粒径为1.5cm±,基质粒径为2~3mm。斑晶成分:钾长石35%±,为正长石,半自形—自形板状,显示卡斯巴双晶,正长石斑晶包含较多的中长石小板条。基质成分:斜长石10%±,为中长石,半自形板状,钠长石律和卡钠复合律双晶发育,个别见环带构造;钾长石23%±,为正长石,半自形板状,显示卡斯巴双晶;石英25%±,他形粒状,具波状消光现象;黑云母5%±,呈半自形叶片状,部分蚀变为绿泥石。副矿物组合为磷灰石-锆石-独居石-金属矿物。

2. 岩石化学及地球化学特征

岩石化学分析成果、CIPW标准矿物及特征参数列于表3-15。①岩石相对富硅、铝和碱质。SiO_2平均含量为70.05×10^{-2},属酸性岩范畴;K_2O+Na_2O平均含量为8.05×10^{-2},$K_2O>Na_2O$,显示岩石中相对富钾。②分子数:总体为$Al_2O_3>CaO+Na_2O+K_2O$,且标准矿物中出现刚玉分子(C),未出现透辉石(Di),属铝过饱和岩石类型。其中两件样品为$CaO+Na_2O+K_2O>Al_2O_3>Na_2O+K_2O$,出现透辉石(Di),属正常岩系列。③里特曼指数$\sigma=1.69\sim2.81$,属钙碱性系列;在$AR-SiO_2$与碱度关系图解(图3-41)中均落入靠近钙碱性岩区的碱性岩区;在硅-碱关系图解(图3-42)中落入亚碱性系列区;在AFM图解(图3-43)中均落入钙碱性岩区,说明此花岗岩以钙碱性岩类为主。分异指数$DI=72.24\sim94.06$,固结指数$SI=0.62\sim15.3$,反映岩浆分离结晶和分异程度均较好。过铝指数$A/CNK=0.95\sim1.21$,在ACF图解(图3-44)中均落入S型花岗岩区,说明此花岗岩显示S型花岗岩特征。④标准矿物组合为$Or+Ab+An+Qz+Hy+C$,反映硅铝过饱和。

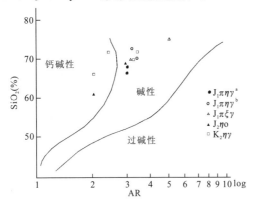

图3-41 $AR-SiO_2$与碱度关系图(据Wright,1969)

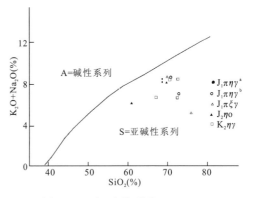

图3-42 硅-碱关系图(据Irvine,1971)

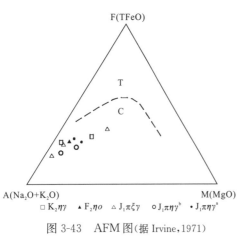

图3-43 AFM图(据Irvine,1971)
T=拉斑玄武岩系列;C=钙碱性系列

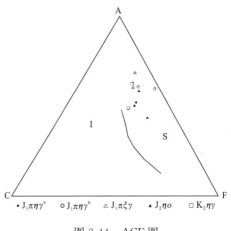

图3-44 ACF图
$A=(Al_2O_3+F_2O_3)-(Na_2O+K_2O)$;
$C=CaO-3.3P_2O_5$;$F=MgO+FeO+MnO$

岩石稀土元素含量及特征参数列于表3-16。从表中可以看出:稀土总量平均为271.96×10^{-6},含量较高;$\Sigma Ce/\Sigma Y=2.47\sim11.42$,平均值为6.35,反映轻稀土富集。$\delta Eu=0.17\sim0.68$,表明铕明显亏损;

表 3-15 聂荣-郭曲乡构造岩浆岩岩带侵入岩氧化物、CIPW 标准矿物含量及特征参数表

氧化物含量（×10⁻²）

岩石名称	代号	样号	SiO_2	TiO_2	Al_2O_3	Fe_2O_3	FeO	MnO	MgO	CaO	Na_2O	K_2O	P_2O_5	LOS	总量
中细粒黑云母二长花岗岩	$K_2\eta\gamma$	1012-A	70.82	0.42	14.17	0.746	2.10	0.049	0.472	1.5	2.86	5.4	0.116	0.212	98.87
黑云二长花岗岩		MP7	72.46	0.2	14.15	0.59	1.14	0.046	0.52	1.55	2.56	4.08	0.102	1.89	99.29
细粒黑云二长花岗岩		MP10	72.66	0.17	13.8	0.59	1.06	0.026	0.39	1.36	2.16	6.25	0.048	0.8	99.31
中细粒黑云角闪二长花岗岩	$J_2\eta\rho$	5801-4	66.38	0.51	15.20	0.36	3.49	0.075	1.79	3.86	3.07	3.72	0.16	0.82	99.44
中粒黑云母角闪石英二长岩		4522	68.78	0.52	14.28	1.03	2.33	0.063	1.14	1.75	2.68	5.53	0.16	0.76	99.02
		4541	60.09	0.98	14.52	0.66	4.74	0.12	3.65	3.70	2.20	4.12	0.4	3.65	98.83
中粒斑状钾长花岗岩	$J_1\pi\xi\gamma$	1009-A	75.66	0.127	12.20	0.799	1.09	0.048	0.065	0.578	3.08	5.38	0.018	0.079	99.12
		4177	69.82	0.39	14.44	0.52	2.36	0.056	0.80	1.79	2.96	5.69	0.14	0.72	99.69
斑状中黑云二长花岗岩	$J_1\pi\eta\gamma^b$	P_1GS-1	65.34	0.48	16.48	1.36	2.08	0.041	1.88	3.21	2.08	4.89	0.13	1.15	99.12
		4540	70.90	0.30	14.24	0.60	1.91	0.056	0.83	1.44	3.05	5.52	0.10	1.08	100.03
斑状中粗粒黑云二长花岗岩		4523	72.73	0.43	12.93	0.37	2.33	0.057	1.44	0.62	3.36	3.75	0.12	1.27	99.41
斑状中粗粒黑云角闪二长花岗岩	$J_1\pi\eta\gamma^a$	1003	68.51	0.47	13.92	0.72	2.54	0.068	1.52	2.55	2.44	5.80	0.20	0.82	99.56
		1002-A	67.36	0.501	14.12	1.19	2.51	0.075	1.78	2.43	2.44	5.88	0.25	0.572	99.1

CIPW 标准矿物（×10⁻²） 特征参数

代号	样号	Ap	Il	Mt	Or	Ab	An	Qz	C	Di	Hy	Ol	Ne	DI	A/CNK	SI	σ_{43}	AR
$K_2\eta\gamma$	1012-A	0.26	0.81	1.1	32.34	24.53	6.85	29.09	1.16		3.86			85.96	1.07	4.08	2.44	3.23
	MP7	0.23	0.39	0.88	24.75	22.24	7.28	38.5	3		2.73			85.49	1.24	5.85	1.48	2.47
	MP10	0.11	0.33	0.87	37.49	18.55	6.56	32.73	1.13		2.23			88.78	1.08	3.73	2.37	3.49
$J_2\eta\rho$	5801-4	0.35	0.98	0.53	22.29	26.34	16.94	21.92			9.37			70.55	0.94	14.40	1.95	2.11
	4522	0.36	1.01	1.52	32.69	23.10	7.89	26.64	1.18		5.63			82.42	1.06	9.04	2.52	3.05
	4541	0.92	1.96	1.01	25.58	19.56	16.81	16.91	0.61		16.66			62.05	0.98	23.75	2.19	2.06
$J_1\pi\xi\gamma$	1009-A	0.04	0.24	1.17	32.1	26.31	2.79	35.65	0.3		1.4			94.06	1.02	0.62	2.19	4.92
	4177	0.31	0.75	0.76	33.97	25.31	8.14	24.88	0.46		5.41			84.16	1.01	6.49	2.77	3.28
$J_1\pi\eta\gamma^b$	P_1-1	0.29	0.93	2.01	29.49	17.96	15.47	24.78	2.26		6.80			72.24	1.13	15.3	2.14	2.10
	4540	0.22	0.58	0.88	32.97	26.08	6.63	27.06	0.85		4.74			86.11	1.05	6.97	2.62	3.41
	4523	0.27	0.83	0.55	22.58	28.97	2.43	34.78	2.52		7.09			86.33	1.21	12.8	1.69	3.21
$J_1\pi\eta\gamma^a$	1003	0.44	0.9	1.06	34.71	20.91	10.03	23.99		1.31	6.65			80.08	0.97	11.67	2.63	3.00
	1002-A	0.56	0.97	1.75	35.26	20.95	10.36	22.52		0.31	7.33			78.73	0.95	12.9	2.81	3.02

表 3-16 聂荣-郭曲乡构造岩浆岩带侵入岩稀土元素含量表

稀土元素含量（×10^{-6}）

代号	样号	La	Ce	Pr	Nd	Sm	Eu	Gd	Tb	Dy	Ho	Er	Tm	Yb	Lu	Y
$K_2\eta\gamma$	1012-A	82.7	151	12.5	47.4	8.41	1.05	4.93	0.8	3.68	0.67	1.84	0.26	1.47	0.18	1.8
	MP7	32.6	68.6	7.53	26.6	6.55	0.56	5.68	1.05	7.35	1.41	4.09	0.64	4.05	0.53	32.5
	MP10	93.4	158	16.9	68.1	14.4	0.89	9.97	1.80	8.01	1.45	3.69	0.57	3.23	0.41	30.1
	5801-4	50.8	78.6	8.01	30.2	5.68	0.92	4.50	0.74	4.45	0.81	2.35	0.36	2.16	0.33	18.1
$J_2\eta\rho$	4522	85.8	158	19.1	78.3	15.3	1.60	10.4	1.69	9.51	1.80	5.09	0.72	4.13	0.52	42.1
	4541	72.6	138	16.6	73.1	12.3	2.05	7.53	1.23	5.10	1.04	2.81	0.40	2.44	0.35	23.0
$J_1\pi\xi\gamma$	1009-A	35.1	64.6	8.25	32.6	7.56	0.38	6.07	1.09	6.73	1.30	3.88	0.6	3.94	0.5	36.1
	4177	99	138	12.9	48.1	7.56	1.17	4.95	0.74	3.34	0.62	1.53	0.24	1.43	0.21	13.8
$J_1\pi\eta\gamma^b$	P_1-1	66.4	131	12.4	49.3	9.10	1.38	5.81	0.90	4.19	0.69	1.99	0.28	1.49	0.18	16.0
	4540	28.6	53.1	5.41	21.7	3.96	0.77	2.76	0.50	2.76	0.48	1.62	0.25	1.60	0.24	10.8
	4523	92.7	147	17.6	69.7	12.7	1.18	8.75	1.63	8.14	1.53	4.43	0.64	3.53	0.46	36.6
	1003	58.4	113	12.1	53.0	8.79	1.31	5.53	0.84	4.80	0.88	2.42	0.4	2.32	0.31	19.3
$J_1\pi\eta\gamma^a$	1002-A	55.7	102	11.4	52.4	8.99	1.31	4.97	0.75	4.38	0.81	2.5	0.38	2.07	0.25	17.0

特征参数

代号	样号	ΣREE	ΣCe	ΣY	ΣCe/ΣY	δEu	δCe	(Ce/Yb)$_N$	(Gd/Yb)$_N$	(La/Yb)$_N$	(La/Sm)$_N$	La/Yb
$K_2\eta\gamma$	1012-A	327.89	303.06	25.63	11.82	0.46	1.00	26.27	2.69	37.12	5.98	56.26
	MP7	199.74	142.44	57.3	2.49	0.28	1.00	3.81	1.08	4.64	3.03	8.05
	MP10	410.92	351.69	59.23	5.94	0.22	0.88	11.01	2.18	16.80	3.95	28.92
	5801-4	208.01	174.21	33.8	5.15	0.54	0.84	9.28	1.67	15.46	5.43	23.52
$J_2\eta\rho$	4522	434.06	358.1	75.96	4.71	0.37	0.89	9.76	2.01	13.67	3.41	20.77
	4541	358.55	314.65	43.9	7.17	0.61	0.90	14.39	2.47	19.59	3.59	29.75
$J_1\pi\xi\gamma$	1009-A	208.7	148.49	60.21	2.47	0.17	0.87	4.19	1.23	5.88	2.82	8.91
	4177	333.59	306.73	26.86	11.42	0.55	0.79	24.56	2.77	45.64	7.96	69.23
$J_1\pi\eta\gamma^b$	4540	134.55	113.54	21.01	5.40	0.68	0.95	8.46	1.38	11.77	4.40	17.88
	4523	406.59	340.08	66.51	5.11	0.33	0.81	10.63	1.98	17.25	4.44	26.26
	1003	283.4	246.6	36.8	6.7	0.54	0.96	12.45	1.91	16.52	4.03	25.17
$J_1\pi\eta\gamma^a$	1002-A	264.91	231.8	33.11	7.0	0.55	0.91	12.65	1.93	17.69	3.76	26.91

$\delta Ce=0.79\sim0.96$,表明铈无明显亏损。$(Ce/Yb)_N=4.19\sim24.56$、$(La/Sm)_N=2.82\sim7.96$、$(Gd/Yb)_N=1.23\sim2.77$,反映轻稀土与重稀土之间、轻稀土之间分馏程度较好,而重稀土之间分馏程度相对较差。$(La/Yb)_N=5.88$,$La/Yb=8.91$,比值远大于1,反映在稀土元素配分型式为向右陡倾的曲线(图3-45),总体斜率较大,具有明显的负铕异常,同时显示该花岗岩属富轻稀土型。

岩石微量元素列于表3-17。微量元素含量与维氏世界同类花岗岩类平均值相比,富Th、Hf、Au、Rb、Sc、Co、Cr、Ni、V等元素,其他元素略低于或接近维氏平均值。从微量元素分布图(图3-46)中可以看出,Rb、Th含量较高,K、Ba相对亏损,其他Hf、Zr、Sm、Y、Yb等元素低于洋脊花岗岩含量,曲线型式与碰撞型花岗岩曲线相似,说明此花岗岩可能为碰撞作用的产物。在Rb-(Y+Nb)图解(图3-47)中有一个样品落入火山弧花岗岩区,其余均落入同碰撞花岗岩区;在Rb-(Yb+Ta)图解(图3-47)中所有样品均落入同碰撞花岗岩区;在Rb-Hf-Ta三角判别图解(图3-48)中,只有一个样品投入火山弧岩区,其余均落入同碰撞花岗岩区,结合地球化学特征及区域地质情况,反映此花岗岩属同碰撞花岗岩类。

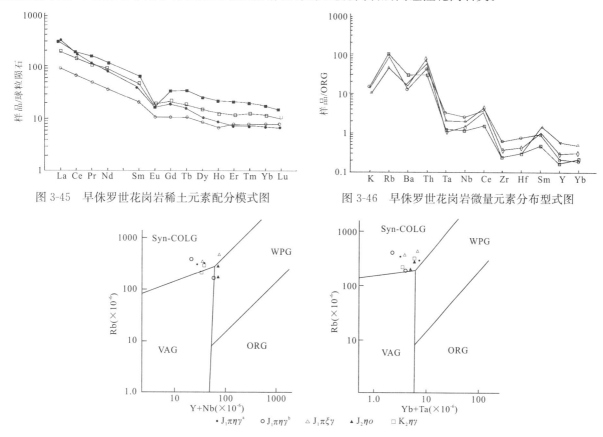

图3-45 早侏罗世花岗岩稀土元素配分模式图　　图3-46 早侏罗世花岗岩微量元素分布型式图

图3-47 Rb-(Y+Nb)与Rb-(Yb+Ta)构造环境判别图(据Pearce等,1984)
VAG:火山弧花岗岩;WPG:板内花岗岩;Syn-COLG:同碰撞花岗岩;ORG:洋中脊花岗岩

(二)中侏罗世花岗岩

1. 地质特征及岩石学特征

中侏罗世花岗岩分布非常局限,仅出露于聂荣县马杂日一带,由一个侵入体构成,其岩石类型单一为中粒黑云角闪石英二长岩,面积约占$48.44km^2$。平面上呈长轴近南北向的椭圆形。中侏罗世花岗岩呈小岩株,与早期花岗岩呈岩相渐变过渡关系(图3-49)。

据《西藏自治区区域地质志》在该带同一构造环境下获得的中粒角闪石英二长岩侵入时代为中侏罗世。

中粒黑云角闪石英二长岩($J_2\eta o$)　　呈浅灰绿色,具中粒半自形粒状结构,块状构造。矿物粒径为2~3mm。矿物成分:钾长石30%±,为正长石,自形—半自形板状;斜长石35%±,为更长石,半自形柱状,个

表 3-17　聂荣-那曲乡构造岩浆岩带岩带侵入岩微量元素含量表

稀土元素含量($\times 10^{-6}$)($Au \times 10^{-9}$)

代号	样号	Ga	Sn	Be	B	Se	Nb	Ta	Zr	Hf	Au	Ag	U	Th	Cr	Co	Rb	Mo	Sb	Bi	Sr	Ba	V	Sc	Rb/Sr
$K_2\eta\gamma$	5801-4	21.2	6.8	3.12	16.8	0.053	14.4	1.65	106	3.28	0.7	0.068	2.13	29.4	30.7	8.10	206	2.8	0.23	0.094	257	455	64.98	2.5	0.80
	MP7	16.3		3.8			16.4	2.63	109	3.74			6.68	32.6	221	4.5	302				110	291	23.1	7.41	2.74
	MP10	15.1		2.0			13.4	1.55	142	4.88			1.51	73.9	300	3.6	281				74.3	407	13.8	5.01	3.78
	1012-A	19.6	9.27	5.13			23.4	2.1	194	5.77	1.4	0.02	4.1	66.8		4.8	321	0.15	0.65	0.15	301	789	22.4	3.72	1.07
$J_2\eta\rho$	4522	21.7	8.4	5.21	7.16	0.026	20.1	1.57	116	3.55	<0.1	0.027	1.52	52.7	43.3	9.45	299	2.4	0.15	0.11	202	880	65	5.7	1.48
	4541	26.8	11.1	6.59	13.6	0.013	28.3	2.11	398	13.7	<0.1	0.052	1.41	46.6	149	22.6	195	1.2	0.085	0.23	304	1730	187	22.6	0.64
$J_1\pi\xi\gamma$	1009-A	15.4	12.6	7.78			27.7	2.93	58.3	3.05	1.42	0.026	3.63	57.8		3.20	470	1.77	0.68	0.38	340	64.2	<1	2.31	1.38
	4177	15.6	6.5	5.14	6.02	0.015	24.3	2.22	193	6.55	1.0	0.083	6.34	33.6	13.8	11.0	364	3.1	0.21	0.23	266	628	25.2	3.46	1.37
	P_1-1	25.8		7.1			19.2	2.47	174	5.12			3.55	53.6	292	9.3	356				334	531	45.7	6.2	1.07
$J_1\pi\eta\gamma^b$	4540	15.6	2.9	4.66	5.39	0.014	11	0.87	73.5	2.47	0.2	0.032	1.9	23.8	16.9	4.95	402	0.8	0.13	0.22	248	1440	30.5	4.91	1.62
	4523	19.2	10	4.74	4.32	0.012	18.4	1.41	76.2	2.46	0.3	0.012	1.2	48.1	23.6	7.05	173	1.8	0.11	0.084	120	787	40.1	6.52	1.44
	1003	18.3	6.2	7.70	14.8	0.035	13.5	0.73	116	3.54	1.2	0.16	0.86	58.1	64.5	7.8	314	1.4	0.2	0.22	286	745	76.7	10.8	1.10
$J_1\pi\eta\gamma^a$	1002-A	18.1	10.1	5.80			20.6	1.76	244	8.13	1.3	0.047	3.16	36.0		9.2	300	0.11	0.	0.32	328	1190	67.1	10.2	0.91

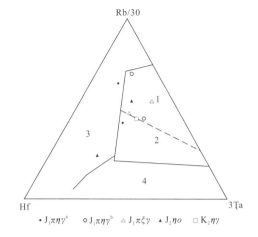

图 3-48 Rb-Hf-Ta 判别图(据 Harris 等,1986)
1. 同碰撞花岗岩区;2. 碰撞后花岗岩区;
3. 火山弧花岗岩区;4. 板内花岗岩区

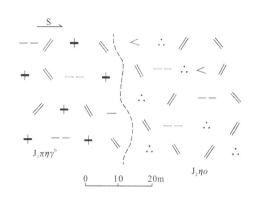

图 3-49 中粒角闪石英二长岩(右)与斑状中粒
二长花岗岩(左)岩相渐变过渡关系图

别可见钠长石律和卡钠复合律;石英8%±,他形粒状,具波状消光;普通角闪石14%±,半自形粒状;黑云母5%±,半自形粒状,蚀变为绿泥石。副矿物组合为磷灰石-榍石-褐帘石。

2. 岩石化学及地球化学特征

岩石化学分析成果、CIPW 标准矿物及特征参数列于表 3-15。①岩石相对富硅、铝、铁及碱质。SiO_2 平均含量为 $64.44×10^{-2}$,属中性岩范畴;K_2O+Na_2O 平均含量为 $7.27×10^{-2}$,$K_2O>Na_2O$ 显示岩石中相对富钾。②$Al_2O_3>CaO+Na_2O+K_2O$,Al_2O_3 平均含量为 $14.4×10^{-2}$,属铝过饱和岩石类型。③里特曼指数(σ)变化于 2.19～2.52,属钙碱性系列,在 AR-SiO_2 与碱度关系图解(图3-41)中落入钙碱性岩区,一个样品投入靠近钙碱性岩区的碱性岩区;在硅-碱关系图解(图3-42)中落入亚碱性系列区;在 AFM 图解(图3-43)中均落入钙碱性岩区,说明此花岗岩为钙碱性岩类。分异指数 DI=62.05～82.42,固结指数 SI=9.04～23.75,反映岩浆分离结晶和分异程度,总体上较差。过铝指数 A/CNK=0.98～1.06,接近 1.1,在 ACF 图解(图3-44)中均落入 S 型花岗岩区,说明此花岗岩显示 S 型花岗岩特征。④标准矿物组合为:Or+Ab+An+Qz+Hy+C,反映硅铝过饱和。

岩石稀土元素含量及特征参数列于表 3-16。稀土元素总量平均为 $396.31×10^{-2}$,稀土含量偏高;$\sum Ce/\sum Y$ 变化于 4.71～7.17,反映轻稀土富集。$\delta Eu=0.37～0.61$,反映铕明显亏损;$\delta Ce=0.89～0.90$,均接近于 1,反映铈无明显亏损。$(Ce/Yb)_N=9.76～14.39$,反映轻稀土与重稀土之间分馏程度好;$(La/Sm)_N=3.41～3.59$,$(Gd/Yb)_N=2.01～2.47$,反映轻稀土之间、重稀土之间分馏程度相对较差。$(La/Yb)_N$ 比值均远大于 1,反映在稀土元素配分型式为向右陡倾的曲线(图3-50),曲线斜率较大,具有明显的负铕异常。

岩石微量元素列于表 3-17。微量元素含量与维氏世界同类花岗岩平均值相比,富 Th、Ba、Hf、Cr、Ni、Co、Sc、Zr、Be 等元素,贫化 B、Se、Ta、Sr、Sb 等元素,其他元素接近维氏平均值。从微量元素分布图(图3-51)可以看出,Rb、Th、K、Ba 等元素含量较高,其余 Zr、Hf、Y、Yb 等元素含量低于洋脊花岗岩。曲线型式与同碰撞花岗岩曲线相似,说明此花岗岩可能属于同碰撞作用产物。

在 Rb-(Yb+Ta)图解(图3-47)中均落入同碰撞花岗岩区,在 Rb-(Y+Nb)图解(图3-47)中落入同碰撞花岗岩与板内花岗岩分界线附近,在 Rb-Hf-Ta 三角图解(图3-48)中两个样品分别落入同碰撞花岗岩区和火山弧岩区,结合前述岩石地球化学特征,说明该期花岗岩,主体显示同碰撞花岗岩的特征。

(三)晚白垩世花岗岩

1. 地质特征及岩石学特征

该时代花岗岩分布零散,出露于班戈县日果、聂荣县档泽朗、毕昌、色扎等地。呈小岩株、岩滴形式产

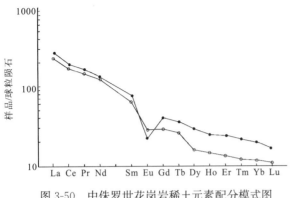

图 3-50 中侏罗世花岗岩稀土元素配分模式图

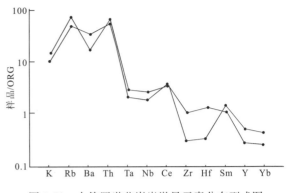

图 3-51 中侏罗世花岗岩微量元素分布型式图

出,平面上基本呈椭圆形,个别呈长条状或不规则状,长轴方向总体为近东西向。由 6 个侵入体构成,面积约 56.83km²。该花岗岩侵入前寒武系聂荣片麻杂岩($An\in Ngn$)、郭曲群(J_3K_1G)和木嘎岗日岩群班戈桥岩组($JMb.$),接触关系清楚,接触面均呈波状起伏。接触带的围岩受热接触变质,角岩化普遍。同时该花岗岩侵入于早期斑状黑云二长花岗岩。岩石类型单一,为中细粒黑云二长花岗岩。据在色扎一带侵入于上侏罗统—下白垩统郭曲群(J_3K_1G),以及《1:25 万班戈幅区域地质调查报告》在该带同一构造环境、同一岩性获得同位素年龄为 96.9Ma(K-Ar),结合区域地质情况,侵位时代为晚白垩世。

中细粒黑云二长花岗岩($K_2\eta\gamma$) 岩石呈浅灰—灰白色,具中细粒花岗结构,块状构造。矿物粒径为 1~3mm。主要矿物成分:斜长石 30%±,为中长石,半自形柱状,钠长石律和卡钠复合律双晶发育,多数显示环带构造;钾长石 33%±,为正长石,呈板状,他形粒状,具显微条纹结构;石英 25%±,他形粒状,洁净;黑云母 10%±,半自形—自形片状,不均匀分布,部分蚀变为绿泥石。副矿物组合为磷灰石、锆石、褐帘石和金属矿物。

2. 岩石化学及地球化学特征

岩石化学分析成果、CIPW 标准矿物及特征参数列于表 3-15。①岩石相对富硅、铝、钙及碱质。SiO_2 含量变化于 66.38×10^{-2}~72.66×10^{-2},属酸性岩范畴;Al_2O_3 平均含量为 14.33×10^{-2},K_2O+Na_2O 平均含量为 7.53×10^{-2},$K_2O>Na_2O$,岩石相对富钾。②$CaO+Na_2O+K_2O>Al_2O_3>Na_2O+K_2O$,属正常岩石化学类型。③里特曼指数 $\sigma=1.48$~2.44,属钙碱性系列,在 $AR-SiO_2$ 与碱度关系图解(图 3-41)中落入钙碱性岩区;在硅-碱关系图解(图 3-42)中落入亚碱性系列区;在 AFM 图解(图 3-43)中落入钙碱性岩区,说明此花岗岩为钙碱性岩类。分异指数 DI=70.55~88.78,固结指数 SI=3.73~14.4,反映岩浆分离结晶和分异程度均较好。过铝指数 A/CNK=0.94~1.24,在 ACF 图解(图 3-44)中落入 S 型花岗岩区,说明此花岗岩显示 S 型花岗岩特征。④标准矿物组为 Or+Ab+An+Qz+Di+Hy。

岩石稀土、微量元素含量及特征参数分别列于表 3-16、表 3-17。稀土元素总量平均为 286.64×10^{-6},$\sum Ce/\sum Y=2.49$~11.82,反映轻稀土富集。$\delta Eu=0.22$~0.54,反映铕明显亏损;$\delta Ce=0.84$~1,反映铈弱亏损。$(Ce/Yb)_N=3.81$~26.27,$(La/Sm)_N=3.03$~5.98,$(Gd/Yb)_N=1.08$~2.69,反映轻稀土与重稀土之间、轻稀土之间分馏程度较好,而重稀土之间分馏程度差。$(La/Yb)_N$、La/Yb 比值均大于 1,反映在稀土配分型式为向右陡倾的曲线(图 3-52),具有明显的负铕异常,属轻稀土富集型。

微量元素含量与维氏世界平均值相比,岩石富 Hf、Th、Sn、Au、Cr、Ni 等元素,贫化 Ta、Zr、Ba、Sr 等元素,其他元素与维氏平均值接近。从微量元素分布图(图 3-53)中可以看出:Rb、Th、K、Ba 元素强富集,其他 Zr、Hf、Sm、Y、Yb 等元素低于洋脊花岗岩,曲线型式与同碰撞型花岗岩曲线相似,说明此花岗岩可能形成碰撞造山阶段。

在 Rb-(Y+Nb) 与 Rb-(Yb+Ta) 图解(图 3-47)中落入同碰撞花岗岩区;在 Rb-Hf-Ta 三角图解中(图 3-48)中均落入同碰撞花岗岩与碰撞后花岗岩区分界处,结合岩石地球化学特征,说明此花岗岩属同碰撞花岗岩类,形成于碰撞造山阶段。

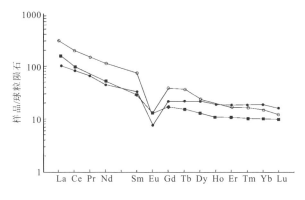

图 3-52 晚白垩世花岗岩稀土元素配分模式图

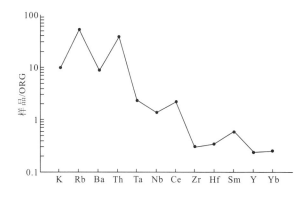

图 3-53 晚白垩世花岗岩微量元素分布型式图

(四)岩浆演化成因类型及形成环境

聂荣-郭曲乡构造岩浆岩带,位于班公错-怒江结合带中段。侵入岩呈大岩基向北西西方向延伸展布,在测区内构成聂荣片麻杂岩的核部,少量呈小型岩株。根据侵入岩各岩石类型的地质特征、岩石学特征、岩石化学及地球化学特征,结合其侵位时间及板块构造运动各阶段的特征等,将该带侵入岩划分为一种类型即碰撞 S 型花岗岩。

碰撞期花岗岩系列:已测得同位素年龄(K-Ar法)在 96.9～182Ma 之间,即表现为燕山早期、燕山晚期两期岩浆活动。

该带最主要的岩石类型为中粗粒似斑状黑云母二长花岗岩。其岩石组合为似斑状中粗粒角闪黑云二长花岗岩、斑状中粒黑云二长花岗岩、中粒斑状黑云钾长花岗岩和中细粒黑云二长花岗岩。各花岗岩矿物含量列于表3-18。从表中可以看出岩石矿物成分以钾长石、斜长石、石英为主,含有少量黑云母、角闪石暗色矿物。在 QAP 图解(图 3-54)中,岩石在成分上没有明显的演化趋势,主要表现在岩石结构上的演化。

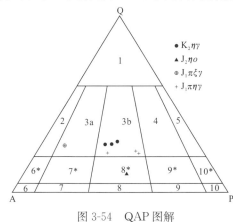

1.富石英花岗岩;2.碱性长石花岗岩;3a.正长花岗岩或普通花岗岩;3b.二长花岗岩;4.花岗闪长岩;5.英云闪长岩;6*.石英碱长正长岩;7*.石英正长岩;8*.石英二长岩;9*.石英二长闪长岩/石英二长辉长岩;10*.石英闪长岩/石英辉长岩/石英斜长岩;6.碱长正长岩;7.正长岩;8.二长岩;9.二长闪长岩/二长辉长岩;10.闪长岩/辉长岩/斜长岩

图 3-54 QAP 图解

表 3-18 聂荣-郭曲乡构造岩浆岩带花岗岩的矿物含量统计表

时代	岩石名称	矿物含量(%)						副矿物
		石英	钾长石	斜长石	黑云母	角闪石	白云母	
晚白垩世	中细粒二长花岗岩	25	37	30	4	\	2	磷灰石、锆石、褐帘石、金属矿物
	细粒二长花岗岩	25	40	28	5	\	微	
	角闪二长花岗岩	25	33	30	10	<2	微	
中侏罗世	角闪石英二长岩	8	30	35	5	14	\	磷灰石、榍石、褐帘石
早侏罗世	斑状钾长花岗岩	25	58	10	5	\	\	磷灰石、锆石、独居石、榍石、金属矿物
	斑状二长花岗岩	20	27	42	8	\	\	
	斑状黑云二长花岗岩	20	40	30	8	\	\	
	斑状角闪二长花岗岩	20	27	40	8	4	\	

主体斑状黑云二长花岗岩,斑晶以碱性长石为主,其粒径大者可达十余厘米。斑晶钾长石有序度为0.90。基质矿物中,斜长石环带发育,其牌号为20～35,钾长石为正长石,黑云母分布不均匀,角闪石仅在岩基中部石英二长岩中发育。

中细粒黑云二长花岗岩和钾长花岗岩,呈小岩株、岩脉形式产出,其岩石化学特征表现为钾长石含量大大增加,以正长石为主,斜长石含量降低。从上述变化可以看出:自早期到晚期岩体,主要矿物石英、钾长石含量具有递增趋势;而斜长石含量由多变少,到了晚期出现白云母、电气石等壳源花岗岩特征矿物。燕山早期岩体副矿物组合为磷灰石、锆石、榍石、独居石、金属矿物到晚期增加了褐帘石矿物。

岩石化学成分:燕山早期至晚期,SiO_2 含量由 $68.51 \times 10^{-2} \to 69.82 \times 10^{-2} \to 72.66 \times 10^{-2}$ 变化,呈递增趋势;Na_2O+K_2O 含量由 $8.65 \times 10^{-2} \to 6.64 \times 10^{-2}$ 变化,呈递减趋势;Fe_2O_3+FeO、MgO 含量主体上均呈下降趋势,反映该带侵入岩岩浆演化呈现出中性→酸性→碱性的发展趋势。岩浆由早期至晚期分异指数 $DI=62.05\sim88.78$,固结指数 $SI=23.75\sim3.73$,反映晚期岩浆分离结晶程度和分异程度更高。本期花岗岩主体属硅铝过饱和型,反映在各类岩石 CIPW 标准矿物中基本上出现了石英、刚玉分子。在 AR-SiO_2 与碱度关系图(图 3-41)中位于钙碱性—碱性岩区,在硅-碱关系图(图 3-42)上位于亚碱性系列区,在 AFM 图解(图 3-43)上均位于钙碱性系列区,里特曼指数 $\sigma=1.48\sim2.63$,属钙碱性系列。说明燕山期花岗岩主体表现为钙碱性花岗岩特征,并由早期到晚期反映出钙碱性,偏碱性的演化系列特征。本期花岗岩过铝指数(A/CNK)变化于 $0.94\to1.24$,平均为 1.11,大于等于 1.1,为 S 型花岗岩,在 ACF 图解(图 3-44)均落入 S 型花岗岩。在 $(Al+K+Na)-Ca-(Fe^{2+}+Mg)$ 图(图 3-55)中,各类岩石分别投影在不同矿物组合区;各类岩石中 Na_2O/K_2O 和 $Fe^{3+}/(Fe^{3+}+Fe^{2+})$ 比值亦有较大的范围。在 Q-Ab-Qr 三角图解(图 3-56)上投影点集中于低共熔点附近,说明该带燕山期花岗岩均为岩浆成因,并且提示了岩浆物质来源由深到浅的变化。

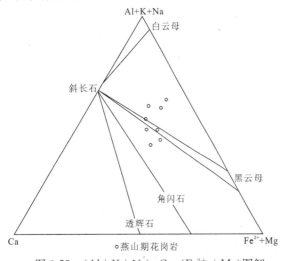

图 3-55 $(Al+K+Na)-Ca-(Fe^{2+}+Mg)$ 图解

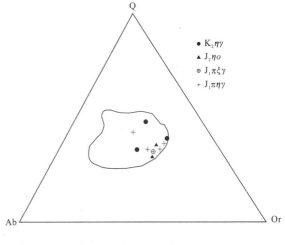

图 3-56 Q-Ab-Or 图解

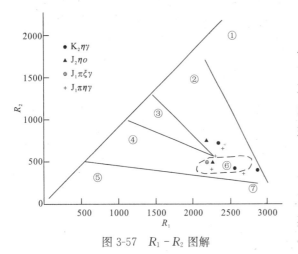

图 3-57 R_1-R_2 图解

在不同构造环境 R_1-R_2 判别图(图 3-57)上,投影点主体落入同碰撞花岗岩区及其附近,同样在 Rb-(Yb+Ta) 和 R-(Y+Nb) 图解(图 3-47)上与 Rb-Hf-Ta 不同构造环境花岗岩判别图(图 3-48)上投影点集中于同碰撞花岗岩区,说明本期花岗岩形成于同碰撞构造环境。

稀土微量元素特征:稀土总量变化于 $134.55 \times 10^{-6} \sim 434.06 \times 10^{-6}$,其含量变化大,平均值为 307.71×10^{-6},远高于上部地壳平均值(210.27×10^{-6}),且由早期向晚期有递减趋势,$\Sigma Ce/\Sigma Y$ 同样显示递减趋势,其平均值为 6.01,反映轻稀土总体富集,由早期至晚期

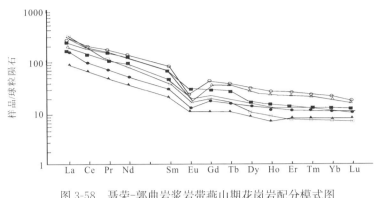

图 3-58 聂荣-郭曲岩浆岩带燕山期花岗岩配分模式图

$(Ce/Yb)_N$ 呈 14.03→12.08→8.03 变化,$(La/Sm)_N$ 呈 5.2→4.13 变化,$(Gd/Yb)_N$ 呈 2.01→1.64 变化,均显示递减特征,反映岩浆轻重稀土之间、轻稀土之间、重稀土之间分馏程度由高变低。$(La/Yb)_N$、La/Yb 比值均远大于 1,反映本期花岗岩稀土配分型式均为向右倾,具"燕式"分布特点的曲线(图 3-58),可见各类岩石稀土元素表现出一种相似或者继承性特征。δEu 呈 0.68→0.37→0.22 变化,表现铕弱负异常到显著负异常,δCe 基本上接近于 1,反映铈无明显亏损。微量元素各类岩石普遍富 Th、Hf、Au、Sc、V、Cr、Ni、Co 等元素,普遍贫 B、Se、Ta、Sr、Sb 等元素。其中 Cr、Ni、V 等亲超基性岩元素的含量普遍较高,说明其物源与所处消减带的蛇绿岩套的参与有关。其 Ba/Rb 比值偏高 0.95~5.88,Rb/Sr 比值 1.2±。

上述岩石化学、岩石地球化学特征反映出该带燕山期花岗岩的成因比较复杂,它可能具有从上地幔到陆壳一系多种成分物质来源,从而导致了以不同物质来源为主的花岗岩在空间上的共生。但总体陆壳物质多于下地壳和上地幔的物质,其仍以陆壳改造型花岗岩为主。它的形成可能与班公错-怒江结合带边缘洋壳向南俯冲作用及其闭合导致的陆-弧碰撞作用有关。

二、桑雄-麦地卡构造岩浆岩带

本带处于冈底斯-念青唐古拉板片北缘,紧邻班公错-怒江结合带。共圈定 18 个侵入体,出露面积约 759.68km²,占测区中酸性侵入岩总面积的 66.4%。侵入活动有燕山晚期、喜马拉雅早期,以燕山晚期为主,呈岩基、岩株。侵入活动由早期到晚期趋于减弱。主要分布于测区南部,岩石类型主要有角闪黑云二长花岗岩、石英闪长岩、钾长花岗岩、似斑状二长花岗岩等。其划分方案见表 3-19。

表 3-19 桑雄-麦地卡构造岩浆岩带侵入岩划分表

时代		代号	岩石名称	结构构造	同位素年龄值 (Ma)	岩浆系列	构造环境
纪	世						
古近纪	始新世	$E_2\eta\beta$	中粒黑云二长花岗岩	中粒花岗结构,块状构造		后碰撞造山花岗岩系列	后碰撞造山伸展环境
		$E_2\gamma\delta$	细粒角闪黑云花岗闪长岩	细粒花岗结构,块状构造	36.15/K-Ar		
		$E_2\delta\mu$	闪长玢岩	斑状结构,基质具残余细晶结构,块状构造			
白垩纪	晚白垩世	$K_2\gamma o$	黑云斜长花岗岩	似斑状结构,基质具粗粒花岗结构,块状构造	67.2±5/K-Ar	同碰撞花岗岩系列	同碰撞环境
		$K_2\pi\eta\gamma^b$	中粗粒似斑状黑云二长花岗岩	似斑状结构,基质具中粗粒花岗结构,块状构造	67.9/K-Ar		
		$K_2\pi\eta\gamma^a$	斑状细粒黑云二长花岗岩	斑状结构,基质具细晶结构,块状构造			
		$K_2\xi\delta$	细粒角闪石英正长闪长岩	细粒半自形粒状结构,块状构造	69.2/K-Ar		
		$K_2\pi\gamma\delta$	斑状中粗粒花岗闪长岩	多斑斑状结构,基质具中粗粒花岗结构,块状构造			
		$K_2\xi\gamma\beta$	中粗粒黑云钾长花岗岩	中粗粒花岗结构,块状构造	74.7/K-Ar		
		$K_2\pi\gamma$	斑状细粒黑云角闪花岗岩	斑状结构,基质具细粒花岗结构,块状构造			
		$K_2\delta o$	中粒角闪黑云石英闪长岩	中粒半自形粒状结构,块状构造	93.8/K-Ar		
		$K_2\eta\gamma\beta$	中粒黑云二长花岗岩	中粒花岗结构,块状构造	93.9/K-Ar		

(一)晚白垩世花岗岩

1. 地质特征及岩石学特征

1)中粒黑云二长花岗岩($K_2\eta\beta$)

中粒黑云二长花岗岩由三个侵入体组成,出露于那曲县桑雄乡孝莫作莫拉、达仁乡格拉拉及嘉陵县麦地卡则莫热等地。呈岩株,面积约占 $77km^2$。

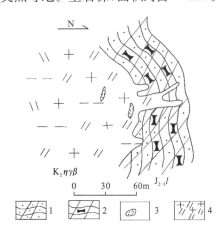

图 3-59 黑云二长花岗岩侵入于拉贡塘组平面素描图
1.角岩化砂岩;2.红柱石角岩;3.捕房体;4.二长花岗岩

侵入地层为中上侏罗统拉贡塘组($J_{2-3}l$),具明显的烘烤现象,外接触带宽 $100\sim250m$,围岩砂板岩系均角岩化,其类型有红柱石角岩、角岩化砂岩、斑点板岩等。见细小岩枝侵入于地层中,岩体内见围岩捕房体(图 3-59),并发育深色细粒闪长质包体,呈浑圆状、椭圆状,大小 $4cm\times5.5cm\sim14cm\times18cm$,含量小于1‰。岩石节理裂隙发育,见三组剪切节理,产状分别为 $330°\angle45°$、$85°\angle80°$、$30°\angle25°$。在麦地卡则莫一带岩体被后期花岗岩大规模侵入,呈残留体。在该岩体中获同位素年龄 K-Ar 法 93.9Ma,侵位时代为晚白垩世。

岩石呈浅灰色、灰白色,具中粒花岗结构,块状构造。矿物粒径以 $2\sim5mm$ 为主,少数小于 $1mm$。主要矿物成分:斜长石30%±,为中长石,半自形柱状,双晶发育,以钠长石律和卡钠复合律为主,一般具环带构造;钾长石34%±,为正长条纹长石,半自形柱状,个别显示卡斯巴双晶;石英30%±,他形粒状,内部显微裂隙发育,普遍具波状消光现象;黑云母2%~6%,自形—半自形叶片状,具褐、浅褐黄多色性,在岩石中分布不均匀,少数沿边部或解理蚀变为绿泥石;白云母1%~2%,半自形片状,常交代岩石分布。副矿物组合为电气石、磷灰石、锆石和金属矿物。

2)中粒角闪黑云石英闪长岩($K_2\delta o$)

中粒角闪黑云石英闪长岩出露于那曲县大青乡、学那一带,平面上呈近椭圆状,面积约 $17km^2$,呈小型岩株。侵入地层有中侏罗统桑卡拉佣组(J_2s),中上侏罗统拉贡塘组($J_{2-3}l$),后被古近系牛堡组角度不整合覆盖(图 3-60)。侵入接触面均呈波状起伏,围岩受热接触变质角岩化、大理岩化等,接触面外倾,岩体内见细粒边及围岩捕房体(图 3-61)。岩体内部包体发育,为黑云母细粒花岗质包体,暗色矿物大于50%±,多呈扁圆状,大小为 $7cm\times3cm\sim35cm\times20cm$,含量小于1‰。该岩体捕获 K-Ar 法同位素年龄为 93.8Ma,侵位时代为晚白垩世。

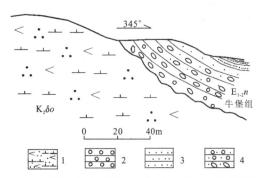

图 3-60 牛堡组角度不整合于角闪石英闪长岩素描图
1.角闪黑云石英闪长岩;2.砾岩;3.砂岩;4.含砾砂岩

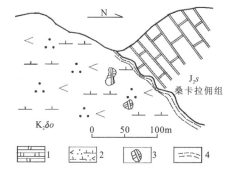

图 3-61 角闪黑云石英闪长岩侵入于桑卡拉佣组素描图
1.大理岩;2.角闪黑云石英闪长岩;3.捕房体;4.细粒边

岩石为灰白色,中粒半自形粒状结构,块状构造。矿物粒径为 $2\sim3mm$。矿物成分:斜长石70%±,属中长石,半自形柱状,双晶发育,以钠长石律和卡钠复合律为主,一般具明显的环带构造;石英10%~

12%，他形填隙粒状，显微裂隙极发育，具波状消光现象；黑云母 8%±，呈半自形片状，多色性为 Ng—褐色，Np—浅黄褐色；普通角闪石 6%±，呈半自形—自形细长柱状；钾长石 3%±，为正长石，他形填隙粒状。岩石蚀变较强，表现为角闪石和黑云母绿泥石化。副矿物为磷灰石和锆石。

3）斑状细粒黑云角闪花岗岩（$K_2\pi\gamma$）

斑状细粒黑云角闪花岗岩出露于那曲县汤先、汤雄多一带，面积约 70km²。分布明显受断层控制，呈楔状小岩株。侵入于早期岩体中，与中粒角闪黑云石英闪长岩呈岩相过渡关系（图 3-62）。侵入地层为中上侏罗统拉贡塘组（$J_{2-3}l$），后被古近系牛堡组覆盖，推测侵入时代为晚白垩世。

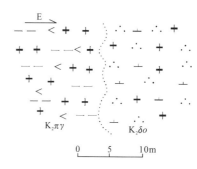

图 3-62　斑状黑云角闪花岗岩（左）与花岗石英闪长岩（右）岩相过渡关系示意图

岩石呈浅灰绿色，斑状结构，基质具细粒花岗结构，块状构造。斑晶粒径 2～4mm，基质粒径为 0.3～1.5mm。斑晶成分：斜长石 34%±，为中长石，自形—半自形板状，双晶发育，一般显环带构造；黑云母 3%±，半自形叶片状；普通角闪石 3%±，半自形柱状，绿—浅绿色。基质成分：石英 22%±，他形粒状，具波状消光；斜长石 18%±，为中长石，半自形柱状，部分略显环带构造；钾长石 10%±，为正长石，黑云母 5%±，半自形片状，普通角闪石 4%±，半自形柱状。少量黑云母，普通角闪石蚀变为绿泥石。副矿物组合为磷灰石、锆石、褐帘石。

4）中粗粒黑云母钾长花岗岩（$K_2\xi\gamma\beta$）

中粗粒黑云母钾长花岗岩出露于嘉黎县麦地卡拉那母拉、错木东拉一带。构成麦地卡岩基，平面上呈不规则条带状，总体展布近东西向，面积约 350km²。岩基中心相为中粒黑云母钾长花岗岩，而边缘分布中粗粒黑云钾长花岗岩，二者在岩相上呈渐变过渡关系。侵入地层为中上侏罗统拉贡塘组（$J_{2-3}l$）砂板岩系，接触面呈波状起伏，总体产状向外较平缓，外接触带可划分为黑云母带、红柱石带、斑点板岩带，带宽 50～600m 不等。内接触带见细粒边，围岩捕房体（图 3-63）。岩体内部花岗细晶岩脉发育，脉宽 20～50cm 不等，脉壁平直，延伸不稳定。岩石节理发育，早期发育的一组共轭节理，产状为 210°∠65°，2°∠87°，被晚期一组剪节理，产状 220°∠30°，向北西向明显错断，错距 1～2cm。岩石呈浅灰绿色，中粗粒花岗结构、碎裂结构，块状构造。矿物粒径 2～7mm，岩体中心相以 2～4mm 为主，边缘部位以 5～7mm 为主。主要矿物成分：钾长石 50%～55%，为正长石，半自形板状，显示卡斯巴双晶；斜长石 10%～15%，为更长石，半自形柱状，钠长石律发育；石英 25%±，呈他形粒状，具强烈波状消光；黑云母 3%±，半自形片状；白云母 1%±。岩石蚀变表现为更长石强烈绢云母化，黑云母蚀变为绿泥石。副矿物组合：磷灰石、锆石、金属矿物和褐帘石。

5）斑状细粒黑云二长花岗岩（$K_2\pi\eta\gamma^a$）

斑状细粒黑云二长花岗岩出露于那曲县尼玛乡仓空猛波、枪穷舍里一带，呈岩株，面积约 34.38km²。侵入地层为下白垩统多尼组，后被上白垩统宗给组火山岩呈角度不整合覆盖。推测其侵入时代为晚白垩世。侵入接触变质带宽 50～180m，围岩砂页岩系均角岩化，并见有岩枝穿入围岩中（图 3-64），内接触带发育细粒边，见围岩捕房体，形状各异，大小不一。

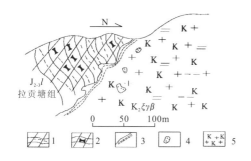

图 3-63　黑云钾长花岗岩侵入于拉贡塘组
1.云母角岩；2.红柱石带；3.细粒边；4.砂岩捕房体；5.二云母钾长花岗岩

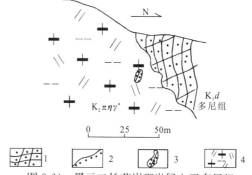

图 3-64　黑云二长花岗斑岩侵入于多尼组
1.角岩化砂岩；2.细粒边；3.捕房体；4.斑状二长花岗岩

岩石呈浅灰绿色,斑状结构,基质具细晶结构,块状构造。斑晶矿物粒径 1~2.5mm；基质矿物粒径为 0.15~1mm。斑晶成分：斜长石 23%,为更长石,自形柱状,钠长石律双晶发育；钾长石 4%±,为正长石,半自形—自形板状,显示卡斯巴双晶；石英 8%,他形粒状,个别呈熔蚀状,具波状消光。基质成分：石英 18%±,斜长石 12%,为更长石,钾长石 25%±,为正长石,黑云母 7%±,次生矿物绿黝帘石 3%±。副矿物组合为磷灰石和锆石。

6) 细粒角闪石英正长闪长岩($K_2\xi\delta$)

细粒角闪石英正长闪长岩出露于尼玛乡萨舍弄巴、咱扯里一带,由一个侵入体构成,呈岩株,面积约 26.56km²。侵入于早期花岗岩,与斑状黑云二长花岗岩在岩相上呈渐变过渡关系。该岩体捕获 K-Ar 法同位素年龄为 69.2Ma,为晚白垩世。

岩石呈浅灰绿色,细粒半自形粒状结构,块状构造。矿物粒径为 1~2mm。矿物成分：斜长石 65%±,为中长石,半自形柱状,发育钠长石律和卡钠复合律,具环带构造；钠长石 14%±,为正长石,半自形板状；石英 10%±,他形粒状,具波状消光；角闪石 6%,短柱状,黑云母 4%±,半自形片状。副矿物组合为磷灰石-金属矿物。

7) 斑状中粗粒花岗闪长岩($K_2\pi\gamma\delta$)

斑状中粗粒花岗闪长岩由一个侵入体构成,出露于那曲县优塔乡一带,呈不规则的条带状,呈北西西向展布,面积约 35.16km²。侵入地层为中上侏罗统拉贡塘组,接触带见烘烤现象,围岩砂板岩系发生角岩化。岩体内部包体发育,为深色闪长质包体,多呈扁圆状,长短轴比 3：1,与寄主岩关系清楚,含量约 1%。

岩石呈浅灰白色,多斑斑状结构,基质具中粗粒花岗结构,块状构造。斑晶粒径 3~6cm,基质粒径在 2~6mm。斑晶主成分：斜长石 50%±,为中长石,呈半自形柱状,双晶发育,以钠长石律和卡钠复合律为主,部分具环带构造；石英 10%±,部分略显他形粒状、熔蚀状,普遍具波状消光现象,黑云母 6%±,自形—半自形片状,部分蚀变分解为绿泥石。基质成分：石英 12%,他形粒状；钾长石 10%±,为正长石；黑云母和白云母小于 4%。副矿物为磷灰石、锆石和金属矿物。

8) 中粗粒似斑状黑云二长花岗岩($K_2\pi\gamma\eta^b$)

中粗粒似斑状黑云二长花岗岩由两个侵入体构成。出露于那曲县优塔乡一带,向南延出图。平面上呈长轴近东西向菱形,面积约 45.08km²,呈小型岩株。

侵入地层为中上侏罗统拉贡塘组,接触带明显可见烘烤现象,外接触带的砂板岩系发生角岩化,主要岩类型有红柱石角岩、堇青石角岩和斑点状板岩等,同时见有岩枝侵入于拉贡塘组中(图 3-65),内接触带发育细粒边,宽 30cm±。岩体内部脉岩发育,主要为细粒黑云母石英闪长玢岩脉,细粒花岗岩脉,脉厚 30~60cm,厚者可达 1m,脉壁平直,与围岩接触关系清楚,走向 346°~166°,延伸约 100m 不等,产状直立。岩石发育三组剪切节理,产状分别 220°∠65°、290°∠30° 和 40°∠82°,该岩体中获 K-Ar 法同位素年龄为 67.9Ma,其侵入时代为晚白垩世。

岩石呈浅灰白色,似斑状结构,基质具中粗粒花岗结构,块状构造。斑晶粒径一般 2~8cm,基质粒径 4~8mm。斑晶成分：斜长石 15%±,为中长石,半自形柱状,钠长石律和卡钠复合律双晶发育,个别具环带构造；钾长石 10%±,为正长石,半自形厚板状,具钠长石条纹结构。基质成分：斜长石 15%~20%,为中长石,半自形柱状,双晶发育；钾长石 15%±,为正长石,石英 25%~30%,他形粒状,填隙于长石粒间,具波状消光现象,黑云母 6%~7%,半自形片状,部分蚀变为绿泥石,白云母 2%±,半自形片状。副矿物组合为磷灰石、锆石和金属矿物。

9) 斑状细粒黑云斜长花岗岩($K_2\gamma o$)

斑状细粒黑云斜长花岗岩出露于那曲县查岗弄巴、旁卡一带,平面上呈近椭圆形,不规则长条状,面积约 28.41km²,呈小型岩株,被后期断层错断。

侵入地层为中上侏罗统拉贡塘组,围岩明显具烘烤现象,外接触带的砂板岩系发生角岩化,产生绢云母化；内接触带发育细粒边,宽约 40cm(图 3-66)。该岩体捕获 K-Ar 法同位素年龄为 67.2Ma,为晚白垩世。

岩石呈浅灰色,具似斑状结构,基质具细粒花岗结构,碎裂构造、块状构造。斑晶粒径 3~5mm,基质 0.5~2mm。斑晶成分：斜长石 25%±,为更长石,半自形柱状,发育钠长石律和卡钠复合律,具环带构造。基质成分：斜长石 45%,为更长石,半自形柱状,钠长石律双晶发育；石英 25%±,他形填隙粒状,显微裂隙

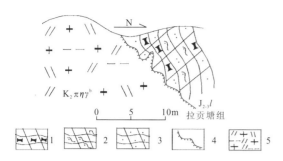 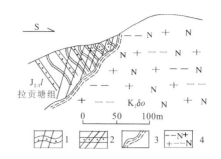

图 3-65　似斑状黑云二长花岗岩侵入于拉贡塘组
1. 红柱石角岩；2. 堇青石角岩；3. 斑点板岩；
4. 细粒边；5. 似斑状黑云二长花岗岩

图 3-66　斑状细粒黑云斜长花岗岩侵入于拉贡塘组
1. 云母角岩；2. 角岩化砂岩；3. 细粒边；
4. 黑云母斜长花岗岩

发育，显示波状消光；黑云母 4%±，呈半自形叶片状，部分蚀变为绿泥石、绢云母。副矿物组合为磷灰石、锆石和褐帘石。

2. 岩石化学及地球化学特征

1) 中粒黑云二长花岗岩 ($K_2\eta\gamma\beta$)

岩石化学分析成果、CIPW 标准矿物及特征参数列于表 3-20、表 3-21。① SiO_2 含量变化于 $74.7 \times 10^{-2} \sim 76.26 \times 10^{-2}$，属酸性岩范畴，岩石相对富铝和碱质而贫钙质。$K_2O > Na_2O$，显示岩石中相对富钾。② $Al_2O_3 > CaO + Na_2O + K_2O$，属铝过饱和岩石类型。③ 里特曼指数 $\sigma = 1.94 \sim 2.41$，属钙碱性系列，在硅-碱图解(图 3-67)中位于亚碱性系列区，在 AFM 图解中(图 3-68)位于钙碱性系列，说明岩体为钙碱性花岗岩类。分异指数 $DI = 90.17 \sim 95.23$，反映岩浆分异程度高，固结指数 $SI = 1.05 \sim 1.97$，反映岩浆分离结晶程度高。过铝指数变化于 $1.00 \sim 1.17$，平均值为 1.1，显示 S 型花岗岩特征。在 ACF 图解(图 3-69)上位于 S 型花岗岩。④ 标准矿物组合为 $Or + Ab + An + Qz + C + Hy$。

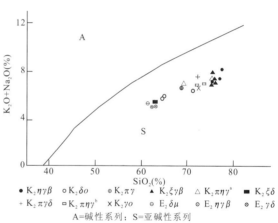

图 3-67　硅-碱关系图(据 Irvine,1971)

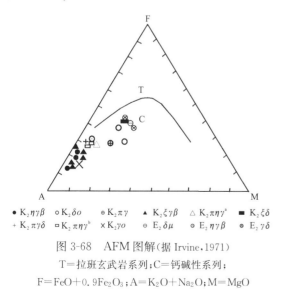

图 3-68　AFM 图解(据 Irvine,1971)
T=拉斑玄武岩系列；C=钙碱性系列；
$F = FeO + 0.9Fe_2O_3$；$A = K_2O + Na_2O$；$M = MgO$

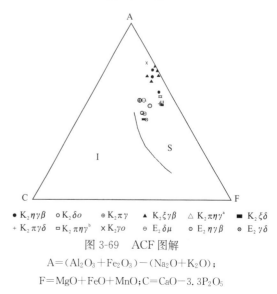

图 3-69　ACF 图解
$A = (Al_2O_3 + Fe_2O_3) - (Na_2O + K_2O)$；
$F = MgO + FeO + MnO$；$C = CaO - 3.3P_2O_5$

岩石稀土、微量元素含量及特征参数列于表 3-22～表 3-24。稀土元素总量平均值为 177.44×10^{-6}，$\Sigma Ce/\Sigma Y$ 比值为 $1.42 \sim 2.48$，表明轻稀土相对富集。$\delta Eu = 0.14 \sim 0.17$，反映铕明显亏损；$\delta Ce = 0.84$，表

表3-20 桑雄-麦地卡构造岩浆岩带岩石侵入岩氧化物含量表

岩石名称	代号	样号	氧化物含量（×10⁻²）											
			SiO_2	TiO_2	Al_2O_3	Fe_2O_3	FeO	MnO	MgO	CaO	Na_2O	K_2O	P_2O_5	LOS	总量
中粒黑云二长花岗岩	$E_2\eta\gamma\beta$	5309	69.4	0.37	15.10	0.05	3.26	0.06	0.84	2.95	2.83	4.14	0.13	0.46	99.59
细粒角闪黑云花岗闪长岩	$E_2\gamma\delta$	5323	61.46	0.59	16.51	0.74	4.97	0.11	2.38	5.13	2.65	3.03	0.16	1.76	99.49
		4745	62.64	0.62	15.48	0.66	4.78	0.089	3.28	4.96	2.56	3.12	0.14	1.46	99.79
蚀变闪长岩	$E_2\delta\mu$	4511-2	60.44	0.68	15.29	2.18	4.08	0.13	3.14	3.76	2.98	2.73	0.19	3.60	99.2
黑云斜长花岗岩	$K_2\gamma o$	4157	72.34	0.35	15.33	0.043	1.14	0.049	0.79	0.56	6.31	0.98	0.11	1.24	99.24
中粗粒似斑状黑云二长花岗岩	$K_2\pi\eta\gamma^b$	4231-3	71.00	0.4	13.74	0.07	3.5	0.052	0.63	1.37	3.11	4.58	0.15	0.54	99.07
		4584-1	72.76	0.24	13.4	0.092	2.86	0.062	0.42	1.07	2.80	4.97	0.12	0.60	99.39
斑状中粗粒花岗闪长岩	$K_2\pi\gamma\delta$	4231-1	71.44	0.35	13.6	0.27	3.33	0.056	0.53	1.25	3.05	5.04	0.13	0.4	99.45
细粒角闪石英正长闪长岩	$K_2\xi\delta$	4150	62.06	0.67	15.65	0.91	4.88	0.092	2.63	4.92	2.55	3.44	0.15	2.10	100.05
斑状细粒黑云二长花岗岩	$K_2\pi\eta\gamma^a$	4148	68.36	0.43	14.76	0.37	3.04	0.074	1.28	2.28	3.33	4.35	0.12	1.16	99.56
		4129-1	74.66	0.19	13.23	0.052	1.6	0.024	0.2	1.18	3.34	4.82	0.24	0.66	100.20
		4127-1	75.12	0.14	13.03	0.083	1.4	0.037	0.21	1.25	3.42	4.60	0.22	0.62	100.13
	$K_2\xi\gamma\beta$	5198-A	74.7	0.098	12.63	1.12	1.68	0.039	0.09	0.184	2.68	5.33	0.146	0.795	99.49
		5198-B	74.62	0.135	12.85	0.6	2.07	0.057	0.156	0.51	2.79	5.04	0.13	0.687	99.65
		4407-1	74.54	0.134	12.66	0.756	1.74	0.051	0.151	0.525	2.92	5.24	0.158	0.587	99.46
斑状细粒黑云钾长花岗斑岩	$K_2\pi\gamma$	5188	68.38	0.39	14.37	1.04	2.68	0.076	1.4	3.04	2.68	4.47	0.1	0.59	99.25
中粒粒黑云角闪石英闪长岩	$K_2\delta o$	4189-1	64.09	0.62	15.33	0.69	4.7	0.094	2.57	4.6	2.66	3.76	0.14	0.96	100.2
		4189-A	63.98	0.7	15.78	0.53	3.28	0.10	2.88	4.15	3.01	3.26	0.12	1.94	99.73
中粒黑云二长花岗岩	$K_2\eta\gamma\beta$	4207-1	74.7	0.13	12.83	0.11	2.38	0.048	0.21	0.7	2.96	5.0	0.059	0.38	99.51
		5239	76.26	0.13	12.31	0.3	1.14	0.04	0.11	0.44	3.25	5.7	0.05	0.46	100.19
		4323	75.79	0.094	12.44	1.04	1.08	0.028	0.116	0.159	3.08	4.9	0.154	0.462	99.34

表 3-21 桑雄-麦地卡构造岩浆岩带岩浆岩侵入岩 CIPW 标准矿物含量及特征参数表

代号	样号	CIPW 标准矿物（×10⁻²）											特征参数				
		Ap	Il	Mt	Or	Ab	An	Qz	C	Di	Hy	Ol	Ne	DI	A/CNK	SI	σ_{43}	AR
$E_2\eta\gamma\beta$	5309	0.29	0.71	0.07	24.68	24.16	13.99	27.62	0.89		7.6			76.45	1.04	7.55	1.83	2.26
$E_2\delta\mu$	4511-2	0.43	1.35	3.31	16.86	26.37	18.34	19.05	1.05		13.21			63.30	1.04	20.78	1.76	1.86
$E_2\gamma\delta$	5323	0.36	1.15	1.10	18.32	22.94	24.77	17.25		0.26	13.86			58.51	0.97	17.28	1.7	1.71
	4745	0.31	1.20	0.97	18.75	22.03	21.9	18.08		1.89	14.88			58.86	0.93	22.78	1.61	1.77
$K_2\gamma o$	4157	0.25	0.68	0.06	5.91	54.48	2.17	29.67	3.17		3.61			90.06	1.23	8.53	1.8	2.7
$K_2\pi\eta\gamma^b$	4231-3	0.33	0.77		27.47	26.71	6.00	29.66	1.52		7.54			83.83	1.09	5.33	2.10	3.07
	4584-1	0.27	0.46	0.14	29.73	23.98	4.66	33.01	1.75		6.01			86.72	1.12	3.77	2.02	3.32
$K_2\pi\gamma\delta$	4231-1	0.29	0.67	0.4	30.07	26.05	5.49	29.01	1.15		6.80			85.21	1.07	4.34	2.29	3.39
$K_2\xi\delta$	4150	0.33	1.30	1.35	20.75	22.03	21.54	1756		2.06	13.09			60.33	0.93	18.25	1.84	1.82
$K_2\pi\eta\gamma^a$	4148	0.27	0.83	0.55	26.12	28.63	10.78	24.09			8.04			78.85	1.03	10.34	2.30	2.64
	4129-1	0.53	0.36	0.08	28.61	28.39	4.46	33.53	0.7		3.14			90.54	1.03	2.0	2.1	3.61
	4127-1	0.48	0.27	0.12	27.32	29.08	4.93	34.30	0.89		2.88			90.69	1.01	2.16	2.00	3.56
$K_2\xi\gamma\beta$	5198-A	0.32	0.19	1.65	31.91	22.98	0.06	38.11	0.63		2.32			93.0	1.2	0.83	2.02	4.33
	5198-B	0.29	0.26	0.88	30.10	23.86	1.78	37.05	2.46		3.61			91.0	1.17	1.46	1.93	3.83
	4407-1	0.35	0.26	1.11	31.32	24.99	1.69	35.85	2.18		2.85			92.15	1.11	1.4	2.10	4.25
$K_2\pi\gamma$	5188	0.22	0.75	1.53	26.78	22.99	14.17	26.19	1.59	0.43	6.93			75.96	0.97	11.41	2.0	4.81
$K\delta o$	4189-1	0.31	1.19	1.01	22.39	22.68	18.93	18.45		2.69	12.38			63.51	0.91	17.87	1.94	1.95
	4189-A	0.27	1.36	0.79	19.70	26.04	20.33	19.45	0.01		12.05			65.19	0.98	22.22	1.83	1.92
$K\eta\gamma\beta$	4207-1	0.13	0.25	0.16	29.81	25.27	3.15	35.10	1.42		4.72			90.17	1.11	1.97	1.99	3.86
	5239	0.11	0.25	0.44	33.77	27.57	1.89	33.88	0.10		1.98			95.23	1.00	1.05	2.41	5.71
	4323	0.34	0.18	1.52	29.28	26.36	\	38.97	2.14		1.32			94.61	1.17	1.14	1.94	4.46

表 3-22 桑雄-麦地卡构造岩浆岩带侵入岩稀土元素含量表

稀土元素含量（×10⁻⁶）

代号	样号	La	Ce	Pr	Nd	Sm	Eu	Gd	Tb	Dy	Ho	Er	Tm	Yb	Lu	Y
$E_2\eta\beta$	5309	56.8	96.8	9.48	39.6	7.22	1.12	5.47	0.84	4.79	0.90	2.35	0.36	2.03	0.34	19
$E_2\gamma\delta$	5323	42.0	68.0	6.99	28.9	5.25	1.15	4.73	0.80	4.90	0.92	2.63	0.44	2.5	0.41	20.5
$K\gamma o$	4157	6.34	9.59	0.67	3.78	0.95	0.63	1.13	0.2	1.24	0.23	0.72	0.10	0.85	0.12	5.92
	4157	6.20	9.97	0.89	4.29	0.98	0.70	1.12	0.17	1.12	0.22	0.70	0.12	0.74	0.13	5.68
$K_2\pi\eta^b$	4231-3	55.9	106	12.3	47.1	10.6	0.63	10.3	1.87	13.2	2.64	7.51	1.16	7.25	1.10	63.5
	4584-1	32.4	59.4	7.47	28.2	6.66	0.59	5.94	1.08	7.13	1.41	4.16	0.64	4.00	0.54	32.6
$K_2\gamma\delta$	4231-1	46	77.7	9.55	35.7	7.97	1.01	7.11	1.19	7.92	1.54	4.65	0.68	4.11	0.56	36.3
$K_2\xi\delta$	4150	55.8	86.6	9.29	36.7	7.47	1.19	5.79	1.02	5.44	1.04	3.01	0.48	2.86	0.42	25.1
	4150-1	43.1	75.5	8.13	34.7	6.15	1.26	5.08	0.8	5.22	1.01	2.85	0.44	2.57	0.33	21.3
$K_2\pi\eta^a$	4148	46.8	80.5	7.74	34.1	6.52	0.98	4.84	0.73	4.6	0.9	2.49	0.37	2.43	0.32	19.6
	4129-1	16.8	30.7	3.2	14.2	3.60	0.60	3.12	0.44	2.30	0.28	0.61	0.084	0.56	0.064	6.37
	4127-1	32.4	64.6	7.2	31.3	7.35	0.80	5.37	0.71	2.72	0.30	0.55	0.083	0.39	0.05	7.2
$K_2\xi\gamma\beta$	5198-A	12.4	27.8	3.48	11.2	3.38	0.17	3.83	0.78	5.18	0.89	2.30	0.26	1.43	0.14	25
	5198-B	20.8	58.4	4.98	17.7	4.68	0.35	4.43	0.77	5.43	1.03	2.89	0.36	1.98	0.19	24.3
	4407-1	40.9	72.8	7.99	33.9	6.56	1.3	5.37	0.85	5.61	1.12	3.25	0.48	2.99	0.38	29.00
$K_2\gamma$	5188	57.6	100	9.47	38.8	7.23	1.0	5.18	0.85	5.33	1.01	3.11	0.5	2.77	0.33	19.7
$K_2\delta o$	4189-1	37.2	62.7	6.34	24.7	4.89	0.92	4.21	0.7	4.14	0.76	2.22	0.34	2.06	0.35	17.7
	4189-A	47.9	84.5	11.4	35.3	7.29	1.2	5.28	0.96	5.33	1.00	3.18	0.47	2.83	0.41	23.4
$K_2\eta\beta$	4207-1	34.4	65.0	9.25	30.2	8.54	0.37	7.96	1.63	12.1	2.36	8.19	1.24	7.43	1.01	63.9
	4323	11.4	48.5	2.56	8.07	2.64	0.15	2.72	0.49	2.98	0.65	2.00	0.25	1.39	0.13	19

表 3.23 桑雄-麦地卡构造岩浆岩带岩侵入岩稀土元素特征参数表

代号	样号	稀土元素含量($\times 10^{-6}$)				特征参数							
		ΣREE	ΣCe	ΣY	$\Sigma Ce/\Sigma Y$	δEu	δCe	$(Ce/Yb)_N$	$(Gd/Yb)_N$	$(La/Yb)_N$	$(La/Sm)_N$	La/Yb
$E_2\eta\gamma\beta$	5309	247.10	211.02	36.08	5.09	0.53	0.91	12.17	2.16	18.41	4.78	27.98
$K_2\gamma o$	4157	32.47	21.96	10.51	2.09	1.87	0.91	2.88	1.06	4.93	4.07	7.46
	4157	33.03	23.03	10	2.3	2.06	0.89	3.43	1.21	5.52	3.85	8.38
$E_2\gamma\delta$	5323	190.12	152.29	37.83	4.03	0.7	0.86	6.97	1.52	11.1	4.87	16.8
$K_2\pi\eta\gamma^b$	4231-3	341.06	232.53	108.53	2.14	0.18	0.92	3.75	1.14	5.09	3.21	7.71
	4584-1	192.22	134.72	57.5	2.34	0.28	0.87	3.78	1.19	5.32	2.96	8.1
$K_2\pi\gamma\delta$	4231-1	241.99	177.93	64.06	2.78	0.41	0.83	4.82	1.39	7.39	3.52	11.19
$K_2\xi\delta$	4150	242.21	197.05	45.16	4.36	0.54	0.83	7.71	1.62	12.87	4.55	19.51
	4150-1	208.44	168.84	39.6	4.26	0.68	0.9	7.51	1.58	11.07	4.27	16.77
$K_2\pi\eta\gamma^a$	4148	212.92	176.64	36.28	4.11	0.52	0.92	8.45	1.60	12.71	4.38	19.25
	4129-1	82.93	69.1	13.83	5.0	0.54	0.93	14	4.4	17.76	2.83	30
	4127-1	161.023	143.65	17.37	8.27	0.37	0.96	42.17	11.02	54.59	2.68	83.08
$K_2\xi\gamma\beta$	5198-A	98.24	58.43	39.81	1.46	0.15	0.98	4.97	2.14	5.71	2.23	8.67
	5198-B	148.29	106.91	41.38	2.58	0.23	1.31	7.52	1.79	6.92	2.71	10.51
	4407-1	212.5	163.45	49.05	3.33	0.66	0.90	6.27	1.44	9.0	3.79	13.68
$K_2\pi\gamma$	5188	252.88	214.10	38.78	5.52	0.48	0.93	9.19	1.50	13.69	4.84	20.79
$K_2\delta o$	4189-1	169.23	136.75	32.48	4.21	0.61	0.89	7.76	1.63	11.90	4.62	18.06
	4189-A	230.45	187.59	42.86	4.38	0.57	0.83	7.6	1.49	11.14	4.01	16.93
$K_2\eta\gamma\beta$	4207-1	251.95	147.76	104.19	1.42	0.14	0.84	2.23	0.86	3.05	2.45	4.63
	4323	102.93	73.32	29.61	2.48	0.17	2.04	8.91	1.57	5.4	2.63	8.20

表 3-24 桑雄-麦地卡构造岩浆岩带岩侵入岩微量元素含量表

稀土元素含量（×10⁻⁶）

代号	样号	Ga	Sn	Be	B	Se	Nb	Ta	Zr	Hf	Au	Ag	U	Th	Cr	Co	Rb	Mo	Sb	Bi	Sr	Ba	V	Sc	Rb/Sr
$E_2\eta\gamma\beta$	5309	21.6	4.6	3.21	8.65	0.034	0.02	0.75	133	4.26	0.6	0.088	2.25	22.5	21.6	5.95	200	2.2	0.35	0.059	185	610	37.6	8.95	1.08
$E_2\gamma\delta$	5323	24.8	4.9	2.15	11.8	0.034	0.016	1.46	102	3.84	0.5	0.012	2.23	13.7	25.4	5.75	159	1.9	0.37	0.068	337	511	128	12.7	0.47
$K_2\gamma o$	4157	13.5	3.6	3.45	13.9	0.007	0.022	1.67	241	7.63	1.0	0.13	3.5	37.2	16.3	5.3	69.7	0.8	0.3	0.17	404	238	40.4	7.54	0.17
	4157-1	20.5	2.6	5.48	20.2	0.011	0.56	0.67	156	4.83	0.4	0.2	1.2	25.6	25.6	2.48	72.6	0.6	0.6	0.56	530	318	31.0	6.42	0.14
$K_2\pi\eta\eta^b$	4231-3	19.9	3.6	4.85	27.8	0.022	0.011	1.54	190	6.5	1.4	0.1	2.34	20.7	15.7	7.5	221	1.3	0.18	0.22	129	384	22.8	5.53	1.71
	4584-1	22.6	6.8	7.84	9.58	0.011	0.006	1.12	119	3.17	0.4	0.051	1.63	18.0	21.8	4.05	336	2.8	0.18	0.13	69.8	245	16.4	5.27	4.81
$K_2\pi\gamma\delta$	4231-1	22.7	5.0	4.40	14.0	0.011	0.006	0.55	120	3.62	0.1	0.017	0.97	22.6	<1	6.45	244	1.1	0.16	0.18	151	455	21.1	5.64	1.62
$K_2\delta o$	4150	24.9	3.1	3.5	16.9	0.007	0.003	0.78	128	3.68	0.8	0.027	1.63	21.0	46.8	15.4	180	0.5	0.34	0.025	265	469	92.7	14.0	0.68
	4150-1	19.9	6.0	2.96	24.8	0.01	0.009	1.49	240	7.38	1.6	0.079	2.76	24.7	55.8	17.5	170	1.4	0.15	0.026	258	441	99.6	14.1	0.66
$K_2\pi\eta^a$	4148	20.8	6.6	3.9	17.9	0.027	0.016	1.66	194	5.78	1.0	0.25	3.81	29.8	19.5	13.6	220	0.6	0.3	0.69	258	636	55.4	8.61	0.85
	4129-1	21.6	4.9	4.9	83.0	0.022	0.011	1.84	159	5.08	1.3	0.14	2.34	8.94	6.3	5.6	145	1.6	0.45	0.2	114	278	<1	0.77	0.27
	4127-1	19.4	5.0	3.5	46.3	0.008	0.001	0.96	170	5.27	0.2	0.048	1.41	14.3	<1	4.95	211	0.3	0.46	0.19	85.2	343	<1	0.61	2.48
$K_2\xi\gamma\beta$	5198-A	19.4	23.0	6.52				1.53	77.7	3.01	1.35	0.065	2.64	11.4		<1	388	0.83	0.55	0.3	28.1	76.5	<1	2.98	13.8
	5198-B	21.1	18.7	7.64				1.34	105	3.34	1.30	0.078	9.0	13.2		2.4	391	0.83	1.34	0.4	44.2	145	3.6	3.97	8.85
	4407-1	20.7	4.65	7.88				2.46	84.9	3.43	1.9	0.048	2.64	12.5		4.4	321	1.57	0.11	0.91	57.6	183	3.62	2.92	5.57
$K_2\pi\gamma$	5188	16.0	2.94	2.34			0.012	1.39	160	5.39	1.45	0.033	2.84	27.2		9.05	220	52.7	0.48	0.15	207	428	62	8.61	1.06
$K_2\delta o$	4189-1	18.3	5.5	2.61	24.7	0.032		1.08	170	5.27	1.0	0.06	4.23	2.18	65.8	15.4	182	1.6	0.14	0.22	214	460	97.2	14.9	0.85
	4189-A	26.2	4.1	3.54	18.1	0.039	0.01	0.97	78.5	2.71	<0.1	0.01	4.41	18.3	40.9	14.1	194	0.4	0.19	0.19	229	525	96.9	14.9	0.85
$K\eta\gamma\beta$	4207-1	22.3	6.9	8.64	6.93	0.005	0.012	1.18	71.0	2.14	0.2	0.02	1.2	24.3	5.95	1.45	486	1.2	0.13	0.63	35.8	183	4.56	3.68	13.58
	4323	18.0	7.05	4.24				2.24	76.1	3.06	1.52	0.086	3.23	14.3		3.35	280	0.92	0.78	0.51	75.5	234	1.8	2.7	3.7

明弱铈亏损。$(Ce/Yb)_N=2.23\sim8.91$,$(La/Sm)_N=2.45\sim2.63$,反映了轻稀土与重稀土之间、轻稀土之间分馏程度相对较差,$(Gd/Yb)_N=0.86\sim1.57$,反映岩浆重稀土相对较富集。$(La/Yb)_N$、La/Yb 比值皆大于 1。从稀土元素配分型式(图 3-70)中可以看出,曲线向右缓倾,具明显负铕异常,故该岩浆可能属陆壳重熔型。

微量元素与地壳同类岩石平均含量比较(维氏,1962),Sn、Be、Hf、Au、Th、Rb 和 V 等元素相对富集,而 Se、Nb、Ta、Zr、Sb、Sr 等元素相对贫化,其他元素含量变化不大,从微量元素分布图(图 3-71)中可以看出,以 Rb 明显富集,K、Th 富集,Ba 相对亏损,Zr、Hf、Sm、Y 低于洋脊花岗岩含量,该曲线型式与同碰撞花岗岩曲线型式相似,故该花岗岩可能为同碰撞作用的产物。

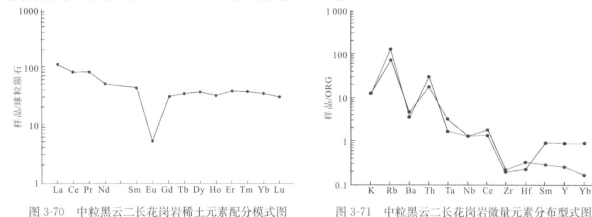

图 3-70 中粒黑云二长花岗岩稀土元素配分模式图　　图 3-71 中粒黑云二长花岗岩微量元素分布型式图

在 Rb-(Yb+Ta)和 Rb-(Y+Nb)图解(图 3-72)中均落入同撞花岗岩区,在 Rb-Hf-Ta 判别图解(图 3-73)中同样落入同碰撞花岗岩区。结合岩石地球化学特征,反映该花岗岩为同碰撞构造环境下的产物。

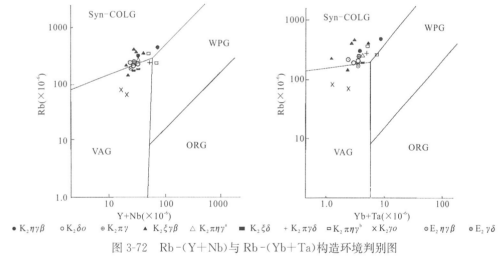

图 3-72 Rb-(Y+Nb)与 Rb-(Yb+Ta)构造环境判别图

Syn-COLG:同碰撞花岗岩;VAG:火山弧花岗岩;WPG:板内花岗岩;ORG:洋脊花岗岩

2)中粒角闪黑云石英闪长岩($K_2\delta o$)

岩石化学分析成果、CIPW 标准矿物及特征参数列于表 3-20、表 3-21。①SiO_2 含量变化于 $63.98\times10^{-2}\sim64.09\times10^{-2}$,属中性岩范畴。岩石相对富铝、钙和碱质。②$CaO+Na_2O+K_2O>Al_2O_3>Na_2O+K_2O$,属正常岩石化学系列。③里特曼指数 $\sigma=1.83\sim1.94$,属钙碱性系列;在硅-碱关系图解(图 3-67)中位于亚碱性系列;在 AFM 图解中(图 3-68)位于钙碱性系列,说明侵入体为钙碱性花岗岩类。分异指数 $DI=63.51\sim65.19$,固结指数 $SI=17.87\sim22.22$,反映岩浆分离结晶微量元素与世界同类岩石平均含量比较(维氏,1962),相对富集 Sn、Be、Th、Rb、Sc 等元素,而贫化 Se、Nb、Zr、Sr、Ba 等元素,其他元素含量基本上接近于维氏平均值。岩石稀土、微量元素含量及特征参数列于表 3-22~表 2-24。稀土元素总量平均值为 199.84×10^{-6},$\sum Ce/\sum Y=4.21\sim4.38$,表明轻稀土富集。$\delta Eu=0.61\sim0.57$,反映铕明显亏损;$\delta Ce=0.83\sim0.89$,表明弱铈亏损。$(Ce/Yb)_N=7.6\sim7.76$,$(La/Sm)_N=4.01\sim4.62$,$(Gd/Yb)_N=1.49\sim$

1.63，反映轻稀土与重稀土之间、轻稀土之间分馏程度较高，而重稀土之间分馏程度相对较差。$(La/Yb)_N$ =11.4～11.90，La/Yb=16.93～18.06，从稀土元素配分型式(图3-74)看出，曲线向右缓倾，负铕异常较明显，轻稀土富集。微量元素分布图(图3-75)以明显富集 K、Rb、Ba、Th 为特征，Zr、Hf、Sm、Y、Yb 均低于洋脊花岗岩含量，曲线型式与同碰撞花岗岩曲线型式(Pearce et al,1984)相似，所以此花岗岩可能属同碰撞花岗岩。

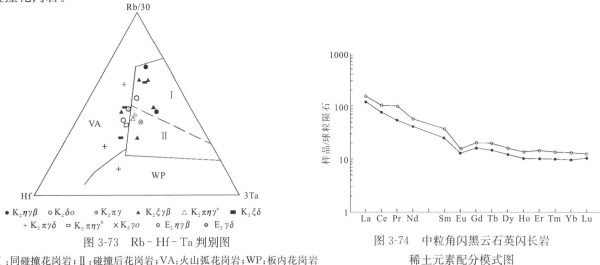

图3-73　Rb-Hf-Ta判别图
Ⅰ:同碰撞花岗岩；Ⅱ:碰撞后花岗岩；VA:火山弧花岗岩；WP:板内花岗岩

图3-74　中粒角闪黑云石英闪长岩稀土元素配分模式图

在 Rb-(Yb+Ta)图解中(图3-72)均落入同碰撞花岗岩区，在 Rb-(Y+Nb)图解中(图3-72)均投在同碰撞花岗岩与火山弧花岗岩分界处。在 Rb-Hf-Ta 三角判别图解(图3-73)中两个样品分别落入同碰撞花岗岩区和火山弧花岗岩区。结合岩石地球化学特征，说明该花岗岩属同碰撞花岗岩类并具有一定火山弧花岗岩特征，形成于碰撞造山阶段。

3) 斑状细粒黑云角闪花岗岩($K_2\pi\gamma$)

岩石化学分析成果、CIPW标准矿物及特征参数列于表3-20、表3-21。①SiO_2含量为 68.38×10^{-2}，属酸性岩范畴，与中国花岗岩同一岩石类型平均化学成分相比较(据黎彤、饶纪龙，1962)，岩石主体表现富SiO_2，其他氧化物含量均略低于黎彤平均化学成分。②$CaO+Na_2O+K_2O>Al_2O_3>Na_2O+K_2O$，属正常岩石化学系列。③里特曼指数 σ 为2.0，属钙碱性系列；在硅-碱关系图解(图3-67)中位于亚碱性系列；在AFM图解(图3-68)中位于钙碱性系列，说明花岗岩为钙碱性花岗岩类。分异指数 DI 为 75.96，固结指数 SI 为 11.41，反映岩浆分离结晶程度和分异程度均较差。在 ACF 图解(图3-69)中位于 S 型花岗岩，而过铝指数 A/CNK 为 0.97，说明花岗岩具有 I、S 过渡类型特征。④标准矿物组合为 Or+Ab+An+Qz+Di+Hy，属硅过饱和类型。

岩石稀土、微量元素含量及特征参数列于表3-22~表3-24。稀土总量为 252.88×10^{-6}，$\Sigma Ce/\Sigma Y=5.52$，反映轻稀土富集。$\delta Eu=0.48$，反映铕亏损明显；$\delta Ce=0.93$，反映铈弱亏损。$(Ce/Yb)_N=9.19$，$(La/Sm)_N=4.84$，反映轻稀土与重稀土之间、轻稀土之间分馏程度均较高；$(Gd/Yb)_N=1.5$，反映重轻土之间分馏程度差。$(La/Yb)_N=13.69$，La/Yb=20.79，反映在稀土元素配分曲线为向右倾斜(图3-76)，负铕异常表现明显，曲线为轻稀土富集型。

微量元素与世界同类岩石平均含量比较(维氏，1962)，岩石相对富集 Hf、Th、Au、Rb、Mo、Bi、V、Sc等元素，而 Ga、Be、Nb、Ta、Bi、Sr 等元素相对贫化，其他元素含量基本上接近维氏平均值。在微量元素分布图(图3-77)中以富集 K、Rb、Ba、Th 为特征，Zr、Hf、Sm、Y、Yb 等元素均低于洋脊花岗岩含量，曲线型式与同碰撞花岗岩曲线型式(Pearce et al,1984)相似，说明本期花岗岩可能属同碰撞花岗岩。

在 Rb-(Yb+Ta)和 Rb-(Y+Nb)构造环境判别图(图3-72)中，均投入于同碰撞花岗岩区；在 Rb-Hf-Ta 三角判别图(图3-73)中落入同碰撞花岗岩与碰撞后花岗岩界线附近。结合前述岩石化学、地球化学特征，说明此花岗岩为同碰撞构造环境下形成的。

4) 中粗粒黑云钾长花岗岩($K_2\xi\gamma\beta$)

岩石化学分析成果、CIPW标准矿物及特征参数列于表3-20、表3-21。①岩石相对富硅、铝和碱质。

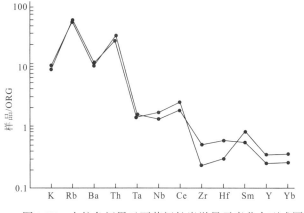

图 3-75 中粒角闪黑云石英闪长岩微量元素分布型式图

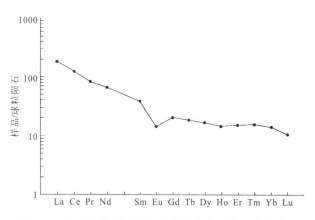

图 3-76 斑状细粒黑云角闪花岗岩稀土元素配分模式图

SiO_2 平均含量为 74.73×10^{-2}，属酸性岩范畴。②$Al_2O_3 > CaO+Na_2O+K_2O$，属铝过饱和岩石类型。③里特曼指数 $\sigma=1.93\sim2.1$，属钙碱性系列；在硅-碱图解(图3-67)中均落入亚碱性系列区，在 AFM 图解中(图 3-68)落入钙碱性岩区，说明此花岗岩为钙碱性岩类。分异指数(DI)平均为 91.48，固结指数(SI)平均为 1.57，反映岩浆分离结晶程度和分异程度均较高。过铝指数均接近于 1.1，在 ACF 图解(图 3-69)中落入 S 型花岗岩区，显示此花岗岩属 S 型花岗岩。④标准矿物组合为：$Or+Ab+An+Qz+C+Hy$，出现刚玉，表明铝为过饱和状态。

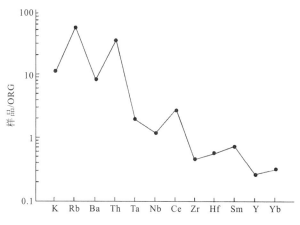

图 3-77 斑状细粒黑云角闪花岗岩微量元素分布型式图

岩石稀土、微量元素含量及特征参数列于表 3-22～表 3-24。稀土元素总量平均为 121.98×10^{-6}，$\sum Ce/\sum Y=5.0\sim8.27$，属稀土富集型。$\delta Eu=0.37\sim0.54$，铕具有较明显的负异常，$\delta Ce=0.93\sim0.96$，铈弱亏损。$(Ce/Yb)_N=14\sim42.17$、$(La/Sm)_N=2.68\sim2.83$，$(Gd/Yb)_N=4.4\sim11.02$，反映轻稀土与重稀土之间、重稀土之间分馏程度较高，而轻稀土之间分馏程度相对较差。$(La/Yb)_N$、La/Yb 比值均远远大于 1，反映在稀土元素配分型式为向右陡倾的曲线(图 3-78)，显示轻稀土富集，稀土分馏程度高。

微量元素含量与维氏同类花岗岩类平均值相比富集 Sn、B、Hf、Th、Rb 等元素，贫化 Se、Ta、Zr、Cr、Sb、Sr 等元素，其他元素含量接近于维氏平均值。微量元素分布图(图 3-79)中，以 K、Rb、Th 强富集，Ba 相对亏损，Zr、Hf、Sn、Y、Yb 均低于洋脊花岗岩含量为特征，曲线型式与同碰撞花岗岩的曲线型式相类似(Pearce et al,1984)。

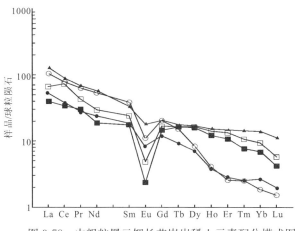

图 3-78 中粗粒黑云钾长花岗岩稀土元素配分模式图

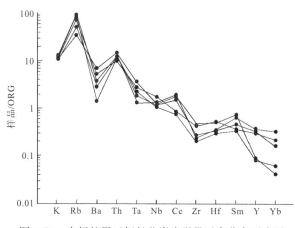

图 3-79 中粗粒黑云钾长花岗岩微量元素分布型式图

在不同构造环境判别图 Rb-(Y+Nb)和 Rb-(Yb+Ta)(图 3-72)中,样品投影主体落入同碰撞花岗岩区,仅一个样品落入火山弧花岗岩区,在 Rb-Hf-Ta 图解(图 3-73)中,样品集中于同碰撞花岗岩区,有两个样品分别投入碰撞后花岗岩和火山弧花岗岩区,由此可见此花岗岩形成较复杂。综合前述岩石化学、地球化学特征,说明本期花岗岩形成于碰撞造山阶段,主体属于同碰撞构造环境的产物,但具有一定的火山弧花岗岩特征。

5)斑状中细粒黑云二长花岗岩($K_2\pi\eta\gamma^a$)

岩石化学分析成果、CIPW 标准矿物及特征参数列于表 3-20、表 3-21。①SiO_2 含量为 68.36×10^{-2},属酸性岩范畴。②$Al_2O_3>CaO+Na_2O+K_2O$,属铝过饱和岩石类型。③里特曼指数 $\sigma=2.30$,属钙碱性岩;在硅-碱关系图解(图 3-67)中,落入亚碱性系列,在 AFM 图解(图 3-68)中,落入钙碱性岩区,说明该花岗岩为钙碱性岩类。分异指数 DI=78.85,固结指数 SI=10.34,反映岩浆分离结晶程度和分异程度均较好。在 ACF 图解中落入 S 型花岗岩(图 3-69)。④标准矿物组合为:Or+Ab+An+Qz+C+Hy,反映硅铝过饱和。

岩石稀土、微量元素含量及特征参数列于表 3-22～表 3-24。稀土元素总量为 212.92×10^{-6}。$\Sigma Ce/\Sigma Y=4.11$,反映轻稀土富集。$\delta Eu=0.52$,铕具较明显的负异常,$\delta Ce=0.92$,铈弱亏损。$(Ce/Yb)_N=8.45$、$(La/Sm)_N=4.38$、$(Gd/Yb)_N=1.6$,反映轻稀土与重稀土之间、轻稀土之间分馏程度较高,而重稀土之间分馏程度相对较差。$(La/Yb)_N$、La/Yb 比值均大于 1,反映在稀土元素配分型式为向右陡倾的曲线(图 3-80),显示轻稀土富集。

微量元素含量与维氏同类花岗岩平均值相比,富集 Sn、Hf、Au、Th、Rb、V、Sc 等元素,而贫化 B、Se、Nb、Ta、Zr、Sb、Sr、Ba 等元素,其他元素基本上接近维氏平均值。由微量元素分布图(图 3-81)可以看出,曲线以 K、Rb、Ba、Th 较强富集,而其他元素含量均较低,与同碰撞花岗岩曲线型式相似(Pearce et al,1984)。

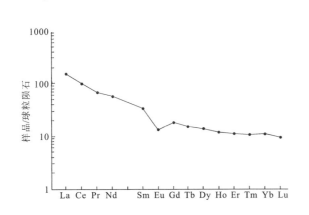 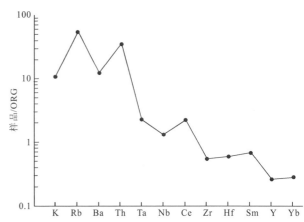

图 3-80 斑状中细粒黑云二长花岗岩稀土元素配分模式图　　图 3-81 斑状中细粒黑云二长花岗岩微量元素分布型式图

在 Rb-(Yb+Ta)和 Rb-(Yb+Nb)图解(图 3-72)中,均落入同碰撞花岗岩区;在 Rb-Hf-Ta 判别图(图 3-73)中,落入靠近同碰撞花岗岩区的碰撞后花岗岩区,结合上述岩石化学、地球化学等特征,说明此花岗岩属同碰撞花岗岩,形成于碰撞造山阶段同碰撞构造环境。

6)细粒角闪石英正长闪长岩($K_2\xi\delta$)

岩石化学分析成果、CIPW 标准矿物及特征参数列于表 3-20、表 3-21。①SiO_2 含量为 62.06×10^{-2},属中性岩范畴。②$CaO+Na_2O+K_2O>Al_2O_3>Na_2O+K_2O$,属正常岩石化学系列。③里特曼指数 $\sigma=1.84$,属钙碱性系列;在硅-碱图解(图 3-67)中落入亚碱性系列区,在 AFM 图解中(图 3-68)落入钙碱性岩区,说明此花岗岩为钙碱性岩类。分异指数 DI=60.33,固结指数 SI=18.25,反映岩浆分离结晶程度和分异程度均较差。在 ACF 图解中(图 3-69)落入 S 型花岗岩区,但非常靠近 I 型花岗岩区,过铝指数 A/CNK=0.93,显示 IS 过渡类型特点。④标准矿物组合为:Or+Ab+An+Qz+Di+Hy。

岩石稀土、微量元素含量及特征参数列于表 3-22～表 3-24。稀土元素总量为 208.44×10^{-6}～242.21×10^{-6},$\Sigma Ce/\Sigma Y=4.26$～4.36,反映轻稀土富集。$\delta Eu=0.54$～0.68,铕明显亏损,$\delta Ce=0.83$～0.9,铈

弱亏损。$(Ce/Yb)_N=7.51\sim7.71$,$(La/Sm)_N=4.27\sim4.55$、$(Gd/Yb)_N=1.58\sim1.62$,反映轻稀土与重稀土之间、轻稀土之间分馏程度均较高,而重稀土之间分馏程度相对较差。$(La/Yb)_N$、La/Yb比值均远远大于1,反映在稀土元素配分型式为向右陡倾的曲线(图3-82),铕表现为较明显的负异常,轻稀土富集,稀土分馏程度较高。

微量元素与同类岩石平均含量比较(维氏,1962),富集Sn、Be、Th、Rb、Sc等元素,贫化Nb、Zr、Sr、Ba等元素,其他元素含量变化不大。微量元素分布图(图3-83)具有明显富集K、Rb、Ba、Th,而Zr、Hf、Sm、Y、Yb均低于洋脊花岗岩含量,此曲线型式与同碰撞花岗岩曲线型式相似,此花岗岩可能属同碰撞花岗岩。

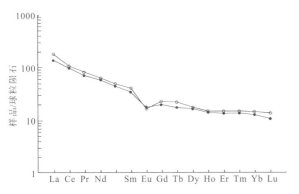
图3-82 细粒角闪石英正长闪长岩稀土元素配分模式图

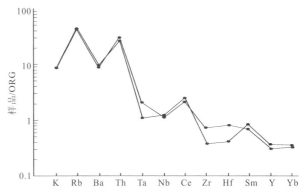
图3-83 细粒角闪石英正长闪长岩微量元素分布型式图

在$Rb-(Yb+Ta)$和$Rb-(Y+Nb)$构造环境图解(图3-72)以及$Rb-Hf-Ta$图解(图3-73)中均落入同碰撞花岗岩和火山弧花岗岩的分界附近,结合前述岩石化学、地球化学特征,反映此花岗岩属同碰撞花岗岩类,具一定火山弧花岗岩特征,形成于碰撞造山阶段。

7) 斑状中粗粒花岗闪长岩($K_2\pi\gamma\delta$)

岩石化学分析成果、CIPW标准矿物及特征参数列于表3-20、表3-21。①SiO_2含量为71.44×10^{-2},属酸性岩范畴。②$Al_2O_3>CaO+Na_2O+K_2O$,属铝过饱和岩石类型。③里特曼指数(σ)为2.29,属钙碱性系列;在硅-碱图解(图3-67)中落入亚碱性系列区,在AFM图解(图3-68)中落入钙碱性岩区,说明此花岗岩为钙碱性岩类。分异指数(DI)为85.21,固结指数(SI)为4.34,反映岩浆分离结晶程度和分异程度均较好。在ACF图解(图3-69)中落入S型花岗岩区,过铝指数为1.07,故此花岗岩显示S型花岗岩特征。④标准矿物组合:Or+Ab+An+Qz+C+Hy,反映硅铝过饱和。

岩石稀土、微量元素含量及特征参数列于表3-22~表3-24。稀土总量平均为241.99×10^{-6},$\Sigma Ce/\Sigma Y=2.78$,轻稀土略富集。$\delta Eu=0.41$,表明铕亏损较明显,$\delta Ce=0.83$,表明铈弱亏损。$(Ce/Yb)_N=4.82$、$(La/Sm)_N=3.52$、$(Gd/Yb)_N=1.39$,反映轻稀土与重稀土之间、轻稀土之间分馏程度相对较高,而重稀土之间分馏程度相对较差。$(La/Yb)_N=7.39$,$La/Yb=11.19$,反映在稀土元素配分型式为向右倾斜的曲线(图3-84),铕具明显的负异常。

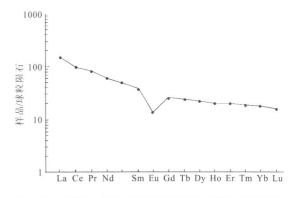
图3-84 斑状中粗粒花岗闪长岩稀土元素配分模式图

微量元素含量与维氏同类花岗岩类平均值相比(维氏,1962),富集Hf、Sn、Th、Rb、V、Sc等元素,贫化Sc、Nb、Ta、Zr、Sr、Ba等元素,从微量元素分布图(图3-85)中可以看出,K、Rb、Th强富集,Ba相对亏损,其他元素Zr、Hf、Sm、Y、Yb含量均低于洋脊花岗岩含量。曲线型式与同碰撞花岗岩曲线型式相似。

在$Rb-(Y+Nb)$图解(图3-72)中落入靠近同碰撞花岗岩区的火山弧花岗岩区,在$Rb-(Yb+Ta)$图解(图3-72)中落入同碰撞花岗岩区,在$Rb-Hf-Ta$图解(图3-73)中落入靠近同碰撞花岗岩与火山弧花岗岩界线附近,结合前述岩石化学、地球化学等特征,反映此花岗岩属同碰撞花岗岩,同时具火山弧花岗岩部分特点。

8) 中粗粒似斑状黑云二长花岗岩($K_2\pi\eta\gamma^b$)

岩石化学分析成果、CIPW 标准矿物及特征参数列于表 3-20、表 3-21。①岩石相对富硅、铝和碱质。SiO_2 含量变化于 $71.00\times10^{-2} \sim 72.76\times10^{-2}$,属酸性岩范畴。②$Al_2O_3>CaO+Na_2O+K_2O$,属铝过饱和岩石类型。③里特曼指数($\sigma$)平均为 2.06,属钙碱性系列;在硅-碱图解(图 3-67)中落入亚碱性系列区,在 AFM 图解(图 3-68)中落入钙碱性岩区,说明此花岗岩为钙碱性岩类。分异指数(DI)平均为 85.28,固结指数(SI)平均为 4.55,反映岩浆分离结晶程度和分异程度均较好。在 ACF 图解(图 3-69)中落入 S 型花岗岩区,过铝指数平均为 1.11,故此花岗岩显示 S 型花岗岩特征。④标准矿物组合:Or+Ab+An+Qz+C+Hy,反映硅铝过饱和。

岩石稀土、微量元素含量及特征参数列于表 3-22~表 3-24。稀土总量平均为 266.64×10^{-6},$\Sigma Ce/\Sigma Y=2.14\sim2.34$,轻稀土相对富集。$\delta Eu=0.18\sim0.28$,表明铕亏损明显,$\delta Ce=0.87\sim0.92$,表明铈无明显亏损。$(Ce/Yb)_N=3.75\sim3.78$、$(La/Sm)_N=2.96\sim3.21$、$(Gd/Yb)_N=1.14\sim1.19$,反映轻稀土与重稀土之间、轻稀土之间分馏程度相对较高,而重稀土之间分馏程度相对较差。$(La/Yb)_N=5.09\sim5.32$,$La/Yb=7.71\sim8.1$,反映在稀土元素配分型式为向右倾斜的曲线(图 3-86),铕具有明显的负异常,轻稀土相对富集。

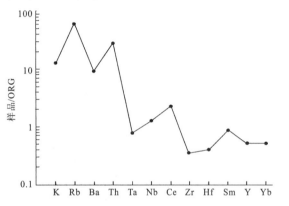

图 3-85 斑状中粗粒花岗闪长岩微量元素分布型式图

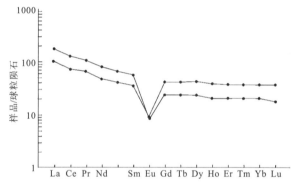

图 3-86 中粗粒似斑状黑云二长花岗岩稀土元素配分模式图

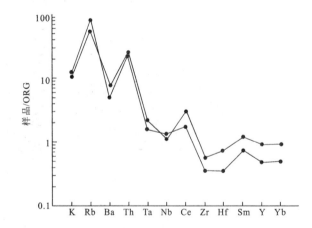

图 3-87 中粗粒似斑状黑云二长花岗岩微量元素分布型式图

微量元素含量与维氏同类花岗岩平均值相比(维氏,1962),富集 Hf、Au、Th、Rb、V、Sc 等元素,贫化 Nb、Ta、Zr、Se、Sr、Ba 等元素,其他元素接近于维氏平均值。从微量元素分布图(图 3-87)中可以看出,K、Rb、Ba、Th 相对强富集,而 Zr、Hf、Sm、Y、Yb 含量均低于洋脊花岗岩含量,此曲线型式与同碰撞花岗岩曲线型式相似。

在 Rb-(Y+Nb)图解中落入同碰撞花岗岩和靠近同碰撞花岗岩的板内花岗岩,同样在 Rb-(Yb+Ta)图解(图 3-72)中落入同碰撞花岗岩与板内花岗岩界线处,说明此花岗岩具有两重性。在 Rb-Hf-Ta 图解(图 3-73)中落入同碰撞花岗岩区,证实其为造山时期花岗岩,并结合上述特征,反映该花岗岩为同碰撞花岗岩类,形成于碰撞造山阶段。

9) 斑状细粒黑云斜长花岗岩($K_2\gamma o$)

岩石化学分析成果、CIPW 标准矿物及特征参数列于表 3-20、表 3-21。①岩石相对富硅、铝、碱质。SiO_2 含量为 72.34×10^{-2},属钙酸性岩范畴。②$Al_2O_3>CaO+Na_2O+K_2O$,属铝过饱和岩石类型。③里

特曼指数 $\sigma=1.8$，属碱性系列；在硅-碱图解(图3-67)中落入亚碱性系列区，在AFM图解(图3-68)中落入钙碱性岩区，说明此花岗岩为钙碱性岩类。分异指数 $DI=90.06$，固结指数 $SI=8.53$，反映岩浆分离结晶和分异程度均较好。在ACF图解(图3-69)中落入S型花岗岩区，过铝指数A/CNK为1.23，故此花岗岩显示S型花岗岩特征。④标准矿物组合：$Or+Ab+An+Qz+C+Hy$，反映硅铝过饱和。

岩石稀土、微量元素含量及特征参数列于表3-22~表3-24。稀土总量平均为 32.75×10^{-6}，含量低。$\sum Ce/\sum Y=2.09\sim2.3$，轻稀土相对略富集。$\delta Eu=1.87\sim2.06$，表明铕明显富集。$\delta Ce=0.81\sim0.91$ 表明铈无明显亏损。$(Ce/Yb)_N=2.88\sim3.43$，$(La/Sm)_N=3.85\sim4.07$，$(Gd/Yb)_N=1.06\sim1.21$，反映轻稀土与重稀土之间、轻稀土之间分馏程度相对较好，而重稀土之间分馏程度相对较差。$(La/Yb)_N$、La/Yb比值均大于1，反映在稀土元素配分型式总体为向右倾斜的曲线(图3-88)，铕具有明显的正异常。

微量元素含量与维氏世界花岗岩类平均值相比(维氏,1962)，富集Hf、Th、Sr、V、Sc等元素，贫化Nb、Ta、Rb、Ba等元素，而其他元素含量基本接近于维氏平均值。从微量元素分布图(图3-89)中可见，Rb、Th、Ba等元素相对富集，其他元素Ce、Sm、Y、Yb等含量均低于标准洋脊花岗岩含量。曲线型式与牙买加火山弧花岗岩曲线型式相似。

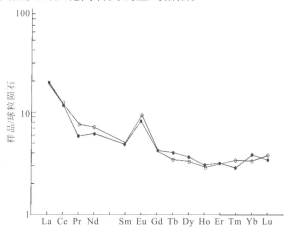
图3-88 斑状细粒黑云斜长花岗岩稀土元素配分模式图

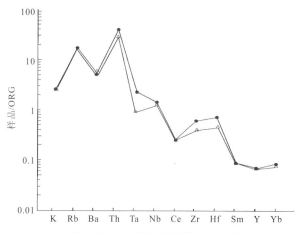
图3-89 斑状细粒黑云斜长花岗岩微量元素分布型式图

在 Rb-(Y+Nb)和 Rb-(Yb+Ta)图解中(图3-72)均落入火山弧花岗岩区；在 Rb-Hf-Ta 图解(图3-73)中一个点落入火山弧花岗岩区，另一个落入靠近火山弧花岗岩的板内花岗岩区，结合岩石地球化学特征及花岗岩实地所处的构造位置，反映该花岗岩形成于造山环境中的火山弧环境。

(二) 始新世花岗岩

1. 地质特征及岩石学特征

1) 闪长玢岩($E_2\delta\mu$)

闪长玢岩出露于那曲县尼玛乡强马松司一带，呈小型岩株，平面上呈长条状，面积约 $8.13km^2$，沿断裂带近东西向展布。

侵入地层为中上侏罗统拉贡塘组，接触带见明显的烘烤现象，见有角岩化砂岩。内接触带细粒边发育(图3-90)。岩体同时侵入于晚白垩世花岗岩体(67.2Ma)中，偶见有黑云斜长花岗岩捕虏体，为早期花岗岩产物。据上述推测该花岗岩为始新世花岗岩。

岩石呈灰色、灰黑色，斑状结构，基质具残余细晶结构，块状构造。斑晶矿物粒径在 0.8~3mm，基质矿物粒径在 0.1~0.3mm。斑晶主要成分：斜长石25%，为更长石，半自形柱状，发育钠长石律和卡钠复合律，个别见环带构造；暗色矿物12%±，为角闪石，半自形柱状。基质成分：斜长石57%±，为更长石，半自形柱状，更长石分布较多绢云母鳞片；暗色矿物占

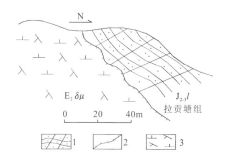
图3-90 闪长玢岩侵入于拉贡塘组
1.角岩化砂岩；2.细粒边；3.闪长玢岩

3%±;白钛石0.5%±。副矿物组合为磷灰石、锆石和褐铁矿。

2) 细粒角闪黑云花岗闪长岩($E_2\gamma\delta$)

细粒角闪黑云花岗闪长岩出露于那曲县约麦、江九拉一带。呈小岩株、岩滴，由两个侵入体构成，面积约 $45km^2$。

侵入地层为中上侏罗统拉贡塘组($J_{2-3}l$)，侵入接触面均呈波状起伏，外接触带可划分为堇青石带、黑云母带、红柱石带，带宽 10~150m 不等。内接触带大多可见有细粒边，围岩捕房体(图 3-91)。据《1：100 万拉萨幅区域地质调查报告》在江九拉一带，在该岩体中捕获 K-Ar 法同位素年龄为 36.15Ma，其侵位时代为始新世。

岩石呈灰色，细粒花岗结构，块状构造。矿物粒径为 0.8~2mm。矿物成分：斜长石 52%±，An=40，属中长石，半自形柱状，部分可见残余环带构造；钾长石 7%±，为正长石；石英 25%±，他形填隙粒状，显示波状消光；黑云母 10%±，自形—半自形片状，部分蚀变为绿泥石；普通角闪石 5%±，呈半自形细长柱状，绿—浅绿色。副矿物组合为磷灰石-锆石-金属矿物。

3) 中粒黑云母二长花岗岩($E_2\eta\gamma\beta$)

中粒黑云母二长花岗岩出露于那曲县尼玛乡扎噙蒙薄、那拉弄巴一带，呈小型岩株，平面上呈近椭圆形，由两个侵入体构成，面积约占 $21.4km^2$。

侵入地层为中上侏罗统拉贡塘组砂板岩系和中侏罗统桑卡拉佣组(J_2s)，侵入接触面均呈波状起伏。与桑卡拉佣组接触面较陡，围岩均受热接触变质成大理岩化灰岩。与拉贡塘组接触带附近可见较明显的烘烤现象，外接触带可划分为堇青石带、黑云母带，带宽 50~200m 不等，内接触带可见较明显的细粒边，及围岩捕房体，形状多呈近椭圆形(图 3-92)。

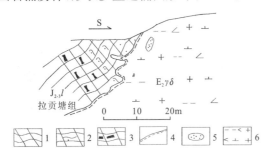
图 3-91 角闪黑云花岗闪长岩侵入于拉贡塘组
1.云母角岩；2.堇青石角岩；3.红柱石角岩；
4.细粒边；5.砂岩捕房体；6.角闪黑云花岗闪长岩

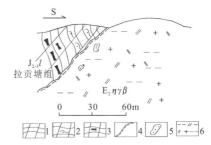
图 3-92 黑云二长花岗岩侵入于拉贡塘组
1.云母角岩；2.堇青石角岩；3.红柱石角岩；
4.细粒边；5.砂岩捕房体；6.黑云二长花岗岩

岩石呈灰白色，中粒花岗结构，块状构造。矿物粒径为 2~3mm。主要矿物成分：斜长石 35%±，为中长石，半自形柱状，双晶发育，以钠长石律和卡钠复合律为主，多数具清楚的环带构造；钾长石 30%±，为正长石，石英 25%±，呈他形填隙粒状，具波状消光；黑云母 7%~8%，呈半自形片状，多色性为 Ng—褐色、Np—黄褐色，分布不均匀。副矿物组合为：磷灰石、锆石和金属矿物。

2. 岩石化学及地球化学特征

1) 闪长玢岩($E_2\delta\mu$)

岩石化学分析成果、CIPW 标准矿物及特征参数列于表 3-20、表 3-21。①岩石相对富硅、铝和碱质。SiO_2 含量为 60.44×10^{-2}，属中性岩范畴；Na_2O+K_2O 含量为 5.71×10^{-2}，Na_2O 略高于 K_2O。②Al_2O_3>$CaO+Na_2O+K_2O$，属铝过饱和岩石类型。③里特曼指数(σ)为 1.76，属钙碱性系列，在 $AR-SiO_2$ 图解(图 3-93)上位于钙碱性岩区；在硅-碱图(图 3-67)中落入亚碱性系列区，在 AFM 图解(图 3-68)中落入钙碱性岩区，说明此花岗岩为钙碱性岩类。分异指数(DI)为 63.30，固结指数(SI)为 20.78，反映岩浆分离结晶程度和分异程度均较差。在 ACF 图解(图 3-69)中落入 S 型花岗岩区，在 Na_2O-K_2O 岩石类型图解(图 3-94)中位于 I 型花岗岩，过铝指数 A/CNK=1.04，属过铝花岗岩类型。

2) 细粒角闪黑云花岗闪长岩($E_2\gamma\delta$)

岩石化学分析成果、CIPW标准矿物及特征参数列于表3-20、表3-21。①岩石相对富硅、铝、铁、钙及碱质。SiO_2平均含量为62.05×10^{-2}，属中性岩范畴；$K_2O>Na_2O$，岩石相对富钾。②$CaO+Na_2O+K_2O>Al_2O_3>Na_2O+K_2O$，属正常岩石化学系列。③里特曼指数$\sigma=1.61\sim1.70$，属钙碱性系列；在AR-$SiO_2$图解上（图3-93）均位于钙碱性区，在硅-碱图（图3-67）中落入亚碱性系列区，在AFM图解（图3-68）中落入钙碱性岩区，说明该花岗岩为钙碱性岩类。分异指数$DI=58.51\sim58.86$；固结指数$SI=17.28\sim22.78$，反映岩浆分离结晶程度和分异程度均较差。在ACF图解（图3-69）中，落入S型花岗岩区，在Na_2O-K_2O岩石类型图解（图3-94）中位于I型花岗岩区，过铝指数A/CNK平均为0.95，该花岗岩主体显示S型花岗岩特征。④标准矿物组合：Or+Ab+An+Qz+Di+Hy。

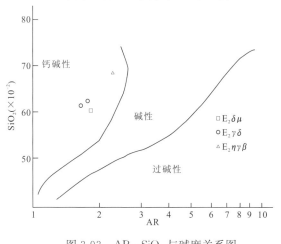

图3-93 AR-SiO_2与碱度关系图

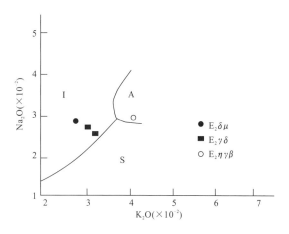

图3-94 Na_2O-K_2O岩石类型图解

岩石稀土、微量元素含量及特征参数列于表3-22～表3-24。岩石稀土总量为190.12×10^{-2}。$\Sigma Ce/\Sigma Y$比值为4.03，反映轻稀土富集。$\delta Eu=0.7$，反映铕略有亏损；$\delta Ce=0.86$，反映铈弱亏损。$(Ce/Yb)_N=6.97$，$(La/Sm)_N=4.87$，$(Gd/Yb)_N=1.52$反映轻稀土与重稀土之间、轻稀土之间分馏程度相对较高，而重稀土之间分馏程度相对较差。$(La/Yb)_N=11.1$，$La/Yb=16.8$，反映在稀土元素配分型式为向右陡倾的曲线（图3-95），铕表现为不明显负异常，轻稀土相对富集，稀土分馏程度较高。

微量元素含量与维氏同类花岗岩类平均值相比（维氏，1962），富集Hf、Th、V、Sc等元素，而贫化Be、B、Se、Nb、Ta、Zr、Ba等元素，其他元素含量较为接近。Rb/Sr比值0.47。从微量元素分布图（图3-96）中可以看出，明显富集Rb、Th，而K、Ba相对亏损，其他Zr、Hf、Sm、Y、Yb等均低于洋脊花岗岩含量，曲线型式与碰撞后花岗岩曲线型式（Pearce et al，1984）相似，说明此花岗岩形成与碰撞作用有关。

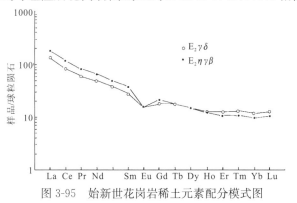

图3-95 始新世花岗岩稀土元素配分模式图

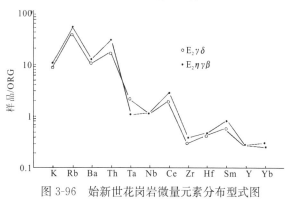

图3-96 始新世花岗岩微量元素分布型式图

在Rb-(Yb+Ta)和Rb-(Y+Nb)构造环境图解（图3-72）中落入同碰撞花岗岩和火山弧花岗岩的界线处，在Rb-Hf-Ta三角图解（图3-73）中落入碰撞后环境，结合前述岩石地球化学特征，以及区域大地构造发展的特点，反映该花岗岩形成于碰撞后环境。

3）中粒黑云二长花岗岩（$E_2\eta\gamma\beta$）

岩石化学分析成果、CIPW标准矿物及特征参数列于表3-20、表3-21。①岩石相对富硅、铝和碱质。

SiO_2 含量为 $69.4×10^{-2}$,属酸性岩范畴。②$Al_2O_3>CaO+Na_2O+K_2O$,属铝过饱和岩石类型。③里特曼指数 σ 为 1.83,属钙碱性系列;在 $AR-SiO_2$ 图解上(图 3-93)位于钙碱性岩区;在硅-碱图(图 3-67)中落入亚碱性系列区,在 AFM 图解(图 3-68)中落入钙碱性岩区,说明该花岗岩为钙碱性岩类。分异指数(DI)为 76.45,固结指数(SI)为 7.55,反映岩浆分离结晶程度和分异程度均较好。在 ACF 图解(图 3-69)中落入 S 型花岗岩区,在 Na_2O-K_2O 图解(图 3-94)中,位于 A 型花岗岩区,过铝指数 A/CNK 为 1.04,花岗岩显示 A 型花岗岩特征。④标准矿物组合为:$Or+Ab+An+Qz+Hy$,反映硅铝过饱和。

岩石稀土、微量元素含量及特征参数列于表 3-22~表 3-24。岩石稀土总量为 $247.10×10^{-2}$。$\sum Ce/\sum Y$ 比值为 5.09,反映轻稀土富集。$\delta Eu=0.53$,反映铕亏损明显;$\delta Ce=0.91$,反映铈亏损不明显。$(Ce/Yb)_N=4.78$,$(La/Sm)_N=4.78$,$(Gd/Yb)_N=2.16$,反映轻稀土与重稀土之间、轻稀土之间分馏程度高,而重稀土之间分馏程度相对较差。$(La/Yb)_N=18.41$,$La/Yb=27.98$,反映在稀土元素配分型式为向右陡倾的曲线(图 3-95),铕表现较明显的负异常,属轻稀土富型。

微量元素与维氏同类花岗岩平均值相比(维氏,1962),富集 Th、Hf、Au、V、Sc 等元素,而贫化 Be、Nb、Ta、Zr、Sr 等元素。Rb/Sr=0.47。从微量元素分布图(图 3-96)中可以看出,明显富集 K、Rb、Ba、Th 等元素,而其他 Ta、Zr、Hf、Sm、Y、Yb 等元素均低于洋脊花岗岩含量,此曲线型式与碰撞后花岗岩曲线型式相似(Pearce et al,1984)。

在 Rb-(Yb+Ta)和 Rb-(Y+Nb)构造环境图解(图 3-72)中均落入同碰撞花岗岩区,在 Rb-Hf-Ta 三角图解(图 3-73)中落入靠近碰撞后花岗岩区的火山弧花岗岩区内,结合岩石地球化学特征及区域构造发展的特征,说明该花岗岩形成于后造山环境。

(三)岩浆演化成因类型及形成环境

桑雄-麦地卡构造浆岩带为冈底斯-念青唐古拉板片北缘岩浆弧重要组成部分。根据区内各岩石类型的地质特征、岩石学特征、岩石化学及地球化学特征,结合其侵入时间和碰撞造山发展等,可将其划分为两种类型:同碰撞型花岗岩、后碰撞造山期花岗岩。

1. 同碰撞花岗岩系列

岩浆岩活动时限为 93.9~67.2Ma,在时间和空间上与板块运动的碰撞及岩浆弧花岗岩形成息息相关,区内该时期的岩浆活动最为强烈,分布最广。

岩石矿物演化特征:岩石组合为中粒黑云二长花岗岩—中粒角闪黑云石英闪长岩—中粒黑云钾长花岗岩—中粗粒似斑状黑云二长花岗岩。可见岩石主要表现为结构上的演化,矿物成分变化相对较小。晚白垩世花岗岩矿物量统计见表 3-25,从表中可以看出:由早期到晚期,斜长石、石英含量略有递增趋势,钾长石及暗色矿物含量有递减趋势。在 QAP 图解上(图 3-97)岩石成分没有明显的演化趋势。晚白垩世早期副矿物组合为磷灰石-锆石-金属矿物,而到了晚期副矿物组合增加了褐帘石。

表 3-25 晚白垩世花岗岩的矿物含量统计表

岩石名称	矿物含量(%)						
	钾长石	斜长石	石英	黑云母	角闪石	白云母	副矿物
黑云斜长花岗岩		70	25	4			磷灰石、锆石、褐帘石、金属矿物
斑状黑云二长花岗岩	25	30~35	25~30	6~7		2	
斑状花岗闪长岩	10	50	22	6		4	
角闪石英正长闪长岩	14	65	10	4	6		
斑状二长花岗岩	29	35	26	7			
黑云钾长花岗岩	50~55	10~15	25	3		1	
斑状细粒黑云角闪花岗闪长岩	10	52	22	8	4		
黑云二长花岗岩	40	30	22	6		2	

岩石化学成分演化特征：晚白垩世花岗岩 SiO_2 含量为 $62.06×10^{-2}\sim76.26×10^{-2}$，$Na_2O+K_2O$ 含量为 $5.99×10^{-2}\sim8.95×10^{-2}$，二者总体上呈递增趋势。$Fe_2O_3+FeO$、CaO、MgO 及 Al_2O_3 由早期到晚期均呈上升趋势；TiO_2 含量较低，岩浆总体上富钾、钠。岩浆总体上分离结晶程度和分异程度均较高。在 CIPW 标准矿物中均出现石英和刚玉，说明岩浆中硅铝处于过饱和状态。在硅-碱关系图(图3-67)上均位于亚碱性系列，在 AFM 图解上(图3-68)均位于钙碱性系列区，在 SiO_2-K_2O 图解(图3-98)上位于高钾钙碱性系列区，里特曼指数 $\sigma=1.8\sim2.41$，说明该期花岗岩属钙性-钙碱性系列。过铝指数 $A/CNK=0.91\sim1.23$，平均值为 1.05，为铝过饱和类型。在 ACF 图解上(图3-69)均落入 S 型花岗岩，在 Q-Ab-Or 三角图解(图3-99)上，除了一个样品外均投影于低温槽内的低共熔点附近，这表明该带晚白垩世岩体为岩浆成因。不同构造环境 R_1-R_2 判别图(图3-100)上，投影点基本上落入同碰撞期花岗岩区域附近。同样在 Rb-(Yb+Ta) 和 Rb-(Y+Nb) 图解(图3-72)上，主体落入同碰撞花岗岩区，少量在火山弧花岗岩区，可以看出晚白垩世花岗岩形成于板块同碰撞构造环境，同时该花岗岩具火山弧花岗岩的部分特征，说明该带侵入作用随着板块构造发展而演化。

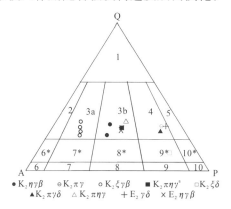

图3-97　QAP图解(图例同图3-54)

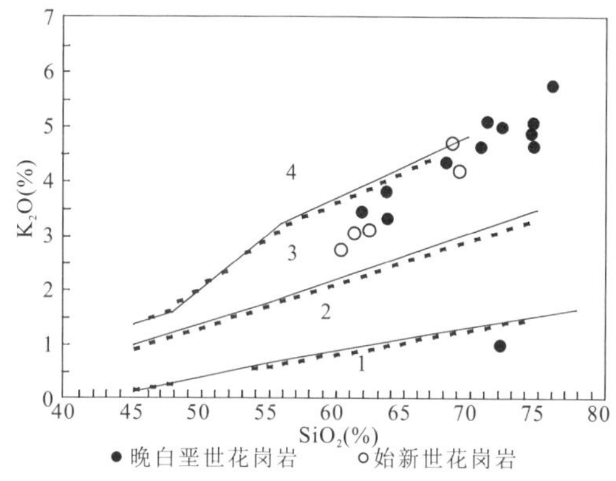

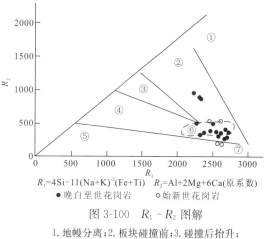

图3-98　SiO_2-K_2O 图解

1. 低钾钙碱性系列；2. 钙碱性系列；3. 高钾钙碱性系列；4. 钾玄武岩

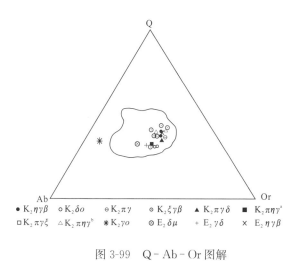

图3-99　Q-Ab-Or图解

图3-100　R_1-R_2 图解

1. 地幔分离；2. 板块碰撞前；3. 碰撞后抬升；
4. 造山晚期；5. 非造山；6. 同碰撞期；7. 造山期后

稀土微量元素特征：晚白垩世花岗岩，稀土元素总量为 $82.93×10^{-6}\sim251.95×10^{-6}$，斜长花岗岩稀土含量特殊，为 $32.47×10^{-6}$。总体本期花岗岩由早期到晚期稀土总量呈递增趋势。斜长花岗岩 δEu 平均为 1.97，出现明显的正铕异常，而其他花岗岩则均出现明显的负铕异常，铕处于较明显亏损状态。稀土元素配分模式均呈 LREE 富集型。微量元素中亲地壳的 Ta($0.55×10^{-6}\sim1.84×10^{-6}$)、Rb($145×10^{-6}\sim486×10^{-6}$)、Ba($245×10^{-6}\sim636×10^{-6}$) 相对富集，各花岗岩的微量元素蛛网图与中国西藏同碰撞花岗岩相似，在 Rb-Hf-Ta 图(图3-73)中主体位于同碰撞花岗岩区，而少落入火山弧花岗岩区。$Rb/Sr=0.66\sim13.58$，其显著大于幔源岩浆和壳幔混合源花岗岩 Rb/Sr 比值(分别为 <0.05、$0.5\sim0.51$)，表明该岩浆物源以壳源为主，花岗岩属于陆壳重熔型花岗岩，具有同碰撞花岗岩的特征。

2. 后造山期花岗岩系列

本期花岗岩呈小型岩株或岩滴形式产出。岩石组合为闪长玢岩、细粒角闪黑云花岗闪长岩、中粒黑云二长花岗岩。由表3-26可见矿物成分由斜长石、钾长石、石英、黑云母、角闪石组成,本期花岗岩暗色矿物含量增多。在QAP图解(图3-97)上岩石成分没有明显的演化趋势,副矿物组合为磷灰石、锆石、白钛矿和褐铁矿。

表3-26 始新世花岗岩矿物含量表

岩石名称	矿物含量(%)						副矿物
	石英	钾长石	斜长石	黑云母	角闪石	白云母	
黑云二长花岗岩	25	30	35	8			磷灰石, 锆石,褐铁矿
黑云花岗闪长岩	25	7	52	10	5		
闪长玢岩			82	3	12		

岩石化学成分特征:始新世花岗岩总体上显示富硅、铝、碱质。Na_2O+K_2O 平均含量为 6.35×10^{-2},并且呈递减趋势。K_2O/Na_2O 含量比变化于 $1.14\sim1.53$,属高钾型,在 SO_2-K_2O 图解(图3-98)上均位于高钾钙碱性系列区,在 $AR-SiO_2$ 图解(图3-93)上均位于钙碱性岩区;在硅碱图(图3-67)上位于亚碱性系列区,在AFM图解(图3-68)上均位于钙碱性岩区,里特曼指数 $\sigma=1.63\sim2.29$,属钙性—钙碱性系列,说明本期花岗岩为钙碱性花岗岩类。过铝指数 $A/CNK=0.93\sim1.04$,在CIPW标准矿物中出现石英和刚玉,说明岩浆主体硅铝处于过饱和状态。分异指数 $DI=58.51\sim78.81$,固结指数 $SI=7.55\sim22.76$,反映岩浆总体上分离结晶程度和分异程度均较差。在ACF图解(图3-69)上均落入S型花岗岩,在 R_1-R_2 判别图(图3-100)上投影点位于造山后期花岗岩区及同碰撞花岗岩区附近,在 $Rb-(Yb+Ta)$ 和 $Rb-(Y+Nb)$ 图解(图3-72)上落入同碰撞花岗岩与火山弧花岗岩附近,在 $Rb-Hf-Ta$ 图解(图3-73)上位于碰撞后花岗岩区,综上可以看出始新世花岗岩形成于后造山期环境,但部分仍具有同碰撞花岗岩特征。在 $Q-Ab-Or$ 三角图解(图3-99)上均落入低温槽内的低共熔点附近,表明本期花岗岩为岩浆成因。花岗岩的 CaO 和 Na_2O 含量可以反映岩浆源区成分,CaO/Na_2O 的比值可反映岩浆源区的泥质组分的多寡(Sylvester,1998),本期花岗岩 $CaO/Na_2O=0.93\sim1.94$,反映这些花岗岩主要是含泥质的沉积岩熔融而成,在岩浆起源演化过程中熔有其他物质成分。

稀土微量元素特征:本期花岗岩稀土元素总量为 $190.12\times10^{-6}\sim247.10\times10^{-6}$。岩浆轻重稀土之间,轻稀土之间的分馏程度较高,而重稀土之间分馏程度较差,$(La/Yb)_N$ 及 La/Yb 比值远大于1,总体稀土元素配分型式具"燕式"分布特点,负铕异常明显,铈弱亏损。由上述显示此花岗岩具较典型的壳源花岗岩特点。从微量元素含量(表3-24)以及微量元素分布图中可以看出,本期花岗岩显示出强烈富集 Rb、Th 且在分布图中呈峰出现,而 K、Ba 相对略有亏损,高场强元素 Zr、Nb、Ta 相对富集,上述特征反映岩浆作用不同于岛弧系统。

第四节 脉 岩

区内脉岩较为发育,从基性—酸性均有出露。根据脉岩的分布规律、形成时间、产出特征及岩石类型等情况,将脉岩分为两类:与区域构造裂隙有关的区域性脉岩和与相应深成侵入岩或火山岩有关的专属性脉岩,皆为岩浆成因。其特征表现为与围岩接触关系截然清楚,脉壁整齐,呈脉状和透镜状产出。

一、基性脉岩

(一)地质特征及岩石学特征

基性脉岩出露于测区中上部安多县土克青、聂荣县龙玛一带。侵入关系清楚,脉岩规模较小,一般脉宽几十厘米至几米,延伸几十米,总体走向近东西向,岩石类型以辉绿岩为主。

辉绿岩 岩石呈暗灰绿色,具间片结构,辉绿结构,块状构造。矿物粒径3～8mm。主要矿物成分:斜长石70%±,为拉长石,呈半自形柱状,板条状,双晶发育,部分具环带构造;普通辉石15%±,半自形短柱状,具褐色色调,橄榄石10%±,自形—半自形,粒径为0.5～2.5mm。次要矿物成分有:正长石2%±,石英1%±,绿泥石0.5%±。副矿物组合为磷灰石+钛铁矿。

(二)岩石化学及地球化学特征

岩石化学成分、CIPW 标准矿物及特征参数列于表3-27。SiO_2含量变化于$44.13 \times 10^{-2} \sim 47.3 \times 10^{-2}$,属基性岩范畴。里特曼指数$\sigma=0.84 \sim 5.39$,属钙碱性—碱性岩系列,在 AR-$SiO_2$ 相关图上主体落入钙碱性系列区(图3-101)。CIPW 标准矿物:Or+Ab+An+Di+Ol+Ne,反映硅处于不饱和状态。分异指数 DI=21.43～51.41,固结指数 SI=25.11～52.93,反映岩浆分离结晶程度和分异程度均较差。

岩石稀土、微量元素含量及特征参数列于表3-28、表3-29。稀土总量变化于$99.76 \times 10^{-6} \sim 286.96 \times 10^{-6}$,$\sum Ce/\sum Y$ 值变化于3.03～3.8,反映轻稀土略富集。$(La/Yb)_N=7.12 \sim 11.59$,$(La/Sm)_N=8.33 \sim 18.69$,La/Yb=12.26～20.31,反映稀土分离程度一般。稀土元素配分型式为向右缓倾曲线(图3-102),反映铕无异常,轻稀土相对富集。

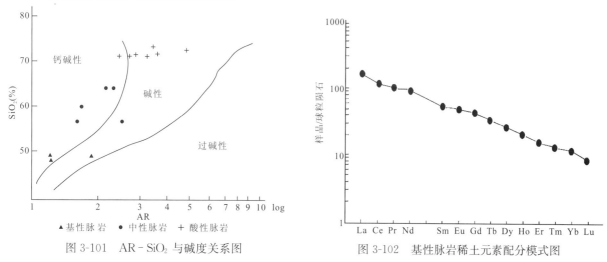

图3-101 AR-SiO_2 与碱度关系图　　　　图3-102 基性脉岩稀土元素配分模式图

微量元素与维氏基性岩平均值相比(维氏,1962),富集 Sc、Nb、Ta、Zr、Hf、Be、Th、Ni、Rb 等元素,而贫化 Ca、Sr、Ba、V 等元素,其他元素接近于维氏平均值。Rb/Sr=0.03～0.22,反映岩浆源区以幔源为主的特征。

二、中性脉岩

(一)地质特征及岩石学特征

该类脉岩在测区内出露最广,为测区主要脉岩。多呈脉状侵入于各地质体,成因大部分与区域构造裂隙有关。脉体规模较为悬殊,脉宽十几厘米至十几米不等,延伸几米至百余米不等,脉壁大多较整齐,与围岩关系截然清楚。岩石类型以闪长玢岩为主,次为闪长岩、石英辉石角闪闪长岩、石英闪长岩、辉石安山玢岩等。

闪长玢岩 岩石浅灰绿色,斑状结构,残余斑状结构,基质具微晶结构或半自形粒状结构,块状构造。矿物粒径:斑晶0.5～2.5mm,基质0.1～0.3mm。斑晶成分:斜长石10%～12%,呈半自形柱状,暗色矿物8%～15%。基质成分:斜长石62%±,呈半自形粒状;石英20%±,呈他形粒状。副矿物有褐铁矿和磷灰石。

（二）岩石化学及地球化学特征

岩石化学成分、CIPW 标准矿物及特征参数列于表 3-27。SiO_2 含量变化于 $56.76\times10^{-2} \sim 63.86\times10^{-2}$，属中性岩范畴。$Na_2O/K_2O$ 值均大于 1，反映岩石富钠的特征。$Al_2O_3 > CaO+Na_2O+K_2O$ 属铝过饱和岩石类型；里特曼指数 $\sigma=1.3\sim6.36$，主体属于钙碱性岩系列；在 AR-SiO_2 相关图上（图 3-101），除一个样品外均落入钙碱性岩区。分异指数 DI＝$21.43\sim51.41$，固结指数 SI＝$25.11\sim52.93$，反映岩浆分离结晶程度和分异程度均较差。标准矿物组合为 $Or+Ab+An+Qz+C+Hy$。

岩石稀土、微量元素含量列于表 3-28、表 3-29，稀土总量变化于 $101.78\times10^{-6}\sim262.28\times10^{-6}$，$\sum Ce/\sum Y$ 比值均大于 1，显示轻稀土富集。$\delta Eu=0.55\sim1.0$，$\delta Ce=0.85\sim0.89$，反映铕、铈均无明显亏损；稀土元素配分型式为向右倾的曲线（图 3-103），铕无明显负异常。微量元素与维

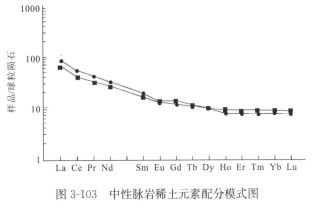

图 3-103 中性脉岩稀土元素配分模式图

氏同类岩石平均值相比（维氏，1962），富集 Sc、Hf、Li、U、Th、Cr、Br 等元素，明显贫化 Nb、Ga、Sr、Ba、V、Ni 等元素，其他元素接近于维氏平均值。

三、酸性脉岩

（一）地质特征及岩石学特征

区内酸性岩脉较发育，该类岩脉以单脉发育于不同时代的围岩地层和中酸性岩体内部及其边缘地带。脉体规模大小悬殊，延伸几十米至百余米，脉宽几厘米至几米不等。其岩石类型有二长花岗岩、二长花岗斑岩、钾长花岗岩等。

二长花岗岩 岩石呈浅肉红色，具中细粒花岗结构，块状构造。矿物粒径为 $1\sim4mm$，其成分：斜长石 $30\%\pm$，为更长石，半自形柱状；钾长石 $37\%\pm$，为微斜长石，呈半自形板柱状；石英 $25\%\pm$，他形粒状，具波状消光；黑云母 $4\%\pm$，自形片状，白云母 $2\%\pm$。副矿物组合为磷灰石和锆石。

（二）岩石化学及地球化学特征

岩石化学成分、CIPW 标准矿物及特征参数列于表 3-27。SiO_2 含量变化于 $72.46\times10^{-2}\sim76.8\times10^{-2}$，属酸性岩范畴。$Al_2O_3>CaO+Na_2O+K_2O$，属铝过饱和岩石类型。里特曼指数 $\sigma=1.4\sim2.37$，属钙碱性系列，在 AR-SiO_2 图解上（图 3-101），位于钙碱性、碱性岩区。分异指数 DI＝$85.49\sim93.87$，固结指数 SI＝$1.26\sim6.71$，反映岩浆分离结晶、分异程度均较好。标准矿物组合：$Or+Ab+An+Qz+C+Hy$，反映岩石硅铝处于过饱和状态。

岩石稀土、微量元素含量及特征参数列于表 3-28、表 3-29。稀土总量变化于 $94.88\times10^{-6}\sim410.92\times10^{-6}$，$\sum Ce/\sum Y=2.49\sim5.94$，反映轻稀土富集型。$\delta Eu=0.22\sim0.63$，反映铕亏损明显，$\delta Ce=0.87\sim1$，铈无明显亏损，$(La/Yb)_N$、$(La/Sm)_N$、$La/Yb$ 比值均大于 1，反映轻稀土相对富集，且稀土元素配分型式为向右倾斜的曲线（图 3-104）。微量元素与维氏同类岩石平均值比较（维氏，1962），相对富集 Sc、Hf、Th、V、Rb 等元素，贫化 Nb、Zr、Ta、Li、Sr、等元素，其他元素与维氏平均值接近。Rb/Sr 平均比值为 1.96，反映物源主要为地壳熔融的产物。

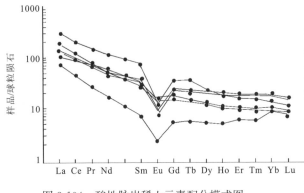

图 3-104 酸性脉岩稀土元素配分模式图

表 3-27 测区脉岩岩石氧化物、CIPW 标准矿物含量及特征参数表

类型	样号	氧化物含量（×10⁻²）												
		SiO_2	TiO_2	Al_2O_3	Fe_2O_3	FeO	MnO	MgO	CaO	Na_2O	K_2O	P_2O_5	LOS	总量
基性岩脉	Qb-1	47.38	1.89	16.60	2.38	8.23	0.14	5.61	4.34	5.30	0.82	0.078	6.09	98.86
	ZM-1	44.13	0.82	12.33	1.65	6.03	0.13	9.89	7.46	1.58	0.75	0.19	14.21	99.17
	ZM-2	47.2	0.75	12.6	1.34	6.37	0.1	11.58	8.64	2.00	0.59	0.15	7.69	99.01
	1122-1	63.88	0.6	16.74	1.86	2.61	0.12	1.67	1.21	4.5	1.95	0.14	3.73	99.01
	6002-4	56.76	1.24	17.44	1.78	5.14	0.12	1.62	3.02	5.44	4.16	0.68	1.52	98.92
中性岩脉	3074	57.75	0.62	15.33	1.54	4.25	0.15	2.44	4.15	2.6	2.1	0.14	8.49	99.56
	3083-1	63.86	0.67	16.22	0.89	3.61	0.085	2.65	1.73	2.88	4.19	0.15	2.63	99.57
	5342	59.93	0.72	15.24	0.55	4.8	0.096	3.50	3.80	3.76	1.34	0.18	5.34	99.26
	MD1	72.88	0.18	14.15	0.67	1.14	0.045	0.66	1.00	2.75	4.61	0.046	1.03	99.16
酸性岩脉	6005-3	73.70	0.17	13.71	0.24	1.58	0.028	0.31	0.65	3.63	4.65	0.062	0.51	101.24
	6005-6	72.64	0.18	14.15	0.03	1.62	0.02	0.57	1.80	4.00	3.44	0.095	0.77	99.32
	4558-2	75.56	0.24	12.59	0.20	1.39	0.025	0.13	0.54	3.48	5.13	0.018	0.28	99.58
	6002-7	76.8	0.08	12.56	0.47	1.10	0.046	0.48	0.13	2.86	4.23	0.011	1.26	100.03

类型	样号	CIPW 标准矿物（×10⁻²）												特征参数				
		Ap	Il	Mt	Or	Ab	An	Qz	C	Di	Hy	Ol	Ne	DI	A/CNK	SI	σ_{43}	AR
基性岩脉	Qb-1	0.18	3.87	3.72	5.22	43.65	20.57			1.76		18.49	2.54	51.41	0.95	25.11	5.39	1.83
	ZM-1	0.49	1.83	2.82	5.22	15.74	28.64	0.48		10.91	33.88			21.43	0.73	49.7	0.84	1.27
	ZM-2	0.36	1.56	2.13	3.82	18.53	25.91			16.07	24.72	6.91		22.35	0.64	52.93	0.93	1.28
	1122-1	0.32	1.2	2.83	12.09	39.96	5.44	25.59	5.59		6.98			77.65	1.43	13.26	1.91	2.12
	6002-4	1.53	2.42	2.65	25.24	47.26	11.17			0.09	7.47	2.19		72.50	0.92	8.93	6.36	2.77
中性岩脉	3074	0.34	1.29	2.45	13.63	24.16	21.70	21.72	1.69		13.03			59.50	1.09	18.87	1.3	1.64
	3083	0.34	1.31	1.33	25.54	25.14	7.94	22.23	4.26		11.91			72.91	1.31	18.64	2.33	2.30
	5342	0.42	1.46	0.85	8.43	33.87	18.95	17.77	1.15		17.11			60.07	1.05	25.09	1.42	1.73
	MD1	0.10	0.35	0.99	27.76	23.71	4.78	36.31	2.97		3.03			87.78	1.25	6.71	1.80	2.89
酸性岩脉	6005-3	0.14	0.33	0.35	27.83	31.11	2.90	32.38	1.68		3.29			91.32	1.13	2.98	2.22	3.72
	6005-6	0.21	0.35	0.04	20.63	34.34	8.49	30.97	0.79		4.17			85.94	1.04	5.90	1.86	2.75
	4558-2	0.04	0.46	0.29	30.53	29.65	2.59	33.69	0.37		2.38			93.87	1.03	1.26	2.27	4.81
	6002-7	0.02	0.15	0.69	25.31	24.50	0.59	42.82	3.10		2.82			92.63	1.32	5.25	1.48	3.53

表 3-28 测区脉岩稀土元素含量及特征参数表

稀土元素含量（×10⁻⁶）

类型	样号	La	Ce	Pr	Nd	Sm	Eu	Gd	Tb	Dy	Ho	Er	Tm	Yb	Lu	Y
基性脉岩	Qb-1	52.0	93.6	11.8	55.6	10.5	3.62	11.2	1.62	8.77	1.50	3.45	0.46	2.56	0.28	30
	ZM-1	20.8	33.7	3.86	16.1	3.32	0.93	2.97	0.50	3.05	0.58	1.58	0.25	1.44	0.20	12.5
	ZM-2	19.5	32.0	3.58	15.7	3.27	0.95	3.51	0.55	3.13	0.59	1.69	0.26	1.59	0.24	13.2
	1122-1	26.5	43.9	4.60	18.6	3.76	0.89	3.13	0.51	3.24	0.63	1.96	0.30	1.86	0.26	14.9
	3074	39.3	64.4	7.13	29.9	5.99	1.21	5.21	0.78	5.20	0.96	2.81	0.40	2.56	0.34	21.4
中性脉岩	3083-1	63.4	97.3	9.17	38.4	7.51	1.25	6.12	1.00	5.89	1.11	3.11	0.48	2.87	0.37	24.3
	5342	34.4	62.9	8.20	38.4	8.34	2.58	7.34	1.12	5.81	0.94	2.35	0.32	1.74	0.30	19.8
	6002-4	30.1	51.9	5.47	24.8	5.14	1.53	4.65	0.77	5.01	0.95	2.71	0.45	2.78	0.36	21.1
	MD1	41.0	71.7	8.28	30.9	7.41	0.64	6.49	1.14	7.70	1.64	4.44	0.71	4.35	0.57	35.3
酸性脉岩	6005-3	42.5	73.6	7.22	29.7	5.34	1.00	4.16	0.68	4.20	0.77	2.16	0.34	2.08	0.27	17.5
	6005-6	55.9	92.2	8.50	35.7	6.35	1.16	4.97	0.75	4.54	0.84	2.41	0.36	2.44	0.33	20.1
	6002-7	23.5	36.8	3.04	10.2	1.45	0.17	1.54	0.28	1.83	0.38	1.38	0.21	2.10	0.30	11.7

稀土元素含量（×10⁻⁶） / 特征参数

类型	样号	ΣREE	ΣCe	ΣY	ΣCe/ΣY	δEu	δCe	(La/Yb)$_N$	(La/Sm)$_N$	La/Yb
基性脉岩	Qb-1	286.96	227.12	59.84	3.80	1.02	0.86	11.59	18.69	20.31
	ZM-1	101.78	78.71	23.07	3.41	0.90	0.83	8.39	10.67	14.44
	ZM-2	99.76	75	24.76	3.03	0.86	0.85	7.12	8.33	12.26
	1122-1	125.04	98.25	26.79	3.67	0.78	0.87	8.28	10.45	14.25
	3074	187.59	147.93	39.66	3.73	0.65	0.85	8.92	11.85	15.35
中性脉岩	3083-1	262.28	217.03	45.25	4.80	0.55	0.85	12.84	17.56	22.09
	5342	194.54	154.82	39.72	3.90	1.00	0.86	13.02	11.74	19.77
	6002-4	157.72	118.94	38.78	3.07	0.95	0.89	7.11	8.56	10.83
	MD1	222.27	159.93	62.34	2.57	0.28	0.87	5.48	7.37	9.43
酸性脉岩	6005-3	191.52	159.36	32.16	4.96	0.63	0.92	13.41	16.05	20.43
	6005-6	236.55	199.81	36.74	5.44	0.61	0.90	15.10	17.35	23.29
	6002-7	94.88	75.16	19.72	3.81	0.35	0.9	7.38	8.91	11.19

表 3-29 测区脉岩微量元素含量表

微量元素含量($\times 10^{-6}$)

类型	样号	Sc	Nb	Ta	Zr	Hf	Li	Te	U	Be	Ga	Th	Sr	Ba	V	Co	Cr	Ni	Br	Rb	Rb/Sr
基性脉岩	Qb-1	12.5	15.6	1.8	36.2	7.5	50.7	0.07	0.58	3.5	11	7.9	481	422	135	23.3	86.2	300	3.0	16.4	0.03
	ZM-1	32.8	2.86	<0.5	38.3	1.93	65.4	0.057	1.32	1.6	11.4	13.8	272	188	174	36.5	887	161	2.8	59.1	0.22
	ZM-2	32	3.63	<0.5	66	2.04	54.8	0.038	1.21	1.6	11.3	14.5	241	188	182	44.7	897	226	<2.1	33.3	0.14
中性脉岩	1122-1	9.33	11.7	0.79	160	4.74	26.4	0.017	2.65	1.20	14.6	14.6	115	260	72.2	10.4	58.6	12.4	19.0	79.8	0.69
	3074	11.7	10.6	0.82	168	5.33	43.6	0.042	2.90	2.0	17.6	23.3	84.1	426	88.7	7.70	64.4	4.30	34.0	123	1.46
	3083-1	13.8	13.7	1.27	188	6.11	34.6	0.042	5.93	2.8	17.6	28.8	262	400	89.9	13.1	125	15.5	10.3	165	0.63
	6002-4	8.66	30.9	2.18	46.2	2.07	18.4	0.01	0.65	3.6	28	5.79	310	724	57.3	12.7	2.5	5.7	—	110	0.35
	5342	15.3	10.0	0.78	94.9	2.66	47.9	0.011	3.7	1.99	20.3	17.6	223	193	117	12.1	79.2	21.9	—	133	0.6
酸性脉岩	MD-1	7.12	15.9	1.89	112	3.67	58.3	0.028	3.97	3.9	15.8	32.1	113	284	22.9	4.20	217	6.80	<2.1	288	2.55
	6005-3	2.83	17.4	1.62	195	5.82	3.7	0.012	1.7	3.43	16.0	27.8	210	698	<1	4.10	14.0	7.9	—	152	0.72
	6005-6	2.99	18.6	1.71	223	6.68	12.6	0.01	2.92	3.12	14.8	30.5	279	953	<1	4.40	1.20	4.20	—	137	0.49
	6002-7	2.97	31.2	1.85	258	8.07	12.8	0.008	5.92	5.16	18.5	42.2	246	182	<1	4.2	6.6	4.4	—	371	1.5

第五节 岩浆岩小结

一、岩石特征对比

岩石特征对比见表3-30、表3-31。

表3-30 测区各时代火山岩特征对比表

火山活动时期		华力西期	印支期	燕山早期		燕山晚期
层位	$PzJ.$	C_2l	T_2^2g	$JMg.$	$J_{2-3}l$	K_2z
分布地区	聂荣县山拉弄、南木拉等	那曲县列日执邛等	那曲县嘎加烈日、拖波捌嘎等	日弄错木杂曲布宾	那曲县共土弄巴、孔迁弄巴	那曲县脏木拖、阿儿苍江仓弄巴
岩石组合	蚀变英安岩、英安质晶屑凝灰岩	玄武岩	玄武岩、安山岩、火山角砾岩	玄武岩	安山岩、火山角砾岩、火山角砾凝灰岩	安山岩、安山质火山角砾岩
岩相	喷溢	喷溢	喷溢—爆发	喷溢	喷溢—爆发	喷溢—爆发
岩石系列	CA	ALK	ALK	ALK	CA	CA
$SiO_2(\times10^{-2})$	70.88~80	51.86	49.58~62.14	46.65~48.66	64.68	55.02~62.46
总碱$(\times10^{-2})$	3.91~7.02	6.00	6.95~9.01	2.38~4.28	7.35	5.35~8.16
$\Sigma REE(\times10^{-6})$	85.13~98.74	50.64	125.01~189	45.45	210.73	131.95~170.25
ΣCe	74.47~86.21	23.18	95.79~152.61	19.65	163.14	94~139.0
ΣY	10.66~12.53	27.46	29.22~36.39	25.8	47.59	31.25~37.95
$\Sigma Ce/\Sigma Y$	6.88~6.99	0.84	2.95~4.19	0.76	3.43	2.35~4.45
δEu	0.71~0.76	1.05	0.57~0.83	0.97	0.62	0.42~0.74
δCe	0.71~0.81	0.74	0.83~0.92	10.85	0.87	0.84~0.97
Rb/Sr	1.07~2.12	0.03	0.017~1.19	0.27	0.67	0.02~1.0
形成环境	洋岛	洋岛	岛弧	洋岛	火山弧	俯冲火山弧

注：ALK为碱性玄武岩系列；CA为钙碱性系列。

表3-31 测区侵入岩带岩石特征对比简表

构造岩浆岩带	桑雄-麦地卡构造岩浆岩带			聂荣-郭曲乡构造岩浆岩带	
岩浆活动时期	燕山晚期		喜马拉雅期	燕山早期	燕山晚期
岩石序列	辉长岩	黑云二长花岗岩—花岗闪长岩—钾长花岗岩—似斑状二长花岗岩—花岗闪长斑岩	花岗闪长岩—二长花岗岩—闪长玢岩	似斑状二长花岗岩—斑状黑云钾长花岗岩—石英二长岩	黑云二长花岗岩—花岗斑岩
钾长石种类	正长条纹长石	正长石	正长石	正长石	正长石
镁铁矿物	辉石+角闪石	黑云母—普通角闪石	黑云母+角闪石	黑云母+角闪石	黑云母
A/CNK	0.49	0.93~1.23	0.93~1.04	0.98~1.21	0.94~1.24
总碱$(\times10^{-2})$	4.09	6.27~8.95	5.68~7.72	6.32~8.65	6.64~8.41
σ	2.95	1.8~2.4	1.61~2.29	1.69~2.77	1.48~2.37
$\Sigma REE(\times10^{-6})$	192.19	34.06~82.93	190~247	134.55~434.06	199.74~410.92
$\Sigma Ce/\Sigma Y$	4.08	1.42~8.27	4.03~5.09	4.71~11.42	2.49~5.94
δEu	0.72	0.14~0.68	0.53~0.7	0.33~0.68	0.22~0.54
Rb/Sr	0.12	0.14~13.58	0.47	0.64~1.62	0.8
同位素年龄值(Ma)		67.2~93.9	36.15	146~182	96.9
岩浆源E	壳幔混熔型	陆壳重熔型	陆壳重熔型	壳幔混合型	陆壳重熔型(主)
构造环境	缝合带(?)	同碰撞S型花岗岩	后碰撞造山环境S、A型花岗岩	同碰撞S型花岗岩	同碰撞S型花岗岩

二、岩浆活动时空分布特点及演化趋势

测区岩浆从前寒武纪至喜马拉雅期均有不同程度的活动,其在时间和空间分布规律上具有各自较明显的特征。总体上岩石类型较齐全,分布成带。测区内以龙莫-前大拉-下秋卡石灰厂断裂为界划分为两个构造岩浆岩带,即聂荣-郭曲乡构造岩浆岩带和桑雄-麦地卡构造岩浆岩带。

分布于测区各时代的岩浆岩与班公错-怒江结合带的发展密不可分,根据其演化将岩浆活动划分为如下九个阶段。

(一)活化基底生长阶段

该阶段以前寒武系聂荣片麻杂岩为代表,分布于测区北部,现赋存于班公错-怒江结合带中。片麻杂岩是由不同类型片麻岩及斜长角闪岩等组成,原岩恢复为正变质,即花岗岩类。其岩石化学、地球化学等特征表明聂荣片麻杂岩形成的构造环境是造山带碰撞型花岗岩。

根据区域资料及同位素年龄资料,其时代为前寒武纪泛非期产物,它代表了区内最早的岩浆活动。

(二)台拉边缘海拉张阶段

该阶段以古生界海相火山岩为特点,主要赋存于嘉玉桥岩群和拉嘎组地层中,展布于测区北部和中西部一带,为一套中基性火山岩,规模较小。据共生的沉积特征,即类复理石—基性火山岩为活动型建造,表明该火山岩为张裂活动构造环境下形成。

(三)古特提斯洋壳型岩浆作用阶段

该阶段分布于测区中部偏南,以夺列蛇绿岩及其组合为代表。夺列蛇绿岩在测区的岩石组合由斜辉橄榄岩、纯橄榄岩、橄榄辉长岩、辉石岩等组成。在夺列蛇绿岩组合之上残余盆地沉积为嘎加组,以发育大量的硅质岩和类复理石建造为特点。根据嘎加组放射虫时代为 T_{2-3} 及夺列蛇绿岩中辉长岩 U-Pb 同位素年龄 242~259Ma,夺列蛇绿岩时代为晚二叠世—早三叠世,为古特提斯洋壳残片。

(四)古特提斯岛弧型岩浆作用阶段

该阶段以中—晚三叠世火山岩为代表,分布于测区中部嘎加一带,属冈底斯-念青唐古拉板片北缘边缘地带,为一套以喷溢为主的中基性火山岩,其在走向上极不稳定,规模相对较小,与其共生的沉积组合具类复理石沉积特点,属较典型的活动型沉积建造。据其岩石化学、地球化学特征,表明该火山岩形成于岛弧环境。

(五)中特提斯转换伸展叠加阶段

该阶段以中晚侏罗世为代表,位于测区北部。由早到晚岩浆活动趋于减弱,侵入于前寒武系聂荣片麻杂岩及前石炭系扎仁岩群中。其岩石类型主要为斑状黑云二长花岗岩、钾长花岗岩。从其岩石化学、地球化学特征反映该期花岗岩成因较复杂,以陆壳重熔型的花岗岩为主。该花岗岩形成与班公错-怒江洋盆伸展、打开,同时杂岩系伸展,都有密切关系。

(六)班公错-怒江洋岛型岩浆作用阶段

该阶段分布于测区中部班公错-怒江结合带中,以蛇绿岩组合和一些玄武岩为代表。玄武岩以岩块形式赋存于具深海复理石沉积特点的木嘎岗日岩群中。玄武岩系列岩石化学、地球化学特征均表明属大洋岛弧型系列。余拉山蛇绿岩总体表现为富镁、贫碱、贫铝、低钛,稀土元素枯竭及较高的初始 $^{87}Sr/^{86}Sr$ 比值等特征的超镁铁质岩,据区域同位素年龄资料(173Ma),其形成时代为侏罗纪。

(七)挤压聚敛阶段

该阶段以具较典型的火山弧花岗岩特征的侵入岩与钙碱性火山岩共存为特点,分布于测区南部桑雄-

麦地卡岩浆岩带。火山岩主要赋存于拉贡塘组和宗给组地层中,岩石组合为凝灰质火山角砾岩与安山岩,岩石化学及地球化学特征均表明为一套钙碱性火山岩;中酸性侵入岩为石英闪长岩、角闪花岗岩、钾长花岗岩和中粒花岗斜长岩的岩石组合。从岩石化学和地球化学特征均表明具较典型的岩浆弧花岗岩特征,属 I-S 型过渡类型花岗岩。

（八）碰撞型岩浆作用阶段

该阶段以同碰撞花岗岩侵入为特点。岩石组合为二长花岗岩、斑状黑云二长花岗岩、似斑状黑云二长花岗岩和角闪花岗岩。由岩石化学、地球化学特征均表明该花岗岩属陆壳重熔型同碰撞花岗岩系列。据同位素年龄以及区内地质情况,其侵入时代为晚白垩世。

（九）陆内岩浆作用阶段

该阶段以始新世花岗岩为代表,主要分布于测区南部江九拉一带,属桑雄-麦地卡岩浆岩带。其岩石组合为角闪黑云花岗闪长岩和黑云二长花岗岩。据岩石化学、地球化学特征表明以 S、A 型花岗岩为主。据同位素年龄其侵入时代为始新世。

纵观测区岩浆活动规律可划分为上述九个阶段,与测区地质发展史相吻合,这种演化规律明显与构造活动部位和构造演化时期有着密切的依存关系。

三、岩浆活动与成矿作用

从目前所知内生矿产分布规律来看,明显与测区内的各种岩浆活动有着密切关系,已勘探、开办采证的铬铁矿有两处,均与该区超基性岩体有关,矿体呈透镜状、脉状赋存于变橄榄岩中。另外与岩浆活动有关的矿产有铂、铜、铅、锌、金等。

第四章 变质岩及变质作用

第一节 概 述

测区变质作用类型复杂,变质程度差异较大,不同的变质岩石分布广泛。变质岩石分布面积约9178.75km², 占测区面积的58%左右。除古近纪及以后的地层、晚燕山期及以后的侵入体未受变质外,其他各时代的地质体均遭受了不同程度、不同期次、不同类型的变质作用改造,形成了区内类型齐全、种类繁多、岩性复杂的变质岩系,如图4-1所示。

本章运用现代变质地质学的新理论、新方法、新观点,并以《1:25万区调填图方法》为指导,对测区的变质岩及变质作用进行综合归纳和论述。

本章所用变质矿物代号如表4-1所示。

表 4-1 变质矿物代号表

矿物	代号	矿物	代号	矿物	代号	矿物	代号
矽线石	Sil	石英	Qz	白云母	Ms	十字石	St
蓝晶石	Ky	黝帘石	Zo	普通角闪石	Hb	白云石	Dol
中长石	Zc	方解石	Cal	透闪石	Tr	阳起石	Ac
钠长石	Ab	绿泥石	Chl	蛇纹石	Srp	绢云母	Ser
铁铝榴石	Alm	黑云母	Bi	红柱石	And	绿帘石	Ep
透辉石	Di	斜长石	Pl	堇青石	Cor	硅灰石	Wo

一、变质地质单元的划分

根据董申保等(1986)对中国变质地质单元的划分方案及《西藏自治区区域地质志》对西藏变质地质单元的划分方案,测区属于羌塘-昌都变质地区,跨于班戈-洛隆变质地带与日土-怒江变质地带的接合部位。根据测区所处的大地构造位置,变质岩石特征及分布,变质作用类型,变质变形程度等,又将测区划分为三个变质岩带:扎仁-尼玛-郭曲变质岩带、余拉山-下秋卡变质岩带、桑雄-麦地卡变质岩带。又根据变质岩特征、变质变形程度、变质作用类型等,将扎仁-尼玛-郭曲变质岩带划分为两个变质岩亚带,即扎仁-尼玛变质岩亚带和南木拉-郭曲变质岩亚带。测区变质地质单元划分见图4-1、表4-2。

表 4-2 测区变质地质单元划分表

变质地区	变质地带	变质岩带	变质岩亚带
羌塘-昌都变质地区	班戈-洛隆变质地带	扎仁-尼玛-郭曲变质岩带	扎仁-尼玛变质岩亚带
			南木拉-郭曲变质岩亚带
		余拉山-下秋卡变质岩带	
	日土-怒江变质地带	桑雄-麦地卡变质岩带	

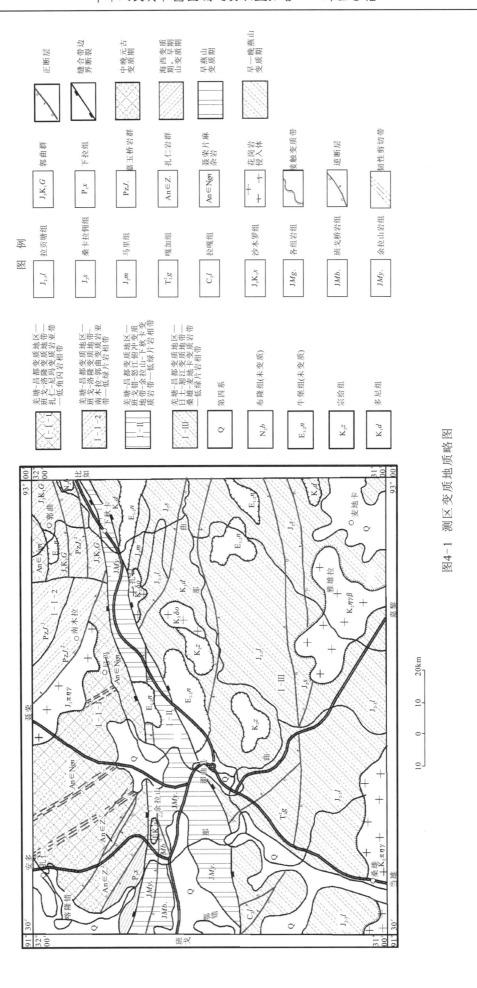

图4-1 测区变质地质略图

二、变质作用类型的划分

变质作用类型是变质地质学的重要研究内容之一。它决定于变质作用发生的性质和特点,并与所处的大地构造环境密切相关。测区变质作用类型及特点与测区地壳演化和所处的大地构造位置密切相关,变质作用类型在区内时空分布上的变化反映了一定的大地构造环境的变迁,进一步表明了测区变质作用与测区地壳演化的关系。

测区变质作用类型的划分依据主要参照董申保等(1986)提出的原则:①变质作用本身的特点,即变质带、变质相、相系及其时空分布特征;②与变质作用伴生的构造作用和花岗岩浆作用的特征;③变质作用起始时的大地构造环境及原岩建造。按照上述划分原则,测区的变质作用类型可以划分为区域变质作用、接触变质作用、动力变质作用和气液变质作用(表 4-3)。

表 4-3 测区变质作用类型划分表

变质作用类型		变质作用特征	构造环境
区域变质作用	俯冲带变质作用	产于板块俯冲带中;即冈底斯-念青唐古拉板块与羌塘-三江复合板块的俯冲带,形成低绿片岩相,为高压、低温环境	板块俯冲带,即班公错-怒江缝合带
	区域低温动力变质作用	低温,应力为主,变质级别低,与构造作用密切,常形成低绿片岩相	造山带
	区域动力热流变质作用	以热流作用为主,伴有构造作用,形成低角闪岩相,属于中压相系,具递增变质特征,具明显变形作用	克拉通裂谷环境
接触变质作用	热接触变质作用	与中酸性深成侵入岩及围岩的接触变质(角岩及角岩化)	冈底斯活动陆缘火山-岩浆弧
	接触交代变质作用	与中酸性深成侵入岩及碳酸盐岩的接触交代变质(矽卡岩化)	聂荣地块活动陆缘火山-岩浆弧
动力变质作用	脆性动力变质作用	以碎裂变形为主,形成各种碎裂岩(固结的和未固结的)	地壳浅表层次的各种脆性断裂带
	韧性动力变质作用	以塑性流变及重结晶作用为主,形成糜棱岩系列及构造片岩系列	地壳较深层次的韧性逆冲断裂带
气液变质作用		气成热液活动于岩石或矿石之间,通常沿构造破碎带及矿脉边缘发育,产生交代作用,形成类型繁多的岩石。如蛇纹岩、青磐岩、云英岩等	岩浆活动地带,构造活动地带,地下热水活动地带等

(一)区域变质作用类型

区域变质作用类型包括俯冲带变质作用、区域低温动力变质作用、区域动力热流变质作用。其中受俯冲带变质作用的地层有:沙木罗组(J_3K_1s)、各组岩组($JMg.$)、班戈桥岩组($JMb.$)和余拉山岩组($JMy.$),形成低绿片岩相,属于高压相系。受区域低温动力变质作用的地层有:郭曲群(J_3K_1G)、下拉组(P_1x)、嘉玉桥岩群($PzJ.$)、宗给组(K_2z)、多尼组(K_1d)、拉贡塘组($J_{2-3}l$)、桑卡拉佣组(J_2s)、马里组(J_2m)、嘎加组(T_2^2g)和拉嘎组(C_2l),形成低绿片岩相,属于中低压相系。受区域动力热流变质作用的地层有:扎仁岩群($An\in Z.$)、聂荣片麻杂岩($An\in Ngn$)。形成低角闪岩相,属于中压相系。

(二)接触变质作用类型

受洋壳俯冲部分熔融上升形成的火山-岩浆作用的控制,燕山期-喜马拉雅期岩浆活动强烈,相伴发生的接触变质作用有热接触变质作用和接触交代变质作用,形成种类较多的角岩化岩石及少量的矽卡岩化岩石。

(三)动力变质作用类型

测区动力变质作用不是泛指所有的岩石变形破碎作用,而是指那些呈狭窄带状展布的碎裂变质作用,根据变质变形的演化,可进一步分为脆性断裂和韧性断裂,对于岩石的变质作用来说,前者称为碎裂岩化作用,后者称为糜棱岩化作用。

(四)气液变质作用类型

测区气液变质作用不是很强烈,发育局限,形成的变质岩石类型不多,主要有蛇纹石化、云英岩化以及青磐岩化岩石等。

三、变质带、变质相、变质相系的划分

变质带、变质相的划分是变质作用研究的核心,一般是以变质矿物共生组合为基础,运用矿物相律,通过矿物平衡共生组合分析,并结合实验室资料确定,测区采用艾斯科拉·特纳和温克勒的划分方案,依据野外和室内资料进行划分,见表4-4。

表4-4 测区变质带、变质相划分表

变质带		变质相
变质泥质岩类	变质火成岩类	
矽线石带	角闪石-斜长石带	低角闪岩相
蓝晶石带		
十字石带		
铁铝榴石带		
黑云母带	绿泥石-钠长石带	低绿片岩相
绿泥石带		
绢云母带		

测区变质相系的划分采用了都城秋穗(1961)提出的方案,以特征变质矿物组合,常见变质矿物组合为基础,结合变质相系列和实验室分析资料以及所处的大地构造背景,划分出了高压型、中压型、中低压型三种压力类型。

四、变质期的划分

测区变质作用具有多期叠加性,根据受变质地层的时代、重要的地质不整合界面以及同位素年龄数据、初步确定有中—新元古变质期,海西变质期,早、晚燕山变质期(图4-1)。后面章节中有详述。

第二节 区域变质作用及其岩石

测区区域变质作用类型有俯冲带变质作用、区域低温动力变质作用、区域动力热流变质作用。形成的区域变质岩分布广泛,大致呈近东西向展布。地层基本上均受到了不同程度的区域变质,有的岩体也受到了区域变质作用的改造。下面以变质岩带为单位对测区的区域变质作用、区域变质岩进行归纳和论述。

一、扎仁-尼玛-郭曲变质岩带

该变质岩带指聂荣微地块,在测区的范围北至出图、南以班公错-怒江缝合带北界断裂为界,又根据变质作用类型及特征、变质岩石类型及特征、变质变形程度等,将该变质岩带划分为两个变质岩亚带:即扎仁-尼玛变质岩亚带和南木拉-郭曲变质岩亚带(图4-1)。

(一)扎仁-尼玛变质岩亚带

该变质岩亚带指扎仁-尼玛-郭曲变质岩带的西段部分,北至出图,南以班公错-怒江缝合带北界断裂

为界,西至出图,东以南木拉断裂为界,还有郭曲以北的聂荣片麻杂岩(An∈Ngn)分布地区,总体为聂荣片麻杂岩(An∈Ngn)、扎仁岩群(An∈Z.)的分布区。该变质岩亚带主要表现为区域动力热流变质作用,受变质的地层为聂荣片麻杂岩和扎仁岩群。属于低角闪岩相,中压相系。现从以下方面进行归纳论述。

1. 岩石类型及特征

该变质岩亚带内,岩石类型较复杂,有正变质岩和副变质岩两大类。聂荣片麻杂岩以正变质岩为主,扎仁岩群以副变质岩为主。聂荣片麻杂岩主要为片麻岩类和角闪岩类,扎仁岩群主要为片岩类和大理岩类。现将主要岩类叙述如下。

(1)角闪岩类:主要分布于聂荣片麻杂岩(An∈Ngn)中,其岩性有斜长角闪岩、斜长黑云角闪岩、辉石斜长角闪岩等,岩石呈灰黑色,柱粒变晶结构,块状构造,定向构造。矿物粒径一般为0.3～0.8～2mm,主要矿物为普通角闪石、斜长石(中长石)、黑云母、石英、透辉石等,主要矿物含量见表4-5。副矿物有磷灰石、榍石等,后期蚀变矿物有绿泥石、绿帘石等。

表 4-5 聂荣片麻杂岩(An∈Ngn)角闪岩岩石类型及矿物含量表

矿物含量(%) \ 主要矿物 \ 岩石类型	石英	中长石	普通角闪石	黑云母	透辉石
斜长角闪岩	3	25	67	3	
斜长黑云角闪岩	3	20	65	10	
辉石斜长角闪岩		25	63		10

(2)片麻岩类:主要分布于聂荣片麻杂岩(An∈Ngn)中,其岩性有黑云母二长片麻岩、黑云母斜长片麻岩、黑云母角闪斜长片麻岩、二云斜长片麻岩、含石榴石角闪透辉石斜长片麻岩等,岩石呈暗灰色,鳞片粒状变晶结构,片麻状构造(图4-2)、定向构造。粒径一般为0.5～1.5～2mm,片状矿物一般为1～1.5～2.5mm。主要矿物有石英、正长石、更长石、黑云母、中长石、普通角闪石、白云母、透辉石、石榴石等,主要矿物含量见表4-6。副矿物有磷灰岩、锆石、榍石等,后期蚀变矿物有绿泥石、绿帘石、绢云母、褐帘石等。

图 4-2 聂荣片麻杂岩中的片麻状构造

(3)片岩类:主要分布在扎仁岩群第一岩组(An∈Z.¹)中,出露较少,其岩性有石榴石矽线石二云母片岩、矽线石蓝晶石石榴石二云片岩、石榴石十字石黑云母石英片岩、含石榴石二云母英片岩、角闪黑云斜长石英片岩、二云母石英片岩、矽线石蓝晶石二云母片岩等,岩石呈灰色—暗灰色,鳞片粒状变晶结构,片状构造,粒径一般为0.1～0.5～1mm,片状矿物一般为0.1～1～1.5mm,主要矿物有石榴石、石英、矽线石、黑云母、白云母、蓝晶石、中长石、普通角闪石、十字石等，主要矿物含量见表4-7。副矿物有锆石、榍石等，后期蚀变矿物有绿泥石、绿帘石和黝帘石等。

表4-6 聂荣片麻杂岩(An∈Ngn)片麻岩岩石类型及矿物含量表

矿物含量(%) 岩石类型	石英	正长石	更长石	黑云母	中长石	普通角闪石	白云母	透辉石	石榴石
黑云母二长片麻岩	25	40	25	8					
黑云母斜长片麻岩	20			13	65				
黑云母角闪斜长片麻岩	15			7	55	20			
二云斜长片麻岩	20		43	25			25		
含石榴石角闪透辉石斜长片麻岩	26				60	2		8	1

表4-7 扎仁岩群第一岩组(An∈Z.¹)片岩石类型及矿物含量表

矿物含量(%) 岩石类型	石榴石	石英	矽线石	黑云母	白云母	蓝晶石	中长石	普通角闪石	十字石
石榴石矽线石二云母片岩	5	40	2~3	20	32				
矽线石蓝晶石石榴石二云片岩	6	30	1	35	25	1			
石榴石十字石黑云母石英片岩	12	60		23	2				0.5~1
含石榴石二云母石英片岩	0.5~1	56		30	10				
角闪黑云母斜长石英片岩		50		12			18	6	
二云母石英片岩		68		20	10				
矽线石蓝晶石二云母片岩		35	4	33	20	4			

(4)大理岩类：主要分布于扎仁岩群第二岩组(An∈Z.²)中，扎仁岩群第一岩组(An∈Z.¹)中也有少量不连续分布。其岩性有含透辉石角闪石黝帘石大理岩、粗晶透辉石大理岩、粗粒透辉石透闪石大理岩、粗粒白云石大理岩、中细粒白云石大理岩、细粒白云石大理岩、细粒钙质白云石大理岩等。岩石呈白色，粒状变晶结构，块状构造，局部见条带状构造，粒径一般为0.05~1mm，主要矿物成分为方解石、白云石、石英、透辉石、透闪石、普通角闪石、黑云母、黝帘石、斜长石等，主要矿物含量见表4-8。副矿物有榍石等，后期蚀变矿物有绢云母、绿泥石、绿帘石等。

表4-8 扎仁岩群(An∈Z.)大理岩岩石类型及矿物含量表

矿物含量(%) 岩石类型	方解石	白云石	石英	透辉石	透闪石	普通角闪石	黑云母	黝帘石	斜长石
含透辉石角闪石黝帘石大理岩	55		20	3		5	2	8	5
粗晶透辉石大理岩	75		7	12				3	2
粗粒透辉石透闪石大理岩	82		2	10	2				
粗粒白云石大理岩	20	75	4						
中细粒白云石大理岩		99							
细粒白云石大理岩		99							
细粒钙质白云石大理岩	15	85							

2. 主要变质矿物特征

该变质岩亚带的主要变质矿物有蓝晶石、十字石、矽线石、石榴石、透辉石、透闪石、黑云母等，这些变质矿物的出现，为变质带、变质相的划分提供了重要依据，并指示了区域变质作用的一定的温度、压力条件,也反映了原岩成分的某些特征。这些变质矿物在岩石中多呈变晶状,结合显微特点,可以判断变形与变质作用的相互关系。

蓝晶石 仅见于扎仁岩群第一岩组($An\in Z.^1$)内,产于矽线石蓝晶石石榴石二云片岩中,粒径为 0.2~0.5mm,含量 1% 左右,呈板状,两组解理发育,多数呈平行消光。常与石榴石、矽线石、白云母、黑云母共生。是典型的泥质岩石经中压区域变质作用形成的产物。

十字石 仅见于扎仁岩群第一岩组($An\in Z.^1$)内。产于石榴石十字石黑云母石英片岩中,含量 0.5%~1%,粒径为 0.3~0.5mm,呈板柱状,正高突起,无色—金黄色,多色性,一组解理发育,平行消光,正延性,一级灰—黄干涉色。常与石榴石、矽线石、黑云母、白云母共生,它是由富铝岩石经区域变质作用形成的产物。

矽线石 产于扎仁岩群($An\in Z.$)片岩中,其显著特点是与黑云母、白云母、石榴石共生。没有钾长石出现。含量 1%~8%,粒径为 0.1~0.5mm,呈变斑晶,纤状集合体,部分呈柱状,定向排列,部分蚀变为绢云母,高突起,它是泥质岩石的高温变质矿物之一。

石榴石 产于扎仁岩群($An\in Z.$)片岩中,含量 0.5%~5%,粒径为 0.1~0.5mm,自形—半自形,有的呈变斑晶,有的为筛状变晶结构,常呈集合体,沿片理方向分布。常与黑云母、白云母、矽线石共生,黄褐色、淡红色,正高突起。它是泥质岩石在较高温度条件下形成的,形成过程为:$KAl_3Si_3O_{10}(OH)_2$(白云母)+$K(Mg,Fe)_3AlSi_3O_{10}(OH)_2$(黑云母)+$3SiO_2$(石英)→$Fe_3Al_2[SiO_4]_3$(铁铝榴石)+$2KAlSi_3O_8$(钾长石)+$2H_2O$。铁铝榴石的稳定范围与压力有关,压力较大时有利于它的形成,压力较低时则易于代替它形成堇青石,该变质岩亚带未出现堇青石,反映了较大压力条件的变质环境。

透辉石 产于扎仁岩群($An\in Z.$)大理岩中,含量 3%~12%,粒径为 0.1~1mm,常与透闪石、石英、白云石、方解石共生,常呈柱状集合体,颜色为深绿色,边缘均不同程度的次闪石化,主要由硅质的富 Mg 碳酸盐岩经区域变质作用而形成的,形成过程为:$CaMg(CO_3)_2$(白云石)+$2SiO_2$(石英)→$CaMg(Si_2O_6)$(透辉石)+$2CO_2$。

透闪石 产于扎仁岩群($An\in Z.$)大理岩中,含量 1%~2%,粒径在 0.1~0.6mm 之间,灰色,纤维状,柱状解理发育,具玻璃光泽,常与石英、方解石、白云石、透辉石共生。它是由碳酸盐岩经区域变质作用而形成的,形成过程为:$5CaMg(CO_3)_2$(白云石)+$8SiO_2$(石英)+H_2O→$Ca_2Mg_5[Si_4O_{11}]_2(OH)_2$(透闪石)+$3CaCO_3$(方解石)+$7CO_2$。

黑云母 在该变质岩亚带内分布广泛,产于片岩、片麻岩中,含量 5%~20%,粒径一般为 0.5~1.5mm,褐色—暗褐色,棕黄色,呈鳞片状集合体,与其共生的矿物很多,常被蚀变为绿泥石,颜色多为棕色、黄褐色、棕黄色,说明达到中级变质程度。

白云母 始终在该变质岩亚带出现,产于片麻岩、片岩、大理岩中,含量 2%~30%,粒径一般为 0.1~1mm,浅白色,半透明,玻璃光泽,解理面上为珍珠光泽,极完全解理,呈鳞片状,常与黑云母共生。

3. 变质原岩的恢复

变质岩的原岩恢复是变质地质学研究的重要内容之一,查明变质岩的原岩性质,对重建变质地区的地壳发展历史具有重要意义。该变质岩亚带内的区域变质岩是测区变质程度最深的变质岩,原岩面貌基本消失,在野外很难判断其原岩性质,需要野外和室内工作相结合,从地质产状和岩石共生组合、岩相学标志、岩石化学和地球化学特征、副矿物特征四个方面进行综合研究。

1)角闪岩类的原岩恢复

角闪岩类的原岩恢复从以下四个方面进行综合分析。

(1)地质产状和岩石共生组合:角闪岩类变质岩野外露头产状呈块状地质体,延伸不远,与围岩呈突变关系,分布少,不具成层性、岩性单一,与片麻岩共生,在褶皱构造中,仅占局部位置,反映出原岩为侵入岩脉的特点。

(2)岩相学标志:角闪岩类变质岩石的变质程度较深,岩相学标志保留很少,原岩的结构、构造已消失,原有矿物已重结晶,但矿物组合为石英、中长石、普通角闪石、黑云母、更长石、透辉石等,这些矿物组合反映出原岩为正变质特点。

(3) 岩石化学和地球化学特征。

岩石化学特征：在角闪岩类变质岩中，采集了 5 件岩石化学样（硅酸盐样），其分析结果见表 4-9，并将分析结果进行了尼格里值计算，见表 4-10。从表 4-9 中可以看出，角闪岩类变质岩 SiO_2 一般在 46.28%～51.14%之间变化，Al_2O_3 的含量在 13.15%～18.30%之间，$FeO+Fe_2O_3$ 在 12.15%～13.9%之间，MgO 小于 7%，CaO 小于 14%，而 $CaO+MgO<20\%$，$CaO>MgO$，$Na_2O>K_2O$，这些岩石化学特征反映了原岩为中基性岩浆岩的特点。又根据特征的岩石化学参数尼格里值（表 4-10）对角闪岩类的原岩进行图解，在 Niggli 四面体图解（图 4-3）中，角闪岩类的 c/fm=0.46～0.78，应适用Ⅳ和Ⅴ图解，al 值在 18～30 之间，alk 值在 7～13 之间，全部投在火成岩区域。在 al-alk 与 c 关系图解中，角闪岩类的 al-alk 值在 11～17 之间，c 值在 18～33 之间，全部投在火成岩区（图 4-4）。在 (al+fm)-(c+alk)-Si 图解（图 4-5）中，角闪岩类的 (al+fm)-(c+alk) 值在 22～40 之间，Si 值在 109～144 之间，全部投在火山岩区。图解结果表明：角闪岩类的原岩为火成岩。

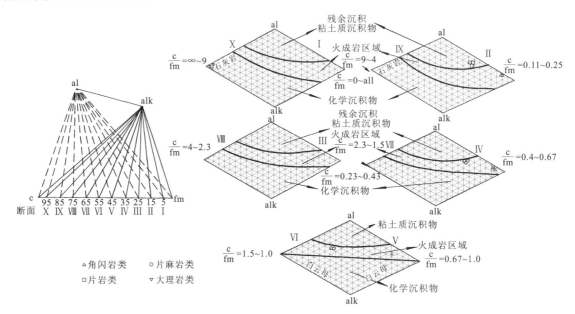

图 4-3 Niggli 四面体图解

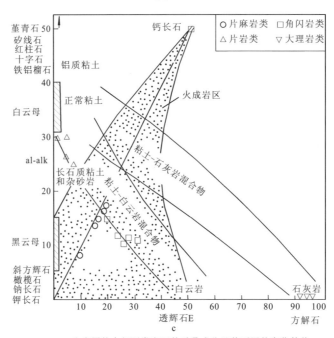

注意图的中部两类岩石的重叠成分及其不同的变化趋势

图 4-4 火成岩和沉积岩的 Niggli al-alk 与 c 关系图解

表 4-9 扎仁—尼玛变质岩亚带区域变质岩岩石化学分析结果表（%）

岩类	序号	样品	分析号	岩石名称	SiO$_2$	Al$_2$O$_3$	Fe$_2$O$_3$	FeO	CaO	MgO	K$_2$O	Na$_2$O	TiO$_2$	P$_2$O$_5$	MnO	灼失	总量	H$_2$O$^+$	H$_2$O$^-$	CO$_2$	层位
片麻岩类	1	P16GS-1	233881	黑云母二长片麻岩	75.54	12.20	0.74	1.50	1.26	0.45	5.35	2.17	0.18	0.039	0.036	0.66	100.13	0.64	0.16	0.0033	An∈Ngn
	2	P16GS-2	233882	黑云母斜长片麻岩	67.90	14.95	1.44	3.08	3.16	1.23	1.86	3.70	0.52	0.11	0.058	1.00	99.01	0.96	0.25	0.010	
	3	P17-GS13	233892	黑云母角闪斜长片麻岩	74.31	14.16	0.35	0.48	1.32	0.48	4.72	2.69	0.12	0.015	0.017	0.43	99.09	0.44	0.02	0.02	
	4	MP2GS1	649	角闪黑云二长片麻岩	68.56	14.02	1.68	2.38	2.73	1.07	4.29	2.56	0.52	0.13	0.071	1.1	99.11	0.5	0.44	0.09	
	5	TP4GS-2	667	角闪黑云斜长片麻岩	65.78	14.68	1.94	3.35	4.27	2.45	1.59	3.15	0.64	0.11	0.081	1.23	99.27	0.94	0.42	0.09	
角闪岩类	6	P16GS-3	233883	斜长黑黑云角闪岩	46.40	13.15	5.32	10.73	9.35	6.02	1.71	2.05	2.68	0.24	0.25	1.46	99.36	1.40	0.35	0.0066	
	7	P16GS-4	233884	斜长角闪岩	47.52	13.59	2.27	11.63	9.61	6.88	1.21	2.12	1.99	0.23	0.22	0.86	98.13	0.84	0.25	0.062	
	8	P16GS-9	233886	斜长辉石角闪岩	46.28	15.35	2.95	9.46	13.97	6.04	0.99	2.13	1.44	0.11	0.17	0.38	99.27	0.34	0.09	0.010	
	9	P17-GS6	233891	蚀变斜长角闪岩	48.88	13.42	3.16	8.99	11.37	6.74	0.70	2.12	1.36	0.12	0.18	1.62	98.66	1.44	0.18	0.030	
	10	TP2GS-1	665	细粒斜长角闪岩	51.14	18.30	2.00	7.42	5.93	3.92	2.09	3.53	1.76	0.36	0.15	1.92	98.52	1.74	0.21	0.030	
片岩类	11	DP4GS-1	659	石榴石矽线石二云母片岩	64.68	16.04	1.44	4.39	0.75	2.62	4.08	0.4	0.72	0.16	0.091	3.85	99.22	2.2	0.88	0.28	An∈Z^1.
	12	DP5GS-1	660	矽线石石榴石二云母片岩	60.18	17.07	2.26	5.54	2.15	3.07	3.33	1.26	0.18	0.15	0.42	3.08	98.68	0.56	0.26	0.05	
	13	DP10GS-1	662	角闪黑云片岩	61.7	11.79	1.1	4.36	8.03	2.89	2.5	0.54	0.64	0.18	0.093	5.31	99.13	1.38	0.62	6.66	
	14	DP14GS-1	663	矽线石二云母片岩	55.42	20.26	1.9	6.79	0.76	4.11	4.08	0.66	1.03	0.22	0.041	3.94	99.21	2.58	0.7	<0.02	
大理岩类	15	DP14TS-1	678	含透辉石角闪黝帘大理岩	0.24	0.19	0.04	0	55.33	0.43	0.022	0.14	<0.02	0.008	0.003	42.84	99.24	0	0	43.22	An∈Z^2.
	16	DP16TS-1	677	粗粒白云石大理岩	1.28	0.39	0.23	0	54.39	0.55	0.080	0.09	<0.02	0.020	0.024	42.56	99.63	0	0	44	
	17	TS3088-2	676	大理岩	2.21	0.77	0.2	0	53.59	0.45	0.16	0.15	<0.02	0.015	0.010	48.86	99.41	0	0	41.52	

表 4-10 尼玛变质岩亚带区域变质岩岩石化学（尼格里值）计算表

岩类	序号	样号	分析号	岩石名称	al	fm	c	alk	Si	Ti	K	Mg	O	层位
片麻岩类	1	P16GS-1	233381	黑云母二长片麻岩	43	16	8	33	453	0.7	0.62	0.26	0.23	An∈Ngn
片麻岩类	2	P16GS-2	233382	黑云母斜长片麻岩	39	25	15	21	301	1.7	0.25	0.33	0.19	
片麻岩类	3	P17-GS13	233892	黑云角闪斜长片麻岩	50	8	9	33	440	0.7	0.54	0.52	0.17	
片麻岩类	4	MP2GS1	649	角闪黑云二长片麻岩	39	23	14	24	321	2	0.53	0.33	0.27	
片麻岩类	5	TP4GS-2	667	角闪黑云斜长片麻岩	34	32	18	16	260	1.9	0.25	0.46	0.18	
角闪岩类	6	P16GS-3	233383	斜长黑云角闪岩	18	51	24	7	109	5	0.35	0.41	0.14	
角闪岩类	7	P16GS-4	233384	斜长角闪岩	19	51	24	6	110	3	0.28	0.47	0.08	
角闪岩类	8	P16GS-9	233386	斜长辉石角闪岩	19	42	33	6	101	2	0.24	0.47	0.11	
角闪岩类	9	P17-GS6	233891	蚀变斜长角闪岩	19	47	28	6	114	2	0.17	0.5	0.11	
角闪岩类	10	TP2GS-1	665	细粒斜长角闪岩	30	39	18	13	144	4	0.3	0.43	0.11	
片岩类	11	DP4GS-1	659	石榴石矽线石二云片岩	43	40	4	13	295	2	0.9	0.45	0.12	An∈Z.¹
片岩类	12	DP5GS-1	660	矽线石石榴石二云斜长片岩	37	42	9	12	223	0.4	0.64	0.41	0.12	
片岩类	13	DP10GS-1	662	角闪黑云母斜长英片岩	37	47	5	11	327	3	0.75	0.49	0.09	
片岩类	14	DP14GS-1	663	矽线石二云母片岩	41	45	3	11	189	3	0.80	0.46	0.11	
大理岩类	15	DP14TS-1	678	含透辉石角闪黝帘石大理岩	0.2	1.2	98.4	0.2	0.4	0.03	0.1	0.92	0.04	An∈Z.²
大理岩类	16	DP16TS-1	677	粗粒白云石大理岩	0.4	1.6	97.8	0.2	2	0.03	0.45	0.9	0.13	
大理岩类	17	TS3088-2	676	大理岩	0.8	1.3	97.5	0.4	4	0.03	0.5	0.85	0.15	

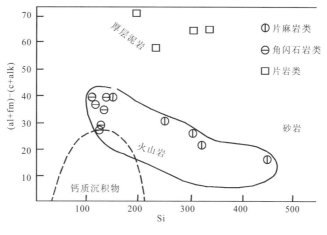

图 4-5 (al+fm)−(c+alk)-Si 图解

地球化学特征：在角闪岩类变质岩中分别采集了微量元素分析样和稀土元素分析样两种地球化学样，其分析结果见表 4-11 和表 4-12，稀土元素分析结果并进行了含量球粒陨石标准化数值（里德常数）计算，见表 4-13。从表 4-11 中可以看出角闪岩类的微量元素特征：Sc、V 相对集中，Cr、Ni 相对含量较高，Cr 的含量大于 Ni 的含量，Cr/Ni>1，但 Sr 的含量有时大于 Ba，即 Sr/Ba>1，有时小于 Ba，即 Sr/Ba<1。总体上反映出中基性岩浆岩的特点。从表 4-12、表 4-13 中可以看出角闪岩类的稀土元素特征，角闪岩类的稀土总量最高可达 $309.68×10^{-6}$，最低为 $71.79×10^{-6}$，平均为 $144.7×10^{-6}$。轻稀土与重稀土的平均比值为 2.5，表明富集轻稀土，贫乏重稀土。就细粒斜长角闪岩而言，细粒斜长角闪岩的 δEu 值为 0.69，表明接近上地壳物质成分的稀土特征，$(La/Yb)_N$ 值为 5.14，球粒陨石标准化图解中的曲线为右倾斜，说明富集轻稀土、贫乏重稀土，见图 4-6。以上稀土元素特征反映出原岩为中基性岩浆岩的特点。

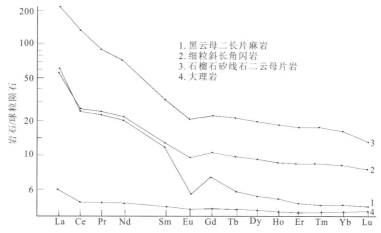

图 4-6 扎仁-尼玛变质岩亚带各类区域变质岩稀土元素球粒陨石标准化分布型式图

（4）副矿物特征：角闪岩类中的副矿物有磷灰石、榍石等，晶形完整，晶棱清晰，表面光滑，反映出岩浆岩中副矿物的特点。

综上所述，角闪岩类的原岩为中基性岩浆岩（脉）。

2）片麻岩类的原岩恢复

片麻岩类的原岩恢复从以下四个方面进行综合分析。

（1）地质产状和岩石共生：组合片麻岩类变质岩野外露头产状呈块状地质体，不具成层性，岩性单一，与角闪岩类共生，反映出原岩为侵入岩的特点。

（2）岩相学标志：片麻岩类变质岩具变余花岗结构，岩石中可见变余包体（图 4-7），矿物组合主要为石英、中长石、更长石、黑云母、普通角闪石，这些岩相学标志反映出原岩为中酸性侵入岩的特点。

（3）岩石化学和地球化学特征。岩石化学特征：在片麻岩类变质岩中采集了 5 件岩石化学样（硅酸盐

表 4-11 尼玛变质岩亚带区域变质岩微量元素分析结果表（$\times 10^{-6}$）

岩类	序号	样号	分析号	岩石名称	Sc	Nb	Ta	Zr	Hf	Li	Te	U	Be	Ga	Th	Sr	Ba	V	Co	Cr	Ni	Rb	层位
片麻岩类	1	P16XT-1	234096	黑云母二长片麻岩	2.30	2.97	0.5	88.6	3.27	12.2	0.009	0.65	1.46	12.1	29.4	74.8	580	12.2	1.90	12.5	4.70	175	
	2	P16XT-2	234097	黑云母斜长片麻岩	6.89	8.92	0.66	189	5.54	25.5	0.012	0.54	2.09	18.5	15.2	171	277	65.5	10.4	25.4	7.40	121	
	3	P17-XT13	234106	黑云角闪斜长片麻岩	23.4	5.15	0.5	71.1	2.57	29.9	0.024	0.86	3.57	32.6	13.4	391	496	167	30.4	47.0	29.0	145	
	4	MP17XT	230637	角闪黑云二长片麻岩	18.1	13.8	0.85	117	3.78	42.5	0.038	1.02	3.50	15.9	16.1	94.1	206	62.0	9.90	281	21.0	139	An∈Ngn
	5	TP4XT-2	230647	角闪黑云斜长片麻岩	17.2	10.8	0.92	208	6.02	26	0.010	1.92	2.21	15.7	20.6	153	456	108	17.8	139	31.5	87.5	
角闪岩类	6	P16XT-4	234098	斜长角闪岩	46.0	7.98	0.52	131	4.28	10.6	0.012	0.86	2.65	33.7	13.7	70.2	247	403	54.6	256	66.9	44.3	
	7	P16XT-9	234100	斜长辉石角闪岩	49.9	7.16	0.90	55.4	1.97	22.8	0.059	1.28	2.62	29.4	6.03	130	106	367	49.4	199	65.8	21.7	
	8	P17-XT6	234105	蚀变斜长角闪岩	38.6	14.2	0.69	141	4.10	15.0	0.073	0.65	2.90	30.6	3.62	137	113	381	48.3	367	126	47.4	
	9	TP2XT-1	230645	细粒斜长角闪岩	22.0	8.82	0.85	140	4.20	26.3	0.02	2.45	2.34	17.5	21.9	167	316	202	23.5	237	26.2	101	
片岩类	10	DP4XT-1	230640	石榴石砂线石二云母片岩	13.2	19.3	1.48	138	4.05	73.2	0.016	4.23	3.70	20.8	32.9	104	528	99.6	16.0	133	34.9	278	An∈Z.[1]
	11	DP10XT-1	230641	角闪黑云母斜长石英片岩	10.9	17.0	1.08	249	7.15	46.5	0.03	4.99	2.30	14.5	28.9	185	564	83.8	16.4	387	40.3	134	
	12	DP14XT-1	230643	砂线石二云母片岩	27.1	27.8	2.13	187	5.62	66.7	0.0	1.66	4.76	32.1	34.7	155	1020	172	25.1	199	58.7	299	
大理岩类	13	DP16XT-1	230665	粗粒白云石大理岩	0	1.03	0.5	21.1	0.66	8.6	0.028	0.60	0.46	3.60	4.0	63.5	9.59	5.60	7.19	17.0	2.80	10	An∈Z.[2]
	14	XT3088-2	230626	大理岩	1.13	1	0.5	35.0	0.87	27.0	0.036	0.64	0.20	3.00	4.0	139	8.0	3.30	1.10	18.1	2.3	10	

注：稀土元素和微量元素一样分析，因此微量元素样代号也为稀土元素样代号（XT）。

表 4-12 扎仁-尼玛变质岩亚带区域变质岩稀土元素分析结果表（×10^{-6}）

岩类	序号	样号	分析号	岩石名称	La	Ce	Pr	Nd	Sm	Eu	Gd	Tb	Dy	Ho	Er	Tm	Yb	Lu	Y	ΣREE	层位
片麻岩类	1	P16XT-1	234096	黑云母二长片麻岩	23.1	35.8	3.75	15.8	3.06	0.46	2.24	0.34	2.06	0.35	0.82	0.12	0.80	0.11	6.50	95.31	
	2	P16XT-2	234097	黑云母斜长片麻岩	28.9	40.1	4.40	18.4	3.17	0.64	2.16	0.34	1.81	0.37	0.98	0.17	1.04	0.12	7.41	110.01	
	3	P17-XT13	234106	黑云角闪斜长片麻岩	27.2	56.5	7.62	29.9	7.09	1.69	6.94	1.18	8.10	1.64	4.67	0.64	3.84	0.61	33.9	191.52	An∈Ngn
	4	TP4XT-2	230647	角闪黑云斜长片麻岩	36.8	56.9	6.55	26.3	6.19	1.10	5.13	0.58	5.46	1.11	3.04	0.48	2.84	0.40	23.9	176.78	
角闪岩类	5	P16XT-4	234098	斜长角闪岩	6.46	12.6	2.65	10.9	3.33	1.12	3.79	0.68	4.55	0.94	2.70	0.40	2.30	0.35	19.8	72.57	
	6	P16XT-9	234100	斜长辉石角闪岩	5.47	10.3	2.35	9.48	2.99	1.09	3.67	0.68	5.28	1.06	3.22	0.45	2.83	0.42	22.5	71.79	
	7	P17-XT6	234105	蚀变斜长角闪岩	64.2	115	13.3	54.8	9.69	1.18	7.12	1.19	6.91	1.25	3.28	0.50	3.00	0.36	27.9	309.68	
	8	TP2XT-1	230645	细粒斜长角闪岩	20.4	36.8	4.61	18.6	4.43	0.99	4.26	0.74	4.78	0.98	2.80	0.45	2.62	0.35	21.8	124.61	
片岩类	9	DP4XT-1	230640	石榴石矽线石二云母片岩	78.4	136	13.4	54.2	10.7	1.81	8.45	1.43	8.11	1.65	4.39	0.71	4.19	0.55	35.1	359.09	
	10	DP10XT-1	230641	角闪黑云斜长石英片岩	55.0	95.4	9.79	40.6	7.83	1.50	6.70	1.09	6.70	1.38	3.85	0.58	3.72	0.48	30.2	264.82	An∈Z.^{1}
	11	DP14XT-1	230643	矽线石二云母片岩	94.5	163	16.0	68.1	12.4	2.24	9.87	1.58	9.20	1.90	4.98	0.76	4.74	0.63	40.4	430.3	
大理岩类	12	XT3088-2	230626	大理岩	2.22	2.76	0.35	1.45	0.39	0.090	0.37	0.062	0.40	0.031	0.077	0.012	0.19	0.020	2.64	11.062	Zn∈Z.^{2}

表 4-13 扎仁-尼玛变质岩亚常区域变质岩稀土元素含量球粒陨石标准化数值（里德常数）表

岩类	序号	样号	分析号	岩石名称	La	Ce	Pr	Nd	Sm	Eu	Gd	Tb	Dy	Ho	Er	Tm	Yb	Lu	Y	层位
片麻岩类	1	P16XT-1	234096	黑云母二长片麻岩	61.1	36.7	27.2	22.1	13.3	5.31	7.20	5.99	5.28	4.03	3.22	3.01	3.21	2.84	3.32	An∈Ngn
	2	P16XT-2	234097	黑云母斜长片麻岩	76.5	41.1	31.9	25.7	13.8	7.39	6.95	5.59	4.64	4.26	3.84	4.26	4.18	3.10	3.78	
	3	P17-XT13	234106	黑云角闪斜长片麻岩	72.0	57.9	55.2	41.8	30.8	19.5	22.3	20.8	20.8	18.9	18.3	16.0	15.4	15.8	17.3	
	4	TP4XT-2	230647	角闪黑云斜长片麻岩	97.4	58.3	48.2	36.7	26.9	12.7	16.5	9.8	14.0	12.5	11.9	12.5	11.4	10.3	12.2	
角闪岩类	5	P16XT-4	234098	斜长角闪岩	17.1	12.9	19.2	15.2	14.5	12.9	12.2	12.0	11.7	10.8	10.6	10.0	9.24	9.04	10.1	
	6	P16XT-9	234100	斜长辉石角闪岩	14.5	10.6	17.0	13.2	13.0	12.6	11.8	12.0	13.5	12.2	12.6	11.3	11.4	10.9	11.5	
	7	P17-XT6	234105	蚀变斜长角闪岩	170	118	96.4	76.5	42.1	13.6	22.9	21.0	17.7	14.4	12.9	12.5	12.0	9.30	14.2	
	8	TP2XT-2	230645	细粒斜长角闪岩	54.0	37.7	33.9	26.0	19.3	11.4	13.7	12.6	12.3	11.0	11.0	11.7	10.5	9.0	11.1	
片岩类	9	DP4XT-1	230640	石榴石矽线石二云母片岩	207.4	139.3	98.5	75.7	46.5	20.9	27.2	24.3	20.8	18.6	17.2	18.4	16.8	14.2	17.9	An∈Z.¹
	10	DP10XT-1	230641	角闪黑云斜长石英片岩	145.5	97.7	72.0	56.7	34.0	17.3	21.5	18.5	17.2	15.5	15.1	15.1	14.9	12.4	15.4	
	11	DP14XT1	230643	矽线石二云母片岩	250.0	167.0	117.6	95.1	53.9	25.9	31.7	26.8	23.6	21.4	19.5	19.7	19.0	16.3	20.6	
大理岩类	12	XT3088-2	230626	大理岩	5.9	2.8	2.6	2.0	1.7	1.0	1.19	1.1	1.0	0.3	0.3	0.3	0.8	0.5	1.3	Zn∈Z.²

图 4-7 黑云母斜长片麻岩中的透镜状变余包体

样),其分析结果见表 4-9。并将分析结果进行了尼格里值计算,见表 4-10。从表 4-9 中可以看出:片麻岩类变质岩 SiO_2 的含量为 65.78%～75.54%,Al_2O_3 的含量为 12.2%～14.95%,$FeO+Fe_2O_3$ 一般为 2.24%～9.42%,$MgO<3\%$,$CaO<5\%$,且 $CaO+MgO<13\%$,并且 $CaO>MgO$,这些岩石化学特征反映了原岩为中酸性岩浆岩的特点。又根据特征的岩石化学参数尼格里值(表 4-10)对原岩进行图解,在 Niggli 四面体图解中(图 4-3),片麻岩类的 c/fm=0.5～0.6 和 c/fm=1.125,应适用Ⅳ和Ⅵ图解,al 值在 34～50 之间,alk 值在 16～33 之间,全部投在火成岩区域。在 al-alk 与 c 关系图解中(图 4-4),片麻岩类的 al-alk 值为 10～18,c 值为 8～18,全部投在火成岩区。在(al+fm)-(c+alk)-Si 图解中(图 4-5),片麻岩类的(al+fm)-(c+alk)值为 16～28,Si 值为 260～453,全部投在火山岩区。图解结果表明,片麻岩类的原岩为火成岩。

地球化学特征:在片麻岩类变质岩石中分别采集了微量元素分析样和稀土元素分析样两种地球化学样,微量元素分析结果见表 4-11,稀土元素分析结果见表 4-12,并将稀土元素分析结果进行了含量球粒陨石标准化数值(里德常数)计算,见表 4-13。

从表 4-11 中可以看出:Ni、Co、Cr 含量较低,接近中酸性岩浆岩涂氏和费氏值,Sc、V 的含量也接近中酸性岩浆岩的涂氏和费氏值,Li、Sr 的含量接近中性岩浆岩的涂氏和费氏值,Zr、U、Ta 的含量接近中酸性岩浆岩的涂氏和费氏值,因此,微量元素特征反映出原岩为中酸性岩浆岩的特点。

从表 4-12 和表 4-13 中可以看出片麻岩类的稀土元素特征:片麻岩类稀土总量最高为 191.52×10^{-6},最低为 95.31×10^{-6},平均为 143.4×10^{-6}。轻稀土与重稀土的平均比值为 4.5,黑云母二长片麻岩的 δEu 值为 0.52,$(La/Yb)_N$ 值为 19.03,上述表明轻稀土富集,重稀土贫乏,接近上地壳的物质成分,球粒陨石标准化图解中的曲线右倾斜(图 4-6)。稀土元素特征反映出原岩为中酸性岩浆岩。

(4)副矿物特征:片麻岩类中副矿物有磷灰石、锆石、榍石等,晶形完整,晶棱清楚,表面光滑,反映出岩浆岩的副矿物特征。

综上所述,片麻岩类的原岩为一套中酸性侵入岩。

3)片岩类的原岩恢复

片岩类的原岩恢复从以下四个方面进行综合分析。

(1)地质产状和岩石共生组合:片岩类的野外露头产状呈层状地质体,成层性明显,与大理岩共生,表现出石英片岩→片岩→大理岩过渡的岩石组合,反映出正常沉积岩的特点。

(2)岩相学标志:在片岩类岩石中,局部保留了一些岩相学标志,在石英片岩中偶见变余砂状结构,变余层状构造仍然保留。矿物组合为石榴石+矽线石+蓝晶石+十字石+石英+黑云母+白云母等,这些岩相学标志反映出原岩为泥质沉积岩的特点。

(3)岩石化学和地球化学特征。

岩石化学特征：在片岩类岩石中采集了4件岩石化学样（硅酸盐样），其分析结果见表4-9，并将分析结果进行了尼格里值计算，见表4-10。从表4-9中可以看出：片岩类岩石中SiO_2的含量为55.42%~64.68%，Al_2O_3的含量为11.79%~20.26%，并且$Al_2O_3 > K_2O + Na_2O + CaO$、$FeO + Fe_2O_3$的含量为5.46%~8.69%，$MgO < 5\%$、$CaO < 9\%$，而$CaO + MgO < 11\%$、$MgO > CaO$、$Na_2O < K_2O$。这些岩石化学特征反映了原岩为泥质沉积岩的特点。又根据特征的岩石化学参数尼格里值（表4-10）对片岩类的原岩进行图解，在Niggli四面体图解中（图4-3），片岩类的$c/fm = 0.1 \sim 0.2$，应适用Ⅱ图解，al值为37~43，alk值为11~13，全部投在残余沉积、粘土质沉积物区。在al-alk与c关系图解（图4-4）中，片岩类的al-alk值为25~30，c值3~9，全部投在正常粘土区。在(al+fm)-(c+alk)-Si图解（图4-5）中，片岩类的(al+fm)-(c+alk)值为58~72，Si值为189~327，全部投在厚层泥岩区。图解结果表明，片岩类的原岩为粘土岩（泥岩）。

地球化学特征：在片岩类变质岩石中分别采集了微量元素分析样和稀土元素分析样两种地球化学样，微量元素分析结果见表4-11，稀土元素分析结果见表4-12，并将稀土元素分析结果进行了含量球粒陨石标准化数值（里德常数）计算，见表4-13。

从表4-11中可以看出片岩类的微量元素特征：Li、Rb含量较高，接近页岩+粘土岩的维氏值，Sr的含量也高，接近深海沉积物（粘土）涂氏和费氏值，Co、Ni含量接近页岩+粘土岩的维氏值。微量元素特征反映出原岩为粘土岩（页岩）的特点。

从表4-12和表4-13中可以看出片岩类的稀土元素特征：片岩类稀土总量最高为430.3×10^{-6}，最低为264.82×10^{-6}，平均为351.4×10^{-6}，轻稀土与重稀土的平均比值为4.42，反映出轻稀土富集。石榴石矽线石二云母片岩的δEu值为0.57，反映出上地壳物质成分特点，$(La/Yb)_N$值为12.34，球粒陨石标准化图解中的曲线为右倾斜（图4-6），体现轻稀土最富集。稀土元素特征反映出原岩为粘土岩的特点。

(4)副矿物特征：片岩类岩石中的副矿物有锆石、磷灰石、榍石等，颜色暗淡，晶形较差、晶棱不清，表面粗糙，具磨圆现象，表面光泽很差，这些反映出具沉积岩副矿物的特征。

综上所述，片岩类的原岩为一套正常沉积的粘土岩（泥页岩）。

4）大理岩类的原岩恢复

大理岩类的原岩恢复从以下三个方面进行综合分析。

(1)地质产状和岩石共生组合：大理岩类岩石野外露头产状呈层状地质体，宏观上成层性明显，岩性单一，与片岩共生，反映出原岩为沉积岩的特点。

(2)岩相学标志：大理岩中具变余细晶结构，变余层状构造，局部保留灰岩面貌，矿物组合为方解石+白云石+石英+透辉石+透闪石+黑云母等，这些岩相学标志反映出原岩为白云质灰岩特点。

(3)岩石化学和地球化学特征。岩石化学特征：在大理岩类岩石中采集3件岩石化学样（碳酸盐样），其分析结果见表4-9，并将分析结果进行了尼格里值计算，见表4-10。从表4-9中可以看出大理岩类的岩石化学特征：SiO_2的含量为0.24%~2.21%，Al_2O_3的含量为0.19%~0.77%，$FeO + Fe_2O_3$的含量为0.04%~0.23%，$MgO < 1\%$，$CaO > 53\%$，$CaO > MgO$，$CaO + MgO > 56\%$，这些岩石化学特征反映出原岩为白云质灰岩的特点。又根据特征的岩石化学参数尼格里值（表4-10）对大理岩类的原岩进行图解，在Niggli四方体图解中（图4-3），大理岩类的$c/fm = 61 \sim 82$，应适用X图解，al值为0.2~0.8，alk值为0.2~0.4之间，全部投在石灰岩区。al-alk与c关系图解中（图4-4），大理岩类的al-alk值为0~0.4，c值为97.5~98.4，全面投在石灰岩区。图解结果表明：大理岩类的原岩为石灰岩。

地球化学特征：在大理岩类岩石中分别采集了微量元素分析样和稀土元素分析样两种地球化学样，微量元素分析结果见表4-11，稀土元素分析结果见表4-12，并将稀土元素分析结果进行了含量球粒陨石标准化数值（里德常数）计算，见表4-13。

从表4-11中可以看出大理岩类的微量元素特征：Li、Rb的含量接近深海沉积物碳酸盐岩的涂氏和费氏值，Sr的含量较高，但接近砂岩和页岩的涂氏和费氏值，Zr、Sc、Nb的含量接近碳酸盐岩的涂氏和费氏值，Ni的含量接近砂岩的涂氏和费氏值，Ba、Th的含量接近碳酸盐岩的涂氏和费氏值，微量元素特征反映了原岩为含砂质泥质碳酸盐岩的特点。

从表4-12和表4-13中可以看出大理岩类原稀土元素特征：大理岩的稀土总量为11.062×10^{-6}，轻稀土与重稀土的比值为1.19，表明轻稀土稍有富集，δEu值为0.69，表明具上地壳物质成分，$(La/Yb)_N$为7.38，表明球粒陨石标准化图解中的曲线为右倾斜(图4-6)，稍微富集轻稀土，反映出原岩为碳酸盐岩的特征。

综上所述，大理岩类的原岩为一套含砂质泥质白云质石灰岩。

4. 变质带、变质相及相系的划分

1) 变质带的划分

在该变质岩亚带内，变质带的划分是以某一特征变质矿物的首次出现为依据，进行划分的变质强度带，又称为变质矿物带。聂荣片麻杂岩($An\in Ngn$)，变质较均匀，变质强度带不明显，很难划分变质矿物带，扎仁岩群第二岩组为一套大理岩，特征变质矿物稀少，也很难划分变质矿物带，但扎仁岩群第一岩组为一套原岩以泥质岩为主的区域变质岩，岩石中矿物的变化在剖面上能反映出变质强度的变化。因此，以该剖面上的某一特征变质矿物首次出现为依据，划分出如下变质带(图4-8)。

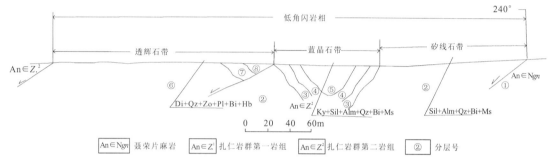

图4-8 生雀弄巴扎仁岩群变质带划分剖面图

矽线石带：主要发育在石榴石矽线石二云母片岩中，特征是矽线石开始出现，与其共生的矿物有Alm+Qz+Bi+Ms。

蓝晶石带：主要发育在矽线石蓝晶石石榴石二云母片岩中，特征是蓝晶石开始出现，与其共生的矿物有Sil+Alm+Qz+Bi+Ms。

透辉石带：主要发育在透辉石角闪石黝帘石大理岩中，特征是透辉石开始出现，与其共生的矿物有Qz+Zo+Pl+Bi+Hb。

从上述变质带的划分可以看出：扎仁岩群第一岩组由北向南出现递增变质，热流来自北面。这与前寒武纪古老侵入体有关。

2) 变质相及相系的划分

变质相是指变质作用过程中同时形成的一套矿物共生组合及其形成时的物化条件，变质相系表示一个变质相系列的温度、压力范围，在某种程度上，它们都是反映一定的变质强度。在该变质岩亚带内，主要根据变质矿物组合特征和其他测试手段来确定其变质时的物化条件进而划分其变质相、变质相系。

聂荣片麻杂岩($An\in Ngn$)的矿物组合为Qz+Zc+Hb+Bi+Ms；扎仁岩群第一岩组($An\in Z.^1$)的矿物组合为Alm+Qz+Sil+Ms+Ky+Zc+St+Hb；扎仁岩群第二岩组($An\in Z.^2$)的矿物组合为Cc+Dol+Qz+Di+Tr+Hb+Bi+Zo+Pl。这些矿物组合都反映了大致相同的变质程度，大致相同的变质环境，归纳起来，该变质岩亚带的特征变质矿物组合为Sil+Ky+St+Ms+Qz+Hd；常见变质矿物组合为Bi+Ms+Alm+Di+Tr+Zc，虽有矽线石(Sil)的出现，但未出现钾长石，白云母一直没有消失，因此，该变质岩亚带只能属于低角闪岩相，未能达到高角闪岩相。根据电子探针分析结果(表4-14)来看：黑云母的Mg/(Mg+Fe+Mn)值为0.35，石榴石的Mg/(Mg+Fe+Mn)值为0.04，将这共生矿物对的Mg/(Mg+Fe+Mn)值投在黑云母与石榴石共生矿物对Mg/(Mg+Fe+Mn)和变质温度的关系图解中，获得的变质温度为475℃(图4-9)。但该图有误差，据叶大年等人的检测结果表明：用该图投得的温度与实际温度要低100℃±，因此，实际变质温度为575℃，符合低角闪岩相的温度条件(575～640℃)。再加上蓝晶石标型矿物的出现，指示了中压变质环境，据贺高品(1981)研究表明，蓝晶石形成条件为温度525～660℃，压力

$(5\sim 8)\times 10^8 Pa$，这与低角闪岩相的温压条件（$575\sim 640℃$、$0.2\sim 0.8GPa$）相吻合，因此，该变质岩亚带属于低角闪岩岩相，中压相系。

表4-14 扎仁岩群第一岩组（$An\in Z_1^1$）石榴矽线二云片岩电子探针分析结果表（%）

样号	岩石名称	分析矿物对	分析点数	Na_2O	MgO	Al_2O_3	SiO_2	K_2O	CaO	TiO_2	Cr_2O_3	MnO	FeO	合计
P13TZ-13	石榴石矽线石二云母片岩	黑云母	bit_2	0.11	10.08	18.99	36.28	9.64	0.00	2.23	0.05	0.10	18.98	96.46
			bit_3	0.05	10.57	18.67	35.65	8.96	0.00	2.12	0.02	0.11	19.32	95.48
			bit_1	0.09	10.08	19.02	35.44	9.42	0.01	2.35	0.09	0.14	19.22	95.84
			平均值	0.08	10.24	18.89	35.79	9.34	0.01	2.23	0.05	0.12	19.17	95.99
		石榴石	grt_1	0.04	0.82	20.60	37.43	0.00	6.12	0.17	0.03	9.15	25.06	99.41
			grt_2	0.04	1.08	20.66	37.97	0.00	6.01	0.17	0.03	9.40	23.60	98.93
			grt_3	0.01	1.89	21.23	37.45	0.00	6.86	0.12	0.03	3.10	29.78	100.46
			平均值	0.03	1.26	20.83	37.62	0	6.33	0.15	0.03	7.22	26.15	99.6

5. 变质变形期次及探讨

在该变质岩亚带内，收集了大量的同位素年龄资料，其中有许荣华（1983）获得为U-Pb年龄值$519\pm 12Ma$，常承法（1986，1988）获得的锆石年龄值530Ma和2000Ma，还有邻幅安多县幅获得的Sm-Nd等时代年龄值$600Ma\pm$，U-Pb年龄值$491\pm 11.5Ma$和$492\pm 11.1Ma$，$814\pm 18Ma$和$515\pm 14Ma$，这些年龄数据相差很大，有中元古代、新元古代、寒武纪。根据本次工作的结果，扎仁岩群原岩为一套沉积岩，时代可能为中元古代，聂荣片麻杂岩原岩为一套中酸性侵入体，时代可能为新元古代，寒武纪年龄值可能为后期岩脉的年龄值。因此将二者归为前寒武纪，它们的变质程度基本一致，因此主变质期为晋宁期，但扎仁岩群不

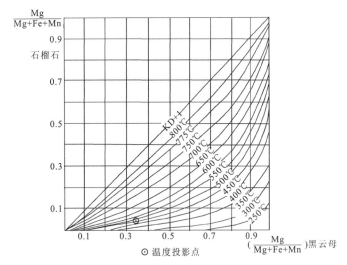

图4-9 在变质岩中，黑云母与石榴石共生矿物对$Mg/(Mg+Fe+Mn)$和变质温度的关系

排除有中期变质的可能。

（二）南木拉-郭曲变质岩亚带

该变质岩亚带指南木拉断裂以东，班公错-怒江缝合带在测区东段北界以北的地区，还包括下拉组（P_1x）分布的地区，即：嘉玉桥岩群、郭曲群、下拉组分布的地区（图4-1）。该变质岩亚带是由区域低温动力变质作用形成的一套浅变质岩系，属于低绿片岩相，现从以下五个方面对该变质岩亚带的变质地质特征进行归纳论述。

1. 岩石类型及特征

该变质岩亚带的岩石类型相对较简单，以副变质为主，主要岩石类型有片岩类、板岩类、结晶灰岩类、蚀变火山岩类等，现将各岩石类型叙述如下。

（1）片岩类：片岩类岩石主要分布于嘉玉桥岩群第一岩组（PzJ_1^1）中，第二岩组（PzJ_1^2）中也有少量分布，其岩性有二云母钠长石英片岩、黑云母钠长片岩、白云母钠长片岩、绿泥钠长片岩、白云母钠长石英片岩、绿泥石白云母钠长石英片岩等，岩石呈暗灰色，鳞片粒状变晶结构，片状构造，粒径一般为0.1～

0.2mm。主要矿物为石英、钠长石、白云母、黑云母、绿泥石、绢云母、绿帘石等,主要矿物含量见表4-15。副矿物有磷灰石、锆石、楣石等。

表 4-15 嘉玉桥岩群片岩类岩石类型及矿物含量表

矿物含量(%) 岩石类型	石英	钠长石	白云母	黑云母	绢云母	绿泥石	绿帘石	方解石
云母钠长石英片岩	58	13	10	15				1
黑云母钠长片岩	25	35	2	15	5	5	5	5
白云母钠长片岩	36	35	23			4		
绿泥钠长片岩	23	65	2			8		
白云母钠长石英片岩	60	23	12			3		
绿泥石白云母钠长石英片岩	78	7	8			4	2	

(2)板岩类:板岩类岩石主要分布于郭曲群(J_3K_1G)中,其岩性有灰黑色粉砂质绢云母板岩、含结核绢云母板岩、钙质绢云母板岩、砂质条带绢云母板岩等。岩石呈深灰色—灰黑色,鳞片变晶结构,板状构造。粒径一般为 0.02~0.05mm。主要矿物石英 5%~10%、绢云母 90%~95%、炭质物 1%~5%、副矿物稀少。

(3)结晶灰岩类:结晶灰岩类岩石主要分布于下拉组(P_1x)地层中,嘉玉桥岩群第二岩组($PzJ.^2$)中也有少量分布。变质轻微,基本上保留原岩特征。其岩性有细—粉晶灰岩、中粗晶灰岩、中细晶灰岩、中晶灰岩、细晶灰岩、白云质粉晶灰岩、生物碎屑结晶灰岩等。岩石呈浅灰色,结晶结构,层状构造。粒径一般为 0.1~0.8mm。主要矿物方解石 90%以上,石英 2%~3%、绢云母 1%~2%、白云母 1%~3%。

(4)蚀变火山岩类:蚀变火山岩类岩石主要分布于嘉玉桥岩群($PzJ.$)中,被夹于结晶灰岩或片岩之间。变质轻微,基本上保留原岩特征。其岩性有以下两种。

蚀变英安岩 深灰色,斑状结构,基质为鳞片微晶结构,块状构造。斑晶粒径一般为 0.3~1.5mm,基质粒径一般为 0.03~0.05mm。主要矿物斑晶:石英 13%,斜长石(部分蚀变为绢云母)2%。基质:石英 12%,更长石 52%、绢云母 20%和白钛石 0.3%。

蚀变英安质含火山角砾玻屑晶屑凝灰岩 浅灰色,含火山角砾玻屑晶屑凝灰结构,块状构造,火山碎屑粒径一般为 2~3mm,充填物及胶结物粒径一般为 0.5~1.5mm。主要矿物火山碎屑:石英 13%、长石 38%、酸性火山岩 5%、黑云母 2%和蚀变玻屑 15%。充填及胶结物:长英质 25%和褐铁矿 1%~2%。

2. 主要变质矿物特征

该变质岩亚带中的主要变质矿物有黑云母、绿泥石、绿帘石、钠长石、绢云母等,这些变质矿物的出现,为该变质岩亚带的变质带、变质相的划分提供了重要依据。并指示了该变质岩亚带内区域变质作用的一定温度、压力条件,也反映了原岩成分的某些特征,下面分别叙述之。

(1)黑云母:主要产于嘉玉桥岩群($PzJ.$)片岩中,多呈雏晶出现,含量 10%~15%,结晶程度差,常与白云母、钠长石、石英共生,片径一般比白云母小,呈暗绿色,表明形成时的温度低。

(2)绿泥石:主要产于嘉玉桥岩群($PzJ.$)片岩中,多呈鳞片状集合体分布,含量 1%~5%,常与石英、钠长石、黑云母、白云母共生,呈浅绿色,玻璃光泽,完全解理,沿一定方向不均匀分布于岩石中,使岩石显片状构造。

(3)绿帘石:主要产于嘉玉桥岩群黑云母钠长片岩中,呈柱状集合体,含量 3%~5%,常与石英、绿泥石、黑云母、白云母、钠长石、绢云母共生。黑绿色,完全解理,常聚集成条带分布。

(4)钠长石:主要产于嘉玉桥岩群钠长片岩、钠长石英片岩中,含量 20%~35%,常与石英、白云母、黑云母、绿泥石共生,灰白色,玻璃光泽,解理完全,聚片双晶发育。

(5)绢云母:在该变质岩亚带内分布广泛,产于各类岩石中,常呈微细鳞片状集合体分布。含量在不同的岩石中变化很大,在板岩中含量最高,90%以上;片岩中次之,2%~5%;其他岩类含量很少,1%~2%。

其常与石英、绿泥石、黑云母、白云母共生。

3. 变质原岩的恢复

在该变质岩亚带内，岩石受变质的程度相对较低，大部分变质岩在野外就能识别原岩特点，仅有少部分要借助室内测试分析资料进行综合分析，下面从地质产状及岩石共生组合、岩相学标志、岩石化学和地球化学特征、副矿物特征四个方面对该变质岩亚带的各类区域变质岩进行恢复。

1) 片岩类的原岩恢复

片岩类的原岩恢复从以下四个方面进行综合分析。

(1) 地质产状和岩石共生组合：片岩类岩石野外露头产状呈层状地质体，成层性明显，与结晶灰岩、火山碎屑岩、火山岩共生，常夹于结晶灰岩之间，与围岩之间没有侵入现象，反映出原岩为沉积岩特点，但火山沉积和正常沉积皆有可能。

(2) 岩相学标志：在钠长石英片岩中，局部可见变余粉砂状结构，变余凝灰质结构，变余层状构造。在钠长片岩中，局部可见变余凝灰质结构，变余层状构造。钠长石英片岩的矿物组合为石英+绿帘石等；钠长片岩的矿物组合为石英+钠长石+白云母+黑云母+绢云母+绿泥石+绿帘石+方解石等。这些岩相学标志反映出原岩为过渡型岩类特点，既有火山成因的，又有正常沉积成因的，因此，片岩类的原岩可能为凝灰质粉砂质粘土岩（页岩）类，凝灰质粘土岩（页岩）类。

(3) 岩石化学和地球化学特征。岩石化学特征：在二云母钠长石英片岩及相应组合的岩石中分别采集了3件岩石化学样（硅酸盐样）进行对比，其分析结果及尼格里值见表4-16。从表4-16中可以看出：二云母钠长石英片岩SiO_2的含量为69.12%，接近火山岩及火山碎屑沉积岩；Al_2O_3的含量为13.68%，也接近火山岩的含量，但是，$Al_2O_3 > K_2O+Na_2O+CaO$、$K_2O/Na_2O+K_2O=0.7$，且$K_2O>Na_2O$、$CaO<MgO$，这是反映出正常沉积岩的特点。又利用特征的岩石化学参数尼格里值（表4-16）进行图解判断，在al-alk与c关系图解中（图4-10），二云母钠长石英片岩的al-alk值为22，c值为1，投在长石质粘土岩区。在(al+fm)-(c+alk)-Si图解（图4-11）中，二云母钠长石英片岩的(al+fm)-(c+alk)值为62，Si值为345，投在厚层泥岩与砂岩的过渡区。因此，岩石化学特征反映出片岩类的原岩为凝灰质粉砂质粘土岩（页岩）特点。

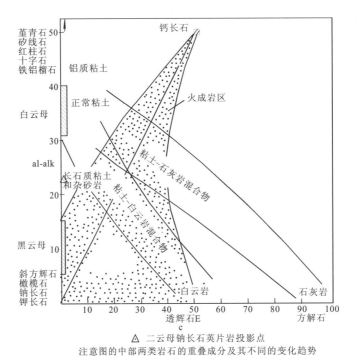

△ 二云母钠长石英片岩投影点
注意图的中部两类岩石的重叠成分及其不同的变化趋势

图4-10 火成岩和沉积岩的Niggli al-alk与c关系图解

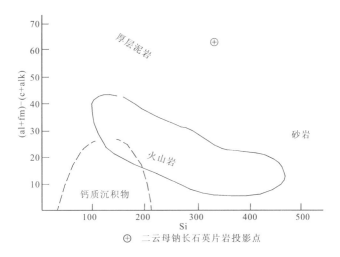

图 4-11 (al+fm)−(c+alk)-Si 图解(据 Simonen,1953)

地球化学特征:在片岩类及相应组合的岩石中,分别采集了微量元素分析样和稀土元素分析样两种地球化学样,微量元素分析结果见表 4-17。稀土元素分析结果见表 4-18,并将稀土元素含量进行了球粒陨石标准化数值(里德常数)计算,见表 4-19。从表 4-17 中可以看出,钠长石英片岩中 Li 含量在 $(22\sim36)\times10^{-6}$ 之间,钠长片岩中 Li 的含量在 $(25\sim38)\times10^{-6}$ 之间,接近页岩+粘土岩与砂岩过渡的维氏值、涂氏和费氏值,并与火山碎屑沉积岩的含量接近;钠长石英片岩中 Rb 的含量在 $(93\sim120)\times10^{-6}$ 之间,接近深海沉积物粘土的涂氏和费氏值,并与火山碎屑沉积岩的含量接近,钠长片岩中 Rb 的含量在 $(40\sim154)\times10^{-6}$ 之间,接近页岩的涂氏和费氏值;钠长石英片岩中 Co 的含量在 $(4\sim12)\times10^{-6}$ 之间,接近页岩的涂氏和费氏值,钠长片岩中 Co 的含量为 $(9\sim18)\times10^{-6}$,也接近页岩的涂氏和费氏值;钠长石英片岩中 Ba 的含量为 $(404\sim698)\times10^{-6}$,钠长片岩中 Ba 的含量为 $(337\sim709)\times10^{-6}$,均接近页岩的涂氏和费氏值;钠长石英片岩中 Zr 的含量为 $(94\sim173)\times10^{-6}$,钠长片岩中 Zr 的含量为 $(124\sim260)\times10^{-6}$,也接近页岩或页岩+粘土的涂氏和费氏值。微量元素特征反映出钠长石英片岩的原岩为含火山质粉砂质粘土岩(页岩),钠长片岩的原岩为火山质粘土岩(页岩)。从表 4-18 和表 4-19 中可以看出:钠长石英片岩的稀土总量为 $(109\sim143)\times10^{-6}$,钠长片岩的稀土总量为 $(136\sim226)\times10^{-6}$,二云母钠长石英片岩的轻稀土总量(ΣCe)为 82.96×10^{-6},重稀土总量(ΣY)为 26.71×10^{-6};黑云母钠长片岩的轻稀土总量(ΣCe)为 171.03×10^{-6},重稀土总量(ΣY)为 42.68×10^{-6},并且二云母钠长石英片岩的 ΣCe/ΣY=4.01,表明二者均富集轻稀土。二云母钠长石英片岩的 δEu=0.53,黑云母钠长片岩的 δEu=0.59,表明二者均具上地壳物质成分。二云母钠长石英片岩的 $(La/Yb)_N=7$,黑云母钠长片岩的 $(La/Yb)_N=10$,表明二者的球粒陨石标准化图解分布曲线倾斜程度较大,并且为右倾斜,表明富集轻稀土(图 4-12)。稀土元素特征反映出原岩为火山质粘土岩的特点。

(4)副矿物特征:片岩类岩石中的副矿物有鳞灰石、锆石、榍石等,含量非常少,粒度极细,一般小于 0.01mm,晶形较差,晶棱模糊,表面粗糙,有条纹,反映出沉积岩副矿物特征。

综上所述,片岩类的原岩应为一套含火山凝灰质粉砂质粘土岩(页岩)和含火山凝灰质粘土岩(页岩)。

2)板岩类的原岩恢复

板岩类岩石呈层状地层体产出,与粗砂岩、钙质砂岩、泥质粉砂岩互层或被夹持于其间,具变余砂状结构、变余粉砂状结构、变余泥质结构,原生结核仍然保留,矿物组合为绢云母+绿泥石+石英,这些特征说明其原岩为含结核的粉砂质砂质粘土岩。

3)结晶灰岩类及蚀变火山岩类的原岩恢复

结晶灰岩类变质程度很低,基本上保留原岩面貌,仅是方解石轻微重结晶,肉眼就能识别出灰岩特征;蚀变火山岩类变质也很轻微,原岩面貌基本保留,仅是充填物或胶结物有所蚀变,肉眼就能识别出火山岩特征。

表 4-16 南木拉-郭曲变质岩亚带嘉玉桥岩群岩石化学分析结果及尼格里值计算表（%）

序号	样号	分析号	岩石名称	SiO₂	Al₂O₃	Fe₂O₃	FeO	CaO	MgO	K₂O	Na₂O	TiO₂	P₂O₅	MnO	灼失	总量	H₂O⁺	H₂O⁻	SO₃	层位
1	D4567-GS2	233870	蚀变英安岩	80.50	12.48	0.66	0.74	0.078	0.14	3.86	0.054	0.066	0.12	0.014	1.79	100.50	1.74	0.45	0.0033	PzJ
2	D4568-GS6	233871	英安质晶屑凝灰岩	70.88	14.61	0.19	1.51	1.59	0.57	3.83	3.99	0.25	0.070	0.024	2.14	99.65	1.44	0.63	0.039	
3	D4569-GS1	233872	二云母钠长石英片岩	69.12	13.68	1.12	4.01	0.19	2.60	3.59	1.45	0.63	0.15	0.086	2.60	99.23	2.28	0.38	0.0066	

尼格里值

序号	样号	分析号	岩石名称	al	fm	c	alk	si	Ti	Mg	O
1	D4567-GS2	233870	蚀变英安岩	65	12	0.5	22	718	0.5	0.18	0.4
2	D4568-GS6	233871	英安质晶屑凝灰岩	46	12	9	34	377	1	0.4	0.1
3	D4569-GS1	233872	二云母钠长石英片岩	40	41	1	18	345	1	0.5	0.1

表 4-17 南木拉-郭曲变质岩亚带嘉玉桥岩群岩微量元素分析结果表（×10⁻⁶）

序号	样号	分析号	岩石名称	Sc	Nb	Ta	Zr	Hf	Li	Te	U	Be	Ga	Th	Sr	Ba	V	Co	Cr	Ni	Rb	层位
1	D4566-B2	234045	细-粉晶灰岩	2.77	3.46	0.5	44.6	1.61	7.85	0.034	1.67	1.42	5.08	8.79	132	102	14.4	1.45	14.2	12.1	45.0	
2	D4566-B3	234046	中粗晶灰岩	1.36	2.17	0.5	48.6	1.58	7.70	0.006	1.67	0.57	3.89	6.45	522	94.7	4.76	2.35	7.40	7.75	9.30	
3	D4567-B1	234047	中细晶灰岩	0.60	1.22	0.5	43.0	1.18	3.10	0.009	1.86	0.38	1	5.42	482	59.2	4.62	1	1.00	6.55	9.30	
4	D4567-B4	234050	中晶灰岩	1.46	1.84	0.5	51.3	1.50	3.90	0.014	2.25	0.56	3.50	7.86	442	66.1	6.51	3.25	8.60	14.8	14.1	PzJ
5	D4567-B2	234048	蚀变英安岩	4.39	26.5	4.36	54.7	2.20	39.8	0.019	5.44	5.36	23.8	35.9	2.84	86.9	2.06	1	6.60	11.7	303	
6	D4568-B2	234054	蚀变英安质含火山角砾玻屑晶屑凝灰岩	2.70	5.91	0.72	64.0	2.20	45.2	0.005	3.51	4.80	24.8	14.8	148	276	20.4	1	9.30	9.45	133	
7	D4568-B6	234058	英安质晶屑凝灰岩	2.60	7.72	0.65	97.7	3.33	19.0	0.016	4.82	4.20	24.0	14.9	601	707	17.2	2.25	10.2	10.4	164	
8	D4569-B1	234059	二云母钠长石英片岩	5.57	9.69	0.85	150	4.95	21.9	0.010	1.86	2.52	15.1	10.9	48.2	698	41.5	4.75	47.4	21.7	102	
9	D4568-B1	234053	黑云母钠长石英片岩	12.2	16.8	1.91	124	4.41	30.0	0.002	3.26	4.64	28.0	16.3	222	709	96.8	17.4	94.0	39.7	128	
10	D4568-B3	234055	白云母钠长石英片岩	7.23	11.0	1.15	173	5.63	22.4	0.010	2.34	2.40	16.8	12.9	91.7	404	49.7	10.6	54.5	19.9	93.7	
11	D4568-B4	234056	绿泥石钠长片岩	8.91	17.3	0.96	260	8.38	25.1	0.013	4.67	2.62	22.4	21.1	49.7	337	69.7	9.65	52.5	25.2	40.6	
12	D4568-B5	234057	绿泥石白云母钠长石英片岩	7.39	10.7	0.93	94.8	3.27	36.4	0.012	2.63	3.34	22.8	12.9	24.8	427	64.5	11.8	56.2	24.9	120	
13	D4569-B2	234060	白云母钠长石英片岩	12.3	18.4	1.21	160	5.24	48.5	0.042	2.25	4.15	31.3	14.2	46.6	485	99.3	16.6	70.6	38.3	154	

表 4-18　南木拉-郭曲变质岩亚带嘉玉桥岩群稀土元素分析结果表（×10^{-6}）

序号	样号	分析号	岩石名称	La	Ce	Pr	Nd	Sm	Eu	Gd	Tb	Dy	Ho	Er	Tm	Yb	Lu	Y	ΣREE	层位
1	D4566-B2	234045	细—粉晶灰岩	13.8	20.6	2.91	11.6	2.07	0.46	2.32	0.40	2.70	0.57	1.50	0.23	1.28	0.21	14.8	75.45	
2	D4566-B3	234046	中粗晶灰岩	7.61	11.8	1.27	5.20	0.94	0.18	0.87	0.14	0.89	0.20	0.49	0.060	0.36	0.050	3.89	33.95	
3	D4567-B1	234047	中细晶灰岩	4.76	7.85	0.83	3.11	0.54	0.14	0.56	0.085	0.56	0.11	0.29	0.040	0.21	0.035	2.27	21.39	
4	D4567-B4	234050	中晶灰岩	7.94	13.2	1.48	5.80	1.20	0.20	0.95	0.17	0.96	0.21	0.55	0.073	0.36	0.071	4.11	37.27	
5	D4567-B2	234048	蚀变安岩	4.95	8.48	2.48	6.32	2.46	0.11	3.79	1.01	8.07	1.80	5.49	0.88	5.71	0.83	46.4	98.78	Pz$_1$J.
6	D4568-B2	234054	蚀变英安含火山角砾玻屑晶屑凝灰岩	25.4	37.3	3.94	16.1	2.89	0.58	1.92	0.31	1.68	0.37	0.92	0.13	0.66	0.12	6.42	98.74	
7	D4568-B6	234054	英安质晶屑凝灰岩	21.4	32.5	3.49	14.1	2.45	0.53	1.66	0.26	1.49	0.30	0.68	0.10	0.62	0.094	5.46	85.13	
8	D4569-B1	234059	二云母钠长石英片岩	20.0	37.3	4.26	17.4	3.44	0.56	2.91	0.51	3.39	0.71	2.07	0.32	1.89	0.31	14.6	109.67	
9	D4568-B1	234053	黑云母钠长片岩	43.3	76.9	8.36	34.8	6.51	1.16	5.28	0.91	5.68	1.20	2.99	0.45	2.95	0.42	22.8	213.71	
10	D4568-B3	234055	白云母钠长石英片岩	28.5	51.0	5.62	22.8	4.62	0.91	3.80	0.62	3.87	0.77	1.96	0.30	1.75	0.28	15.5	142.3	
11	D4568-B4	234056	绿泥钠长片岩	39.2	76.3	9.19	39.3	7.42	1.21	6.33	1.06	6.83	1.45	3.76	0.56	3.44	0.53	28.6	225.18	
12	D4568-B5	234057	绿泥石白云母钠长石英片岩	20.2	34.6	4.45	20.2	3.95	0.69	3.28	0.57	3.63	0.74	1.96	0.28	1.70	0.25	13.8	110.3	
13	D4569-B2	234060	白云母长片岩	23.2	53.0	5.01	21.3	4.16	0.74	3.38	0.57	3.72	0.83	2.29	0.40	2.62	0.37	14.6	136.19	

表 4-19 南木拉-郭曲变质岩亚带嘉玉桥岩群稀土元素含量球粒陨石标准化数值（里德常数）表

序号	样号	分析号	岩石名称	La	Ce	Pr	Nd	Sm	Eu	Gd	Tb	Dy	Ho	Er	Tm	Yb	Lu	Y	层位
1	D4566-B2	234045	细一粉晶灰岩	36.5	21.1	21.1	16.2	9.00	5.31	7.46	7.04	6.92	6.57	5.88	5.76	5.14	5.43	8	
2	D4566-B3	234046	中粗晶灰岩	20.1	12.1	9.20	7.26	4.09	2.08	2.80	2.46	2.28	2.30	1.92	1.50	1.45	1.29	2	
3	D4567-B1	234047	中细晶灰岩	12.6	8.04	6.01	4.34	2.35	1.62	1.80	1.50	1.44	1.27	1.14	1.00	0.84	0.90	1.2	
4	D4567-B4	234050	中晶灰岩	21.0	13.5	10.7	8.10	5.22	2.31	3.05	2.99	2.46	2.42	2.16	1.83	1.45	1.83	2.1	
5	D4567-B2	234048	蚀变英安岩	13.1	8.69	18.0	8.83	10.7	1.27	12.2	17.8	20.7	20.7	21.5	22.1	22.9	21.4	23.7	PzJ.
6	D4568-B2	234054	蚀变英安质含火山角砾玻屑晶屑凝灰岩	67.2	38.2	28.6	22.5	12.6	6.70	6.17	5.46	4.31	4.26	3.61	3.26	2.65	3.10	3.3	
7	D4568-B6	234054	英安质晶屑凝灰岩	56.6	33.3	25.3	19.7	10.7	6.12	5.34	4.58	3.82	3.46	2.67	2.51	2.49	2.43	2.8	
8	D4569-B1	234059	二云母钠长石英片岩	52.9	38.2	30.9	24.3	15.0	6.47	9.36	8.98	8.69	8.18	8.12	8.02	7.59	8.01	7.4	
9	D4568-B1	234053	黑云母钠长石英片岩	115	78.8	60.6	48.6	28.3	13.4	17.0	16.0	14.6	13.8	11.7	11.3	11.8	10.9	11.6	
10	D4568-B3	234055	白云母钠长石英片岩	75.4	52.3	40.7	31.8	20.1	10.5	12.2	10.9	9.92	8.87	7.69	7.52	7.03	7.24	7.9	
11	D4568-B4	234056	绿泥钠长片岩	104	78.2	66.6	54.9	32.3	14.0	20.4	18.7	17.5	16.7	14.7	14.0	13.8	13.7	14.6	
12	D4568-B5	234057	绿泥石白云母钠长石英片岩	53.4	35.5	32.2	28.2	17.2	7.97	10.5	10.0	9.31	8.53	7.69	7.02	6.83	6.46	7.0	
13	D4569-B2	234060	白云母钠长片岩	61.4	54.3	36.3	29.7	18.1	8.55	10.9	10.0	9.54	9.56	8.98	10.0	10.5	9.56	7.4	

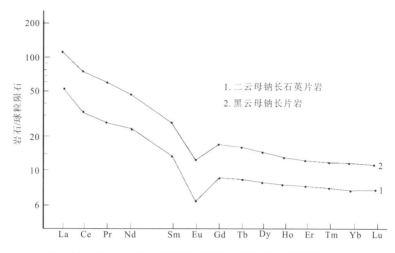

图 4-12　南木拉-郭曲变质岩亚带嘉玉桥岩群片岩类稀土元素
球粒陨石标准化分布型式图

4. 变质带、变质相及相系的划分

1) 变质带的划分

在该变质岩亚带内,岩石受变质的程度低,特征变质矿物较少,变质矿物分带不甚明显,多数地层单位划分变质带很困难,但嘉玉桥岩群由北向南可以划分为黑云母带、绿泥石带、绢云母带三个变质矿物带,但都属于低绿片岩相的范畴(图 4-13)。

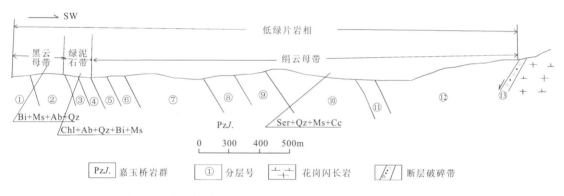

图 4-13　南木拉-郭曲变质岩亚带嘉玉桥岩群变质带划分剖面图

黑云母带:主要发育于嘉玉桥岩群第一岩组片岩中,特征是黑云母开始出现,与其共生的矿物有 Ms+Ab+Qz 等。

绿泥石带:主要发育于嘉玉桥岩群片岩和蚀变火山岩中,特征是绿泥石开始出现,与其共生的矿物有 Ab+Qz+Bi+Ms 等。

绢云母带:主要发育于嘉玉桥岩群第二岩组结晶灰岩和蚀变火山岩中,特征是绢云母开始出现,与其共生的矿物有 Qz+Ms+Cc 等。

从上述变质带的划分可以看出:嘉玉桥岩群由北向南变质程度逐渐降低,出现递减变化,说明区域变质的热源来自北面。

2) 变质相及相系的划分

在该变质岩亚带内,主要根据变质矿物组合特征,同时结合一些测试手段来确定其变质时的物化条件,来进一步划分其变质相、变质相系。

嘉玉桥岩群变质原岩较复杂,其矿物组合有 Ser+Chl+Ep+Ab+Bi+Ms+Cc+Qz 等;郭曲群为一套浅变质的细碎屑岩、粘土岩,其矿物组合有 Ser+Qz+Bi 等;下拉组为一套浅变质的灰岩,其矿物组合有

Ser+Chl+Cc 等。综合起来,该变质岩亚带的特征变质矿物组合为 Ser+Chl+Ep+Ad;常见变质矿物组合为 Bi+Ms+Qz+Cc。因此从变质矿物组合来看,该变质岩亚带的变质相应属于低绿片岩相。

在嘉玉桥岩群片岩中采集了流体包裹体样品,其测试结果见表 4-20。从表 4-20 中可以看出:变质时的温度在 110~195℃之间,变质时的压力为 $(295~535)\times10^5$ Pa,形成深度为 0.98~1.78km(仅供参考)。说明处于低温、中低压的变质环境,接近低绿片岩相。

在嘉玉桥岩群片岩中又采集了白云母晶胞参数(bo 值)样,其分析结果见表 4-21。从表 4-21 中可以看出:白云母单位晶胞 b 轴长度在 9.04×10^{-10}~9.15×10^{-10} m 之间,属于高压变质环境,这与流体包裹体样品测试的压力值有些矛盾,并没有发现高压矿物,仅供参考。因此,根据变质矿物组合及流体包裹体测定结果,该变质岩亚带应属于低绿片岩相,中低压相系。

表 4-20 南木拉-郭曲变质岩亚带嘉玉桥岩群片岩流体包裹体测定结果表

序号	样号	岩石名称	测定矿物	温度值(℃)	形成压力(Pa)	形成深度(仅供参考)(km)
1	BT2215-1	钙质片岩	石英			
			方解石	120~152	$(328~416)\times10^5$	1.09~1.38
2	BT2215-2	钠长片岩	石英	110-140	$(295~376)\times10^5$	0.98~1.25
			方解石	135~165	$(370~453)\times10^5$	1.23~1.51
3	BT2215-3	钙质片岩	石英	155~195	$(416~526)\times10^5$	1.38~1.75
			方解石	155~195	$(424~535)\times10^5$	1.41~1.78

表 4-21 南木拉-郭曲变质岩亚带嘉玉桥岩群片岩类白云母晶胞常数(bo 值)分析结果表

样号	样品名称	分析结果($\times10^{-10}$m)							
		a_0	Δa	bo	Δb	Co	Δc	β	$\Delta\beta$
bo2215-1	钙质片岩	5.19	0.007	9.09	0.01	20.09	0.03	96.39	0.13
bo2215-2	钠长片岩	5.20	0.07	9.15	0.04	20.06	0.07	96.38	0.31
bo2215-3	钙质片岩	5.18	0.02	9.15	0.05	20.13	0.09	97.10	0.39
XS2215-1	钙质片岩	5.24	0.009	9.04	0.02	20.10	0.04	93.32	0.23
XS2215-2	钠长片岩	5.23	0.01	9.07	0.02	20.06	0.03	94.25	0.33

5. 变质变形期次及探讨

嘉玉桥岩群时代争议较大,本次工作未获得准确的年龄资料,只是总结了前人的一些成果,四川第三区测队(1974)和西藏综合队(1979)曾将其划分为上古生代,艾长兴(1986)、杨暹和(1986)等人获得过古生物化石,将其时代划为石炭纪—二叠纪和前泥盆纪,本次工作将其划为古生代,其主变质期为海西期可能要大一些;下拉组时代为早二叠纪,主变质期也应为海西期;郭曲群的时代为晚侏罗世—早白垩世,主变质期应为早燕山期。综上所述,该变质岩亚带的主变质期应为海西期和早燕山期,但也不排除有其他运动的影响。

二、余拉山-下秋卡变质岩带

该变质岩带北以班公错-怒江缝合带北界断裂为界,南以班公错-怒江缝合带南界断裂为界,即指班公错-怒江缝合带在测区通过的地区(图 4-1)。该变质岩带产于冈底斯-念青唐古拉板块与羌塘-三江复合板块的碰撞地带,主要表现为俯冲带变质作用,为高压低温变质环境,形成一套低绿片岩相的浅变质岩系。该变质岩带受变质的地层有余拉山岩组($JMy.$)、班戈桥岩组($JMb.$)、各组岩组($JMg.$)、沙木罗组(J_3K_1s)。现从以下各方面归纳、论述该变质岩带的变质地质特征。

(一)岩石类型及特征

在该变质岩带内,变质岩石类型简单,变质程度很低,基本上保持原岩面貌,但变形较强,褶皱构造和断裂构造较发育,表现出大无序、小有序的构造地层特点,主要变质岩石类型如下。

1. 板岩类

板岩类岩石在该变质岩带内分布广泛,主要分布于余拉山岩组、班戈桥岩组、各组岩组中,其岩性有绢云母板岩、砂—粉砂质绢云母板岩、粉砂质绢云母板岩、炭质粉砂质绢云母板岩等,岩石具微细鳞片变晶结构,板状构造。粒径一般为 0.02~0.05mm,主要矿物有石英 2%~15%、绢云母 65%~94%、炭质物 2%~3%、黑云母(雏晶)10%~20%、绿泥石 1%等。

2. 浅变质碎屑岩类

该类岩石在变质岩带内分布广泛,主要有浅变质的中粗粒石英砂岩、细砂岩、岩屑长石石英砂岩等,砂状结构,层状构造仍然保持,只是杂基变成了绢云母,微粒石英;硅质胶结物已次生加大,泥质胶结物变成了绢云母。主要矿物成分:碎屑成分为石英 65%~77%、岩屑 3%~5%、长石 10%~15%;杂基为绢云母 4%~10%、微粒石英 1%~5%;胶结物为硅质物(次生加大)5%~7%。

3. 结晶灰岩类

该类岩石主要分布于沙木罗组中,其岩性有中—薄层状隐晶灰岩,薄—中层状结晶生物碎屑灰岩、中层状中晶灰岩等。灰岩面貌仍然保持,只是泥质物部分变成了绢云母,方解石具重结晶。主要矿物有方解石 90%~97%、石英 1%~3%、绢云母 1%~2%、炭质物 1%~2%、绿泥石 1%。

4. 蚀变基性、超基性岩类

此类岩石主要分布于余拉山岩组中,其岩性有蚀变细粒辉长岩、白云石化蛇纹石化斜辉辉橄岩、铬铁矿化白云石化蛇纹化纯橄岩、蛇纹石化斜方辉橄岩等。岩石具变余辉长结构、残余网格结构、变晶结晶结构,块状构造。粒径一般为 0.1~0.3mm,主要矿物有蛇纹石、方解石、白云石、石英、铬尖晶、铬铁矿、辉石、橄榄石等,矿物含量变化大,副矿物有磁铁矿。

(二)主要变质矿物特征

在该变质岩带内,岩石受变质的程度很低,基本上保留着原岩面貌,仅形成一些低级的变质矿物,主要有绢云母、绿泥石、黑云母(雏晶)等。

(1)绢云母:主要产于绢云母板岩中,含量高达 90%以上,其他岩石中也有少量分布,呈微细鳞片状,在板岩中沿一定方向排列构成板状构造,常与石英、绿泥石、黑云母(雏晶)共生。它是泥质物受低级变质作用的产物。

(2)绿泥石:仅见于板岩和蚀变超基性岩中,多呈鳞片状集合体分布,含量很少,呈浅绿色,玻璃光泽,解理完全,沿一定方向不均匀分布于岩石中,常与石英、黑云母(雏晶)、绢云母、蛇纹石共生。

(3)黑云母:主要分布于板岩中,呈雏晶产出,淡绿色,常与绿泥石、石英、绢云母共生。

(三)变质原岩的恢复

在该变质岩带内,岩石变形较强,但变质较弱,原岩面貌基本保存,在野外就能识别出原岩特点。

板岩类呈层状产出,常被夹于长石石英砂岩、岩屑石英砂岩、石英杂砂岩、石英粉砂岩中,具变余粉砂质结构、变余炭质结构,因此,原岩应为含炭质粉砂质粘土岩(页岩)类。

浅变质碎屑岩、结晶灰岩类的原岩特征仍然保存,肉眼就能识别出原岩特点,其原岩为各类碎屑岩、灰岩等。

蚀变基性、超基性岩类呈块状地质体产出,与辉长岩、辉橄岩、橄榄岩共生,具变余辉长结构、变余辉绿结构、变余网状结构,矿物组合为蛇纹石、橄榄石、辉石、铬尖晶石、铬铁矿等,因此,原岩为各类基性、超基性岩。

(四)变质带、变质相及相系的划分

1. 变质带的划分

在该变质岩带内,由于变质作用类型特殊,岩石变形作用较强,但变质程度较弱,形成的变质矿物都是低级的,因此,变质矿物分带不明显,反映不出变质强度的差异,划分不出变质相之间的界线。

2. 变质相及相系的划分

在该变质岩带内,主要依靠变质矿物组合和特殊的构造环境来划分其变质相及相系。在板岩类中的变质矿物组合为 Ser+Qz+Bi(雏晶)+Chl;在变质碎屑岩类中的变质矿物组合为 Ser+Qz;在结晶灰岩类中的变质矿物组合为 Cal+Qz+Chl+Ser;在蚀变基性、超基性岩类中的变质矿物组合为 Srp+Cal+Dol+Chl。综合起来,该变质岩带的特征变质矿物组合为 Ser+Chl;常见变质矿物组合为 Cal+Dol+Srp+Bi(雏晶)+Qz。因此,该变质岩带应属于低绿片岩相,本次工作虽然未在该变质岩带内发现高压标志矿物,但该带处于板块碰撞接合带部位,应属于高压相系。

(五)变质变形期次及探讨

该变质岩带内大部分是侏罗纪时期形成的地层,晚侏罗世—早白垩世的地层也有分布,因此,受早期燕山运动的影响较大,主变质期应为早燕山期。

三、桑雄-麦地卡变质岩带

该变质岩带北以班公错-怒江缝合带南界断裂为界,南至出图。变质地质体呈近东西向展布,受变质的地层有上石炭统拉嘎组(C_2l),中三叠统嘎加组(T_2^2g),中侏罗统马里组(J_2m),桑卡拉佣组(J_2s),中上侏罗统拉贡塘组($J_{2-3}l$),下白垩统多尼组(K_1d),上白垩统宗给组(K_2z)(图 4-1)。该变质岩带的变质程度较浅,原岩层面清楚,基本保留原岩特征。主要表现为区域低温动力变质作用,属于低绿片岩相,中低压相系。现以变质地质学的角度从以下五个方面进行归纳论述。

(一)岩石类型及特征

该变质岩带的岩石类型较简单,主要为一套浅变质岩系,其岩石类型有板岩类、变碎屑岩类、变火山岩类、变硅质岩类、结晶灰岩类等。

1. 板岩类

板岩类岩石主要分布于拉嘎组(C_2l)、马里组(J_2m)、桑卡拉佣组(J_2s)、拉贡塘组($J_{2-3}l$)、多尼组(K_1d)地层中,其岩性有绢云母板岩、含砾粉砂质绢云母板岩、粉砂质绢云母板岩、含粉砂质绢云母板岩、砂质绢云母板岩、含钙质砂质绢云母板岩等。岩石呈灰黑色,具显微鳞片变晶结构,板状构造,粒径一般为0.02~0.05mm,主要矿物为绢云母、石英、炭质物及少量绿泥石,主要矿物含量见表4-22。

表 4-22 桑雄-麦地卡变质岩带板岩类岩石类型及矿物含量表

矿物含量(%) 主要矿物 岩石类型	绢云母	石英	炭质物	砾屑	云母碎片	方解石	岩屑
绢云母板岩	95	3	1~2				
含砾粉砂质绢云母板岩	85	2	1	8			2
粉砂质绢云母板岩	90	8	1~2		1		
含粉砂质绢云母板岩	90	5	1~2		1~2		
砂质绢云母板岩	70	25	1~5		1		
含钙质砂质绢云母板岩	55	28	1~2		0.5	2	2
含石英粉砂质绢云母板岩	93	5	1				

2. 变碎屑岩类

该类岩石主要分布于拉嘎组(C_2l)、嘎加组(T_2^2g)、马里组(J_2m)、拉贡塘组($J_{2-3}l$)、多尼组(K_1d)地层中，主要岩性为浅变质的钙质含砾不等粒石英砂岩、细粒石英砂岩、石英粗砂细砾岩、中粒石英砂岩、长石石英砂岩、岩屑长石砂岩、含砾岩屑石英砂岩、岩屑石英粉砂岩、长石石英粉砂岩、钙质白云质岩屑石英粉砂岩、细粒长石石英杂砂岩等。岩石呈浅灰色，原岩的砂状结构、砾状结构，层状构造仍然保持，碎屑成分基本保持原样，但杂基已变成绢云母、微粒石英；硅质胶结物已次生加大，泥质胶结物已变成了绢云母，钙质胶结物已变成了方解石、白云石。岩石多数具有绿泥石化，岩石由碎屑、杂基、胶结物三部分组成，其矿物含量见表4-23。

3. 变火山岩类

该类岩石主要分布于嘎加组(T_2^2g)、拉贡塘组($J_{2-3}l$)、宗给组(K_2z)地层中。其岩性有蚀变安山岩，具原岩的斑状结构，交织结构，块状构造仍然保留，矿物成分为更长石75%、绿泥石20%、方解石2%、金属矿物2%～3%；蚀变橄榄玄武岩，原岩的斑状结构，间隐结构，气孔构造仍然保留，矿物成分为斜长石15%、橄榄石10%、钠更长石45%、绿泥石15%、白钛石5%；蚀变辉石安山岩，原岩的斑状结构，交织结构仍然保留，矿物成分更长石75%、暗色矿物8%、绿泥石15%、白云石3%。

4. 变硅质岩类

该岩类主要分布于嘎加组(T_2^2g)地层中。岩石具轻微变质，主要为浅变质的放射虫泥质硅质岩，放射虫白云质硅质岩。原岩的隐晶结构、生物结构仍然保留，只是泥质物部分变成了绢云母，硅质物具次生加大，形成微粒石英，钙质物形成了方解石。

5. 结晶灰岩类

该岩类主要分布于桑卡拉佣组(J_2s)、嘎加组(T_2^2g)地层中。主要岩性有硅质微晶灰岩、生物碎屑微晶灰岩、含石英砂屑灰岩、砂质细晶灰岩、生物碎屑粉晶灰岩等。原岩的灰岩面貌仍然保留，只是泥质物具绢云母化，方解石具重结晶，主要矿物为方解石60%～90%、白云石4%～10%、生物碎屑5%～22%、石英2%～5%、绢云母3%～8%及少量绿泥石。

(二) 主要变质矿物特征

在该变质岩带内，岩石受变质的程度很低，基本上保持着原岩特征，仅形成一些低级的变质矿物，主要有绢云母、绿泥石、石英等。

(1) 绢云母：分布最广泛，基本上所有的岩石中均有产出，呈显微鳞片状集合体，常与石英、绿泥石共生。

(2) 绿泥石：分布也广泛，但在岩石中含量较低，多呈鳞片状集合体分布，呈浅绿色，玻璃光泽，解理完全，常与绢云母、石英共生。

(3) 石英：分布极广，但多数为原生石英，变质作用形成的石英多分布在硅质岩及硅质胶结的岩石中，常呈微粒石英，粒径小于0.01mm，具玻状消光，发育裂纹，常与绢云母、绿泥石共生。

(三) 变质原岩的恢复

该变质岩带的岩石受变质的程度很低，根据地质产状和岩石共生组合，岩相学标志就能识别出原岩特点。

板岩类岩石呈层状地层体产出，具有韵律性层理，常与泥灰岩、粉砂岩、砂岩共生，并互层产出，具变余砂质、粉砂质结构，原生结核仍然保留，因此，板岩类的原岩应为含粉砂质粘土岩(页岩)类。

表 4-23 桑雄-麦地卡变质岩带变碎屑岩类岩石类型及矿物含量表

矿物含量(%) 岩石类型	主要矿物			碎屑					杂基			胶结物			其他矿物
	石英	硅质岩	长石	绢云母板岩	云母片	电气石锆石	火山岩	灰岩	绢云母	微粒石英	硅质物(次生加大)	方解石	白云石	绢云母	绿泥石
钙质含砾不等粒石英砂岩	72	3	1~2	3	微				0.5	1	3	1~2			
中砂质细粒石英砂岩	80	2	2	3		0.5			3	1	3				
含钙质细粒石英砂岩	73	3	2	5	微	0.5			3	1	3	8	2		
白云质石英粗砂细砾岩	8	72	1	2			1				1	17	15		0.5
钙质中粒石英砂岩	70	2	1	1~2		微			3		3				
细粒长石英砂岩	65	2	2	5		2			3	2	3				1
钙质中细粒岩屑长石英砂岩	38	2	25	5	0.3	0.3	3	3	3	2	2	12	2		1
岩屑砂砾岩	5	8	1	25			30				1	4			0.5
钙质细粒岩屑石英砂岩	55	1	2	2	0.5	1		15	1	2	1	23			
白云质岩屑石英粉砂岩	55	3	1	3	0.5	1				2	2		10	7	0.5
细粒长石英杂砂岩	60	2	10	5		0.5			15	3	3				
长石英粗砂岩	73	5	10	2		0.5			1	3	4		0.5	23	0.5
中粒长石英粉砂岩	55	3	8	4	2	0.5					3				
岩屑岩	3	35	0.5				25	15				3			2.5

变碎屑岩类、变火山岩类、变硅质岩类、结晶灰岩类仍然保持原岩的结构、构造特点,肉眼就能识别出岩性特征,仅是受轻微蚀变和重结晶的影响,并没有实质改变原岩的成分、结构、构造,所以不需作原岩的恢复工作。

(四)变质带、变质相及相系的划分

1. 变质带的划分

该变质岩带的岩石受变质的程度很低,仅形成一些低级的变质矿物,且变质矿物分带极不明显,反映不出变质强度的差异,因此,无法划分变质带。

2. 变质相及相系的划分

在该变质岩带内,变质相及相系的划分主要以变质矿物组合为基础。板岩类的变质矿物组合为 Ser+Chl;变碎屑岩类中的变质矿物组合为 Qz+Ser+Chl+Cal;变火山岩类中的变质矿物组合为 Chl+Ab+Ms;结晶灰岩类及变硅质岩类中的变质矿物组合为 Chl+Qz+Ser。综合起来,该变质岩带的特征变质矿物组合为 Ser+Chl+Ab;常见变质矿物组合为 Qz+Cal+Dol+Bi(雏晶)。因此,该变质岩带属于低绿片岩相,中低压相系。

(五)变质变形期次及探讨

主要根据受变质地层的地质时代和变质程度差异来探讨该变质岩带的变质变形期次,拉嘎组时代为晚石炭世,嘎加组时代为中晚三叠世,马里组、桑卡拉佣组、拉贡塘组时代为中—晚侏罗世,它们的变质程度相似或一致,主变质期应为早燕山期;多尼组、宗给组的时代为早—晚白垩世,主变质期应为晚燕山期。

第三节 接触变质作用及其岩石

测区跨于冈底斯火山-岩浆弧北缘和聂荣微地块岩浆活动带南缘的接合部位,主要出露燕山期—喜马拉雅期的中酸性侵入体,接触变质作用比较强烈,主要表现为热接触变质作用,接触交代变质作用次之(图4-1)。

一、热接触变质作用及其岩石

热接触变质作用在测区普遍较发育,主要发生在桑雄岩体、雅雄拉岩体和南木拉岩体的周围(图4-1)。围岩仅受岩体温度影响而发生重结晶作用、变质结晶作用,围岩的化学成分、结构构造基本保持原状,多数肉眼就能识别其原岩特征。

(一)岩石类型及特征

根据原岩成分及变质条件,同时适当考虑产物的特征,将测区的热接触变质岩划分为如下五种类型。

1. 斑点板岩类

测区的斑点板岩主要分布于桑雄岩体、雅雄拉岩体与拉贡塘组($J_{2-3}l$)的外接触带上,它是泥质岩石受低级热变质作用的产物,颜色一般为灰黑色,显微鳞片变晶结构,板状构造和斑点构造。由于分布在外接触带上,距岩浆体较远,所处的温度低,故岩石大部分没有重结晶及重组合,基本上保留着原岩的特征,新生矿物仅有少量的绢云母、绿泥石,偶尔有红柱石、堇青石等矿物产出,上述矿物的雏晶和原岩中的铁质、炭质等常聚集成斑点,散布在大部分未重结晶的基质中,形成斑点构造。该岩类常见的岩性有以下五种。

堇青石红柱石绢云母斑点板岩 灰黑色,斑状变晶结构,基质为显微鳞片变晶结构,板状构造,斑点构造。红柱石10%、堇青石15%、绢云母70%、炭质物1%、褐铁矿0.5%。岩石明显受热接触变质作用,主

要由细小的绢云母鳞片集合体,沿一定方向呈鳞片变晶结构组成,红柱石、堇青石、微粒石英、炭质物、褐铁矿沿板理方向星散分布。

红柱石绢云母斑点板岩 灰黑色,显微鳞片变晶结构,板状构造、斑点构造。红柱石10%,褐铁矿斑点14%,绢云母70%,炭质物0.5%。岩石主要由细小的绢云母鳞片集合体沿一定方向呈鳞片变晶结构组成,炭质物沿板理方向分布,红柱石变斑晶,褐铁矿斑点沿板理方向不均匀分布于岩石中。

角岩化堇青石绢云母斑点板岩 灰黑色,显微鳞片变晶结构,板状构造,斑点构造。绢云母18%,石英10%,黑云母20%,堇青石1%～2%,炭质和金属矿物1%～2%。岩石明显受热接触变质作用,重结晶而角岩化。

钙质粉砂质绢云母斑点板岩 灰黑色,粉砂质显微鳞片变晶结构,板状构造、斑点构造。石英20%,云母碎片2%,电气石、金属矿物0.5%,方解石14%,褐铁矿、炭质、钙质斑点8%,绢云母55%。褐铁矿、炭质物、方解石聚集成斑点,不均匀分布于岩石中。

堇青石绢云母斑点板岩 灰黑色,显微鳞片变晶结构,板状构造,斑点构造。堇青石13%、绢云母75%、黑云母3%、炭质物2%、石英2%、金属矿物0.5%,堇青石、微粒石英、炭质物、金属矿物等沿板理方向不均匀分布于岩石中,为斑点构造。

2. 角岩类

测区的角岩类热接触变质岩主要分布于桑雄岩体、雅雄拉岩体,南木拉岩体的周围,颜色一般为灰色,颗粒细小,呈隐晶致密状,在镜下观察:原岩基本上已全部重结晶和重组合,形成角岩结构。它是泥质岩、粉砂岩受中高级热变质作用的产物,形成的岩性有以下两种。

堇青石角岩 浅灰色,角岩结构、变晶结构,岩石成分为堇青石34%、黑云母65%、金属矿物0.5%、电气石0.5%。岩石主要由粒径一般为0.1～0.2mm的堇青石和分布于堇青石之间的黑云母鳞片集合体组成,呈鳞片变晶结构不均匀分布,堇青石常含许多黑云母鳞片包体。

绢云母石英角岩 浅灰色,角岩结构、鳞片变晶结构,块状构造。岩石成分为石英75%、白云母5%、黑云母微量、绢云母15%、绿泥石1%、方解石0.5%、电气石2%、金属矿物1%、磷灰石、锆石0.3%。岩石由粒径一般为0.2～0.5mm的石英组成,呈粒状变晶结构,微粒金属矿物、磷灰石、锆石呈星点状分布于岩石中。

3. 片岩类

测区热接触变质作用形成的片岩主要分布于南木拉岩体的周围,产于内接触带,分布很少,宽窄不一,主要岩性有以下两种。

黑云母红柱石片岩 岩石具鳞片粒状变晶结构,片状构造。岩石成分为红柱石20%～25%、石英30%～50%、钠长石4%、堇青石少量。

红柱石绢云母石英片岩 浅灰色,鳞片粒状变晶结构,片状构造。岩石成分为红柱石5%～30%,石英35%～45%,绢云母30%～40%,黑云母、绿泥石少量。

4. 大理岩类

大理岩主要分布于南木拉岩体的周围,它是碳酸盐岩受热变质作用的产物,一般为白色,粒状变晶结构,块状构造,矿物成分主要为方解石,其岩性有透辉石大理岩、硅灰石大理岩等。

5. 石英岩类

测区石英岩分布极少,仅见于南木拉岩体周围,它是石英砂岩受热变质作用的产物,颜色为白色、灰白色,粒状变晶结构,块状构造,矿物成分主要为石英,其次为长石,含有黑云母。

(二)主要变质矿物特征

测区热接触变质作用形成的主要变质矿物有四种。

(1)黑云母：为角岩、片岩的主要变质矿物，呈等轴鳞片状，具多色性，棕红色，反映温度为较高环境。有时晶片聚集成斑点，构成斑点状构造。

(2)董青石：主要产于斑点板岩中，角岩中也有少量产出，椭球状，直径 0.5～1mm，常沿一定方向分布于绢云母鳞片中，具残缕结构，个别晶体具聚片双晶，晶体中常包裹石英、黑云母等基质成分，构成筛状变晶结构。

(3)红柱石：主要产于斑点板岩中，片岩中也有少量产出。自形状，具十字双晶，横切面为菱形、四边形，直径一般为 0.5～1mm。

(4)透辉石：仅见于大理岩中，它是碳酸盐岩受热变质作用的产物，呈短柱状或粒状变晶，无色，最大消光角(C∧Ng)38°～40°，一般细小，粒径 0.3～0.6mm。

(三)接触变质带、变质相特征

测区岩浆活动频繁，接触变质具有多次叠加性，新生的接触变质矿物也较复杂，又加上严重的覆盖，给接触变质带、变质相的调查带来困难，大多数岩体的接触变质相带很难划分，现将具有代表性的雅雄拉岩体的接触变质特征叙述如下。

雅雄拉岩体为早白垩世的黑云母二长花岗岩，侵入于中上侏罗统拉贡塘组中，其接触带可以看到分带现象，随着远离侵入体方向，变质程度逐渐降低，特征变质矿物和矿物组合发生有规律的变化，开始出现董青石，其矿物组合为 Cor+Bi+Ms+Qz。随着远离岩体，董青石消失，出现绢云母，其矿物组合为 Bi+Ser+Ms+Qz。因此，按矿物组合可以划分出董青石带和黑云母带两个接触变质矿物强度带(图 4-14)。根据特征变

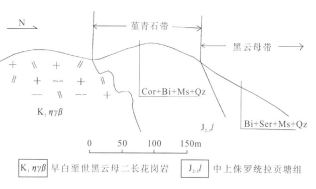

图 4-14 雅雄拉岩体接触变质带剖面图

质矿物和矿物组合的特征，该接触变质相属于钠长-绿帘角岩相。根据对围岩的流体包裹体测定资料(P10BT-14)：温度在 120～140℃之间，压力为(331～387)×10⁵Pa，深度为 1.103～1.29km，因此属于低温低压的接触变质环境。

二、接触交代变质作用及其岩石

测区的接触交代变质作用很不发育，形成的岩石非常稀少，仅见于达青乡扎日岩体周围，产生很弱的矽卡岩化，形成少量的矽卡岩化灰岩，这是晚白垩世的黑云角闪石英闪长岩与中侏罗统桑卡拉佣组灰岩接触产生交代作用的结果。主要变质矿物有硅灰石、阳起石、绿帘石等，伴生的金属矿物有磁铁矿、黄铁矿、方铅矿等。由于交代变质作用较弱，变质矿物分带很不明显，无法划分接触变质带。根据变质矿物组合：Wo+Ac+Ep，接触变质相应属于角闪角岩相。岩体时代为晚白垩纪，因此变质期为晚燕山期。

第四节 动力变质作用及其岩石

测区动力变质作用十分强烈，形成的岩石分布广泛，主要沿近东西向和北西-南东向的断裂带分布(图 4-1)。该类岩石是在构造作用过程中所产生的强应力作用下，先成岩石发生破碎变形，并且产生变质结晶、重结晶作用，使其矿物成分、结构构造发生变化而形成。其分布明显受断裂构造所控制。根据测区动力变质作用的性质以及动力变质岩的特点，将测区的动力变质作用划分为脆性动力变质作用和韧性动力变质作用。

一、脆性动力变质作用及其岩石

测区脆性动力变质作用很强烈，主要沿近东西向的断裂带发育，形成的岩石类型也很多，分布也广泛，常见的岩石类型有以下几种。

构造角砾岩 该岩类主要分布在测区规模不等的脆性断裂带上，岩石由角砾和胶结物两部分组成，具角砾结构，块状构造，微定向构造。角砾含量35%～70%，大多为棱角状、次棱角状，成分基本与围岩一致，有砂岩、灰岩、板岩、片岩、片麻岩等角砾，大小混杂，杂乱分布，大小2～50mm或更大。角砾中的石英颗粒具波状消光。胶结物30%～65%，多为次生石英、方解石、白云石、铁质、硅质、泥质等，还有一定量的原岩破碎形成的碎粉状石英、方解石。

碎裂岩 该类岩石在大多数断裂带内均有发育，主要岩性有花岗质碎裂岩、碎裂黑云母二长花岗岩、碎裂黑云母二长片麻岩、碎裂不等粒大理岩、碎裂石英岩、碎裂黑云母角闪闪长岩等。岩石具碎裂结构，块状构造。大部分岩石原岩结构构造基本保存，小部分岩石由于破碎强烈，原岩结构构造已消失。碎块40%～80%，大小2～50mm，个别达100mm，碎块中的方解石、长石双晶纹普遍弯曲、断开，部分颗粒定向拉长，石英碎裂纹发育，具波状消光，云母片具波状消光，双晶纹弯曲、拉开，碎块边缘碎粒化明显。碎基20%～60%，成分为碎块边缘磨碎的微粒石英、方解石、长石及重结晶的石英、方解石、绢云母、绿泥石等，次生方解石脉发育。

断层玻状岩（玻化岩） 该类岩石在测区分布极少，但有发现，分布于扎仁北东的破碎带中，是一种特殊的构造岩，它是由断层摩擦熔融和迅速冷却而形成。灰绿色，玻璃结构、隐晶质结构，条纹状构造，其化学成分与母岩一致，有大量的假玄武玻璃，角砾粒径一般为2～3mm，占65%左右；碎粒粒径一般为0.3～1.5mm，占35%左右；错碎碎屑呈不规则状，棱角状，均具强烈玻状消光。

碎斑岩 该岩类在测区分布局限，仅见于南木拉断裂带上，主要岩石为花岗质碎斑岩等，岩石由碎斑和碎基两部分组成，具碎斑结构，块状构造。碎斑：正长石30%、更长石10%。碎基：碎粒磨细石英22%、碎粒磨细更长石20%、碎粒磨细正长石12%、黑云母3%，方解石2%等。碎斑粒径1～3mm，碎基粒径0.03～0.5mm，碎斑具波状消光。

碎粒岩 该岩类主要分布于南木拉-郭曲挤压破碎带上，岩石破碎更为强烈，岩石碎块及矿物碎屑大部分已碎粒化，岩石具碎粒结构，块状构造，原岩结构构造已全部破坏，原岩性质用肉眼不能恢复，少量碎斑，碎粒呈尖棱角状杂乱分布，粒径大小0.5mm，石英、长石、方解石、云母具玻状消光，双晶面弯曲，其岩性有长英质碎粒岩、花岗质碎粒岩等。

碎粉岩 该岩类主要分布于测区南部近东西向强烈挤压带上，岩石破碎十分强烈，岩石中的矿物大部分碎粉化，碎粉大于0.01mm，原岩结构、构造全部消失，少量微粒石英、方解石具重结晶作用。与碎粒岩分布在一起，岩石具碎粉结构，块状构造，遭风化后常呈泥状，故又称断层泥。

每条断裂带规模不等，但岩石组合基本相似，仅是所受影响的原岩不同而有所差异。从断裂带边部到中心岩石依次为构造角砾岩、碎裂岩、碎斑岩、碎粒岩、碎粉岩等，但这几种岩石也常相伴分布。断裂带主要发生于早燕山期，晚燕山期又有继承性活动，主变质期应为早燕山期。

二、韧性动力变质作用及其岩石

测区韧性动力变质作用主要发生在聂荣片麻杂岩（$An∈Ngn$）内（图4-1）。形成的岩石类型也较多，沿北西-南东向的韧性剪切带分布，常见的岩石类型有以下几种。

糜棱岩化岩石类 该岩类在测区比较发育，分布较广，主要岩性有糜棱岩化细粒黑云母二长花岗岩、糜棱岩化中细粒花岗岩、糜棱岩化黑云母花岗岩、糜棱岩化长英岩、糜棱岩化黑云母二长片麻岩、糜棱岩化二云斜长片麻岩等。岩石由碎斑和糜棱物两部分组成，碎斑占30%～70%，碎斑成分复杂，视原岩性质而定，碎斑常被拉长，具定向分布，大小0.2～1.5mm，碎斑具强烈玻状消光；糜棱物30%～70%，粒径小于0.02mm，为矿物或岩石微粒，组成条纹构造，绕过碎斑。

初糜棱岩类 该岩类主要岩性有花岗质初糜棱岩、方解石初糜棱岩等，具初糜棱结构，块状构造。岩石主要受韧性剪切作用，沿剪切方向错碎、磨细而形成初糜棱结构，矿物成分、化学成分与原岩密切相关，错碎角砾粒径一般为2~5mm,占70%;错碎碎粒粒径一般为0.1~1mm,占30%,错碎角砾、碎粒多呈棱角状,不规则状,均强烈玻状消光。

糜棱岩类 该岩类主要分布于韧性剪切带内侧,是识别韧性剪切带的标志,主要岩性有花岗质糜棱岩、钙质糜棱岩、长英质糜棱岩等,具S-C组构,糜棱结构,块状构造。矿物成分、化学成分差别较大,视原岩性质而定。岩石由碎斑和碎基两部分组成,碎斑粒径一般为0.5~2mm,占40%左右;碎基粒径一般为0.01~1mm,占60%左右。塑性变形强,拔丝构造明显。

每条韧性剪切带规模不等,但岩石组合基本相似,从韧性剪切带边缘到中部岩性依次为糜棱岩化岩石、初糜棱岩、糜棱岩等。受变质的地质体为聂荣片麻杂岩(An∈Ngn)和早侏罗世黑云二长花岗岩($J_1\pi\gamma$)。因此,主变质期应为早燕山期。

第五节 气液变质作用及其岩石

测区气液变质作用不是很强烈,形成的岩石分布局限,主要发育在一些构造破碎带上和一些岩脉的边缘,它是由热的气体和热的液体作用于已形成的岩石,使已有岩石产生矿物成分、化学成分及结构、构造的变化,而形成的一类变质岩。测区内受气液变质作用形成的岩石类型有以下三种。

一、蛇纹石化岩石

蛇纹石化岩石主要分布于余拉山蛇绿岩体、夺列蛇绿岩体一带,它是由超基性岩浆岩经热液蚀变作用而形成。岩石类型有白云石蛇纹岩、透闪石蛇纹岩、蛇纹石化橄榄岩、蛇纹石化透辉橄榄岩、蛇纹石化斜方辉橄岩等。岩石中的橄榄岩、斜方辉石蚀变强烈,有时可见残晶出现,蚀变矿物组合为Srp+Dol+Tr+Chl等。镜下观察岩石具纤维变晶结构、变余全自形结构等,构造为致密块状构造,有时可见角砾状构造。测区超基性岩形成蛇纹石化岩石的过程主要是岩石中的橄榄石、辉石等铁镁矿物受热液作用发生硅化、碳酸盐化作用的结果。硅化作用形成蛇纹石的过程:$3Mg_2SiO_4$(镁橄榄石)$+4H_2O+SiO_2 \rightarrow 2Mg_3SiO_5(OH)_4$(蛇纹石)。碳酸盐化作用形成蛇纹石的过程:$2Mg_2SiO_4$(镁橄榄石)$+2H_2O+CO_2 \rightarrow Mg_3Si_2O_5(OH)_4$(蛇纹石)$+MgCO_3$(菱镁矿)。在蛇纹石化过程中,经常有绿泥石化现象。

二、青磐岩化岩石

测区的青磐岩化作用不很强烈,形成的岩石分布较少,仅见于嘎加组、拉贡塘组、宗给组地层中,以夹层状、透镜状产出,它是上述地层中的中基性火山岩夹层、中基性次火山岩脉以及中基性火山碎屑岩受气水热液作用而形成的绿色块状岩石。岩石类型有青磐岩化安山岩、青磐岩化玄武岩、青磐岩化闪长玢岩、青磐岩化中性岩屑凝灰角砾岩等。青磐岩化岩石一般为灰绿色、黑绿色,隐晶质—中细粒变晶结构、变余斑状结构、变余火山碎屑结构,块状构造。蚀变矿物组合为Ac+Chl+Ab+Qz+Cal等,经常含有一定量的黄铁矿。青磐岩化过程是原岩中的辉石、角闪石蚀变成阳起石、绿泥石、绿帘石,并析出石英及碳酸盐岩类矿物的过程。在青磐岩化过程中H_2O、CO_2及H_2S等是重要的"反应剂",H_2O在反应过程中主要是促进绿泥石、绿帘石及阳起石的形成;CO_2促进方解石、白云石等碳酸盐岩类矿物的形成;H_2S与岩石中的Fe反应可直接形成黄铁矿。

三、云英岩化岩石

该类岩石主要分布于聂荣片麻杂岩(An∈Ngn)、扎仁岩群(An∈Z.)变质地层中,主要是该地层中的一些花岗岩岩脉和花岗岩岩株在高温气水热液作用下,经交代蚀变作用,形成另外一种以白云母和石英为主要矿物的岩石。主要岩石类型有云英岩、云英岩化花岗岩等。岩石一般为浅灰色、浅粉红色,具花岗变晶结构、鳞片花岗变晶结构、交代结构,块状构造。矿物成分主要为云母和石英,石英大于50%,云母最高可达40%,蚀变矿物主要为Ms+Bi+Qz等,岩石中含有黄铁矿。云英岩化过程是岩石中的黑云母、斜长石、正长石在气水热液作用下先后被交代,转变成白云母和石英,其变化的大体程序是:黑云母首先变成水黑云母或绿泥石,继而变成白云母,有时可直接变成白云母,斜长石首先变成钠长石,绿帘石及绢云母也可变成绢云母和石英集合体,最后变成白云母和石英,当交代作用进行强烈时,钾长石也可以变成石英和云母。在云英岩化过程中,常有挥发组分参与,故常有电气石和萤石出现。

测区气水热液活动是多期性的、复杂的,因此,变质期、变质相带是很难确定、划分的。

第六节 变质作用与岩浆作用、构造作用以及成矿作用的关系

一、变质作用与岩浆作用、构造作用的关系

变质作用、岩浆作用、构造作用,它们都是地壳发展过程中所呈现的特定的地质作用,三者是平行的关系,但在不同的情况下,又存在着内在的联系。总之,它们都要服从于地壳形成和发展的总过程,并受地幔和地壳相互作用的支配。

从测区来看,变质作用、岩浆作用、构造作用三者是密切联系的。岩浆作用引起了局部的接触变质作用,同时又是引起区域动力热流变质作用的一个因素;构造作用引起了动力变质作用,同时又是引起区域低温动力变质作用的一个因素;变质作用可以使各种地质作用形成的岩石发生改造,形成另一种与原岩相似或完全不同的岩石,并且,变质作用进一步发展可以产生混合岩化作用,进而形成岩浆,产生岩浆作用。因此,三者之间不是孤立的,而是对立统一的作用体系。

测区变质作用和测区的地壳形成与发展密切相关,也可以看成是测区地壳形成和发展过程中所产生的构造作用和岩浆作用之和。在测区地壳的形成和演化过程中,由于地球内力的变化,特别是上地幔对地壳的影响必然产生构造作用和岩浆活动。构造作用为岩浆活动提供了便利,同时也引起了区域应力的变化,岩浆活动产生了热动力作用,同时也引起了区域热流的变化,这些作用使先成的岩石,在基本保持固态条件下,在化学成分、矿物成分、结构构造方面进行了调整,形成了新的岩石——变质岩,因此,测区的变质岩是测区地壳活动趋于平衡的一种表现,同时也是各种地质作用相互作用的结果。

二、变质作用与成矿作用的关系

变质作用可以使地壳中的有用组分发生活化、迁移、富集,而形成矿体或矿化体,也可以使已形成的矿体或矿化体发生改造,而形成另外一种矿体或矿化体。测区变质作用与成矿作用关系密切,部分矿产的形成与变质作用有关,主要表现为非金属矿产,如玉寨石墨矿、尼玛滑石矿(化)都是区域变质作用所致,还有拉贡塘组($J_{2-3}l$)中的板岩,扎仁岩群($An\in Z.$)中大理岩都是区域变质作用形成的很好的板饰材料和建筑材料,目前有的已开发利用,有的还在进一步评价开发的价值。达仁铁矿(化)点、桑雄铅铁矿(化)点都是接触变质作用所致,麦地卡萤石矿是气液变质作用所致。因此,调查研究变质作用类型对寻找相关矿产具有重要意义。

第七节 变质作用期次

根据测区地质体的时代、岩石变质程度的差异,变质矿物组合特征、构造作用、岩浆活动的特征等,将测区的区域变质作用划分为以下变质期。

一、中新元古变质期

该变质期为聂荣片麻杂岩($An\in Ngn$)、扎仁岩群($An\in Z.$)的变质期,大量的同位素年龄资料证明聂荣片麻杂岩、扎仁岩群为前寒武纪地质体,并且接近中—新元古代(本章第二节第一小节中有详述),扎仁岩群原岩为沉积岩,时代可能为中元古代,聂荣片麻杂岩原岩为侵入体,时代可能为新元古代,并且从变质矿物组合特征来看,扎仁岩群与聂荣片麻杂岩变质程度基本一致,但前者稍微高于后者。因此,它们的主

变质期应为晋宁期,但扎仁岩群不排除有几期变质的可能。

二、海西运动变质期

该变质期为嘉玉桥岩群(PzJ.)、下拉组(P_1x)的主变质期。对嘉玉桥岩群时代争议很大,有的学者划为上古生代,有的划为石炭纪—二叠纪,还有的划为前泥盆纪。本次工作将其划为古生代(本章第二节第二小节有详述)。下拉组时代为晚二叠世,因此将它们的主变质期划为海西期要恰当一些。

三、早期燕山运动变质期

该变质期为余拉山岩组(JMy.)、班戈桥岩组(JMb.)、各组岩组(JMg.)、拉嘎组(C_2l)、嘎加组(T_2^2g)、马里组(J_2m)、桑卡拉佣组(J_2s)、拉贡塘组($J_{2-3}l$)的主变质期。上述地层的时代有所差别,但以侏罗纪地层为主,并且它们的变质程度是一致的,变质变形没有多大差别,因此将它们的主变质期划为早燕山期。

四、晚期燕山运动变质期

该变质期为郭曲群(J_3K_1G)、沙木罗组(J_3K_1s)、多尼组(K_1d)、宗给组(K_2z)的主变质期,多尼组、宗给组的时代为白垩纪,并且它们的变质变形程度一致,因此将它们的主变质期划为晚燕山期。

喜马拉雅期变质作用对测区的地质体影响较小,这里不再叙述。

第五章 地质构造

第一节 测区大地构造位置

测区大地构造地处两个板片结合地带,南为冈底斯-念青唐古拉板片北缘,北为班公错-怒江结合带中段。班公错-怒江结合带明显收敛变窄的部位(图5-1)。地质构造十分复杂,形成了不同尺度、不同层次、不同时期及不同成因的构造彼此共存的复杂构造格局。班公错-怒江结合带是中特提斯在中生代冈底斯-念青唐古拉板片从冈瓦纳大陆裂离出来,向北漂移于晚侏罗世与欧亚大陆拼合的洋壳闭合的遗迹,在测区内各种构造形迹的发育、发展、变化无不留下板块运动的迹象,由于受新特提斯大洋(雅鲁藏布江结合带)的扩张、挤压、碰撞,使北侧冈底斯-念青唐古拉板片强烈褶皱、挤压,成为造山带。

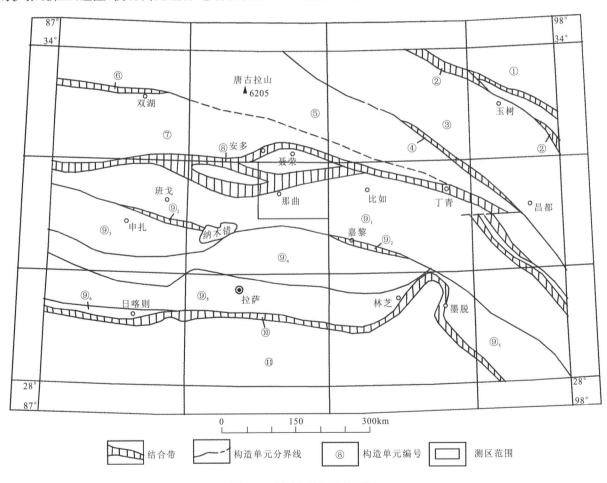

图5-1 测区大地构造位置图

构造单元说明(根据中国地质调查局西南项目管理办公室及青藏高原地质研究中心资料简化,2002):
①玉龙塔格-巴颜喀拉前陆盆地褶皱带;②可可西里-金沙江-哀牢山结合带;③芒康-思茅陆块;④乌兰乌拉湖-澜沧江结合带;⑤北羌塘-左贡陆块;⑥双湖-昌宁结合带;⑦南羌塘-保山陆块;⑧班公错-怒江结合带(含日土、聂荣残余弧,嘉玉桥微陆块);⑨冈底斯-拉萨-腾冲陆块;⑨$_1$班戈-腾冲燕山晚期岩浆弧带;⑨$_2$狮泉河-申扎-嘉黎结合带;⑨$_3$革吉-措勤晚中生代复合弧后盆地;⑨$_4$隆格尔-工布江达断隆带;⑨$_5$冈底斯-下察隅晚燕山—喜马拉雅期岩浆弧带;⑨$_6$冈底斯南缘弧前盆地带(K_2);⑩雅鲁藏布江结合带;⑪印度陆块

Suess(1893)提出"特提斯"(Tethys)术语,系指冈瓦纳大陆北面与欧亚大陆的南边有一个宽阔的中生代海相沉积带……其沉积物现已被挤压褶皱,这个大洋即是特提斯,最后残留的特提斯洋就是现在的地中海。据区域构造研究,班公错-怒江结合带是中特提斯洋壳在班公错—怒江一带闭合的遗迹,它是继古特提斯(金沙江结合带)洋壳闭合之后,中特提斯在班公错—怒江一带主流域最终闭合的地方。

第二节 构造单元划分

测区自前寒武纪以来,经历了陆壳基底及稳定陆壳的形成;班公错-怒江结合带在古特提斯洋开合阶段、中特提斯洋的离散拉张、挤压会聚、碰撞造山及高原隆升的漫长演化历程,形成了不同时期、不同构造背景下的建造和构造组合,即构造建造单元(图5-2)。

根据测区建造和变形特征的差异,将测区以班公错-怒江结合带南界为界,划分为两个一级、四个二级和三个三级构造单元(图5-3),即:

Ⅰ 觉翁-各组-下秋卡结合带
　Ⅰ$_1$ 聂荣微地体(块)
　Ⅰ$_2$ 余拉山-下秋卡混杂带
　　Ⅰ$_{2-1}$ 各组沉积-构造混杂亚带
　　Ⅰ$_{2-2}$ 班戈桥变形复理石亚带

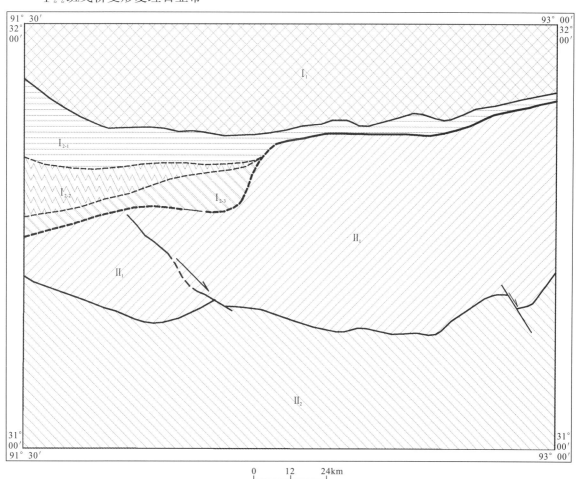

图 5-3 测区构造单元划分图

Ⅰ觉翁-各组-下秋卡结合带;Ⅰ$_1$聂荣微地体(块);Ⅰ$_2$余拉山-下秋卡混杂带;Ⅰ$_{2-1}$各组沉积-构造混杂亚带;Ⅰ$_{2-2}$班戈桥变形复理石亚带;Ⅰ$_{2-3}$余拉山蛇绿混杂亚带;Ⅱ嘎加-那曲-麦地卡板片;Ⅱ$_1$嘎加-那曲-色雄陆缘逆推构造带;Ⅱ$_2$桑雄-麦地卡陆缘岩浆弧带

Ⅰ$_{2-3}$余拉山蛇绿混杂亚带

Ⅱ 嘎加-那曲-麦地卡板片

Ⅱ$_1$嘎加-那曲-色雄陆缘逆推构造带

Ⅱ$_2$桑雄-麦地卡陆缘岩浆弧带

第三节 构造单元边界断裂构造特征

在测区内地质构造极复杂,特别是断裂构造极为发育,有各种不同方向、性质不同的断裂构造,其中主要以近东西向、北东向、北西向及近南北向断裂为主,都彼此交截、错动,部分断裂具有多期(次)活动特点,早期断裂特征被后期断裂破坏。其就是主要以残留形式存在于后期断裂之中,晚期断裂又继承了早期断裂的部分特征,如方向等,并在此基础上获得新生,这就是构造的继承性和包容性,本节重点论述一、二级边界断裂特征。测区内一级边界断裂为龙莫-前大拉-下秋卡石灰厂;二级边界断裂为假玉日-各组-尼玛县-下秋卡兵站和嘎杂-罗马区-嘎理清-青木拉-董雄弄巴-沙马热断裂。

一、龙莫-前大拉-下秋卡石灰厂断裂(F_{23})

该断裂为班公错-怒江结合带和冈底斯-念青唐古拉板片之间的边界断裂,断裂带总体上呈近东西向展布,东西两端均延出测区,断裂带西端被第四系沉积物覆盖,中间从且如其向北经因曲至朗纳异巴向东延伸至出图,东端断裂特征清晰,断裂带总体表现为北倾向逆冲断层,局部表现为脆-韧性或脆性断裂特征。该断裂的断面倾角一般为30°~60°,主要表现为北倾向逆冲断层。

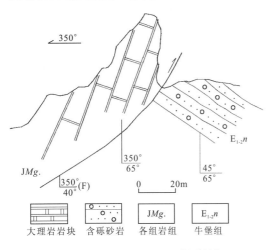

图5-4 在点 D5362 处 F_{23} 断裂特征

该断裂北盘出露的地层为余拉山岩组和各组岩组。而南盘靠断裂的地层主要以陆相红层为主,其次为嘎加组和多尼组,显示出断裂对沉积作用的控制性和分划性。

从地貌上看,北侧表现为平缓的洼地或局部耸立的孤峰,但靠近断裂处岩块(片)逆冲于南侧地势总体较高的山坡之上(图5-4),经过断裂处,表现为凹地、鞍部或水系急转弯(因曲)等。在测区西侧嘎加一带,山体与第四系沉积盆地接触部位,接触界线呈近东西向延出图区,可显示出与该断裂带延伸方向一致的断裂地质特征。

从航卫片上看,沿该断裂带表现为线状影像特征,南北两侧的色调有明显的差别,与野外观察结果是吻合的。

沿断裂带有大量不同类型的构造岩分布,如碎裂岩、碎粒岩、碎粉岩(断层泥)、断层角砾岩以及初糜岩等,上述构造岩形成、分布都不均匀,在脆-韧性或脆性断裂中有共存的特征。如卷入于断裂带之中碳酸盐岩,则形成片理化结晶灰岩、钙质片岩、断层角砾岩、碎裂岩、碎粒岩等;如卷入变形为刚性岩石(砂岩),则产出构造角砾岩化、碎裂岩化将形成相应的构造岩类同时在岩石表面上见有擦痕、阶步等构造形迹;而卷入变形塑性较强的岩石(板岩),变形表现为非透入性的劈(片)理化带或小尺度的揉皱,在板岩之中的刚性砂岩呈布丁构造,塑性较强的岩石(板岩)绕刚性岩石(砂岩类)变形。砂岩旋斑或透镜体、碳酸盐岩中的牵引褶皱、板岩之中的板劈理、牵引褶皱都能判定断裂的运动方向(图5-5,图5-6)。

从微观尺度线所反映的显微构造特征可揭示出因岩石的变形习性特征,碳酸盐岩类岩石显微变形特征表现为方解石晶体发生强烈的重结晶作用而加大,晶体内可见变形条纹或条带状构造,同时个别有定向性,碎屑岩类岩石的显微变形习性反映出碎裂化、角砾岩化、劈(片)理化、岩石中的石英有次生加大现象,其次片状矿物(绢云母等)常平行定向排列。

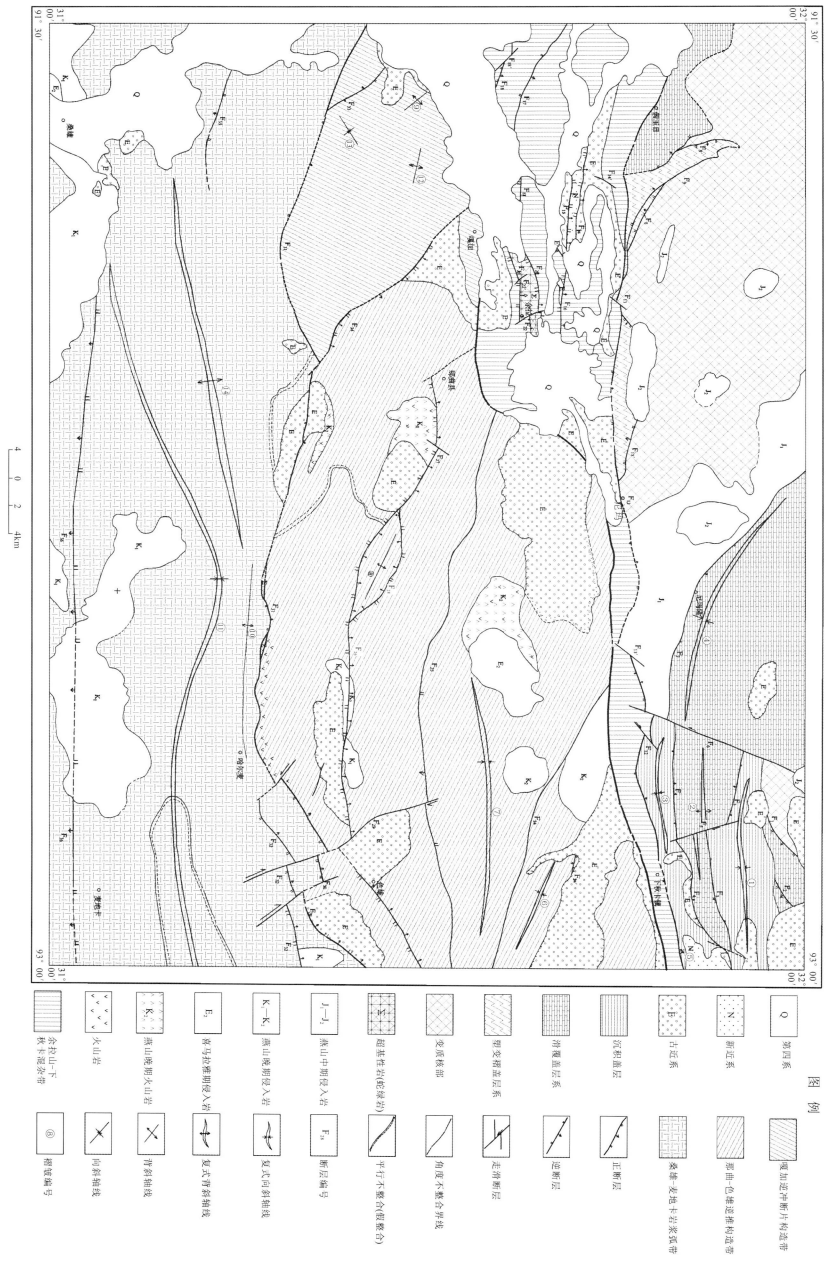

图5-2 测区构造单元划分图

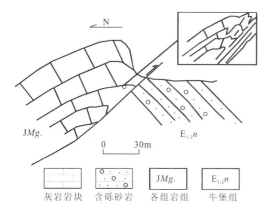

图 5-5 F$_{23}$断裂在达前乡一带特征

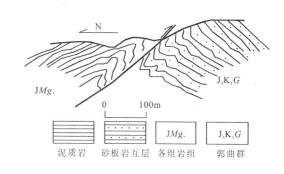

图 5-6 F$_{23}$断裂在江九拉一带特征

在下秋卡石灰厂南侧及达前乡一带,该断裂带为宽 10~20m 构造带,带内主要由破碎带、透镜体带、片理化带组成,断裂带产状北倾,倾角 30°~60°,断裂带中的透镜体或碎斑指示断裂上盘上冲的运动学标志。据此判定断裂为北倾向的逆冲断层。

该断裂切割的最新地层为牛堡组($E_{1-2}n$)以及下伏地质体。从邻区及区域上分析,该断裂具有多期(次)活动的特征:第一,断裂北盘为余拉山-下秋卡结合带,而南总体嘎加-那曲-麦地卡板片,从中可知,该断裂有一次早期离散拉张阶段形成的张性正断层;第二,中特提斯洋的消减结合带的闭合,南盘出现大面积岩浆弧,这说明北盘俯冲于南盘之下,地质体熔融侵位特征,说明这次断裂性质为南倾向的逆冲断层。上述两种断裂的性质只能从区域或邻区的构造演化而得知,同时从测区演化特征上看,上述两种断裂的时代应该早于古近纪(喜马拉雅期),而测区内所见到的第三次活动为古近纪之后,该期活动是断裂的主要活动时期,它将早期断裂改造而使其断裂标志大部分或全部消失,使前两期断裂的运动学标志几乎全被破坏。断裂的该期活动控制了古近系、新近系等断裂盆地或山间盆地沉积。根据盆地充填物间存在不整合面结合区域及邻区资料分析,它可能揭示了碰撞造山阶段的构造活动特征,而嘎加一带大面积为近东西向的第四系沉积物,这说明断裂在第四纪活动,表现为南北向挤压,近东西向断裂控制的拗陷盆地的形成,其应力达到一定时,出现北西、北东向共轭剪切的小断层和近南北向出现断裂或断陷盆地,它对第四纪沉积盆地具明显的控制作用,是高原隆升阶段断裂活动的表现。

二、假玉日-各组-尼玛区-下秋卡兵站断裂(带)(F$_{13}$)

该断裂为班公错-怒江结合带内的一条次级断裂,是聂荣微地块与余拉山-下秋卡结合带的分界断裂,断裂由几条断层彼此交截形成的断层系(断裂带),断裂带呈近东西向展布于测区北部,东西两端均延出测区。沿断裂带的局部地段被第四系沉积物覆盖或被后期北东向断裂斜切而发生"左"行位移。断裂带总体表现为北倾向逆断层,但局部还保留原先或前期的断裂性质,断面倾角(30°~60°)。该断层由西向东断层产状由陡变缓的趋势,主要表现为脆性断裂特征,局部兼有韧性断裂性质,为韧-脆或脆-韧性逆冲断层(图 5-7)。从地貌上看,北侧地质体表现为耸立的高山、陡坎,总体上地势较高,而南侧地质体表现为平缓的小山包(丘)等。经过断裂处,表现为凹地、鞍部或水系急转弯

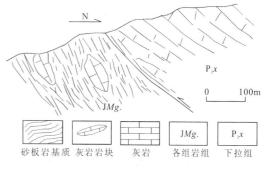

图 5-7 F$_{13}$断裂在假玉日一带特征

等。在测区西侧山体与第四系沉积盆地接触部位,接触界线呈近北西向延出图区,可显示出与该断裂带延伸方向一致的断层地貌特征。

从航卫片上分析,沿该断层一线表现为宽 1~1.5km 左右的密集条纹影像特征或线状影像特征,并且两侧(断裂的南北)影像特征显示有差异,与野外观察结果是吻合的。

该断裂带北盘为聂荣微块(体),其地层为聂荣片麻杂岩(An∈Ngn.)、嘉玉桥岩群(PzJ.)、扎仁岩群(An∈Z.)、下拉组(P_1x)和郭曲群(J_3K_1G),南盘为木嘎岗日岩群各组岩组,以及散布于其间的古生代、中生代碳酸盐岩片、基性火山岩片,局部见有少量牛堡组($E_{1-2}n$),为山前磨拉石沉积地层。显示出断裂对沉积作用的控制性和分划性。

沿断裂带见有各类构造岩如断裂角砾岩、碎裂岩、碎粒岩、碎粉岩和各种糜棱岩化类岩石及糜棱岩分布,形成分布不均匀的韧-脆性或脆-韧性构造岩共存的特征。碳酸盐岩岩类产生构造角砾岩,碎岩化形成相应的断层角砾岩、碎裂岩、碎粒岩、碎粉岩(断层泥)。局部见有片理化结晶灰岩、钙质片岩。在镜下见有初糜岩或糜棱岩的特性。砂板岩地层中的砂岩层常被剪切错动形成透镜体或布丁构造,断续分布于板岩之中,板岩产生非透入性劈(片)理化,有板岩绕砂岩等刚性透镜体分布(图5-8),透镜体长轴倾向与板理一致。

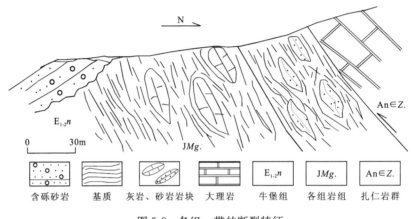

图 5-8 各组一带的断裂特征

该断裂通过的位置不同,切割的地层也不同,断裂性质也有所不同,但断裂延伸方向或走向大体一致(图 5-9)。

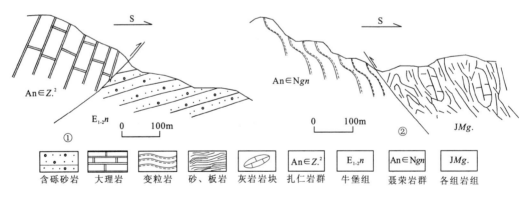

图 5-9 F_{13} 断裂带上不同性质的断裂特征
①北倾逆冲断裂(晚期);②南倾逆冲断裂(早期)

从微观尺度所反映的显微构造特征可揭示出因岩石的变形习性,主异变形机制不同而各有差异或不同。碳酸盐岩类岩石形成碎裂结构,岩石中的方解石发生边缘碎粒(裂)化,方解石具双晶、解理显弯曲和波状消光,局部碳酸盐岩,具有糜棱岩化或初糜棱岩特征,如出现S-C组构(图5-10),砂岩中的石英和砂屑产生边缘或边部粒化,其中石英颗粒显著重结晶和边部加大,并全部具明显波状消光现象,泥质类岩石中的粘土矿物重结晶而生成大量绢云母和少量绿泥石鳞片平行定向分布,形成板状面理,局部挤压而成泥(断层泥),很难在镜下鉴定岩石矿物组分。总之,显微构造特征也可显示该断裂具韧脆或脆韧性变形特征。

综合宏观和微观面方向的特征分析,该断层具有多期活动性,结合区域地质构造分析,此断裂至少有两次活动痕迹。第一次表现为北倾向逆断层,其主要原因受燕山晚期板块俯冲时,使结合带内的地质体俯冲于微地块(体)之下,形成劈理透镜体以及岩浆岩的侵位。该期断裂特征仅局部残留并包容于后期断裂之中。第二次表现为南倾向逆冲断裂,其原因为南北向挤压,应力不均导致塑性岩石逆冲于刚性岩石之上,在这次断裂活动中保留有先前断裂的个别特征,如:个别岩块的长轴与早期的断裂方向一致。第三次表现为北倾向逆断层,其原因为从北往南逆冲推覆,使形成叠瓦状断层系,发育糜棱岩化带、糜棱岩带、强片理化带等。该期活动中包容了早期断裂的部分或残余标志。

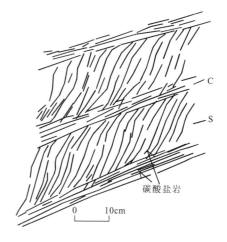

图 5-10　S-C 组构

从断裂切割的最新地质体(牛堡组)结合区域资料分析,该断裂主要活动时期为燕山期—喜马拉雅期。断裂每次活动都在造山带内留下不同程度的残留或烙印,为造山带不同地史演化阶段提供了宝贵信息。

三、嘎杂-罗马区-嘎理清-青木拉-董雄弄巴-沙马热断裂(F_{31})

该断裂为二级构造单元即嘎加-那曲-色雄逆冲推覆构造带与桑雄-麦地卡岩浆弧带的分界断裂。断裂呈近东西向展布于测区中部,东西两端都延出测区,沿断裂局部地段被第四系沉积物掩盖。断裂总体表现为北倾的逆冲断层(图 5-11),断裂产状相对较陡,在 $30°\sim50°$ 之间。由西向东产状也由缓变陡的趋势,主要表现为脆韧-韧脆-脆性断裂特征的复杂断裂,是班公错-怒江结合带(古特提斯洋)消减、闭合残余带。

从航卫片上看,该断裂中—东端南北两侧的色调相似。但沿该断裂带上表现为线状影像特征,而西端色调差异大,线状影像走向与断裂走向一致。

从地貌上看,北侧地势相对较陡,表现为孤峰、陡坎,而南侧地势相对平缓,发育大面积第四系松散堆积物,经

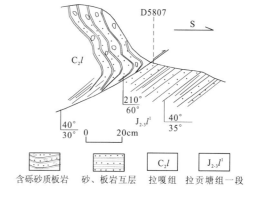

图 5-11　在点 D5807 处断裂 F_{31} 特征

过断裂处,地貌上表现为近东西的沟、洼地、鞍部、垭口以及水系急转弯等现象。

断裂带的北盘主要由嘎加组($T_2^2 g$)、拉贡塘组一段、二段($J_{2-3}l^1$,$J_{2-3}l^2$)、多尼组($K_1 d$)和牛堡组($E_{1-2}n$)等组成。而南盘为桑卡拉佣组($J_2 s$)、拉贡塘组($J_{2-3}l$)、多尼组($K_1 d$)和牛堡组($E_{1-2}n$)等组成。在北盘上伴有小规模的花岗岩(枝)(株)侵位,而南盘伴有大规模花岗岩体侵位,同时沿着断裂带冷侵位超基性岩及基性熔岩,显示出断裂对沉积作用、岩浆作用的控制性和分划性。

沿断裂带有大量不同类型的构造岩分布,构造岩主要有断层角砾岩、碎裂岩、碎粒岩、碎粉岩(断层泥)、糜棱岩化岩及糜棱岩类岩石等组成,这些构造岩类岩石常分布于断裂带的不同部位,它与断裂带两侧岩石类型不同而有所差异或断裂带内局部断裂性质也有所关联。如卷入断裂带内的岩石为塑性较弱的岩石(板岩、千枚状板岩),变形表现为强劈(片)理化带或小尺度牵引褶皱(图 5-12)发育;如卷入变形的为刚性岩石(砂岩类)则产生构造角砾岩化、碎裂化并形成相应的构造岩类,偶见有张裂(图 5-13);如卷入断裂带内的岩石为碳酸盐岩,则形成钙质糜棱岩、钙质片岩、糜棱岩化灰岩、灰质糜棱岩等;如卷入变形的岩石为超基性岩,则形成糜棱岩化超基性岩或蛇纹质糜棱岩等。在脆性断裂中,卷入的岩石为刚性或塑性,则形成断层角砾岩,角砾定向性差,磨圆度为棱角状—次棱角状,下滑的盘上发育次级小断层(错动),破碎相对较强。

在薄片鉴定资料反映的显微构造特征上分析,碳酸盐岩的显微变形特征表现为方解石晶体发生强烈的重结晶作用而加大,晶体内可见变形条纹或条带状构造。碎屑岩类岩石的显微变形习性反映出碎裂化、角砾岩化、劈(片)理化,岩石中的石英次生加大,基质中的片状矿物(绢云母等)呈平行定向或半定向排列,

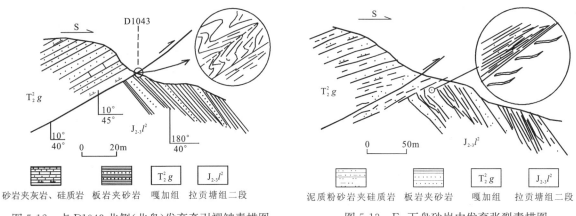

图 5-12 点 D1043 北侧（北盘）发育牵引褶皱素描图

图 5-13 F_{31} 下盘砂岩中发育张裂素描图

超基性岩则显示产生强烈片理化，局部显示塑性流动构造，蛇纹石和铬铁矿平行定向排列，并显示弯曲现象，个别斜方辉石晶体还残余塑性变形揉皱构造和变形带。而脆性断裂带的各类岩石在显微镜下显示矿物（石英等）有错动而未见有次生加大等现象。

在夺列村一带，该断裂为宽约 40m 的构造带，带内主要为破碎带，断裂带产状近北倾，倾角 40°～45°，破碎带内的断层角砾岩中角砾定向性好，指示断裂北盘上冲的运动学标志，可判定该断裂为北倾向的逆冲断层（图 5-14）。

在师兄乡沙马热一带，该断裂则表现为正断层，破碎带宽约 10m，断裂带产状为北西向倾，倾角约 60°。破碎带内的断层角砾岩中角砾定向性差，磨圆度为棱角状—次棱角状，南盘坡上断续见有紫红色砂岩、含砾砂岩，而与北盘（牛堡组）距离较远，并在北盘上见有北西向的小断层若干条，还见有阶步，都指示该断裂在这一带表现为正断层（图 5-15）。

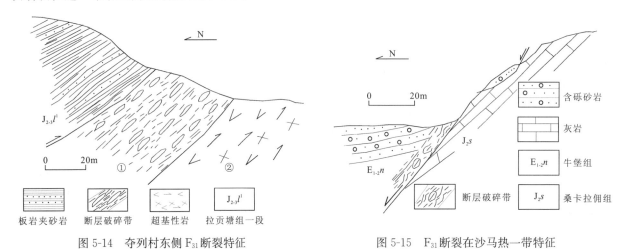

图 5-14 夺列村东侧 F_{31} 断裂特征

图 5-15 F_{31} 断裂在沙马热一带特征

从断裂切割的地质体中收集到的运动学标志以及两旁岩石中的变形特征分析，该断层具有多期（次）活动特征。

断层的第一次活动表现为南倾的逆冲断层特征，但这期断裂特征被后期多次构造活动改造消失殆尽，仅局部地段残存，并被包容于后期断裂构造之中。该断裂残留的标志主要在岩石变形和出露特征上表现。在（图 5-86）中分析，背斜的北翼产状陡而南翼缓，并在南翼中发育韧性剪切特征，这标志着是第一次活动的特征，北翼产状陡并也有韧性剪切，但韧性剪切的方向（倾向）不同，而且不对称，这可能是后期北倾向逆冲的特征。该断裂之中移置的超基性岩（蛇绿岩）同位素年龄为（242Ma），标志着在这一带可能为古特提斯大洋消减、挤压会聚形成的逆冲断裂在测区的残留遗迹。

断裂的第二期（次）活动表现为大规模的由北向南逆冲推覆构造，断裂特征较为详细，该期活动是断裂的主要活动时期。它将早期断裂改造而使其断裂标志大部分消失。断裂的该期活动控制了山间盆地（牛堡组）。它可能代表碰撞造山阶段形成的逆冲断裂在测区内留下的痕迹。

断裂的第三次(期)主要分布于该断裂的东端,表现为走滑正断裂特征。但该期活动特征标志大部分被第四系松散堆积物覆盖,只能从个别运动学标志(如阶步、擦痕等)以及地层出露特征等综合分析,可能代表高原隆升阶段形成的局部走滑正断裂特征。

总体上,该断裂自印支晚期燕山早期—喜马拉雅期都有不同程度的活动,是一条复杂化的断裂,对进一步研究班公错-怒江(区域性)结合带有着重要的地质意义。

第四节 构造单元特征

在不同构造事件下,不同的构造单元具有不同的建造和改造特征。即具有不同的构造建造单元,是划分大地构造单元的基石,本节重点阐述构造单元特征。构造单元的基本特征如表5-1所示。

表5-1 测区构造单元基本特征简表

特征类型	觉翁-各组-下秋卡结合带				桑雄-那曲-麦地卡板片	
	聂荣微地块	余拉山-下秋卡混杂带			嘎加-那曲-色雄陆缘逆推构造带	桑雄-麦地卡陆缘岩浆弧带
		各组沉积-构造混杂亚带	班戈桥变形复理石亚带	余拉山蛇绿混杂亚带		
填图单元	$An\in Ngn$、$An\in Z.$、$PzJ.$、P_1x、J_3K_1G、$E_{1-2}n$	$JMg.$、J_3K_1s、$E_{1-2}n$、N_2b	$JMb.$	$JMy.$、$E_{1-2}n$、J_3K_1s	T_2^2g、C_2l、J_2m^2、J_2s、$J_{2-3}l$、K_1d、$E_{1-2}n$	J_2m^2、J_2s、$J_{2-3}l$、K_1d、$E_{1-2}n$
沉积建造	碳酸盐岩建造、陆源碎屑岩建造、磨拉石建造	沉积构造混杂建造、复理石建造、陆缘碎屑岩建造	复理石构造	构造混杂建造、磨拉石建造、蛇绿岩建造	硅泥质建造、碳酸盐岩建造、陆源碎屑岩建造、磨拉石建造	碳酸盐岩建造、陆缘碎屑岩、磨拉石建造
岩浆活动	中酸性侵入岩	基性岩浆喷发		超基性—基性—中酸性岩侵入	基、中-酸性岩侵入、基-中-酸性岩浆喷发	中—酸性岩侵入、中—酸性岩浆喷发
变质作用	区域中—高温变质作用、区域动力热液变质作用、接触变质作用、动力变质作用	动力变质作用、区域变质作用	动力变质作用、区域变质作用	动力变质作用、流成-热液变质作用、接触变质作用	区域变质作用、动力变质作用、接触变质作用、流成-热液变质作用	区域变质作用、动力变质作用、接触变质作用
构造变形	韧性、脆-韧性剪切带、强劈理、线理、片理、片麻理和流纹褶皱、塑性褶皱韧性、脆-韧性断裂	韧-脆性剪切带、劈理板理及不协调褶皱和一些透入性面理、韧-脆性断裂	韧-脆性剪切带、板理、劈理、不协调褶皱和韧-脆性断裂	韧-脆性剪切带、板理、劈理、条带状或断片状叠置多期透入性面理构造	韧脆-脆性断裂、断层叠置、多期透入性面理、斜歪开阔褶皱、斜歪等厚褶皱、同斜等厚褶皱、不协调褶曲、岩片冲断叠置、劈理化带、劈理、千枚理、片理化	韧脆性-脆性断裂、面状叠置斜歪褶皱、等厚宽缓褶皱、不协调褶皱、尖枝褶皱
活动期	加里东期、华力西期、印支期、燕山期、喜马拉雅期	燕山期、喜马拉雅期	燕山期、喜马拉雅期	燕山期、喜马拉雅期	印支期、燕山期、喜马拉雅期	燕山期、喜马拉雅期
矿产	Au、建材	Au	建材	铬铁、铂钯、玉石	铅、锌、硫、铬铁、铂、玉石	铅、锌

一、聂荣微地块(体)

以嘎弄-假玉日-尼玛区-下秋卡兵站断裂为南界,北界不在测区内,图内出露宽度约40km,总体西侧出露较宽,东侧较窄。主要出露地层有聂荣片麻杂岩($An\in Ngn$)、扎仁岩群($An\in Z.$)、下拉组(P_1x)、郭曲群(J_3K_1G)和牛堡组($E_{1-2}n$),同时伴有岩体侵位,局部地段被第四系松散堆积物覆盖。它们分别为不同地史时期、不同沉积环境下形成的地质体,是聂荣微地块(体)的一部分。

(一)建造特征

根据聂荣微地块上沉积建造特征结合构造演化,将其划分为陆壳基底建造系列、陆表建造系列、同碰撞系列及碰撞造山建造系列。

1. 陆壳基底建造系列

测区中元古代时,地处冈瓦纳原始大陆边缘,早期形成一套火山岩、碎屑岩、粘土岩和碳酸盐岩建造的地质体(扎仁岩群、聂荣杂岩),原岩年龄为6.4亿年,经过新元古代—早古生代初的构造-热事件,使先期火山-沉积建造遭受中—低压高温区域动力热液变质作用的改造,形成一套高绿片岩相—角闪岩相递增变质的中深变质岩系,同时受晚期构造运动聂荣杂岩之中的花岗岩变质成为一套中深变质岩系的片麻岩,而滑覆盖层系为一套以碎屑岩、火山岩、碳酸盐岩建造的地质体(嘉玉桥岩群),该地质体主要遭受印支运动影响,变形、变质程度都比之前弱,为一套绿片岩相的变质岩系。

2. 陆表建造系列

古生代台地碳酸盐岩建造和部分碎屑岩建造,为稳定背景下的陆表海沉积。下拉组中含有冷水型化石组合,显示出亲冈瓦纳的属性,表明该陆块是从冈瓦纳大陆裂离出来的,后构造增生于北大陆的南缘。从测区综合分析,扎仁岩群为聂荣核杂岩的塑变揉流层,而下拉组为滑脱系,在早期伸展裂陷背景下造成地壳的薄化及部分地层缺失。而从区域上看,沿聂荣微地块东西向出露各时代的地块,这可能是古生代地层不连续或当时构造及沉积环境所造成的。

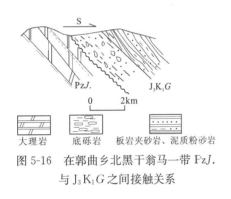

图5-16 在郭曲乡北黑干翁马一带PzJ.与J_3K_1G之间接触关系

3. 同碰撞建造系列

典型的建造为郭曲群(J_3K_1G),属浅海相碎屑岩-泥质岩组合的建造,与下伏地层呈角度不整合接触(图5-16),该地层为聂荣变质的沉积盖层。觉翁-各组-下秋卡结合带聚敛过程中同碰撞阶段的沉积建造,郭曲群只局限于下秋卡北或北东向,与下伏地层不整合所提供的时限标志着觉翁-各组-下秋卡结合带拼贴焊接作用基本结束,也标志着聂荣核杂岩剥离(核心穹隆)作用基本结束,开始接受沉积。

4. 碰撞造山建造系列

该系列由牛堡组($E_{1-2}n$)和布隆组(N_2b)组成,牛堡组为山间盆地磨拉石-复陆屑建造,属河湖相沉积。布隆组为山间盆地复陆屑建造,属河流相沉积超碰撞建造系列。牛堡组与下伏地层的角度不整合显示超碰撞作用的开始或已经开始。从区域分析碰撞山不是持续进行的,而是有几次"暂停"状态的"脉动"式作用的过程。

(二)构造变形特征

1. 断裂

在聂荣微地块中除边界断裂嘎弄-假玉日-尼玛区-下秋卡兵站断裂外,发育各种不同方向、规模不一、性质各异的断裂彼此交切错位,组成一幅十分复杂的断裂构造图。

带内近东西向断裂以逆冲断裂为主,北西-南东向断裂以正滑断裂为主,近南北向断裂以走滑正断裂为主,从断裂彼此的切割点分析,区内至少存在四个时期(世代)的断裂,最早一期断裂为北西-南东向的正滑断裂为主,早期可能为东西向断裂,从这些断裂将不同时代的地质体分割情况来看,其活动定型时期多为燕山早期—喜马拉雅期。现将主要断裂特征叙述如下(其他断裂特征见表5-2)。

1)日阿杂达日宗断裂(F_2)

该断裂呈北东-南西向延伸,东端被牛堡组不整合覆盖,西端被郭曲群不整合覆盖,图内延伸长约5km,断面向南东倾,倾角40°~50°,为一正断层(图5-17)。

表 5-2 测区主要断裂基本特征

编号	断层名称	位移走向	走向	倾向倾角	规模 长(km)	规模 宽(m)	切割地层	结构面特征	主湖性质	主活动时期
F_1	测多断裂	正滑	NE-SW	$120°\sim140°\angle40°\sim45°$	8	10	$An\in Ngn$、$P_zJ_1^1$	碎裂岩、角砾岩、碎粉岩	正滑断层	燕山早期
F_2	日阿杂位日宗断层	正滑	NNE	$120°\sim130°\angle40°\sim50°$	5	4	$P_zJ_1^2$、$P_zJ_1^1$	破碎带	正断层	燕山期早期
F_3	俄罗布达日多甫断层	逆冲	近 EN	$160°\sim190°\angle40°\sim35°$	32	4~10	$P_zJ_1^2$	碎裂岩、初砾岩	逆冲断层	燕山晚期
F_4	多头果-扎理-供尼拉-色勒断层	逆冲	近 EW	$10°\sim320°\angle30°\sim45°$	35	10~15	J_3K_1G、$E_{1-2}n$、$P_zJ_1^2$	碎裂岩、角砾岩	逆冲断层	喜马拉雅期
F_5	夺尔穷-列系断层	右行走滑	S-N	$70°\sim80°\angle60°\sim70°$	12	10~20	$P_zJ_1^2$、J_3K_1G	碎裂岩、角砾岩、断层岩、擦痕线理	右行走滑断层	喜马拉雅期
F_6	贡布曲-色松拉-桁某拉断层	左行走滑	近 S-N	$90°\sim130°\angle60°\sim80°$	25	10~30	$P_zJ_1^2$、$P_zJ_1^1$、$J_1\pi\eta\gamma$	碎裂岩带、断层岩屋、擦痕线理	左行走滑断层	喜马拉雅期
F_7	江昌普-尼玛龙-塔木拉断层	正滑	NW-SE	$20°\sim30°\angle30°\sim50°$	40	10~30	$J_1\pi\eta\gamma^b$、$P_zJ_1^2$	碎裂岩、角砾岩、擦痕线理	正滑断层	燕山期
F_8	生雀弄巴断层	正滑	NW-SE	$210°\sim220°\angle30°\sim50°$	11	10	$An\in Ngn$、$An\in Z_c$	破碎带擦痕线理	正滑断层	燕山期
F_9	土青弄巴-生雀弄巴断层	正滑	NW-SE	$270°\sim190°\angle30°\sim45°$	23	20	$An\in Ngn$、$An\in Z_c^1$、$An\in Z_c^2$	碎裂岩、擦痕线理	正滑断层	燕山期
F_9'	巴弄断层	正滑	NNW	$120°\sim80°\angle39°\sim45°$	10	12	$An\in Ngn$、$An\in Z_c^2$	碎裂岩、擦痕线理	正滑断层	燕山期
F_{10}	妥个穷-普坡马断层	正滑	近 NNW	$190°\sim270°\angle40°\sim750°$	18	10~50	$An\in Ngn$、$An\in Z_c^2$、$P_{1}x$	碎裂带擦痕线理	正滑断层	燕山期
F_{11}	格学弄巴断层	左行走滑	NE-SW	$320°\angle70°$	3	30	$An\in Ngn$	破碎带、角砾岩	左行走滑正断层	喜马拉雅期
F_{12}	尖汤断层	左行走滑	NE-SW	$335°\angle75°$	5	10~20	JMg、J_3K_1G	破碎带、角砾岩、擦痕线理	左行走滑断层	喜马拉雅期
F_{13}	假王日-各组-尼玛区-下秋卡兵站断层	逆冲	近 EW	$340°\sim300°\angle30°\sim50°$	150	5~50	P_1x、$An\in Z_c^2$、$An\in Z_c^1$、$E_{1-2}n$、$An\in Ngn,J_1\pi\eta\gamma^b$、$J_3K_1G,JMg$、$J_1\pi\eta\gamma^a$	擦痕线理、角砾岩、初砾岩、糜棱岩、碎裂岩带	逆冲断层	燕山期-喜马拉雅期

续表 5-2

编号	断层名称	位移走向	走向	倾向倾角	规模 长(km)	规模 宽(m)	切割地层	结构面特征	主期性质	主活动时期
F'_{14}	卧空断层	左行走滑	近NS	$110°\angle 75°$	4	2~4	$E_{1-2}n, JMg.$	碎裂带、构造角砾岩、擦痕线理	左行走滑 正断层	喜马拉雅期
F_{15}	甲申青断层	拉张	近EW	$350°\angle 5°, \angle 50°~60°$	14	2~10	$E_{1-2}n, N_2b$	碎裂带、构造角砾岩	正断层	喜马拉雅期
F_{16}	达泥断层	逆冲	近EW	$5°\angle 30°~40°$	11	5~8	$JMb., E_{1-2}n, J_3K_1s$	碎裂带、构造角砾岩	逆冲断层	喜马拉雅期
F'_{16}	姝泥断层	正滑	NE–SW	$320°\angle 70°$	2	4	$E_{1-2}n, N_2b$	破碎带、构造角砾岩、擦痕线理	正断层	喜马拉雅期
F_{17}	各各门-马赤断层	逆冲	NE–SE	$5°~35°\angle 30°~45°$	20	2~5	$JMb.$	破碎带、构造角砾岩	逆冲断层	燕山晚期
F_{18}	作龙甲支断层	逆冲	NE–SE	$3°~8°\angle 35°~45°$	7	3~4		破碎带、构造角砾岩	逆冲断层	燕山晚期—喜马拉雅期
F_{19}	结金断层	右行走滑	NNW–SSE	$50°\angle 70°$	4	4		碎裂带、擦痕线理	左行走滑 正断层	喜马拉雅期
F_{20}	工普断层	逆冲	近EW	$340°\angle 45°$	10	3	$JMb.$	碎裂带、牵引褶皱	逆冲断层	燕山晚期—喜马拉雅期
F_{21}	邦公布断层	逆冲	NNW	$45°\angle 75°$	11	2~5	$JMb.$	碎裂带、构造角砾岩	逆冲断层	喜马拉雅期
F'_{22}	庐子断层	左行走滑	NNW	$60°\angle 70°~80°$	3	2	$JMb.$	破碎带、构造角砾岩	左行走滑 正断层	喜马拉雅期
F_{22}	壁日断层	右行走滑	近东西局部 北东-南西向	$280°~350°\angle 30°~60°$	9	3	$JMb.$	破碎带、构造角砾岩	左行走 滑正断层	喜马拉雅期
F_{23}	龙莫-前大拉-下秋卡石灰厂断裂	逆冲	NW–SE	$30°~40°\angle 30°~45°$	150	50	$T_2^2g, E_{1-2}n, JMg., JMy., K_1d, J_{2-3}l^1$	构造角砾岩、劈理化带	逆冲断裂	燕山晚期—喜马拉雅期
F_{24}	扎日-色鲁-恰里钦断裂	逆冲	NW–SE	$210°\angle 45°$	47	30	$J_{2-3}l^1, J_{2-3}\delta\sigma, K_1d, K_2\delta\sigma, K_1d$	构造角砾岩、劈理化带	逆冲断裂	燕山早期
F'_{24}	格桑弄巴断裂	逆冲	NW–SE		2	4	$J_{2-3}l^1, J_2m^2$	构造角砾岩、劈理化带、断层泥	逆冲断层	燕山晚期

续表 5-2

编号	断层名称	位移走向	走向	倾向倾角	规模 长(km)	规模 宽(m)	切割地层	结构面特征	主期性质	主活动时期
F_{25}	舍里兄-尼玛乡断层	逆冲	近EW	200°~180°∠30°~45°	85	20~40	$J_{2-3}l^2$、K_1d	构造角砾岩、透镜体劈理化带	逆冲断层	燕山晚期
F_{26}	达里嘎-两柱日-扎弄-日拉断裂	逆冲	近EW	15°~330°∠30°~50°	90	20~50	J_2s、$J_{2-3}l^1$、$J_{2-3}l^2$、$E_{1-2}n$	构造角砾岩、劈理化带、断层泥	逆冲断层	喜马拉雅期
F_{27}	娘那断裂	左行走滑	NNE	310°∠70°	5	5~10	$E_{1-2}n$、$J_{2-3}l^2$	擦痕线理、破碎带	左行走滑正断层	喜马拉雅期
F_{28}	土刹哈吉-沙仁略断裂	逆冲	NW-SE	180°~10°∠40°~45°	20	10~30	J_2s、$J_{2-3}l^2$	构造角砾岩、断层泥、劈理化带	逆冲断层	燕山晚期
F_{29}	白的弄巴-多布弄巴断裂	右行走滑	NNW	60°~80°∠70°~80°	30	20~30	J_2s、$E_{1-2}n$	构造角砾岩、劈理化带	右行走滑正断层	喜马拉雅期
F_{30}	董雄弄巴断裂	右行走滑	NNW	60°∠70°	15	10	$J_{2-3}l^2$、J_2s	构造角砾岩、擦痕线理	右行走滑正断层	喜马拉雅期
F_{31}	嘎杂-罗马区-嘎理清-青木拉-董雄弄巴断裂	逆冲	近EW	330°~30°∠30°~60°	140	10~20	C_2l、T_2^2g、J_2s、$J_{2-3}l^1$、$J_{2-3}l^2$、K_1d、$E_{1-2}n$	破碎带、构造角砾岩、糜棱岩、擦痕线理	逆冲断层	喜马拉雅期
F_{32}	日拉-德木不寄儿-洒果断裂	逆冲	SW-NE	320°~340°∠30°~45°	30	5~20	J_2s、$J_{2-3}l^2$	构造角砾岩、劈理化带	逆冲断层	燕山晚期-喜马拉雅期
F_{33}	区雅断裂	逆冲	NW-SE	240°∠36°	10	5	C_2l、T_2^2g	构造角砾岩、擦痕线理、阶步	逆冲断层	燕山晚期
F_{34}	独目断裂	右行左滑	近SN	30°~45°∠65°~70°	40	5~10	T_2^2g、K_1d、$E_{1-2}n$	构造角砾岩、断层破碎带	右行走滑正断层	喜马拉雅期
F_{35}	扎弄-布液热断裂	逆冲	近EW	210°∠35°	15	10	$J_{2-3}l^1$、$J_{2-3}l^2$	构造角砾岩、断层破碎带	逆冲断层	燕山晚期
F_{36}	桑雄-麦地卡断裂	逆冲	近EW	170°~210°∠40°~45°	90	5~20	J_2m^2、$J_{2-3}l^1$	构造角砾岩、断层破碎带	逆冲断裂	燕山晚期

沿断裂带分布有构造角砾岩,角砾岩带宽4~10m,但大部分被第四系覆盖,角砾成分主要为断裂两侧岩石组成(如石英片石、绢云石英片石、大理石化结晶灰石、片理化结晶灰岩等),角砾岩被相同成分的碎粉岩胶结。在断层下盆地层上见有擦痕、阶步等运动学的标志,都指示上盘下滑的特点,从而确定断裂为南东向正滑断裂。

从断裂切割的地质体分析,断裂活动定型时期应为燕山早期。

2)俄罗布兄-多甫断裂(F_3)

该断裂呈近东西向延伸,西端被F_6分割。东端被牛堡组不整合覆盖。图内延伸长约32km,断面向南倾,倾角35°~40°,为南倾向逆冲断裂。

沿断裂带分布有构造角砾岩(图5-18),角砾岩带4~10m,大部分被碎石堆和第四系草地覆盖。角砾成分主要为断裂两侧岩石组成,有砂岩、板岩、大理岩化结晶灰岩等。角砾被相同成分的碎粉岩(断层泥)胶结,断裂旁侧的岩石具劈理化及拖尾褶皱等现象,劈理产状(170°∠70°)可大致确定断面南倾拖尾反映断裂上盘逆冲的运动学标志,从而确定该断裂为南倾向逆冲断裂。

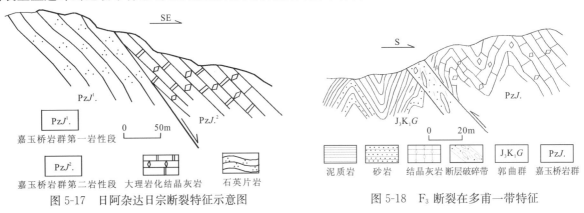

图5-17 日阿杂达日宗断裂特征示意图　　　　图5-18 F_3断裂在多甫一带特征

从断裂切割的地质体分析,断裂活动定型时期应为燕山晚期。

3)多夹果-扎理-供尼拉-色勒断裂(F_4)

该断裂呈近东西向延伸,东端出图,西端被F_6断裂分割,图内延伸长度约35km,断面向北或北西向倾,倾角30°~45°,为一逆冲断裂。

此断裂切割了嘉玉桥岩群第二岩性组($PzJ.^2$)、郭曲群(J_3K_1G)和牛堡组($E_{1-2}n$)。沿断裂带分布有构造角砾岩(图5-19),角砾岩带宽10~15m,大部分被第四系覆盖,角砾成分主要为断裂两旁的岩石(紫红色砂岩、含砾砂岩、大理岩化结晶灰岩、片理化结晶灰岩等),角砾被相同成分的碎粉岩(断层泥)、石英和铁泥质胶结,老地层($PzJ.^2$)盖于新地层($E_{1-2}n$)之上,从而确定该断裂为北倾向逆冲断裂。

从该断裂西侧也可说明这一点(图5-20),$PzJ.^2$盖于J_3K_1G之上,破碎带上见有构造角砾岩,角砾成分有大理岩化结晶灰岩、片理化结晶灰岩、板岩、砂岩及石英等,都被相同成分的断层泥或铁泥质胶结,从零星露头上看,角砾具定向性,角砾长轴与断面近平行,都可说明该断裂为一北倾向逆冲断裂。

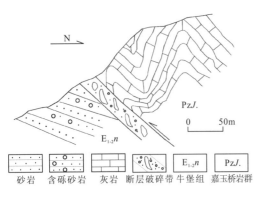 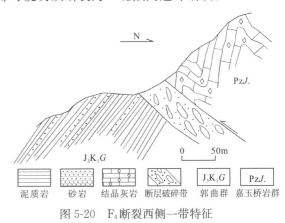

图5-19 F_4断裂在D2215处的特征　　　　图5-20 F_4断裂西侧一带特征

从断裂切割的地质体分析,断裂主活动定型时期应为喜马拉雅期。

4)测多断裂(F_1)

该断裂呈北东-南西向延伸,北端出测区,西端被古近系牛堡组($E_{1-2}n$)不整合覆盖,图区内延伸长度约8km,断面向南东倾,倾角40°～45°,为正滑断裂(图5-21)。

此断裂切割了聂荣片麻杂岩($An\in Ngn$)和嘉玉桥岩群第一岩性组($PzJ.^1$)。沿断裂带分布有构造角砾岩,角砾岩带宽约10m,大部分被第四系松散堆积物覆盖,角砾成分主要为断裂两旁的岩石组成,主要由花岗片麻岩、二长花岗片麻岩、石英片岩、绢云石英片岩等,被相同成分的碎粉岩胶结,角砾具定向性,长轴与断面平行。断层下盘的擦痕线理、阶步等运动学标志都指示上盘下滑的特征,从而确定断裂为南东向正滑断裂。

从断裂切割的地质体以及上覆地层分析,断裂活动定型时期为燕山早期。

5)江昌普-尼玛龙-培木拉断裂(F_7)

该断裂呈北西-南东向延伸,北西端延出测区,南东端被F_6断裂截断,图区内延伸长度约40km,断面向北东—北倾,倾角在35°～50°之间,为正滑断裂。

此断裂切割了嘉玉桥岩群第二岩性组($PzJ.^2$)和燕山早期侵入岩($J_1\pi\gamma$)(图5-22)。沿断裂带分布有构造角砾岩,破碎带的宽度30～50m。大部分被第四系松散堆积物及碎石堆覆盖,从零星露头上看,角砾成分主要为断裂两侧的岩石组成,由斑状黑云花岗岩、大理岩化结晶灰岩和片理化结晶灰岩组成,各角砾被相同成分的细粒岩、碎粉岩胶结,大部分角砾的长轴与断面平行,角砾具定向性,从断层下盘的擦痕线理、阶步等运动学的标志,都指示上盘下降的特征。但该断裂受晚期构造运动影响,局部表现为北倾向的脆韧性特征,如个别只有牵引褶皱,从牵引褶皱受力分析,为北倾向逆冲断层,可能与喜马拉雅期构造运动有关,但该断裂以主体的正滑断裂为主,从断裂切割的地质体分析,断裂活动定型主时期为燕山早中期。

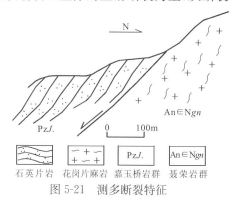

图5-21 测多断裂特征

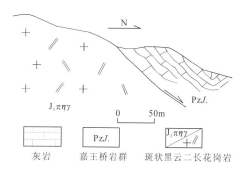

图5-22 F_7断裂在尼玛龙一带特征

6)生雀弄巴断裂(F_8)

该断裂呈北西-南东向延伸,北西端被F_9截断,南东端被F_{13}截断,图区内延伸长度约11km,断面倾向南西,倾角30°～50°,为正滑断裂(图5-23)。

此断裂发生于聂荣片麻杂岩和扎仁岩群第一岩性组之间,沿断层见一条宽约50m的破碎带,但被第四系松散堆积物覆盖。从零星露头上看,构造角砾岩主要由花岗片麻岩、石榴石矽线石片岩、石英片岩、糜棱岩等组成,各类角砾被相同成分的碎粉岩(断层泥)及石英胶结,以及在靠近聂荣片麻杂岩中偶见S-C组构(图5-23)和极个别线理及角砾定向特征分析,指示上盘下降的特征。

总之,从断裂切割的地质体以及断裂之中石英脉的电子自旋年龄为161.3Ma和19.1Ma分析,断裂活动定型时期为燕山早中期,晚期为喜马拉雅期。

7)土青弄巴-生雀弄巴断裂(F_9)

该断裂呈北西-南东向延伸,北西端被第四系松散堆积物覆盖,南东端被F_{13}截断,图区内延伸长度约23km。断面向南西倾,倾角30°～45°,为正滑断裂(图5-24)。

此断裂切割了聂荣片麻杂岩、扎仁岩群第一岩性组和第二岩性组,沿断层见一条宽约20m的破碎带,构造角砾岩主要为大理岩,已呈碎粒岩、碎粉岩等。色调呈白色或黄色,在靠近断裂边部聂荣片麻杂岩中见有糜棱岩,发育S-C组构(图5-24)和大理岩上见有擦痕线理,都指示上盘下滑的运动学标志。

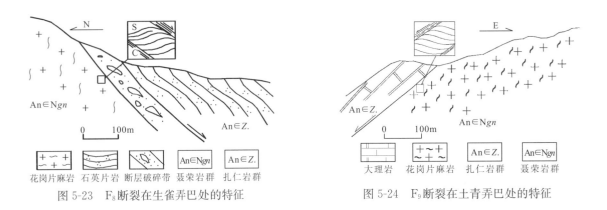

图 5-23 F_8 断裂在生雀弄巴处的特征   图 5-24 F_9 断裂在土青弄巴处的特征

总之,从切割的地质体和断层分析,该断裂活动的主时期为燕山早中期,为一条张性韧性断裂,但受晚期构造运动影响,局部表现为脆韧性特征。

从野外实地及图面上可以看出,断裂 F_9 和 F_9' 是同一条断裂,只是北西端被第四系覆盖,故两者连接处未见,F_9 是断面南西—西倾,而 F_9' 断面东倾(图 5-25)。从擦痕线理等运动学标志分析,$An \in Z.^2$ 向南下滑。在下滑过程中部分 $An \in Z.^2$ 的大理岩被阻而成断片状,孤立地保留于聂荣片麻杂岩之上。

8)妥个穷-普坡布马断裂(F_{10})

该断裂呈北西—南南东向延伸,北西或西端被第四系松散堆积物覆盖,南端被 F_{13} 截断。图区内延伸长度约 18km,断面向南—南西—西倾,断裂呈一不规则弧形,倾角 40°~50°,为一正滑断裂(图 5-26)。

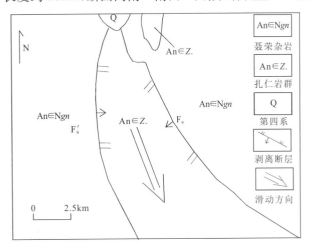

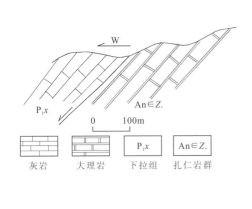

图 5-25 断裂 F_9' 和 F_9 在平面上分布特征图   图 5-26 F_{10} 断裂在妥个穷一带特征示意图

该断裂切割了聂荣片麻岩,扎仁岩群第二岩性组及下拉组。断裂通过处形成负地形垭口或断层崖,破碎带宽度 10~50m,但大部分被第四系松散堆积物覆盖。从零星露头上看,构造角砾岩主要由两侧岩组成,在西端主要由 P_1x(下拉组)的岩石组成,角砾由灰岩、砂质灰岩、大理石化结晶岩及大理岩组成,胶结物由含相同成分岩石的碎粉岩和方解石等组成,角砾呈次棱角状—浑圆状,长轴与断面近平行。在灰岩见有张性雁列(图 5-27)。上述运动学标志都指示上盘下降的特征。

总之,从切割的地质体及被其他断层截断等特征,该断裂活动的主时期为燕山早中期。

2. 褶皱特征

图 5-27 灰岩之中发育方解石雁列特征示意图

在此构造单元内褶皱构造比较发育,不仅发育填图尺度的区域性褶皱,而且发育小尺度的褶皱,现将其特征叙述如下。

1)希桑复式向斜①

该向斜位于下秋卡镇以北郭曲乡一带,发育轴线近东西向延伸的一系列向斜组成的复式向斜构造。核部和翼部均为郭曲群(J_3K_1G)地层组成,北倾的产状较陡(40°~75°),南倾的产状较缓,倾角40°~50°,所有次褶皱的轴面产状均向南倾(倾角60°~75°),总体构造轴面近南倾陡倾的复式向斜构造(图5-28),复式向斜中的向、背斜相对开阔的褶皱组合样式。复式向斜的北翼相对完整,角度不整合覆盖于古生界嘉玉桥岩群之上,而南翼被F_3断裂破坏而不完整。在该复式向斜的北翼局部被古近系牛堡组($E_{1-2}n$)角度不整合覆盖,而牛堡组中未见有上述褶皱,故此褶皱形成时期为燕山晚期(K_2)。

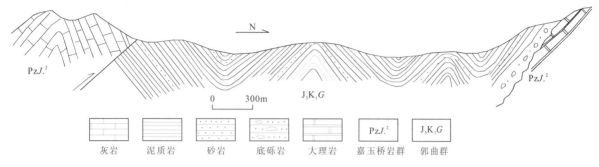

图5-28 希桑复式向斜特征短剖面图

2)色扎复式背斜②

该背斜位于下秋卡镇以北色扎一带。发育轴线近东西向延伸的一系列背斜组成的复式背斜构造,核部和翼部均为古生界嘉玉桥岩群第二岩组组成,北倾的倾角为50°~60°,而南倾的倾角为40°~70°,总体上靠近复式背斜两侧及中部倾角均较陡,此褶皱为轴面南侧北倾,而北侧南倾的复式向背斜构造(图5-29)。复式背斜中的向斜相对开阔,而背斜紧闭的褶皱组合样式,在局部处方解石脉发育紧闭尖棱褶皱(图5-30),复式背斜的南、北两翼都被F_3和F_4断裂破坏,根据复式背斜发育于古生界嘉玉桥岩群之中,其主要受F_3和F_4断裂影响,故该褶皱形成时期为燕山期。

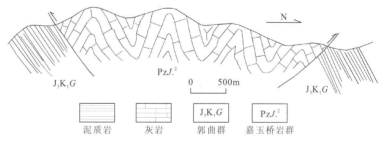

图5-29 色扎复式背斜构造特征短剖面图

3)汤尖松可-巴钦复式向斜③

该向斜位于下秋卡镇以西一带,发育轴线近东西向延伸的一系列向、背斜组成的复式向斜构造,核部和两翼均为郭曲群(J_3K_1G)地层组成,北倾的产状较陡(55°~80°),南倾的产状较缓(45°~56°),所有的次褶皱的轴面产状均向南倾(70°~80°),总体均呈轴面近南倾的复式向斜构造(图5-31)。复式向斜中的向斜相对紧闭,而背斜相对开阔的褶皱组合群样式,复式向斜的南北两翼却被F_4和F_{13}断裂破坏而不完整。在该复式向斜的北翼局部处被古近系牛堡组($E_{1-2}n$)角度不整合覆盖,而牛堡组中未见有上述褶皱,但被F_4断裂切割。从断裂切割的地层、褶皱形成的地层及次褶皱的轴面倾向等分析,该复式向斜形成时期为燕山晚期。

图5-30 在大理岩化结晶灰岩中发育方解石紧闭尖棱褶皱素描图

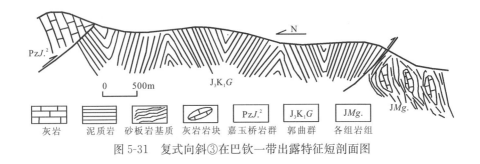

图5-31 复式向斜③在巴钦一带出露特征短剖面图

灰岩　泥质岩　砂板岩基质　灰岩岩块　嘉玉桥岩群　郭曲群　各组岩组

4）格奶复式向斜⑤

该向斜位于下秋卡镇布隆乡南侧格奶一带,发育轴线北西-南东向延伸复式向斜构造,核部和翼部均为郭曲群(J_3K_1G)组成。东倾的产状较缓(40°～50°),而西倾的产状较陡(60°～70°),次褶皱的轴面产状均向东倾,倾角约60°,总体构造轴面为东倾的复式向斜构造(图5-32)。复式向斜中,向斜相对开阔,而背斜紧闭的褶皱组合样式,复式向斜的两翼被第四系覆盖而不清。从区域上分析,郭曲群中发育的褶皱轴线与构造线一致,而在这儿与构造线呈一定夹角,故褶皱形成在之后受晚期构造影响而移位,该褶皱形成时期为燕山晚期(K_2)。

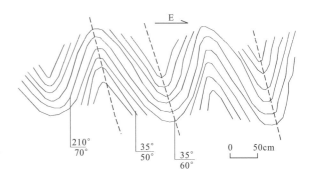

图5-32 复式向斜⑤在格奶东侧出露特征示意图

5）看布色复式向斜④

该向斜位于聂荣县尼玛乡(旧址)的北部尼玛隆—看布色一带,发育轴线近东西向延伸的一系列向斜组成的复式向斜构造。核部和两翼均为嘉玉桥岩群第二岩组($PzJ.^2$)组成,两翼的倾角均陡(50°～70°),所有次褶皱的轴面产状均向北倾,倾角(70°～80°),总体构造轴面近北陡倾的复式向斜构造(图5-33)。复式向斜中的向、背斜都相对紧闭的褶皱组合样式。复式向斜的北翼相对完整,下伏为嘉玉桥岩群第一岩组($PzJ.^1$)是连续沉积的地质体,而南翼被F_7断裂破坏而不完整,南翼应该有嘉玉桥岩群第一岩组($PzJ.^1$),但被F_7断裂拆离时而缺失,又受后期构造运动的影响而褶皱样式变为紧闭式,故此,褶皱形成主时期为燕山早期(T—J)。

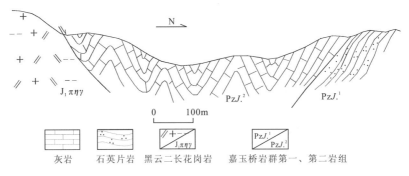

灰岩　石英片岩　黑云二长花岗岩　嘉玉桥岩群第一、第二岩组

图5-33 看布色复式向斜构造特征短剖面图

各种类型的小尺度褶皱极为发育,在不同地层中褶皱类型及发育程度是不相同的。

在古生代聂荣片麻杂岩中主要发育塑性揉皱(图5-34);扎仁岩群中发育无根褶皱(图5-35)、紧闭褶皱(图5-36);而嘉玉桥岩群中发育不协调石香肠状褶曲(图5-37)、紧闭尖棱褶皱(图5-38);下拉组中见顺层掩卧褶皱(图5-39)、斜歪相似褶皱(图5-40)、方解石脉褶曲(图5-41)等,这些不同类型的褶皱分别是不同时期、不同主导变形机制的产物。

郭曲群(J_3K_1G)中主要发育等厚斜歪褶皱(图5-42);牛堡组($E_{1-2}n$)中发育宽缓直立褶皱(图5-43),此类褶皱可能是晚期构造运动的产物。

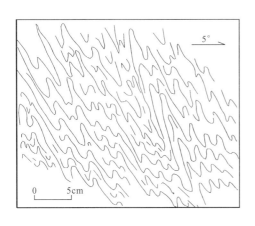

图 5-34 在聂荣片麻杂岩中发育塑性揉皱素描图

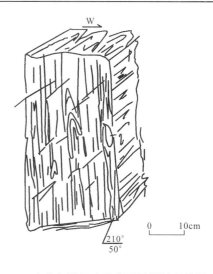

图 5-35 在扎仁岩组中发育无根褶皱素描图

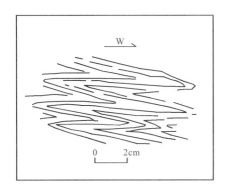

图 5-36 紧闭褶皱素描图

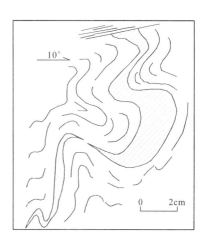

图 5-37 PzJ.² 中发育的石香肠状褶曲素描图

图 5-38 紧闭尖棱褶皱素描图

图 5-39 顺层掩卧褶皱素描图

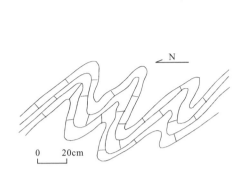
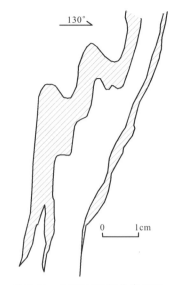

图 5-40 斜歪相似褶皱素描图　　　　　图 5-41 方解石脉褶曲素描图

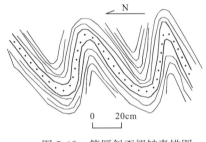
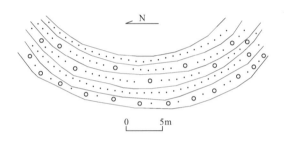

图 5-42 等厚斜歪褶皱素描图　　　　　图 5-43 宽缓直立褶皱素描图

二、余拉山-下秋卡混杂带

该混杂带北侧以假玉日-各组-尼玛区-下秋卡兵站断裂为界；南界从龙莫-前大拉-下秋卡石灰厂通过。该带东西向展布，从西到东，由宽变窄，最宽处约40km，主要出露的地质体有各组岩组（$JMg.$）、班戈桥岩组（$JMb.$）、余拉山岩组（$JMy.$）、沙木罗组（J_3K_1s）、牛堡组（$E_{1-2}n$）和布隆组（N_2b），局部地质被第四系松散堆积物覆盖，在个别地层伴有岩体侵位。该带从构造单元上划分3个三级构造单元，分别为各组沉积-构造混杂亚带、班戈桥变质复理石亚带和余拉山蛇绿混杂亚带（图5-44）。

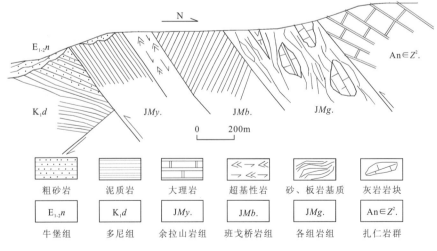

图 5-44 各组—嘎加之间路线短剖面图

(一)各组沉积-构造混杂亚带

建造特征:该带呈近东西向展布于测区中部,北为假玉日-各组-尼玛区-下秋卡兵站为界;南以榨日-日稀淌-斯热-下秋卡石灰厂断裂为界。图区内出露宽度15~20km。带内主要由木嘎岗日岩群各组岩组为基质和各种不同时代、不同岩石组合、不同规模、不同成因的岩块(片)组成的总体无序局部有序的混杂带,它具有沉积-构造混杂带的双重特征。

混杂带内的基质为木嘎岗日岩群各组岩组,主要为一套较深海环境的复理石建造、滑塌-混杂建造和硅泥质-基性熔岩建造等沉积组合。其间含有时代不同的古生代碳酸盐岩岩片和基性熔岩。岩片及中生代灰岩滑塌体组成变形极为复杂的混杂带主体。

古生代碳酸盐岩岩片(块)为稳定—次稳定环境下形成的一套台地碳酸盐岩沉积,呈滑塌体或构造叠置岩片不均匀分布于混杂带内。中生代灰岩呈透镜状或团块状散布于各组岩组之中,彼此间为沉积接触,显示滑塌沉积特征。而出露于测区西侧日弄错布杂的基性熔岩与基质为构造接触,无沉积接触迹象。从岩石化学成分分析为岛弧的亲缘属性,显示俯冲—消减时形成,后被碰撞,使先前的熔岩叠置或移置于基质之中。

混杂带内盖层型沉积为少量沙木罗组(J_3K_1s)、牛堡组($E_{1-2}n$)和布隆组(N_2b),它们均与下伏地层为角度不整合接触,为闭合碰撞造山阶段形成。分别代表了挤压、会聚背景下的残留盆地沉积、碰撞造山过程中的山间盆地沉积,但因后期断裂破坏及第四系松散堆积物覆盖严重,只有局部见有沉积接触。

(二)班戈桥变形复石亚带

建造特征:该带呈近东西向展布于测区中部,北为榨日-日稀淌-达泥断层为界,南以工普断裂为界。图区内出露面积约40km²,宽度为2~18km,带内主要由木嘎岗日岩群班戈桥岩组($JMb_.$)组成。

该带被各组沉积-构造混杂亚带和余拉山蛇绿混杂亚带夹持。具有复理石建造,但带内未见有岩块(片)存在。后期(燕山晚期)酸性岩浆侵位将局部地质体吞噬而出露不完整。在达泥一带上覆盖有碰撞建造系列的一套山间磨拉石建造的地质体牛堡组($E_{1-2}n$)。

对班戈桥变形复石亚带的建造特征分析与研究,认为该带是余拉山-下秋卡结合带内相对稳定三级构造单元,是班公错-怒江结合带裂离过程中逐渐孕育发展而成的地质体。

(三)余拉山蛇绿混杂亚带

建造特征:该带呈近东西向展布于测区中部,北以工普断裂为界;南以龙莫-前大拉-下秋卡石灰厂断裂为界,图区内出露面积约40km²,宽度为2~10km,带内主要由木嘎岗日岩群余拉山岩组和牛堡组($E_{1-2}n$)组成。

该带是余拉山-下秋卡混杂带的次级构造单元与两侧均为断层接触,具有复理石建造,其间有大量超基性岩、基性岩岩块,与基质构造侵位,平面上呈不规则圆形或长方形状分布,其建造特征与邻幅白拉-觉翁混杂带相同,超基性岩、基性岩的岩石化学特征与白拉—觉翁一带和江错—蓬错以及东巧一带的超基性岩特征有一定相似性。说明余拉山-下秋混杂带在聚敛过程中发生超基性岩、基性岩构造侵位,由于晚期大规模北倾向的逆冲推覆构造使其脱离根带向异地位移至此,具有构造再侵位及异地就位性质。

(四)构造变形特征

1. 断裂

在结合带内除边界断裂外,还发育规模不同、方向不同、性质个异的断裂,这些断裂彼此交切错位及平行,组成一幅相对复杂的断裂构造。结合带内的三个亚带中变形最强为各组沉积-构造混杂亚带,其次为余拉山蛇绿混杂亚带,而班戈岩变形复理石亚带中原始层理几乎未变形。

结合带内近东西向延伸的断裂以逆冲断裂为主,其次为张性断层。近南北向延伸的断裂以走滑正断层为主,其中有右行走滑正断层和左行走滑正断层。从断裂彼此切割关系分析,带内至少存在两个时期

(世代)的断裂,最早一期断裂为近东西向北倾逆冲断裂,最晚一期为近南北走滑正断层(同时见有北倾向拉张正断层)。从这些断裂分割不同地质体的情况分析,其活动定型时期为燕山晚期—喜马拉雅期。现将主要断裂特征叙述如下。

1) 躲不错-呀妥断裂(F_{14})

该断裂在测区内呈近东西向延伸,延伸长度约13km,东西端被第四系松散堆积物覆盖。断面倾向北,倾角30°~40°,是一条北倾向逆冲断裂(图5-45)。

此断裂主要发生古近系牛堡组($E_{1-2}n$)和新近系布隆组(N_2b)之间,两者间发育一条宽5~8m的破碎带,带中主要由紫红色含砾砂岩、紫红色砾岩、紫红色泥岩以及半胶结的砂砾岩和胶结物组成。构造角砾岩的砾石磨圆度为次棱角状,分选性差,略具定向性,与断面平行。胶结物主要由红色泥质物和铁质物等组成。从角砾定向特征,可确定断面倾向北;古近系地层覆盖于新近系地层之上,可判定该断裂为逆冲断裂。

总之,从断裂分割的地质体分析,该断裂活动的定型时期为喜马拉雅期。

2) 卧空断裂(F'_{14})

该断裂在测区内延伸长度约4km,呈北北东方向延伸,断裂的断距约1.8km,断面倾向南东,倾角约75°,是一条近北东向的左移走滑正断层(图5-46)。

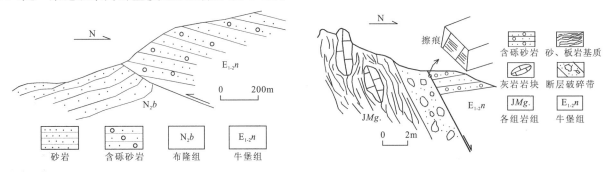

图5-45　F_{14}断裂在呀妥处特征示意图　　　图5-46　F'_{14}断裂在卧空一带特征

该断裂主要切割(错移)了木嘎岗日岩群各组岩组($JMg.$)和古近系牛堡组($E_{1-2}n$)。

通过断裂处有一条2~4m的破碎带,带中的构造角砾岩主要由紫红色含砾砂岩、泥岩、灰岩、长石石英砂岩、绢云板岩及石英组成角砾和铁质物及钙质物等胶结物组成构造角砾岩,角砾磨圆度为次棱角状—棱角状,分选性差,无定向性,在靠断层东盘(上盘)牛堡组含砾砂岩的底部见有阶步及擦痕(图5-46)。从阶步凹槽分析,西盘(下盘)向南移,而东盘(上盘)向北移,可确定为一条左行走滑断层;从破碎带中的角砾磨圆度分析,为一条拉张正断层;又从断面分析,为一条南东倾向的左行走滑正断层。

综合上述特征以及断裂切割(错动)的地质体分析,该断裂活动时期为喜马拉雅期。

3) 甲耳青断裂(F_{15})

该断裂在区内呈近东西向延伸,延伸长度约14km,东西端都被第四系松散堆积物覆盖,断面倾向近北,倾角50°~60°,是一条拉张正断层(图5-47)。

此断裂主要发生于古近系(牛堡组)和新近系(布隆组)之间。两者间有一条宽2~10m的破碎带,沿破碎带分布串珠状泉眼、泉华和钙华等。靠近断裂带边部,部分布隆组砾岩被热液硅化使岩石坚硬,而带内构造角砾岩主要由两侧岩石组成,胶结物主要为钙质,角砾磨圆度为次棱角状—棱角状,无定向性,分选性差。从角砾分布特征分析,断面倾向北,从串珠状泉眼、泉华、钙华以及从西侧地质体出露的地貌特征上看,南盘(下盘)地势相对高,而北盘(上盘)地势缓。总之从断裂分割的地质体分析,该断层活动的时期为喜马拉雅期,与ERS年龄相同,为一条拉张的正断层。

4) 工普断裂(F_{20})

该断裂在测区内呈近东西向延伸,延伸长度约10km,两端被第四系松散堆积物覆盖,东端被F_{22}断层错移。断面倾向北,倾角约45°,是一条北倾向的逆冲断层。

该断裂主要发生于班戈桥岩组($JMb.$)与余拉山岩组($JMy.$)之间(图5-48),两者间发育一条宽约3m

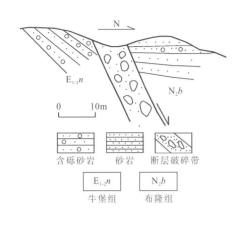 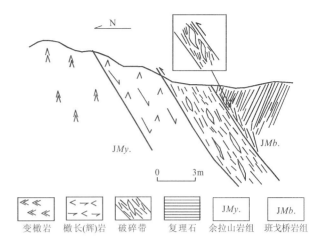

图 5-47 F_{15} 断裂在甲耳青一带特征示意图　　　图 5-48 F_{20} 断裂在余拉山北侧特征短剖面图

的破碎带,带内的构造角砾岩主要成分由两侧岩石(超基性岩、砂岩、板岩及方解石)组成。胶质物主要由成分相同的细小岩石组成,角砾磨圆度为次棱角状—次圆状,具定向性,角砾长轴与断面平行。角砾具旋转拖尾现象(图 5-48),在靠近断层的边部主要是上盘(北盘)砂板岩中发育牵引褶皱。从破碎带内角砾岩的定向性,以及角砾的旋转拖尾和上盘的砂板岩中发育牵引褶皱,可确定该断层为一条北倾向的逆冲断层。

总之,从断裂分割的地质体分析,该断裂早期可能为南倾向的逆冲断层,其活动的时期为燕山晚期,而北倾向的逆冲断层活动的时期为喜马拉雅期,包容了前先的断裂,其活动定型的时期为燕山晚期—喜马拉雅期。

5)达泥断裂(F_{16})

该断裂在测区内呈近东西向延伸,延伸长度约 11km,两端被第四系松散堆积物覆盖。断面倾向北,倾角 30°～40°,中一条北倾向逆冲断裂(图 5-49)。

此断裂发生在上侏罗统—下白垩统沙木罗组(J_3K_1s)与古近系牛堡组和木嘎岗日岩群班戈桥岩组之间,通过断裂处发育一条宽 5～8m 的破碎带,带内的构造角砾岩主要由两侧的岩石组成,角砾成分由灰岩、生物碎屑灰岩、砂岩、板岩、紫红色砾砂岩、泥岩和石英组成,胶结物由成分相同的细小岩石组成。在带内所处的位置不同而构造角砾岩的角砾成分也不同。角砾磨圆度为次棱角状—次圆状,个别具旋转拖尾现象,具定向性,断层下盘砂板岩中发育劈理化带,劈理产状:5°∠80°。下盘含砾砂岩中见有擦痕线理,线理产状:190°∠40°。而上盘岩石破碎强烈,局部具有牵引褶皱。

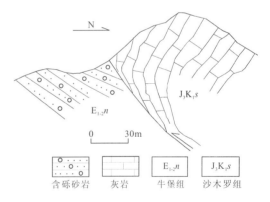

图 5-49 F_{16} 在各组乡南侧达泥一带特征示意图

总之,从上述特征分析,该断层为一条北倾向逆断层,又从断裂分割的地质体分析,该断裂活动定型的时期为喜马拉雅期。

6)各舍门-马赤断裂(F_{17})

该断裂在测区内延伸长度约 20km,呈北西-南东向延伸,北西端延出测区,东端被第四系覆盖。在班戈桥一带也被第四系覆盖。断层的断面倾向为北东或北,是一条近北倾向的逆冲断层。

此断裂在班戈桥岩组中通过,通过断层处发育一条宽 2～5m 的破碎带,破碎带中由构造角砾岩组成,角砾主要由长石石英砂岩、绢云板岩组成,胶结物主要由成分相同的细小岩石组成。角砾磨圆度为次棱角状—次圆状,略具定向性,在破碎带中靠北侧的角砾长轴倾向北,而南倾的角砾长轴倾向南或近水系。从角砾岩特征分析,早期的断裂被晚期的断裂继承或包容。在靠北侧的个别角砾(碎斑)具旋转拖尾现象(图 5-50),从角砾的定向性可确定断面倾向北或北东,而破碎带中的角砾旋转拖尾现象,可断定为一条逆冲断层。在该断裂的西端,通过断层处为北西-南东向的沟(图5-51),破碎带都被第四系松散堆积物覆盖,只是从转石及零星露头上可确认该处有断层通过。

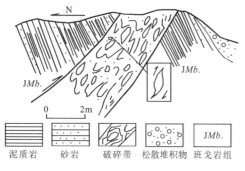

图 5-50　F_{17}断裂在班戈桥一带特征示意图

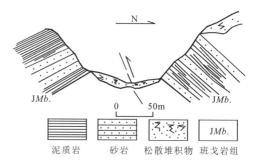

图 5-51　F_{17}断裂在点 D2035 处特征示意图

总之,从断裂分割的地质体分析,该断裂活动的主期在燕山晚期—喜马拉雅期。

2. 褶皱特征

在该构造带(结合带)内褶皱极发育,但以小尺度的褶皱为主。主要受班公错-怒江(余拉山-下秋卡)结合带向南消减,使结合带内的各地质体发生强烈变形,之后又受碰撞造山运动的影响,使该构造带的地质体变形复杂,总之各类型褶皱是不同时期、不同主异变形机制以及晚期构造运动的综合产物。

小尺度褶皱在带内同一地质体中褶皱类型也有些差异,其主要是受不同时期、不同位置、不同主变形机制而形成。

在木嘎岗日群各组岩组、班戈桥岩组和余拉山岩组主要发育有不协调褶皱(图5-52)、无根褶皱(图5-53)、同斜等原褶皱(图5-54)、层间揉皱(图5-55)、相似褶皱(图5-56)、倾竖褶皱(图5-57)和等厚直立褶皱(图5-58)等。其中各组岩组变形较强,其次为余拉山岩组,而班戈桥岩组之中变形痕迹较少或几乎没有。

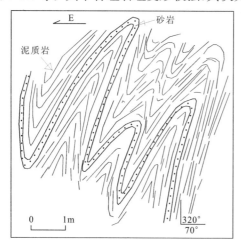

图 5-52　不协调褶皱素描图

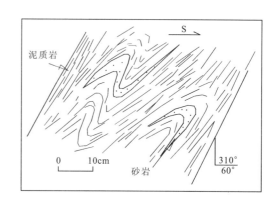

图 5-53　无根褶皱素描图

根据上述各类褶皱变形特征结合区域地质体的变形特点,以及发育褶皱地质体的时代,发育断裂的切割特征和上覆地质体的变形特征,该带内发育的褶皱形成时期为燕山晚期—喜马拉雅期。

三、嘎加-那曲-色雄陆缘逆推构造带

该构造带北以龙莫-多活-前大拉-下秋卡石灰厂断裂(F_{23})为界,南以嘎杂-罗马区-嘎理清-青木拉-董雄弄巴-沙马热断裂(F_{31})为界,两条断裂夹持该逆推构造带,出露的面积约 5200km²,带内出露的地层有拉嘎组(C_2l)、嘎加组(T_2^2g)组、马里组(J_2m)、桑卡拉佣组(J_2s)、拉贡塘组($J_{2-3}l$)、多尼组(K_1d)和牛堡组($E_{1-2}n$),部分地段被第四系覆盖,它们分别为不同地史时期、不同沉积环境,同时受不同大地构造背景下形成的地质体,是冈底斯-念青唐古拉板片的一部分。燕山期后期—喜马拉雅期的酸性岩浆侵入于拉贡塘

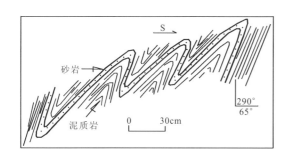
图 5-54　同斜等厚褶皱素描图

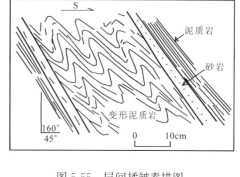
图 5-55　层间揉皱素描图

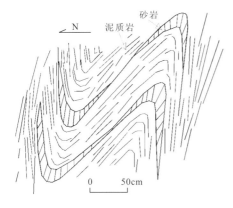
图 5-56　相似褶皱素描图

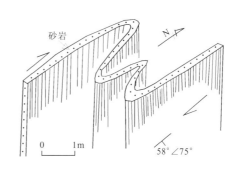
图 5-57　倾竖褶皱素描图

组和多尼组之中,花岗岩的岩石、化学特征表明存在两个系列的岩石类型,分别为岩浆弧系列和同造山系列,它们分别为余拉山-下秋卡结合带聚敛过程中不同阶段和不同大地构造背景下岩浆作用的物质表现,拉贡塘组中夹有钙碱性系列的火山岩,显示岛弧环境的亲缘性。从火山岩夹层和 K_2 的火山岩及侵入岩的形成环境及特征上看,具有活动岛弧向陆缘火山岩浆弧发展的趋势。与余拉山-下秋卡结合带的大地构造演化有着密不可分的关系。

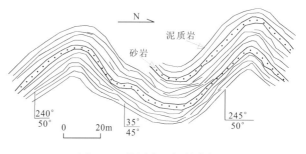
图 5-58　等层直立褶皱素描图

构造变形强度比结合带弱,以脆性变形为主,其次脆韧性变形,构造形迹主要为不同方向的断裂和填图尺度的褶皱。

变形作用关系表现为区域低温动力变质作用、动力变质作用和接触变质作用。

（一）建造特征

1. 古特提斯断裂谷盆地建造系列

以上石炭统拉嘎组(C_2l)为代表,呈断块分布于该带（嘎加-那曲-桑雄陆缘逆推构造带）之中,为一套冰筏形成的含中基性火山岩复陆屑沉积建造,局部夹有台地相碳酸盐岩,底部为一套细粒复成分砾岩。从基性火山岩的岩石化学、地球化学特征分析,为裂谷性系列火山岩,这表明是古特提斯洋壳裂变时形成的一套地质体。

2. 前陆残留盆地建造系列

以中三叠统嘎加组(T_2^2g)为代表,在测区内呈断片状产出,为一套深水相形成的地质体,其中以碎屑岩建造为主,其次为硅质岩建造、碳酸盐岩建造和火山岩建造。在碳酸盐岩中发育斜层理,说明形成时海水不深;在火山岩中的碳酸盐岩呈透镜状,这说明特提斯裂离时前陆盆地上形成海山沉积,从火山岩的岩石化学特征表明属钙碱性系列的玄武安山岩-安山岩组合,显示出岛弧型洋岛活动特征,可能是在特提斯结合带裂离初期的不成熟岛弧岩浆活动的特征。

3. 活动陆缘建造系列

活动陆缘建造系列包括马里组(J_2m)、桑卡拉佣组(J_2s)、拉贡塘组($J_{2-3}l$)和多尼组(K_1d)组成,马里组为一套陆相碎屑岩磨拉石建造;桑卡拉佣组为一套台地相碳酸盐岩建造;拉贡塘组为一套浅海相含钙碱性火山岩的碎屑岩-粘土岩复陆屑建造,其中钙碱性火山岩具有岛弧火山岩的亲缘属性,为岛弧盆地沉积组合,是余拉山-下秋卡结合带聚合过程早期阶段沉积作用和火山作用的物质表现,也是结合带向南消减的产物。多尼组是一套海陆交汇相的含煤线的碎屑岩沉积,在该带内侵入的燕山期酸性侵入岩(K_2花岗岩)和拉贡塘组中的夹层钙碱性系列的火山岛弧型一起共同组成陆缘火山-岩浆弧。从空间位置上看,多尼组位于陆缘-岩浆弧北侧(弧前),似乎具有弧前盆地沉积组合特点,与余拉山-下秋卡结合带向南消减有密切联系。

4. 碰撞建造系列

该系列主要由宗给组(K_2z)和牛堡组($E_{1-2}n$)组成,宗给组为一套陆相火山建造,从火山岩岩石化学、地球化学特征分析,反映为钙碱性系列的火山弧型(造山系列),而牛堡组为一套河湖相层碎屑岩或山间盆地磨拉石-复陆屑建造,显然属超碰撞建造系列。该带内燕山晚期—喜马拉雅期酸性侵入岩中造山系列(K_2—E_2)花岗岩亦可能是超碰撞事件岩浆作用的表现,宗给组与下伏地层的角度不整合为该超碰撞事件的下限提供了时间信息。

综合上述特征,该带内划分出古特提斯断裂谷盆地建造系列、前陆残留盆地建造系列、活动陆缘建造系列和超碰撞建造系列,沉积建造及岩浆建造分别代表余拉山-下秋卡结合带聚敛过程中不同阶段的沉积作用和岩浆作用的特征,是结合带挤压会聚和碰撞造山阶段的物质载体。

(二)构造变形特征

1. 断裂

在该带内除边界断裂龙莫-多活-前大拉-下秋卡石灰厂断裂(F_{23})和独日-132道班-嘎理清-青木拉-董雄弄巴-沙马热断裂(F_{31})之外,还发育几条规模较大、方向相近、性质各异的断裂,这些断裂彼此交切错位及平行,组成一幅相对简单的断裂构造图案。

带内近东西向延伸的断裂以逆冲断裂为主,其中有北倾向和南倾向逆冲断裂。北北东向延伸的脆性断裂为左行走滑断裂,而北北西向延伸的脆性断裂为右行走滑断裂。从断裂彼此切割关系分析,带内至少存在三个时期(世代)的断裂,最早一期断裂为北西-南东向的南西倾向的逆冲断裂,其次为近东西向北倾向逆冲断裂,而最晚一次为近南北向(北北东、北北西)的走滑断裂为主。从这些断裂将不同时代的地质体切割的情况分析,其活动定型时期为燕山晚期—喜马拉雅期,现将主要断裂特征叙述如下。

1)独日断裂(F_{34})

该断裂呈近东西向延伸,两端都被第四系覆盖,南侧错移了F_{31}断裂,图区内延伸长度约20km,断面向北东—东倾,倾角约65°,为北东—东倾的正滑断裂(图5-59)。

此断裂主要发生于嘎加组与牛堡组和多尼组之间,发育宽5~20m的断裂破碎带,带内主要为断层角砾岩,其角砾主要为两侧的岩石,胶结物由钙质、铁质及较细的岩石(断层泥)等组成,角砾定向性差,磨圆度为棱角状—次棱角状。北东盘(牛堡组)中发育若干个小错动,都倾向北东或东,并在牛堡组中见有擦

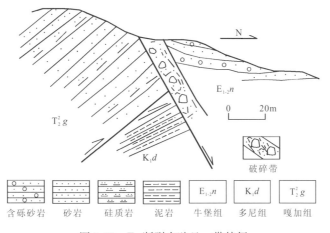

图 5-59 F_{34} 断裂在独日一带特征

痕、阶步,都是指示北东盘下降的运动学标志。

从该断裂切割的最新地层分析,其活动的主时期为喜马拉雅期,从两侧岩石出露特征以及断裂带内的擦痕、阶步等综合分析,其为一条北东—东倾的走滑正断层。

2) 扎日-色鲁-恰里钦断裂(F_{24})

该断裂(F_{24})呈北西-南东向延伸,北西端被 F_{23} 截切,南东端延出测区,图区内延伸长度约 47km,断面向北东向倾,倾角 30°～45°,为北东向逆冲断裂。

此断裂主要发生于桑卡拉佣组(J_2s)与多尼组(K_1d)之间,表现为宽约 30m 的断层破碎带,带内主要由片理化结晶灰岩、灰岩、长石石英砂岩、泥页岩及石英等角砾和成分与之相同的细小物质胶结而形成构造角砾岩沿断裂分布,在断裂下盘(南盘)岩石具有劈理化及牵引褶皱现象(图 5-60),劈理产状为 30°∠75°,从劈理产状可大致确定断面北东倾,牵引褶皱反映断裂上盘逆冲的运动学标志。从而确定断裂为一北东向逆冲断裂。

此断裂两端切割了燕山晚期的岩体,又被喜马拉雅期断裂截断,从而得出,该断裂主要活动时期应为燕山晚期—喜马拉雅早期(K_2—E_1)。

3) 舍里兄-尼玛乡断裂(F_{25})

此断裂在区内呈近东西向延伸,西端被 F_{23} 截断,东端延出图区,在图区内延伸长度约 85km,断面向南倾,倾角 30°～45°,为一条南倾向逆冲断裂。

该断裂主要发生于拉贡塘组二段($J_{2-3}l^2$)与多尼组(K_1d)之间,表现为宽 20～40m 的断层破碎带,带内主要见有绢云绿泥板岩、长石石英砂岩、泥页岩、含砾细砂岩、石英等角砾,它们被相同成分的细小物质胶结而形成构造角砾岩,沿断裂定向分布,局部见有旋斑或透镜体,具有旋转拖尾现象(图 5-61)。在断裂上盘(南盘)岩石具有牵引褶皱和下盘(北盘)劈理化现象。劈理产状为 185°∠80°,从劈理产状、角砾岩定向排列特征,可确定断面为南倾,从牵引褶皱、旋斑拖尾等运动学标志反映断裂上盘逆冲的特征,故该断裂为一南倾向逆冲断裂。

此断裂两端被喜马拉雅期断裂截断,以及分割的地质体分析,该断裂主时期为燕山晚期。

4) 土剖恰吉-沙仁略断裂(F_{28})

该断裂呈北西-南东向弧状延伸,两端却被 F_{26} 断裂截断,在图区内延伸长度约 20km,断面向南倾,倾角 40°～45°,为一条南倾向逆冲断裂(图 5-62)。

该断裂主要发生于拉贡塘组二段($J_{2-3}l^2$)与桑卡拉佣组(J_2s)之间,表现为宽 10～30m 的断层破碎带,带内见有构造角砾岩,角砾成分有大理岩化结晶灰岩、灰岩、结晶灰岩、长石石英砂岩、绢云板岩等,这些角砾被成分相同的细小岩石或碎粉岩(断层泥)胶结,角砾略具定向性,局部见有旋转拖尾的透镜体。在断裂下盘(北盘)岩石具有劈理化现象,劈理产状为 210°∠70°。从劈理产状、构造角砾岩定向排列特征,可确定断面为南倾,从透镜体旋转拖尾的运动学标志综合分析,反映断裂上逆冲的特征,故该断裂为南倾向断裂。

该断裂被 F_{26} 断裂截断以及分割的地质体分析,该断裂主要活动时期为燕山晚期。

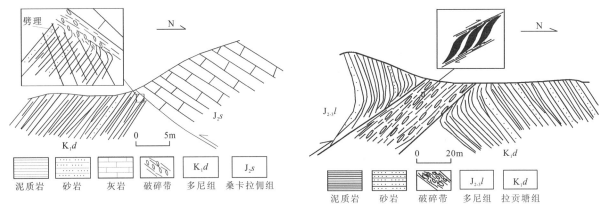

图 5-60 在色鲁一带断裂 F_{24} 下盘中发育牵引褶皱素描图　　图 5-61 断裂 F_{25} 在尼玛乡一带发育旋转拖尾现象示意图

5) 达里嘎-西柱日-扎弄-日拉断裂（F_{26}）

该断裂呈近东西向延伸,西端被第四系覆盖,东端延出测区。在图区内延伸长度约 90 km,断面倾向总体上北倾,局部北西向,倾角 30°~50°,为一条北倾向逆冲断裂（图 5-63）。

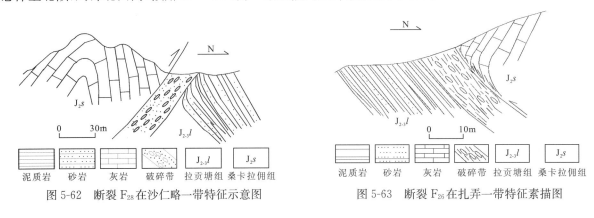

图 5-62 断裂 F_{28} 在沙仁略一带特征示意图　　图 5-63 断裂 F_{26} 在扎弄一带特征素描图

该断裂主要切割了北盘的拉贡塘组一段（$J_{2-3}l^1$）和桑卡拉佣组（J_2s）为主,南盘以拉贡塘组二段（$J_{2-3}l^2$）和牛堡组（$E_{1-2}n$）为主的地质体,两者间有一条宽 20~50m 的破碎带。带中见有构造角砾岩,角砾成分有灰岩、大理岩化结晶灰岩、长石石英砂岩、绢云板岩、紫红色含砾砂岩等,这些角砾被成分相同的细小岩石或碎粉岩（断层泥）、铁质物胶结,在断裂下盘（南盘）岩石具有劈理化现象,劈理产状为 10°∠70°,靠上盘的角砾具有定向性,可确定断面为北倾。在下盘牛堡组中见有擦痕线理,线理产状为 260°∠50°,指示断面向南逆推。总之,该断裂为北北倾向逆冲断裂。

据该断裂分割的最新地质体分析,断裂主要活动时期为喜马拉雅期。

6) 娘那断裂（F_{27}）

该断裂呈北北西向延伸,在图区内延伸长度约 30km,断面倾向东,倾角 70°~80°,为一条南北向走滑正断层。

该断裂主要切割了拉贡塘组（一段和二段）、桑卡拉佣组和牛堡组,在断裂两侧都见有上述地层。通过断裂处,见有一条宽 20~30m 的破碎带,带内各种角砾混杂在一起,角砾磨圆度为棱角状—次棱角状,分选性差,无定向性,胶结物以铁质物或断层泥。从两侧岩石特征分析,东盘为下降盘,在东盘上的牛堡组中见有一组擦痕线理,产状为 140°∠30°,指示上盘下降的同时往南（右）走滑（图 5-64）。

总之,据该断裂切割的地质体和断层分析,断裂活动的定型时期为喜马拉雅期。

7) 区雅断裂（F_{33}）

该断裂呈北西-南东向延伸,东端被 F_{34} 断裂截断,西端被牛堡（$E_{1-2}n$）不整合覆盖。图内延伸长度约 10km,断面向南西倾,倾角约 36°,为逆冲断裂（图 5-65）。

此断裂发生于拉嘎组（C_2l）和嘎加组（T_2^2g）之间,两者间见有一条宽约 5m 的破碎带。带内见有构造角砾岩,角砾成分主要是两侧的岩石碎块,主要由砂岩、硅质岩、含砾细砂岩及石英等,角砾呈次棱角状—

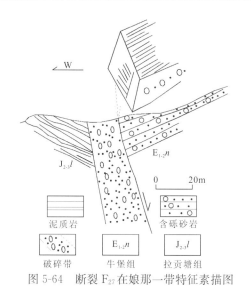

图 5-64 断裂 F_{27} 在娘那一带特征素描图

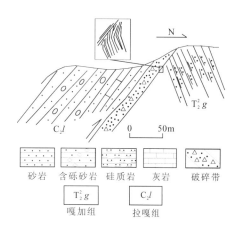

图 5-65 区雅断裂特征示意图

浑圆状,具定向性,被同成分的碎粉岩(断层泥)、铁质物胶结。在断层上盘见有擦痕线理和阶步,下盘见有(拖拉)褶皱,从而确定断裂为南西向的逆冲断裂。

从断裂切割的地质体和覆盖的地层等证据分析,断裂活动时期应为燕山晚期。

2. 褶皱特征

该构造带内褶皱构造比较发育,不仅发育填图尺度的区域性褶皱,而且发育小尺度的褶皱,现将其特征叙述如下。

1)飒巴向斜⑥

该向斜位于格索乡以北的飒巴一带,轴线近东西向延伸,轴面近直立,核部主要由拉贡塘组一段($J_{2-3}l^1$)组成,而南翼由拉贡塘组一段($J_{2-3}l^1$)和桑卡拉佣组(J_2s)组成,产状为20°∠40°,北翼由拉贡塘组一段($J_{2-3}l^1$)、桑卡拉佣组(J_2s)和马里组(J_2m)组成(图5-66),产状为210°∠50°~60°。此向斜往东向斜核部由桑卡拉佣组(J_2s)组成,为一直立向斜,褶皱形成时期为燕山晚期。

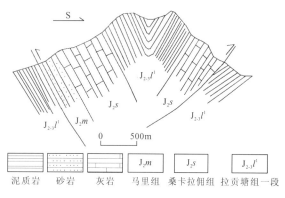

图 5-66 飒巴向斜特征示意图

2)没木嘎-给宗复式向斜⑦

该褶皱位于那曲县尼玛乡北侧,发育轴线总体近东西向延伸的一系列向斜组成的复式向斜构造。核部和两翼都由多尼组(K_1d)组成,北倾的产状较缓,倾角40°~50°,南倾向的产状较陡,倾角40°~70°,次褶皱的轴面向北倾,倾角60°~70°,总体褶皱为轴面近北倾的复式向斜构造(图5-67);南侧近直立。复式向斜的背斜相对开阔,而向斜相对紧闭的褶皱组合样式。复式向斜的两翼被 F_{24} 断裂破坏而不完整。在复式向斜的核部处被燕山晚期火山岩不整合覆盖,局部被燕山晚期、喜马拉雅期的岩浆侵入而复式向斜不完整。该复式褶皱与 F_{24} 和 F_{25} 断裂形成时有关。故褶皱形成时期为燕山晚期—喜马拉雅期。

3)查荣背斜⑧

该背斜位于那曲县查荣电站一带,轴线近东西向延伸,轴面倾向南倾,倾角80°~85°。核部及两翼由桑卡拉佣组(J_2s)地层组成,两翼被断层 F_{26} 和 F_{28} 破坏而不完整。南翼产状为190°∠45°,而北翼产状为5°∠70°。总体表现为被断裂破坏不完整的背斜构造,褶皱类型为直立-斜歪背斜(图5-68),褶皱形成时期为燕山晚期。

该褶皱位于错鄂以东么地一带,发育轴线总体向北西延伸的一系列背斜组成的复式背斜构造。核部和两翼由嘎加组(T_2^2g)的灰岩组成。南倾产状较陡,为50°~65°,北倾产状较缓,为40°左右,次褶皱的轴

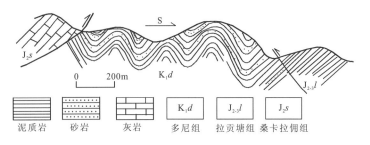

图 5-67 给宗复式向斜构造特征短剖面图

面产状为 40°∠70°。总体褶皱为轴面向北东倾的复式背斜构造(图 5-69)。复式背斜的南侧被小断层错移,北侧被第四系覆盖。该复式褶皱发育于嘎加组灰岩内,该灰岩从岩性组合特征、分布特点等分析,属于古生代的地层,现归于嘎加组的岩块(片),因而褶皱形成时期早于燕山期。因受晚期北倾逆冲推覆构造影响,轴面倾向有所改变。

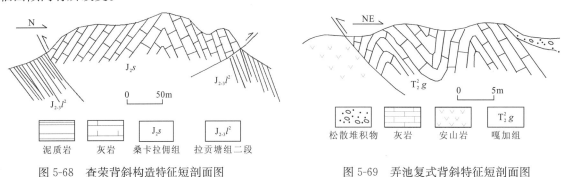

图 5-68 查荣背斜构造特征短剖面图　　　　图 5-69 弄池复式背斜特征短剖面图

4) 捌嘎复式背斜⑫

该背斜位于错鄂以东么地一带,发育轴线总体向东西延伸的一系列背斜组成的复式背斜构造。核部和两翼由嘎加组($T_2^2 g$)组成,南倾产状较缓,倾角 30°~50°,北倾产状较陡,倾角 40°~70°,次褶皱的轴面产状为 210°∠65°。总体褶皱为轴面向南西倾的复式背斜构造(图 5-70),复式背斜的背斜相对紧闭,而向斜相对宽阔的褶皱组合样式。该褶皱形成时期与燕山晚期北向逆冲断裂是同期。

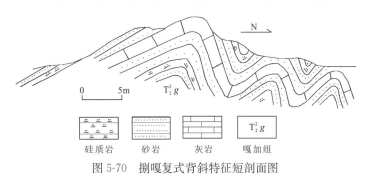

图 5-70 捌嘎复式背斜特征短剖面图

在该带内不仅发育区域性的复式褶皱,而且在局部处发育小尺度褶皱,在不同地层中褶皱类型及发育程度也有所不同。

嘎加组中主要发育宽阔直立褶皱(图 5-71)、等厚斜歪褶皱(图 5-72)和倾竖褶皱(图 5-73),拉嘎组中发育无根褶皱(图 5-74)、不协调褶皱(图 5-75)和层间揉皱(图 5-76)。这些褶皱形态各异,分别受不同时期、不同主异变形机制的综合产物。

在拉贡塘组中主要发育尖棱紧闭褶皱(图 5-77)、等厚斜歪褶皱(图 5-78)、顺层掩卧褶皱(图 5-79)和不协调褶皱(图 5-80),这些不同形态类型的褶皱分别是不同时期、不同主导变形机制的产物。

而多尼组($K_1 d$)中主要发育等厚宽缓褶皱(图 5-81)和倾竖褶皱(图 5-82),此类褶皱是晚期(主要是喜马拉雅期)构造运动。

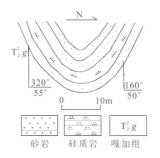

图 5-71 宽缓褶皱素描图

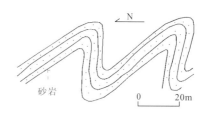

图 5-72 等厚斜歪褶皱素描图

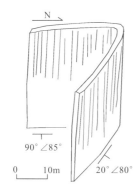

图 5-73 倾竖褶皱示意图

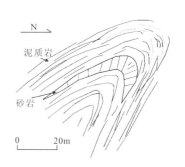

图 5-74 无根褶皱素描图

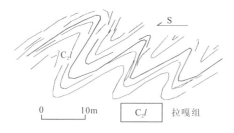

图 5-75 不协调褶皱素描图　　　　图 5-76 层间揉皱素描图

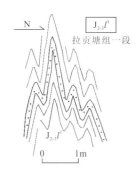

图 5-77 拉贡塘组第一段中发育尖棱褶皱素描图

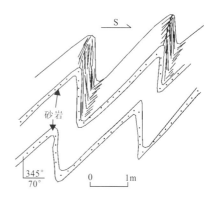

图 5-78 等厚斜歪褶皱素描图

四、桑雄-麦地卡陆缘岩浆弧带

桑雄-麦地卡陆缘岩浆弧带是冈底斯-念青唐古拉板片的一部分,是一个具有活动大陆边缘性质的地壳板片。北以嘎杂-罗马区-嘎理清-青木拉-董雄弄巴-沙马热断裂(F_{28})为界,南界位于图区之外。区内主要出露的地层有马里组(J_2m)、桑卡拉佣组(J_2s)、拉贡塘组($J_{2-3}l$)、多尼组(K_1d)和牛堡组($E_{1-2}n$)等地层,部分地域(段)被第四系覆盖。它们分别为不同地史时期、不同沉积环境,受不同构造环境下的地质体。

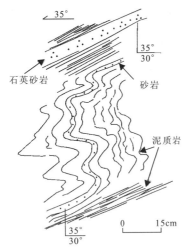
图 5-79 顺层掩卧褶皱素描图

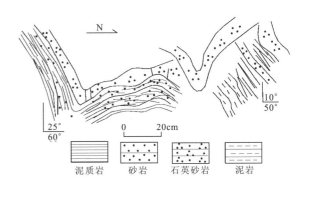
图 5-80 石英砂岩发育不协调褶皱素描图

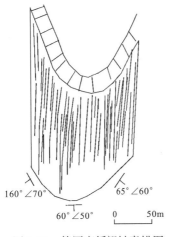
图 5-81 等厚宽缓褶皱素描图

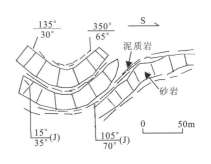
图 5-82 倾竖褶皱示意图

大规模燕山期—喜马拉雅期的酸性岩浆侵入于拉贡塘组($J_{2-3}l$)之中,并将其吞噬而不完整。花岗岩的岩石特征、岩石化学、地球化学特征表明存在两个系列的岩石类型,分别为岩浆弧系列和同造山系列,它们分别为余拉山-下秋卡结合带聚敛过程中不同阶段和不同大地构造背景下岩浆作用的物质表现。拉贡塘组中夹有钙碱性系列的火山岩,显示岛弧环境的亲缘性。从火山岩和侵入岩的形成环境及特征看,具有活动岛弧向陆缘弧发展的趋势,与余拉山-下秋卡结合带的大地构造演化有密切的联系。

构造变形强度较余拉山-下秋卡结合带弱,以脆性变形为主,其次为韧性变形,构造形迹主要为不同方向的断裂和填图尺度的褶皱,小尺度的褶皱构造不甚发育。

变质作用主要表现为区域低温动力变质作用、动力变质作用和接触变质作用。

(一)建造特征

1. 活动陆缘建造系列

活动陆缘建造系列包括马里组(J_2m)、桑卡拉佣组(J_2s)、拉贡塘组($J_{2-3}l$)、多尼组(K_1d)和牛堡组($E_{1-2}n$)。桑卡拉佣组为一套台地碳酸盐岩相;拉贡塘组是一套浅海相含少量钙碱性火山岩的碎屑岩-粘土岩建造,其中钙碱性火山岩具有岛弧火山岩的亲缘属性,为岛弧盆地沉积组合,是余拉山-下秋卡结合带向南消减的产物。多尼组为一套海陆交汇相的含煤线碎屑岩-粘土岩建造的沉积地质体,在测区西边有人称"川巴组",亦为一套含煤碎屑岩建造。多尼组在该岩浆弧上出露面积较小,主要分布于测区东南一带。在拉贡塘组中侵位有K_1的岩体,在南侧形成规模较大的陆缘岩浆弧,从空间位置分析,拉贡塘组二段位于陆缘岩浆弧中间(弧背),似乎具有弧背盆地的沉积组合特点。与余拉山-下秋卡结合带聚合作用有密切的联系,受雅鲁藏布江结合带的扩张—闭合作用的复合、叠加而进一步复杂化。

2. 超碰撞建造系列

超碰撞建造系列主要为牛堡组($E_{1-2}n$),在该带内分布零星,为河湖相山间盆地磨拉石-复陆屑建造,显然属超碰撞建造系列。在桑雄—麦地卡一带侵位燕山晚期—喜马拉雅期酸性侵入岩的造山系列(K_2—E_2)花岗岩可能是超碰撞事件岩浆作用的表现,牛堡组与下伏地层的角度不整合界线为该超碰撞事件在该带上的下限提供了时间信息。

综合上述特征,由于图区面积所限,各时期的建造所见不全,仅划分出活动陆缘建造系列和超碰撞建造系列,沉积建造及岩浆建造分别代表余拉山-下秋卡结合带聚敛过程中不同阶段的沉积作用和岩浆作用的特征,是余拉山-下秋卡结合带挤压会聚、碰撞和造山阶段的物质截体。

(二)构造变形特征

1. 断裂

在该带内除两条边界断裂之外,其他断裂构造不太发育,但这些断裂性质各异,都代表着不同时期的构造特征。

带内近东西向延伸的断层以逆冲断裂为主,而近南北断裂为右行走滑正断层。从断裂彼此切割关系及切割的地质体分析,带内至少存在三个时期(世代)的断裂,最早一期断裂为北西-南东向(近东西)的南倾逆冲断层,最晚为南北向右行走滑正断层,其活动定型时期为燕山晚期—喜马拉雅期,现将个别主要断裂特征叙述如下。

1)日拉-德不寄儿-洒果断裂(F_{32})

该断裂呈南西-北东向延伸,南西端被第四系松散堆积物覆盖,北东端延出图区,在图区内延伸长度约30km,断面向北西向倾,倾角30°~45°,为一条北西向的逆冲断裂(图5-83)。

此断裂主要切割了拉贡塘组一段和桑卡拉佣组(J_2s)之间,两者间发育一条宽约5~20m的破碎带,带内见有构造角砾岩,角砾成分由片理化结晶灰岩、灰岩、绢云板岩、长石石英砂岩及石英等组成,角砾磨圆度为次棱角状—次圆状,具定向性,胶结物由成分相同的细小岩石和铁(钙)质物质组成。在断裂下盘(南盘)发育劈理化带,劈理产状为320°∠75°,靠近断层处见有牵引褶皱。在断裂上盘(北盘)的岩石中发育各种方向的节理,靠断层处见有岩石破碎强烈,碎裂岩石中个别碎石具旋转拖尾现象。从劈理产状及构造角砾岩定向特征,可确定断面倾向为北西向,又从牵引褶皱、碎斑旋转拖尾等运动学标志,确定北盘(上盘)逆冲的特点,从而确定该断裂为北西向逆冲断裂。

此断裂东端切割了燕山晚期的岩体,从而得出,该断裂主要活动定型时期应为燕山晚期—喜马拉雅早期。

2)扎弄-布液热断裂(F_{35})

该断裂在测区内呈近东西向延伸,长度约15km,断面倾向近南,倾角35°,是一条南倾向逆冲断裂(图5-84)。

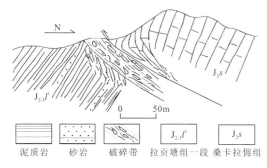
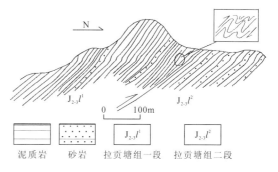

图5-83 F_{32}断裂在德不寄儿一带特征示意图　　图5-84 F_{35}断裂特征及上盘发育牵引褶皱示意图

该断裂主要发生于拉贡塘组一段($J_{2-3}l^1$)和二段($J_{2-3}l^2$)之间,两者间发育一条宽约10m的破碎带,但部分被第四系覆盖,局部见有零星破碎带,从中见有断层角砾岩,角砾成分由绢云板岩、长石石英砂岩、粗砂岩组成,被铁质物和成分相同的细小岩石胶结,角砾磨圆度为次棱角状—次圆状,略具定向性。在断层下盘(北盘)发育劈理化带,劈理产状为210°∠70°,在上盘(南盘)发育牵引褶皱(图5-84),从劈理化带的产状及角砾定向特点确定断层倾向南,从牵引褶皱可判定南盘向北盘之上逆冲,从而确定该断裂为南倾向逆冲断裂。

此断裂仅切割拉贡塘组的两个段,整个侏罗系是连续沉积,故该断层主要活动时期为燕山晚期。

3) 董雄弄巴断裂(F_{30})

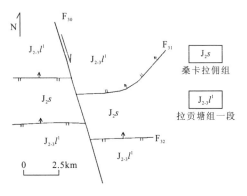

图5-85 董雄弄巴断裂与其他断裂之间关系平面图

该断裂在图区内呈北北西向延伸,延伸长度15km,断面向近东倾,倾角约70°,为一条北西向延伸的右行走滑正断层(图5-85)。

此断裂主要错移拉贡塘组第一段($J_{2-3}l^1$)和桑卡拉佣组(J_2s),走滑距约4km,通过断裂处见有一条宽约10m的破碎带,带中各种角砾岩混杂在一起,被铁质物和钙质物及成分相同的细小物质胶结,磨圆度为棱角状—次棱角状,无定向性,在东盘上见有擦痕线理,线理产状为220°∠10°,向右走滑。从走滑断距、擦痕等运动学标志,可确定该断裂为一条南北向右行走滑正断层。

此断裂切割了F_{31}和F_{32}断裂,说明该断裂比较晚,故断裂活动定型时期为喜马拉雅期。

2. 褶皱

该构造带内褶皱构造比较发育,不仅发育填图尺度的区域性褶皱,而且发育小尺度褶皱,其主要受班公错-怒江结合带向南俯冲,同时冈底斯-念青唐古拉板片逆冲以及碰撞、造山等构造运动的影响,使该构造带内褶皱类型较多、发育。现将其褶皱特征叙述如下。

1) 扎染达背斜⑩

该背斜位于达仁乡南东扎染达一带,轴线呈近东西向延伸,轴面倾向南,倾角约75°,核部由桑卡拉佣组(J_2s)组成,该背斜的北翼被F_{31}破坏而不完整。而南翼较完整,由桑卡拉佣组(J_2s)和拉贡塘组一段($J_{2-3}l^1$)组成(图5-86),北翼产状为350°∠70°,南翼产状为165°∠40°~60°,轴面产状165°∠75°。此背斜向西被第四系覆盖而不清,向东至少受两次以上断裂构造影响,而被破坏。灰岩内发育糜棱岩、初磨岩等构造特征。该背斜褶皱被最早形成于燕山晚期,当时可能为轴面向南的宽缓背斜,受喜马拉雅期F_{31}断裂影响,形成北翼倾角变陡的紧闭褶皱。其形成时期为燕山晚期—喜马拉雅期。

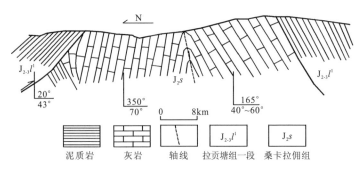

图5-86 扎染达背斜构造出露短剖面图

2) 查孔-鸭儿鸡复式向斜⑪

该复式向斜位于达仁乡南侧查孔到麦地卡乡北东侧鸭儿鸡之间,轴线总体呈近东西向延伸的一系列向斜组成的复式向斜构造。该复式向斜在麦地卡一带核部为多尼组(K_1d)(图5-87),两翼由拉贡塘组二段($J_{2-3}l^2$)组成,北倾的产状较缓,倾角42°左右,南倾的产状较陡,倾角47°左右,次褶皱的轴面产状北倾,倾角80°左右。而达仁乡南侧,核部为拉贡塘组二段,两翼为拉贡塘组一段组成(图5-88),北倾的产状较缓,倾角40°~50°,而南倾产状较陡,倾角40°~70°,次褶皱上的轴面产状北倾,倾角60°~70°。总体褶皱轴面为北倾的复式向斜构造。复式向斜的背、向斜均相对宽阔,该复式向斜主要受断裂F_{31}的影响,其褶皱形成时期为燕山晚期—喜马拉雅期。

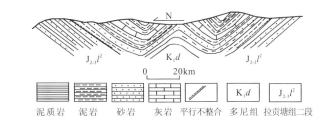

图5-87 查孔-鸭儿鸡复式向斜麦地卡一带出露特征短剖面图

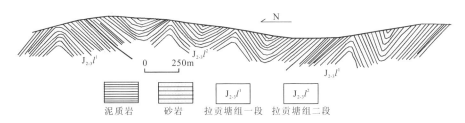

图5-88 查孔-鸭儿鸡复式向斜在达仁乡南侧一带出露特征短剖面图

3)喜给托地复式背斜⑭

该复式背斜位于达仁乡西南侧喜给托地一带,是轴线总体近东西向延伸的一系列背斜组成的复式背斜。该复式背斜的核部由拉贡塘组一段($J_{2-3}l^1$)组成,右两翼由拉贡塘组二段组成(图5-89),北倾的产状(北侧)较缓(36°~45°),而南侧相对较陡(为68°~70°),南倾的产状中北侧较陡(50°~72°),而南侧较缓(44°~55°)。次褶皱的轴面产状北侧北倾,倾角50°~60°,而南侧南倾,倾角60°~75°。总体褶皱轴面北侧北倾,南侧南倾、复杂的复式背斜构造。复式向斜的背斜、向斜均相对紧闭,该复式背斜主要受两次以上的构造运动影响,第一次是由南向北的应力场作用,第二次是由北向南的应力场作用,两种作用叠加而形成现在这种复式背斜。其褶皱形成时期为燕山晚期—喜马拉雅期。

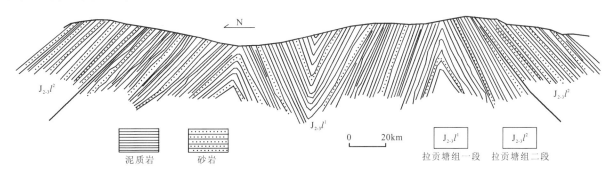

图5-89 喜给托地复式背斜出露特征短剖面图

在该带内不仅发育可填图的大尺度复式褶皱,而且在局部处发育小尺度褶皱。在不同位置、不同地质体的褶皱类型及发育程度也有所不同。

在拉贡塘组中主要发育层间掩卧褶曲(图5-90)、无根褶皱(图5-91)、斜歪尖棱褶皱(图5-92)以及不协调褶曲(图5-93),这些褶皱分别为不同时期、不同主异变形机制的产物。

在多尼组中发育等厚宽缓褶皱(图5-94)和倾竖褶皱(图5-95),此类型褶皱是晚期构造运动的产物。

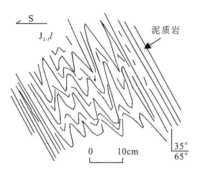

图 5-90 层间掩卧褶曲素描图

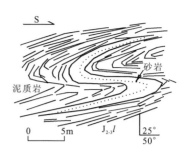

图 5-91 无根褶皱素描图

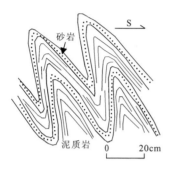

图 5-92 斜歪尖棱褶皱素描图

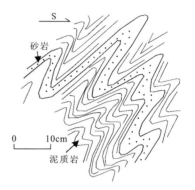

图 5-93 不协调褶曲素描图

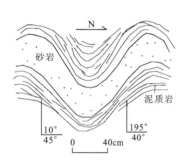

图 5-94 等厚宽缓褶皱素描图

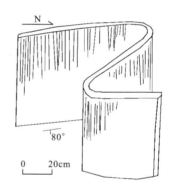

图 5-95 倾竖褶皱示意图

第五节　构造变形及变形序列

一、构造变形相

构造变形相（tectonic deformation facies）是岩石在地壳运动过程中具一定变形环境的构造表现，是一定物理化学条件范围内形成的各种岩层和岩体以某一变形机制的变形为主导的变形构造的共生组合。不同变形相有不同变形环境，有不同的构造群落，有不同的变形相标志，为此，根据褶皱样式、断裂性质、构造置换、构造群落及微小构造、劈理、线理、面理等，将测区构造变形相进行划分见表 5-3。

二、变形序列

为建立测区变形序列，首先把各种地质体在同一构造事件作用下，由于所处深度和构造部位不同，空间上出现深、浅不同的构造变形分带，有必要进行构造群落的划分归类。据地质体的变质程度、变形特征

表 5-3 测区构造变形相划分表

卷入的地质体		$E_{1-2}n, N_2b$	K_1-T, P_1x, C_2l	$PzJ, An\in Z$	$An\in Ngn$
		脆裂剪切变形相	弯曲-滑动变形相	固态流动变形相	熔融或揉流变形相
构造变形标志	褶皱类型	宽缓褶曲	等厚、斜歪褶皱、相似褶皱、尖棱褶皱	不协调褶皱	不协调揉皱
	断裂性地质及构造岩	脆性断裂棱角状断层角砾岩	脆-韧性过渡型断裂、碎裂岩石	韧性断裂带为主、糜棱岩化、糜棱岩、构造片理化岩石	构造片麻岩韧性剪切带
	劈理		顺层板劈理、同斜劈理	以全面劈理化为主、局部弱岩层顺层流劈理化、动态重结晶明显	强烈片麻理化、静态重结晶、面理组构消失
	线理	擦痕	擦痕	新生线理发育，拉伸线理指示运动方向、旋转变形标志显著	粗大结晶矿物定向
	节理和同构造脉	较为发育	同构造雁列式结晶脉、节理发育	同构造结晶脉发育并卷入旋转变形	花岗质片麻岩岩脉呈多种形式贯入和交代围岩
	石香肠及其他微小构造	无新生变质小型构造	张裂型或劈理型石香肠、铅笔状构造、无根褶皱	粘滞型石香肠	构造透镜体呈漂浮状
	构造置换的程度	原生沉积构造全面保存	在JM_5, JM_y岩体中局部置换，其他沉积构造保存较好	基本上全面置换	受重结晶作用全面改造
	变形岩石内部主要变形机制和变形反映	无流动的刚体运动碎裂流动无变质脆性变形	层间滑动—粒内沉积变质弱变质脆-韧性变形	粒内滑动为主、区域动力变质韧性变形	重结晶流动热动力变质
	褶皱构造群落	宽阔弯曲构造群落	紧闭、尖棱、等厚、斜歪褶皱等构造群落	变质固态流变构造群落—褶叠层构造韧性剪切带	超基性活动构造群落、岩浆岩热动力构造群落
	断裂构造群落	断折构造群落、高角度正断层系	弯曲褶皱构造群落—逆冲推覆构造系统	低角度正断层系	韧性剪切带
构造层次		上部	中部	下部	最下部和侵入体

及相应的构造群落,把测区分为四个构造层次,同时利用断裂特征、褶皱特征及各种类型的显微构造特征等依据,在抓住主期构造特征的基础上,以时间为序,构造的叠加、交切、包容关系为根据进行构造群落的时间组合分析,建立测区的构造变形序列。

(一)构造群落时空组合分析、归纳

1. 断裂构造群落

根据主变形期构造的研究基础上,以断裂性质、空间展布方向,彼此切割关系及其多期次活动特征为依据,归纳出6种类型的断裂系。

1)南北向伸展呈近东西向正断层(剥离断层)

该断裂为测区最早期断裂活动的表现,断裂标志出露于生雀弄巴断裂F_8、尼玛龙断裂F_7等以及局部残存而包容于后期断裂带之中(结合带),上述断裂可能形成于离散拉张阶段之后有多次活动,并在主变形期强烈活动定型而表现出主期标志(结合带),其离散张拉(伸展)时期为燕山期,后期多次活动时期为燕山晚期—喜马拉雅期。

2)近南倾脆韧性逆冲断裂系

该期断裂特征在测区有强烈表现,绝大部分近东西向脆韧性断裂构造表现出南倾逆冲断层特征。该期使结合带内的增生体逆冲叠置,以及外来岩块、岩片和火山岩岩片逆冲叠置在一起,显示出主期变形的特点,所表现为碰撞造山早期阶段的断裂形成。形成时期为燕山晚期。

3)近南北向伸展东西向裂陷断裂系

该期断裂活动特征受后期断裂改造包容于F_{13}等断裂带中。断裂活动特征被后期地层覆盖,仅局部残存。致使断裂大多表现为晚期构造(断裂)特征,可能为闭合碰撞造山阶段中晚期应力松弛过程中的正断层活动标志,北侧增生体上发育伸展盆地(J_3K_1s、J_3K_1G),而南侧聚敛背景下发育前陆盆地(K_1d),都是在该构造组合背景下形成的伸展盆地。

4)近东西向北倾逆冲断层系

该期断裂活动特征受后期断裂改造被包容于F_{13}、F_{23}、F_{31}等断裂带中。这些断裂在主变形期有较强烈活动而主要表现为主期断裂特征,早期断裂活动特征仅局部残存,它可能为南北向挤压、收缩使结合带闭合碰撞造山阶段形成。

5)南北向挤压、东西向伸展走滑断裂系

在测区内北西向,北东向走滑断层,表现为右行、左行走滑断裂,北西向以右行为主,北东向以左行为主,它们组成了"X"型共轭走滑断裂系,测区大部分北西、北东向断裂均属该断裂系(如F_{11}、F_{14}^1、F_{27}、F_{29}、F_{30}等),它们可能是后碰撞造山期走滑调整阶段的产物。该断裂系将前期断裂斜切而使其发生位移(错动),使早期近南北向裂陷盆地产生变位,同时形成一些北东向第四纪走滑盆地(桑雄一带为代表等)。

6)南北向挤压而产生的南北向正断层系

测区内近南北向正断层较为发育,但大部分被第四系松散堆积物覆盖严重。在F_5、F_6等断裂中比较清楚。其主要特征:两侧岩石有很大差异,是近南北向断陷盆地的控制性断裂,是在后碰撞造山阶段—高原隆升阶段由于近南北向持续挤压而应力不均匀诱发的近东西向引张所致。

2. 褶皱构造群落

根据对不同尺度的褶皱构造类型,褶皱样式、褶皱的空间分布特征、叠加褶皱及褶皱的相互交切关系进行分析,划分出6种类型的褶皱构造群落。

1)顺层掩卧(平卧)褶皱群落

该褶皱群落仅出露于古生代构造建造之中,主要为顺层掩卧褶皱,顺层掩卧不协调"N"、"M"型褶皱或揉皱,顺层掩卧无根褶皱等,局部发育南北向拉伸线理,为伸展背景下形成的褶叠层褶皱构造,形成于裂谷拉张时期地壳中—中深层次。

2)斜卧、斜歪、同斜褶皱群落

该褶皱群落不同程度地发育于古生代、中生代各不同的构造建造单元之中,主要为平卧褶皱、斜卧褶皱、斜卧不协调褶皱、顺层掩卧无根褶皱、尖棱褶皱。褶皱轴面南倾,枢纽近东西向,褶皱主要变形面为层理面,局部可见变形劈(片)理面,个别褶皱可发育轴面劈理,形成于闭合碰撞造山阶段。

3)近东西向斜歪褶皱群落

主要为等厚斜歪褶皱、直立褶皱,枢纽近东西向,局部发育轴面劈理,可能为碰撞造山过程中应力松弛阶段,南北向引张形成的上—浅部层次的褶皱群落。

4)直立褶皱群落

该褶皱群落在不同构造建造单元中均有不同程度地发育。褶皱类型有斜歪相似褶皱、斜歪褶皱、直立紧闭褶皱、直立尖棱褶皱等,主变形面理为原始层理面,轴面劈理不发育,褶皱被轴面向北倾呈近直立,枢纽走向为近东西向,形成于闭合、碰撞造山过程中地壳上—浅部构造层次。

5)倾竖褶皱群落

受活动构造带控制而局部出现该褶皱群层,褶皱类型有倾竖斜歪褶皱、倾竖直立褶皱、倾竖无根褶皱等,枢纽近直立或陡倾,为走滑剪切背景下形成,可能属形成于闭合、碰撞造山阶段晚期走滑调整的产物。

6)宽缓直立褶皱群落

除第四系松散堆积物外,其他地质体中均有分布,主要为宽缓直立褶皱,轴面劈理不发育,轴面近直立—直立,枢纽走向为近东西向,转折端宽缓—圆滑,褶皱变形面理为层理面,常同轴叠加于早期褶皱之上形成叠加褶皱,是高原隆升阶段的产物。

(二)构造群落的时空组合分析

1. 主拆离断裂伸展构造组合

根据顺层掩卧(平卧)褶皱群落及早期正断层(剥离断层)残迹和伴生的南北向拉伸线理组成。受后期多次变形叠加改造而不完整,仅残留形式保留,与上覆构造层以变形、变质不连续而显示为测区最早变形之一。与区域对比,该期变形的时代为燕山早期。

2. 俯冲叠置构造组合

该构造组合由平卧斜歪相似褶皱群落和近东西向脆-韧性或韧性南倾逆冲断层系组成。局部矿物生长线理、旋转碎斑和S-C组构以及增生体逆冲叠置等。虽被后期构造强烈改造,但断裂特征仍有部分保留。属闭合、碰撞造山早期的构造组合。

3. 增生后的伸展构造组合

主要由南、北向斜歪-直立褶皱群落和近东西向北倾正断层组合,它可能是碰撞造山过程中的应力松弛产生近南北向的伸展裂陷的产物,在伸展拉张背景下沉积了以沙木罗组(J_3K_1s)和郭曲群(J_3K_1G)为代表的增生体之上的伸展盆地,而在聚敛背景下的前陆盆地以多尼组(K_1d)为代表,这时期的变形特征还可见到,但断裂特征几乎被置换,是闭合、碰撞造山中期的构造组合。

4. 逆冲推覆调整构造组合

该构造组合由斜歪-直立褶皱群落和近东西向脆性北倾逆冲断层系组成。形成于闭合碰撞造山晚期,其主要根据包容于该期构造之中的先期构造进行变形、变位改造,断裂和褶皱关系,以及发育不同方向擦痕线理和伴生的褶皱特征而确定了该构造组合的构造世序位置。

5. 走滑调整构造组合

本构造组合由倾竖褶皱群落和北西、北东向走滑断层组成。由于北西及北东向断裂的剪切走滑作用导致枢纽近直立的倾竖褶皱发育。对切割先期构造的关系及石英自旋共振提供的断层年龄确定为测区最晚期的构造组合。可能属闭合、碰撞造山晚期走滑挤压背景下的产物。

6. 高原隆升构造组合

主要为东西向引张构造组合，该构造组合由宽缓直立褶皱群落和南北向正断层系组成，主要是由南北向的持续挤压造山时，而诱发的东西向引张背景下形成的断裂、褶皱构造系统，并导致近南北向断陷盆地的发育。根据切割早期构造要素以及对切割关系确定该构造世序位置。属高原隆升阶段的产物。

三、变形序列的建立

构造变形序列是指前后相继的变形相转换在同一变形地质体中构成不同的构造群落的叠加顺序，也就是变形相在时间上的演变叠加顺序（单高琅等，1991）。通过对测区各尺度构造群落时空组合的综合研究及分析。

归纳出6种类型的构造组合，根据它们的空间分布及彼此间的切割、叠加、包容关系，改造和大地构造演化背景差异，初步确定了它们彼此之间的生成顺序或前后次序。

在这个基础上建立了测区的构造变形序列。通过对沉积作用、岩浆作用和变质作用的综合分析，并建立了测区综合地质事件表（表5-4）。

第六节 地球物理及深部构造特征

一、地球物理探测历史及现状

地球物理学：是应用物理学的原理和方法来研究地球物理问题的一门学科，地球物理资料能够反映不同层次的结构特点，是现今区域地质构造格架的物性反映。

20世纪70年代初测区就进行过1∶100万航磁飞行及区域重力测量，之后近20年来，先后完成的项目见表5-5。

另外，国家地矿部从20世纪80年代后期陆续组织实施了亚东-格尔木、格尔木-额济旗等一系列地学断面探测研究工作，集中完成以地震为主的地球物理探测剖面，总长度达到4500km。这些研究工作对揭示青藏高原以及邻区岩石圈结构、构造，研究板块构造特征，探讨青藏高原隆升动力学机制等，都发挥了重要作用。

二、地球物理探测成果及对测区深部构造的解释

（一）青藏高原地壳模型及厚度

根据地震测深、电磁测深资料显示，青藏高原的地壳巨厚，而且是由多个介质层组成，由浅层向深层演化时，纵波速度、横波速度和岩石圈结构密度均由小增大，由低增高。

测深资料显示居世界第一高峰的珠穆朗玛峰不是地壳最厚的地区（图5-96），而青藏高原腹地的羌塘盆地才是地壳最厚的地区，壳厚可达71～73km，平均地壳厚度为60km。测区内为72km。青藏高原岩石圈构造分区研究，羌塘地块的岩石圈厚度达到180～200km，大于相邻任何地区，它是重力异常缓变区，并且有大面积电磁异常，磁性变差大，高导层深和稳定低热流特征。

（二）布拉重力异常

重力异常最大作用是反映为上地幔表面的形态，即莫霍面的深度。

布拉重力异常经过纬度、高度及中间层改正后获得的异常，不同深度地质因素引起的异常特征也不同。

测区地处羌塘盆地中心地带，异常值变化很小，从重力异常剖面图（图5-97）中，总体显示出南疏北密的特征，可能反映莫霍面具南深北浅或边界断裂（班公错-怒江结合带）的产状为南陡倾。与布拉重力异常

表 5-4 测区综合地质事件表

时代	阶段	体制	构造组合类型	变形机制	沉积事件	岩浆事件	变质事件
$N_2—Q_4$	碰撞及后碰撞阶段	南北向挤压、东西向伸展、板内变形	南北向挤压及东西向逆冲断裂构造组合	脆性剪切（正断层）	山间断陷盆地沉积（N_2b）		局部动力变质、热接触变质
$E—N_1$		南北向挤压、东西向伸展、走滑调整	边界走滑断裂及配套的倾竖褶皱构造组合	脆性剪切（走滑型）	走滑拉分盆地沉积（$E_{1-2}n$）	酸性岩浆入侵活动	
K_2		南北向挤压、收缩（碰撞）	东西向逆冲推覆构造组合	韧性剪切	前陆磨拉石及火山质磨拉石盆地沉积（K_2z）	酸性岩浆入侵活动及岛弧型火山活动	区域低温动力变质
K_1	新特提斯演化阶段	增生体的局部伸展、前陆聚敛等	伸展盆地 J_3K_1G, J_3K_1s；南侧聚敛背景下的前陆盆地 K_1d 的构造组合	脆韧性剪切（逆冲型）	增生体之上沉积的台地相碳酸盐岩沉积（J_3K_1G, J_3K_1s），残留盆地沉积（K_1d）	中酸性岩浆入侵活动	
$J_2—J_3$		南北向挤压、收缩（俯冲、增生）	增生体逆冲叠置，地层叠置，岩席，岩片组合叠置成的构造组合	脆-韧性剪切	具活动陆缘盆地沉积（$J_2m^2, J_2s, J_{2-3}l$）	岛弧型火山活动	区域中压低温动力变质、高绿片岩相伸展变质、区域低温动力变质、热接触变质
$T_3—J_{1-2}$		南北向伸展	变质核杂岩、主拆离裂伸展构造组合	韧性剪切（剥离型）	多岛洋沉积（$JM.$）	蛇绿岩活动及配套的基性岩浆火山活动	
$P—T_2$	古特提斯演化阶段	收缩			残余盆地沉积	岛弧型火山活动	
$C—P$		伸展			裂谷型盆地（C_2l）、台地相碳酸盐岩沉积（P_1x）	蛇绿岩活动	
$O—D$	稳定沉积演化阶段			韧性剪切	稳定型沉积	裂谷型岩浆火山活动	区域动力变质
AnO	陆壳基底形成阶段	收缩→伸展		韧性剪切		基性、中酸性岩浆入侵活动	热动力变质？

表 5-5 测区及邻区地球物理完成的项目

时间	单位	项目名称或完成的工作
1980—1982 年	中法合作	藏南完成佩古错-普英错、藏北色林错-雅安多人工地震测探剖面 洛扎-那曲大地电磁测探剖面
1991—1995 年	中美合作	龙门山-滇中 GPS 测量地壳形变项目
1992 年	中美合作	国际喜马拉雅西藏高原探地震反射剖面项目
1993 年	中国地质科学院	沱沱河-格尔木地震探测剖面

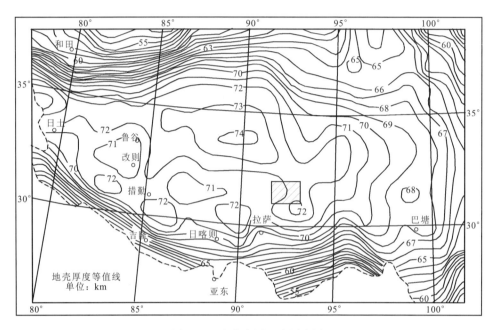

图 5-96 青藏高原地壳厚度图

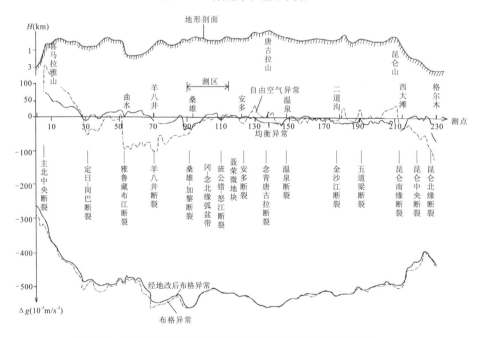

图 5-97 亚东-格尔木剖面重力异常与地体划分图(据孟令顺等,1990)

相对比,地磁资料则明显为正异常,向四周逐渐减弱。雅鲁藏布江及以南地区地磁异常变化剧烈,航磁显示出强的正异常特征,强度达 150～450nT,并向北急剧减小,可能反映藏北的超镁铁质岩带(蛇绿岩带)纵向延伸小,多属表层的岩片,班公错-怒江结合带在余拉山一带形成的蛇绿岩具有相同特征,埋深较浅,构造浅表的岩块、构造岩楔等,而上地表中大多数物质则属硅铝质。

(三)低速层特征

低断层是指波速随深度增大而减小的层(地壳深层)。据深层地震测深与天然地震测深资料反映,青藏高原地壳中存在低速层,由地震面波频散收到的地壳模型,低速层为 27~40km,该低速层的横波速度为 3.29km/s,纵波速度为 5.6km/s,其中藏北地区地壳低速层埋深为 44~45km,藏南为 29~45km,低速层速度为 5.64±0.3km/s,低速层厚为 10.28±1.3km。

(四)地电学特征

地电学是地球物理学的一个组成部分,它是通过观测和研究天然或人工在地下建立的电场、电磁场,解决与(岩)矿石电学性质差异及相关的各类地学问题的应用学科。

中国科学院地球物理研究所从吉隆-鲁谷-三个大湖大地电磁测深剖面研究,以及 1995 年王家映测得横贯羌塘盆地四条大地电磁测深剖面,1994 年中国石油天然气总公司新区勘探事业部羌塘盆地找油任务及大地电磁测深剖面研究,1994—1996 年先后完成了若干条大地电磁测深剖面研究工作,获得了大量的、宝贵的深部构造信息。对本次区调项目提供了深部构造信息,根据这些成果,把青藏高原地壳电性划分为五个层,在所有测点的电阻率分布趋势上,存在大体一致特点。在地壳和上地幔中均存在多个低阻层,其中地壳中低阻层深 10~20km,上地幔低阻层在那曲—安多一带为 65~66km,所测深度与深地震测深得到的莫霍界面深度相同。

在二维正演化电剖面上,由不同深度电阻率大小所反映的各电性层的纵横分布规律,揭示了明显贯穿壳内低阻层班公错-怒江深大断裂带的存在,及两侧上地壳的较低电阻率,从而从地电异常上表现了上地壳(20~25km 之间),与测区大地构造单元相对应的三分结构特点(图 5-98)。

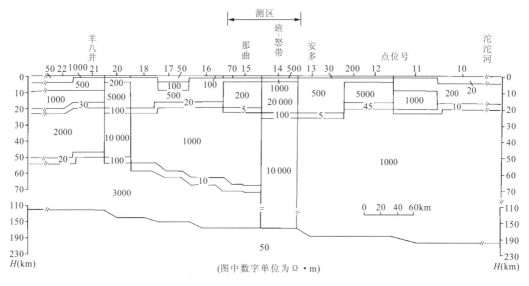

图 5-98　亚东-格尔木剖面(羊八井-沱沱河)二维地电模型图(据郭新峰等,1990)

(五)航空磁测

20 世纪 90 年代末,国土资源部航空物探遥感中心在青藏高原中西部(北纬 40°以南,东经 94°以西)大范围内,完成了 1∶100 万磁测 114 万 km^2 面积任务,航磁系统收集成测量方法技术达到新水平,取得重要进展。

经过处理的航磁异常一视磁化率图也很好,反映了测区的地质结构单元。北部聂荣地块(体)表现为较强的磁性块,中部班公错-怒江结合带表现为带状弱磁性,南部冈底斯-念青唐古拉板片北缘则为强弱相间的磁性块(图 5-99)。

另外,从航磁的影像图中看出,测区班公错-怒江结合带余拉山一带的超镁铁质岩石出现了较高航磁异常值区,其原因是结合带蛇绿岩带中的超镁铁质岩石和基性岩所引起的。

(六)均衡异常特征

均衡异常在青藏高原1°×1°均衡异常图中清楚反映了测区所处的羌塘地块均衡异常,表现模糊不清的特点。同时,也说明羌塘地块内部基本处于均衡状态,高正均衡异常位于青藏高原南北两侧质量过剩的造山带,低负异常位于青藏高原周边盆地,表现为质量亏损的沉积拗陷带,说明地壳深部可能存在流失现象。

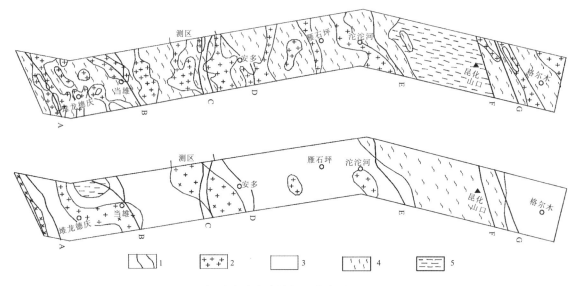

图5-99 亚东-格尔木走廊域视磁化率图(据余饮范等,1990)

上图:浅层情况;下图:深层情况;A:雅鲁藏布江断裂;B:当雄-羊八井断裂;C:东巧-比如断裂(班公错-怒江结合带);D:安多-丁青断裂;E:沱沱河-玉树断裂;F:昆仑南断裂;G:昆仑中央断裂;1.强磁性;2.较强磁性;3.较弱磁性;4.弱碱性;5.无磁性

(七)自由空气异常

青藏高原1°×1°自由空气异常图中总的形态特征与1°×1°均衡异常图有些相似。羌塘地块在方图中处于自由空气异常的低异常区,而藏南喜马拉雅褶皱带和藏北昆仑山造山带与羌塘地块相反,则表现为正自由空气异常。青藏高原5°×5°自由空气异常的波长为数百千米,异常源埋深约200km。其形态与1°×1°自由空气异常正好相反。在青藏高原的中部,相对于周边地区为自由空气的高异常区,这反映了羌塘地块的地壳结构简单,地壳密度相对较低的特点,与布拉重力异常,磁异常等资料的构造解析相一致,但在这一地区200km以下深度,明显存在高密度不等厚物质层。

(八)地震波速特征

中、美、德合作项目TNDEPHT深反射,广角反射和宽频地震等研究成果反映,羌塘地区地壳地震波的平均速度为0.48km/s(P波),S波为3.37km/s,上地幔及莫霍面附近分别为7.9~8.1km/s和4.41km/s,而南侧的冈底斯地块P波明显高于羌塘地块为8.1~8.3km/s,班公错-怒江结合带上的上地壳速度降低了0.41km/s。曾融生等(1992)研究青藏高原三维地震速度结构时,认为高原中央位存在一个壳内低速区,中心在那曲附近,扩及到南羌塘范围。这一结果与大地电磁测深认可的下地壳低阻层大体接近。在深度剖面上,低速层的中心为50km,南北方向为短轴及300km,东西方向为长轴,大于500km。这个低速层正好位于青藏高原巨大宽缓壳根部的下地壳中,可能与青藏高原地壳物质会聚以及地壳增厚有关。

第七节 新构造运动

新构造运动时限目前尚无统一划分标准,不同研究者常给予不同的名称和含义,但这些研究者所包括的内容还是基本相同的,即都认为这是发生在挽近地质时期的地壳运动产生的各式各样的构造形迹。根据测区及邻区有关新构造的资料,将新构造定义为:自第四纪开始以来,在统一应力场中由同一期构造运动所产生的一系列不同形态、不同力学性质、不同方向、不同强度、不同等级和不同序次的构造形迹所组成的各种构造带、地块或地带,并且它们各自具有独特的地质、地貌、水系等特征,而又能相互明显地区别开来(韩同林,1987)。

按韩同林(1987)对西藏及邻区新构造分类方案,测区属青藏高原断块隆起区的西藏活动构造的当雄-羊八井-多庆错活动带北段的一部分,位于青藏高原腹地,以一系列低山丘陵为主,局部为高原山地地貌,之间为宽谷湖盆地貌,大小湖泊星罗棋布,区内发育那曲、下秋曲、罗曲等重要河流,均为外流水系,向东汇入怒江。主要表现为第四系沉积盆地、隆起带、拗陷带和新构造的发育,并伴有较为强烈的地震和地热活动。新构造断裂是测区及邻区新构造运动的主要表现形式,它不仅使河流、山脉、湖泊走向定位,而且使它们改变位态。它们都是在南北向挤压的统一应力场作用下同一时期、不同期次的产物。

一、新构造运动的断裂特征

测区内新构造运动形成断裂极为发育,主要有南北向、北东向、北西向以及近东西向四组断裂。其中近东西向的断裂是在继承早期断裂的基础上进一步活动定型的,从中包容有先前断裂的特征,南北向、北东向和北西向三组断裂是南北挤压的统一应力场作用下不同序次的断裂形迹。这些断裂彼此交截组成复杂的断裂构造图案。它们控制了测区的山脉、河流、地震、地热、湖泊和第四纪沉积盆地的分布和发育。

(一)近东西向断裂组

该组断裂呈近东西向不均匀分布于测区各处,其发育程度和规模常因断裂的级别不同、形成部位的差异而不同。这些断裂具多期活动性,在继承早期断裂某些特征的同时又对早期断裂进行改造和破坏,将先前断裂的一些特征包容其中。该组断裂主要表现为北倾向逆冲断裂(F_{14}、F_{16}、F_1、F_{26}等)和北倾向正断层(F_{15})。该组断裂的形成导致了测区近东西向的隆起和拗陷带的发育。特别是几条边界断裂(F_{13}、F_{23}、F_{31})明显控制了测区近东西向隆起带和拗陷带的发育,断裂带发育于隆起带和拗陷带的接触部位。该组断裂在第四节已详细论述,此处不再重述。

(二)南北向断裂组

该断裂组呈南北向或近南北向延伸,分布于测区各处,断裂规模各异,延伸长度几千米至十几千米。断裂多表现为向东或向西陡倾的走滑正断层,这些断裂严格控制了南北向第四纪盆地的形成和发育,形成一系列裂陷盆地,受南北向的挤压应力不均匀而形成张性断裂。测区内大部分河流水系、湖泊的发育显明受该方向断裂的控制。断裂标志以明显的断裂构造地貌的存在以及断裂构造特征(如擦痕、阶步等)为依据和其他直接标志因第四系松散堆积物覆盖严重而难以寻找。在航卫片上断裂影像特征较清晰,多表现为南北向或近南北向线状影像图案,据此从影像特征及地貌标志等确定了该方向断裂的存在。该断裂在第四节中已较详细论述。

(三)北西及北东向断裂组

北西向的断裂比北东向的断裂发育。它们在地质图上组成"X"型断裂。其中北西向的断裂主要为右行走滑断裂为主,而北东向断裂以左行走滑断裂为主,显示为统一应力场作用下形成的共轭走滑断裂。它们对早期形成的断裂构造形迹有一定的改造、破坏作用,使早期断裂构造的形迹发生形变、错移。

1. 北西向断层组

该组断裂相对较发育,约有 8 条断层。呈北西向大致平行产生 F_{26}、F_{30} 等断裂,不均匀分布于测区中,延伸长度约几千米至几十千米不等。这些断裂具有大致相同的延伸方向和相同的运动学性质,为同一应力场作用下形成的。该组断裂控制了测区北西向构造地貌及第四纪沉积盆地的发育,并对早期构造形迹进行改造和破坏,使早期断裂构造形迹发生形变、错移。断裂特征在第四节中已论述,在此不再论述。

2. 北东向断层组

该断裂组相对不发育,共有 4 条断层。呈分散状分布于测区各处,与北西向断裂组组成共轭走滑断层系统。断裂向北东西向延伸,延长约几千米。断裂多具左行走滑性质,将早期构造形迹切割而使其发生左行位移。该方向断裂带沿断陷带及隆起带的接触部位和河谷盆地带发育。被第四系松散堆积物覆盖严重,故断裂的宏观标志野外难以找到,断裂地貌标志和影像标志为断裂的存在提供了间接依据。

地貌标志反映为北东向定向分布的沟谷地貌、河流水系地貌、断层崖,有的地段表现为山体与平原的接触部位有冲(洪)积扇沿山麓地带分布,并有地热和地震活动沿断裂带发生。这些地震和地热活动及地貌特征,显然是受该方向断裂控制所致。

从航卫片上看,断层影像特征较清晰,反映为线状影像图案,断裂两侧的影像有错移或不对称现象,均暗示断裂的存在。断裂特征在第四节已论述。

通过对测区新构造断裂特征的论述,认为这些不同方向、不同性质、不同规模的断裂是继碰撞作用之后南北向挤压的统一应力场下同期形成的不同序次的产物,是测区新构造运动的主要表现形式。这些断裂的形成对测区构造地貌、第四纪沉积盆地、湖泊、地震、地热活动以及第四纪矿产形成起到了明显的控制作用。

二、新构造运动与第四纪沉积盆地的关系

测区内主要受南北向挤压统一应力场的作用下形成的第四纪沉积盆地较为发育。

(一)盆地成因类型的划分

第四纪盆地成因类型划分方案目前尚无统一的划分原则。本书重点研究第四纪以来南北向挤压背景下统一应力场的产物。根据盆地形态特征,盆地充填物特征及控制盆地边界断裂性质的差异将测区盆地划分为两种类型,即压陷盆地、裂陷盆地。

(二)盆地的主要特征

由于南北向挤压使控制盆地边界断裂的性质和方向不同,所形成的盆地特征也有差别。不同类型的盆地特征简述如下。

1. 压陷盆地

测区内压陷盆地主要发育于南北挤压后,近东西向挤压拗陷带内,受挤压拗陷带的控制,都呈近东西向展布,控制盆地的断裂主要为近东西向的逆冲断层,受晚期断裂切割,盆地边界较不规则,盆地边缘主要为牛堡组($E_{1-2}n$)和布隆组(N_2b),都为河、湖相碎屑岩建造,局部为磨拉石建造。盆地充填物主要为第四系松散未固结的砂砾层、砂土层等。压陷盆地是在前陆盆地和磨拉石盆地的基础上发展而成的继承性盆地。典型代表为格那母-杂斯-因门确盆地。

2. 裂陷盆地

测区内裂陷盆地主要在南北挤压作用下,受近东西向诱发的引张背景下形成的断陷带控制,这些断层走向与盆地是相一致的。盆地走向(长轴方向)为近南北向,局部受北东或北西向走滑作用使其发生一定变位,如错那盆地。控制盆地的断裂为近南北向正断层,断层倾向各有不同,控制钟竹盆地的正断层倾向

西,而控制尼玛隆盆地正断层向东陡倾。裂陷盆地中的充填物由第四系松散未固结的湖积物及少量冲(洪)积物和沼泽堆积物(拿热盆地、白曲盆地、江俄盆地)组成。

(三)新构造运动与沉积盆地的关系

新构造运动主要表现为南北向挤压作用,在这个挤压作用下,使东西向、南北向、北西向及北东向出现各种不同方向、不同性质和不同规模的断裂构造。这些断层所控制的盆地形态、类型都不同,故划分出压陷盆地和裂陷盆地。

这些盆地都是同期构造作用(新构造运动)的产物,严格受地质单元的控制。它们多发育于各拗陷带或断陷带中。导致盆地形成的直接原因就是新构造运动的断裂活动,因此,它们均与不同方向、不同性质的断裂关联。压陷盆地形成与近东西向北倾逆冲断层有关,是在前陆地(山前磨拉石盆地)的基础上发展而成的。裂陷盆地主要与南北向正断层有关,在上盘(下降盘)上形成,测区内走滑盆地极不发育。但从第四系裂陷盆地的形态分析,可能叠加有走滑盆地所致。故测区未分走滑盆地。

三、新构造运动与地震的关系

地震按成因大致划分为四大类,即构造地震、火山地震、崩塌地震和人工地震等。其中构造地震即由于地球内部力量所产生的构造变动时而引起的地震(韩同林,1987)。

(一)地震的基本特征

区内地震受新构造运动控制,常沿各断陷带一侧分布(图 5-100)。地震震中主要分布在桑雄、错鄂等地的断陷带内。从测区地震分布图中可以看出,测区地震活动具有明显的重复性、迁移性和成带性等特征。地震活动的重复性是指地震发生在同一地点或同一地带或同一断裂重复出现多次地震的特点。如在测区西南角桑雄一带,地理坐标为东经 91°36′00″,北纬 31°00′00″,连续在同一地点发生过三次地震,分别为 1951 年 11 月 6 日发生 6.2 级地震、1951 年 11 月 19 日发生 4 级地震和 1952 年 8 月 11 日生发 4.7 级地震。

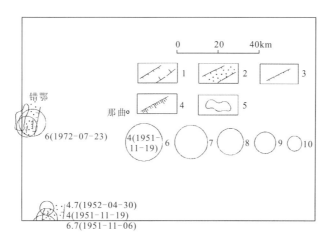

图 5-100 测区地震断裂及地震震中分布图

1.具正断层性质为主的边界断裂;2.断陷带;3.具正断层性质为主的地震断裂;4.地震断裂与边界断裂一致的地段;
5.湖泊;6.M>8(数字为震级、发震时间);7.M=7~7.9;8.M=6~6.9;9.M=5~5.9;10.M=4.7~4.9

地震活动的成带性是指地震活动呈带状进行活动的,严格受断陷带内地震断裂所控制。测区内的地震活动近南北向分布于地震断裂的东侧或西侧,桑雄一带的地震断裂属羊八井-谷露地震断裂带。地震活动的迁移性是指在同一地震带内和不同地震带之间,强震震中跳跃地或依次发生的特点。从测区地震分布图上看,测区地震震中具有从南向北迁移的总趋势。

（二）地震震中展布与新构造运动的关系

测区内地震震中主要呈近南北向带状展布,而这些震中分布的延伸方向与新构造带基本一致。组成新构造带的有隆起带、断陷带和断裂带,各带出露并非均匀分布。地震震中主要分布于断陷带一侧的边界附近或边界断裂本身,并非在隆起带上分布。这说明地震震中心的展布主要受断陷带一侧边界断裂所控制。

（三）地震形变带特征与新构造运动的关系

地震形变带是地震发生后在地表残留下来的直接产物,因此形变带的存在应该是历史地震发生的直接和间接的最好见证,也是研究地震活动规律十分珍贵和难得的资料(韩同林,1987)。

1. 地震形变带特征

西藏地区地震形变带呈带状分布特征明显,并且不同力学性质的形变类型的延伸方向、形态特征及地貌、水系特征等都有明显区别,按力学性质,西藏地震形变带暂可划分为两种主要类型,即具有走滑性质为主的和正断层性质为主的形变类型,两种形变类型很难分开,只是以哪一种性质为主而已(韩同林,1987)。

测区内正断层性质为主的地震形变带发育。因此,本书只对正断层性质为主形变带的特征作如下简述。

具正断层性质为主的地震形变带多分布于断陷带一侧边界断裂附近的第四系堆积坡地上,很少见其穿越大片沼泽、河、湖积地带等。其延伸方向多呈近SN方向,延伸长度较小,变化一般较大,由几千米至几十千米左右。宽度一般较大由几十米至几千米以上,常由几条至几十条以上断裂群组成。倾向错动明显,错距由几十厘米至几十米以上。断层线常较弯曲,多呈折线状。倾向多向所在断陷盆地中心倾斜,倾角较陡(60°以上)。沿断层线常形成明显的断崖或断层三角面。从航片的影像特征看,色调较深或明显变浅,具正断层性质为主的地震形变带很少见有断错水系、断层线残丘、断层线谷和断层线崖发育。沿断层线的一侧,断陷盆地常有较多冲洪积扇分布。具正断层性质为主的地震形变带,变形类较不发育,主要见有陷坑、地裂缝等,沿断层线常见垂直状沼泽发育。

2. 地震形变带与新构造运动的关系

1) 地震形变带的空间展布与新构造运动的关系

测区地震形变带,在空间上的展布和震中位置的展布是相一致的,即形变带主要分布于活动构造带中的断陷带一侧的边界断裂附近,或分布于断陷带中部附近,表示其所在新构造带的力学性质的不同而有所差异。测区内的地震形变带特征以正断层性质为主的地震形变带,分布于具正断层性质为主的地震断裂上,主要发育于断陷带中一侧的边界断裂附近,有的则与边界断裂相一致,说明具正断层性质为主的新构造的边界断裂基本上就是地表见到的基岩与盆地之间的分界线,或略偏向于断陷地一些。地表上所见到的地震断裂的位置基本上就是盆地下部边界断裂的具体位置在地表上的反映。而形变带的发育程度或分布的密度,则与形变带所处新构造的部位不同有关。即位于新构造转折或交叉部位,形变带密度大,不同期地震产生的形变带相互交切十分复杂,但一般规模较小。处于新构造其他部位的形变带密度较小,不同期的地震形变带发育较少,但形变带规模一般都较大。

2) 形变带力学性质与新构造运动的关系

测区地震形变带的特征以正断层性质为主的地震断裂形变带,延伸方向为近SN方向。近SN走向的新构造所形成的地震形变带,以SN向为主,力学性质属正断层性质为主。如桑雄一带地震形变带的力学性质就基本和上述性质是一致的(主要属当雄-羊八井地震形变带)。测区其他新构造带中,发育的地震形变带的力学性质,其特征也与此相同。

综合上述特征,测区地震活动严格受南北向断陷带控制。常分布于断陷带一侧或线状断陷带中。直接受控于新构造地震断裂,具有成带分布和强度较大等特点。

四、地热与新构造运动的关系

(一)测区地热显示类型及分布特征

测区地热活动较强烈,主要以喷泉、热泉、温泉和冷泉(极少数)的形式活动。测区地热呈零星状分布于各断陷带(或拗陷带)中,其中玉寨乡拗陷带内的地热、那曲断陷带内的地热和下秋卡附近那热断陷带内的地热活动较明显。地热的流量、温度无明显趋势,说明都受控于各断裂。测区内具有 12 处泉眼,6 处热泉和 3 处温泉,个别为两重性,局部见有微小冷泉(不包括在泉数中)。涌量最高的玉寨热泉、罗学温泉和其查曲朗玛热泉的 pH 值为 7,其他偏酸或偏碱。下面简述玉寨热泉、那热喷泉的特征。

玉寨热泉位于安多县各组乡南 500m 处,靠近青藏公路东侧。该热泉具有三个泉眼,都为圆形,近东西向分布,泉眼间有 5~10m 的距离,其中靠西侧的最大,泉眼面积约 6m²。温度为 52℃,涌水量为 3.5L/s,pH 值为 6.5,矿化度为 1.9g/L,水化学类型为 HCO_3-Na。泉眼的温度由上而下,逐渐升高。无色,稍有硫磺气味,其他两个泉眼,温度和流量较低(小)。在青藏公路西侧见有大遍钙华(泉华),周围有硫磺气味,但未见有泉眼。钙华(泉华)东西向分布,该处与玉寨热泉可相连,同时局部基岩(N_2b)有硅化现象,说明该处有一条近东西向隐伏断裂的存在。

那热喷泉位于下秋卡镇北东方向,图幅的北东角。在近南北向的窄谷中,使周围基岩蚀变较强见有钙华或泉华。泉水温度约 77℃,喷高 1.5m,通水量 3L/s,pH 值为 7.1,矿化度为 0.8g/L,水化学类型为 $HCO_3-Na-Ca·Mg$,无色,稍有硫酸味。该泉是沿裂缝喷出,而周围中见有东西向错动或裂隙。故该泉是沿南北向断陷而出。

(二)地热活动与新构造运动的关系

测区地热显示类型的展布,总体上都与新构造活动相一致,即主要分布于各断陷带内,特别是南北向断陷带内和近东西拗陷带内的地热都明显受控于断裂。分布于近南北向断陷带中的地热显示类型与近南北向张性正断层有关。地热活动的强度和密度(特别是温度)明显偏高;分布于近东西向的拗陷带中的地热显示类型与走向为东西向的北倾向逆冲断裂有关,地热活动的强度和密度(特别是温度)明显偏低。

作为新构造活动强烈表现形式之一的地震活动,与地热活动在空间上似乎存在某种联系。据目前调查结果分析,在地热活动区,很少或没有较大规模的地震活动;同样在地震活动区,也很少有地热活动显示。形成这种规律性的原因,很可能是与地球内能以不同形式释放有关,即以热能和动力能两种不同形式进行释放有关。

五、新构造运动与湖泊的关系

测区内湖泊较好,湖泊大小不等,形态各异、成因类型各种各样,现代湖泊水位在 4500~4550m 之间,最大为错鄂,面积为 61.3km²,湖面高积为 4532m。测区内的湖泊几乎为咸水湖,很少为淡水湖。湖泊周围地势平坦,形成广阔的湖滨平原,是良好的牧场。

(一)湖泊成因类型的划分

关于湖泊成因类型的划分,目前尚不统一。不同研究者由于研究目的和掌握资料的多少不同,划分的结果也有较大的差别,对一些湖泊成因的解释有很大的不同(陈志明,1981)。本书通过收集前人资料的基础上,结合航片、卫片的解译,划分为两大类,即拗陷湖(或继承性湖泊)和断陷湖。

(二)湖泊成因类型的主要特征

测区内不同成因类型的湖泊其特征也有较大差别,主要表现在湖泊的延伸方向、形态特征、面积大小、湖面的海拔高度、湖水化学性质、生物特征、湖泊形成的力学性质、湖泊周围的地质特征和形成时代等方面有明显的不同。

1. 拗陷湖

该湖类形成的主压应力方向为南北向,因此湖泊走向(即湖泊长轴延伸方向)近东西向,形成时代一般较早。从湖积物的形成时代上看,最少上新世开始,一直发展至今。因此,湖泊周围地层分布,时代由外向湖泊中心逐渐变新趋势。如骑泥桑一带的小湖泊,地层分布湖缘向湖心为 $O_3 \rightarrow O_4$,说明了这种趋势。从邻幅(班戈幅)拗陷湖的形成时代及测区资料综合分析,形成时代至少从新近纪发展至今。测区内拗陷湖多属小型(卫星湖),湖滨平原大多较平缓宽阔,湖水性质多属咸水。湖泊周围发育大面积沼泽地。

2. 断陷湖

韩同林(1987)根据湖泊形成的力学性质和方式不同,分为地堑式、半地堑式和拉张断陷湖。结合测区的实际情况和收集的资料分析,测区内的断陷湖属半地堑式断陷湖。

半地堑式断陷湖(以下简称"断陷湖")的共同特征是湖水性质以咸水湖为主,个别零星湖为半咸水湖,湖滨平原不如拗陷湖发育,分布较窄,形态多呈不规则长条状,延伸与断陷带一致,呈近南北向,规模多以中、小型为主,如错鄂、错那等。湖泊形成较晚,为第四纪初期开始形成。

(三)湖泊成因与新构造运动的关系

测区内的湖泊几乎均为构造成因的构造湖,分别受控于不同的拗陷带或断陷带。根据湖泊的形成时代和成因类型不同,划分出拗陷湖和断陷湖两类。拗陷湖是从上新世形成发育而成的继承性湖泊,受南北向挤压拗陷带控制;断陷湖是第四纪初形成的,受南北向挤压断陷带控制。另外,不同成因类型的湖泊与新构造断裂的力学性质有关,即拗陷湖与近东西向北倾逆冲断层有关,而断陷湖与近南西向张性正断层有关,个别湖泊可能具复合成因性质。

(四)古大湖形成时代初探

在讨论、研究青藏高原形成的过程中,大多数地质学家及相关学科的研究者认为:高原内部曾经有过古大湖的发育历史。本书在详细研究第四纪地貌、沉积、古生物、构造等的基础上,结合前人相关资料进行综合分析研究认为:测区在早更新世中期是古大湖发育的时期,当时测区内所有的湖泊可能连为一体,约在中更新世晚期,随着高原持续隆升,古大湖逐渐萎缩,至全新世萎缩成现在湖泊面貌。

古大湖形成时代主要从错鄂钻孔资料(陈诗越等,2003)而得。

测区存在古大湖的标志可以从错鄂钻孔沉积物的颜色、岩性组合以及粒度、磁化率、孢粉组合等环境指标得到佐证。

将错鄂孔划分三个阶段,分别简述如下。

阶段 A:197—170m(2.8—2.5Ma),根据岩性差异和粒度变化及孢粉资料,可以分为两个层。

A_1层:197—179m(2.8—2.6Ma):风化壳以上约 6m,岩性以黄色粉细砂、中细砂为主,其上为中砾、黄色粉砂、青灰色泥、红色泥互层结构。孢粉资料显示,这一时期为暖平的山地温带针阔细叶混交林环境,显然测区未积水成湖。

A_2层:179—170m(2.6—2.5Ma):岩性上表现为 3 层自下而上青灰色泥至砾石层的反韵律沉积,反映了高原抬升。孢粉资料揭示,这一时期为冷湿的地寒温带暗针叶林环境,综合沉积物岩性特征,粒度特征及孢粉资料分析,测区可能有较强烈的构造隆升运动,并引起树线的明显迁移。从孢粉资料分析植物碎片由山地温带针阔叶混交林到山地寒温带暗针叶林的巨大转变,推测该时期结束时,隆起幅度较大(达1000m 以上),相应地随着降水量的增多,开始积水成湖,即早更新世早期积水成湖。

阶段 B:170—38.5m(2.5—0.8Ma),岩性以青灰色泥为主。局部夹有泥灰岩,厚约 40cm,具水平层理,富含虫孔、螺壳化石,局部见有植物碎片。本段岩性总体较细,中值粒径一般变化于 $1.8 \sim 40\mu m$ 之间,小于 $4\mu m$ 的粒度百分含量一般为 10%~50%,底部含量为 30%~50%,局部含量为 30%~40%,含量由下向上有逐步减少的趋势。$16\sim 64\mu m$ 的粒度百分含量从下至上分别为 10%~30%、20%、15%~35%,逐步增多。磁化率值,从底到顶变大。波动从微弱逐渐变为明显(图 5-101)。波动从弱逐渐变大的趋势,

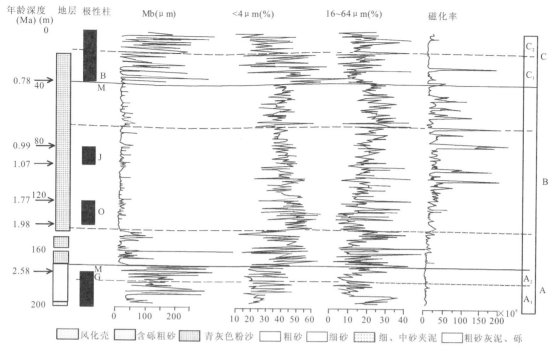

图 5-101　错鄂孔晚新生代以来粒度磁化率变化曲线图(据陈诗越等,2003)

总体上湖面有进有退,局部缺失地层,但湖面还没有萎缩至现代。

阶段 C:38.5—0m(0.8—0Ma),岩性总体特征较粗,可以分为两个层。

C_1层:38.5—16m(约 0.8—0.2Ma,其中 0.8—0.4Ma 的地层缺失),总体色调呈青灰色,岩性以泥、细砂、中粗砂或砾石层相同变化,发育水平层理,含 6 层黑色炭屑,粒度指标变化剧烈,小于 4μm 的粒度百分比含量约为 15%～60%,16～64μm 的粒度百分比含量为 5%～30%。磁化率值除中部出现一高值外,总体很低。孢粉资料显示,草本植物中以莎草科花粉占绝对优势,平均含量约 25%,而藜科和蒿属花粉则很少,属于高寒草原环境。从岩性、粒度和孢粉组合分析,此段高原环境变化剧烈,暗示高原经历了大规模的整体隆升,湖水慢慢退去湖面开始萎缩。

C_2层:15—0m(约 0.2—0Ma),色调呈灰黄色、棕红色、青灰色等,岩性为含砾中粗砂层夹薄层棕红色泥或灰色、灰绿色泥,粒径比 C_1更粗,粒度各粒级指标变化也十分剧烈,磁化率也保持低值。但孢粉组合都发生了较大的变化,除了顶部(2m 以上)莎草科花粉含量较高外,其他层位基本没有莎草科出现,而代之以蒿、藜的大量出现,反映了干旱的高原草原环境。该阶段强烈的构造隆升运动使其到了接近现代高原,也就是这时期测区内古大湖的湖面与现代湖面差不多(陈诗越等,2003)。

六、第四纪矿产与新构造运动的关系

测区第四纪矿产发现甚少,有少量第四纪盐类矿产(或天然碱)、硫矿和高岭土矿。其中盐类矿产主要分布于测区各拗陷带或断陷带的湖泊中,作为化工原料的硫矿所见甚少,仅在孔马乡南西 25km 处见有硫矿化及少量热泉(或温泉)类的硫矿,用作建筑材料的高岭土矿主要为花岗岩石高岭土化的产物,而石膏主要为大理岩受张裂挤压错动、破碎磨粉的产物。

盐类矿产主要产于拗陷湖中,其次是断陷湖中。拗陷湖多为近东西向延伸从新近纪开始形成、发展至今的继承性湖泊,湖泊面积有逐渐缩小的趋势(泛湖期除外),湖水性质为咸水,有利于第四纪盐类矿产的形成。拗陷湖均分布于近东西向挤压拗陷带内,而挤压拗陷带是受近东西向逆冲断层控制的,从而揭示了盐类矿的形成与新构造活动的关系。断陷湖为第四纪初形成、发展至今,湖泊周围很少或没有新近纪地层分布,湖泊延伸方向多近南北向,少数为北西向(东北东向),分别受控制于近南北向、北西向及北东西向不同性质的新构造断裂,湖水含盐度偏低,大部分为咸水湖或半咸水湖,极少数为淡水湖。测区断陷湖均为咸水湖或半咸水湖,这些湖泊均分布于近南北向断陷带中,受近南北向张性为主的正断层控制。此类湖泊中均有盐类矿产(以天然碱为主)存在,但其含量低于拗陷湖中的同类矿产含量。

硫矿见于拗陷带及个别温泉(或热泉)旁,热泉(或温泉)多与新构造活动形成断陷带相关。说明受测区拗陷带或断陷带控制的,与新构造活动具有密切的关系高岭土化(矿)主要为花岗岩类岩石风化残积而形成的,表现为花岗岩中的长石高岭土化,主要受花岗岩浆带和风化强度的制约,沿断裂带可能存在较强的水热活动,岩石在水热活动过程中产生水热蚀变作用而产生的。因此它在一定程度上还是受东西向新构造断裂所控制的。

石膏主要是在大理岩与其他地层断裂接触的基础上,后期又受北西向、北东向挤压错动,使岩石沿断裂错动带破碎、磨粉而形成,故也受北西向、北东向新构造断裂所控制。

七、新构造运动与高原形成(隆升)的关系

测区属青藏高原一"小块",也是青藏高原不可分割的一部分,其新构造活动特征自然与整个青藏高原的新构造活动有着密不可分的联系。新构造活动的时代(即高原隆起的时代)目前认识并不完全一致,不同的研究者其在有关著作中均有不同的论述。韩同林(1987)在《西藏活动构造》一书中,从地貌学、沉积学、古生态学、构造学等方面对青藏隆起的时代有详细的论述,认为青藏高原的隆起时代为上新纪末至更新世初,其隆起幅度各个时期是不同的,陈诗越等(2003)的《青藏高原中部错鄂湖晚新生代以来的沉积环境演变及其构造隆升意义》一文也认为青藏高原的隆升时代为上新世中晚期(同位素年龄3.4Ma)。

八、高原隆升的时代及幅度探讨

青藏高原隆升的幅度在不同区域、不同时期、不同阶段隆升幅度有所差异。一些专家认为,青藏高原在挽近地质时期经历了三期强烈隆升,青藏高原快速隆升开始于3.4Ma左右。从测区内错动孔资料分析,底部年龄为2.8Ma,而3.4—2.8Ma之间表现出不同程度的隆升幅度或速率。李吉均等(1998)根据有关资料认为:上新世中晚期,高原大面积地区处于海拔1000m左右的夷平面状态,估算出更新世各时期的隆升幅度分别为:早更新世100m,中更新世1000m,晚更新世以来1700m。根据上述隆升幅度结合测区现代高原面(4100~5900m)及相关沉积物特征分析,推算出晚更新世以来的整体隆升幅度为(1400~2000m)其平均值,与李吉均推算的同期隆升幅度是一致的,若用现代高原(4100~5900m)减去原始高原的整体隆升幅度,为3400~4000m;以2.8Ma计算隆升整年,速度分别为1.21mm/a、1.43mm/a,以各时期的整体隆升幅度除以各时期的时间跨度,可得出早、中、晚更新世以来的隆升速率分别为0.47mm/a、1.7mm/a、15.5mm/a。由此可见,自上新世末期以来,高原隆升具有急剧加速隆升的特征。

第八节 地质发展演化史

测区的地质发展演化史就是测区造山带形成的演化史。大地构造属三江复合板片与冈底斯-念青唐古拉板片结合处,是中特提斯洋消减处,也是盆山转换的造山带。测区造山带的形成历经了变质结晶基底及稳定—次稳定陆壳形成阶段、离散拉张阶段、闭合碰撞造山阶段和高原隆升阶段等漫长而复杂的大地构造演化过程。测区地处青藏高原南羌塘,研究测区造山带的形成和演化,也即研究青藏高原的形成和演化。但测区地质发展演化过程中形成的构造建造单元有极大的相似性、相同性及特殊性。因此在阐述测区地质发展演化史的过程中,有必要研究分析测区内外的区域地质等资料。下面分阶段论述测区的地质发展演化史(图5-102)。

一、陆壳基底及稳定陆壳形成阶段

(一)陆壳基底形成阶段(前寒武纪)

测区中元古代时,地处冈瓦纳原始大陆北缘,早期形成一套火山岩、碎屑岩、粘土岩、碳酸盐岩建造的地质体(扎仁岩群),原岩年龄为6.4亿年,经过新元古代—早古生代初的构造-热事件(即"泛非事件"),使

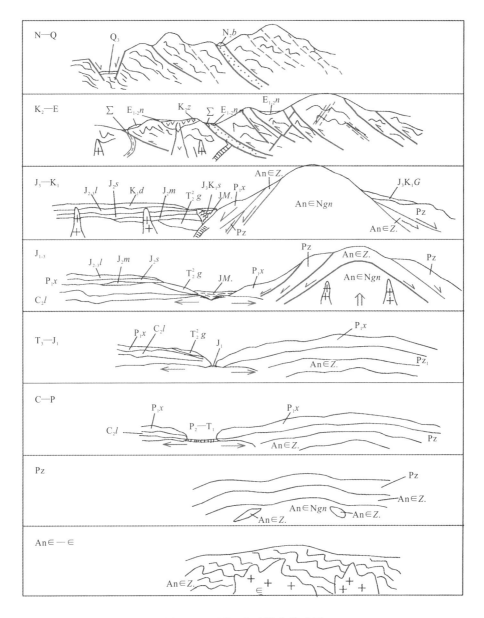

图 5-102 测区构造演化模式图

先期火山-沉积建造遭受中—低压高温区域动力热液变质作用的改造,形成一套高绿片岩相—角闪岩相递增变质的中深变质岩系,构造区内出露最老的陆壳基底。同时侵位的岩体也遭受动力变质作用,形成一套绿片岩相—角闪岩相变质的中深变质岩系,使先前的基底与岩体混合交代,而形成一套以花岗片麻岩为主的地质体(聂荣片麻杂岩),花岗质的同位素年龄为 5.3 亿年。

(二)稳定陆壳形成阶段(Pz)

该阶段继上述阶段而进行,主要为稳定沉积,时间跨度较长,区域上为滨浅海相碎屑岩、碳酸盐岩、火山岩建造,其间没有明显的沉积间断,总体表现为一套比较连续的古生代盖层型沉积。但测区仅出露嘉玉桥岩群($PzJ.$)和下拉组(P_1x),前者为火山岩、碎屑岩、碳酸盐岩建造的地质体,而后者以一套台地相碳酸盐岩建造的地质体。两者都显示当时可能为浅水环境的陆表海沉积。从地层的时代上看,从中缺失志留纪、泥盆纪、石炭纪地层,与上述所讲的连续沉积的结论有矛盾,这正是后来长期而复杂的构造改造所造成的,从区域对比,都表现为亲冈瓦纳属性,因此,这些古生代地层是从冈瓦纳大陆裂离出来的。

二、离散拉张阶段

约在晚二叠世—早三叠世时期古特提斯大洋开始消减、闭合,中三叠世中期在测区内形成前陆残余盆地沉积(T_2^2g),以及冷侵位古特提斯洋壳残块(蛇绿岩:同位素 U-Pb 法 242Ma),标志着在测区内有古特提斯洋壳残留遗迹。之后中上三叠世至中侏罗世,测区处于中特提斯大洋裂陷拉张阶段,由陆内裂谷逐渐发展成为多岛洋盆,其中没有沉积间断,这与区域上的实际情况是一致的,但是测区内中特提斯大洋初始裂谷盆地沉积没有记录,而在邻幅之中已有记录,图幅西侧班戈幅内中上三叠统确哈拉群($T_{2-3}Q$)为浅海-陆棚相复陆屑建造,局部为双峰式火山建造具初始裂谷盆地沉积特征。1:100 万日土幅的上三叠统地层为巫嘎群,为一套杂色含膏盐复陆屑建造,局部中基性火山岩建造,代表有限扩张环境下局部的初始裂谷盆地沉积(夏代祥,1983);图幅东部丁青一带的上三叠统确哈拉群及孟阿雄群(T_3Ma)分别为碎屑岩复理石-硅质岩建造及碎屑岩和碳酸盐岩建造。从主体上分析,邻区中—上三叠统的岩性组合特征及分布特征,均有初始裂谷地沉积特征情况,在不同地域其岩石性组合和沉积环境是不同的,这证明裂谷盆地在不同的地方其发育程度也是不一样的,但在测区上已被构造破坏,无法看清裂解不整合。从邻区图幅中,局部上确哈拉群($T_{2-3}Q$)裂解不整合于古生代地层之上,标志着裂解作用的开始。从而导致陆壳的离解、薄化和缺失,形成槽块相间的多岛洋雏形,随着张裂作用的持续,多岛洋逐渐发育成熟。早—中侏罗世多岛洋格局已基本形成,表现为槽(深海槽)地(微地块)相间的多岛洋盆地特征,这时深海槽内形成了木嘎岗日岩群深水复理石沉积、滑塌沉积、硅-泥质沉积,并在扩张岸附近伴有不同类型的蛇绿岩(如余拉山蛇绿岩等)产生,而在微地块上或边缘形成了以班戈桥岩组($JMb.$)为代表的浅海陆棚相的碎屑岩类复理石沉积。这次离散松弛活动使测区的古地理环境发生了重大的变化。首先使古生代陆壳薄片、分离和缺失,形成大量顺层掩卧褶皱和张性正断层及伸展线理,同时形成古生代陆壳残片、残块,这些古生代陆壳残片、残块随着(离散)作用的持续进行。特别是班公错-怒江结合带的离散,聂荣杂岩的伸展构造阶段使地壳薄化作用有着极大的联系,导致部分或整套地层被拉伸、移位于其他地方。从区域上看,测区内缺失的地层,在邻幅(班戈县幅)中见到,这有可能是聂荣杂岩伸展剥离而移位。从冈瓦纳古陆分离出来,呈岛链体的形式分布于洋盆之中形成多岛洋的格局,这一时期沉积的地层代表有 T_2^2g、T_3Q、$JM.$ 的部分。这些不同时代、不同类型的沉积建造就是洋岛形成发展不同阶段、不同环境下的产物,伴随这次离散拉张活动有火山作用(基性火山岩)及扩张型的超基性-基性岩浆活动。

三、闭合挤压碰撞造山阶段(J_3—N)

根据区域内展布不同时代的岩石组合特征、岩浆活动特征及相应变形特征,可划分出两个亚阶段:闭合挤压阶段和碰撞造山阶段。

(一)闭合挤压阶段(J_3—K_1)

测区早侏罗世晚期构造体制开始由拉张伸展向闭合挤压俯冲体制转化,揭开了洋陆转换的序幕,洋陆转换作用的过程大致于早侏罗世晚期至早白垩世晚期完成,其中以中—晚侏罗世洋陆转化为主。

从区域资料及测区资料综合分析,中侏罗世中晚期,中特提斯洋向南消减,测区东部冈底斯-念青唐古拉板片上沉积一套相当于活动陆缘性质的滨海相碎屑岩建造(马里组J_2m),标志着洋-陆转换作用的开始,但广大地区还在拉张(伸展),受此影响,测区及东侧邻幅继续海进,在马里组之上连续沉积一套台地相碳酸盐岩建造和顶部沉积一套深海相泥质建造(以桑卡拉佣组为代表)。至中—晚侏罗世由离散陆缘向活动岛弧转化,形成一套相当于活动陆缘性质的浅海-陆棚相类复理石建造(以拉贡塘组为代表)。在拉贡塘组($J_{2-3}l$)中夹有基性火山岩,火山岩的岩石化学特征表现为钙碱性系列,具不成熟岛弧火山岩特征,反映裙弧边缘海沉积-岩浆建造的特点,说明当时洋盆开始萎缩,也即标志着洋—陆转换主作用的开始。结合带向南消减的过程中,形成一系列南倾向的逆冲断裂和轴面南倾的各种不同规模的褶皱,并对早期构造(褶皱、断层)进行改造,进一步复杂化,同时包容、继承早期构造的某些特征残留于造山带中。随着挤压俯冲作用的不断进行,导致了测区沉积-构造混杂带和蛇绿混杂岩带的形成,蛇绿岩初次构造侵入的形成。从邻幅东巧蛇绿岩体至测区余拉山蛇绿岩体都属同一个带上的蛇绿岩,东巧岩体中角闪石变质围岩的同位素年龄为179Ma,似乎提供了该带蛇绿岩的初次构造侵位的时间下限。晚侏罗世中晚期(挤压闭合晚期),发生由南向北的逆冲推覆,为班戈桥移置地体(班戈桥岩组)的形成提供了构造方面的依据。

晚侏罗世—早白垩世,余拉山-下秋卡结合带持续向南消减。多岛洋盆进一步萎缩而成残留盆地,沙木罗组、多尼组、郭曲群就是该时期残留盆地沉积的代表,晚侏罗世—早白垩世形成的局部角度不整合时限大致揭示了多岛洋盆地消亡的时代上限(如郭曲群不整合于下伏古生界地层),这一时限标志着余拉山-下秋卡结合带已基本完成各块间拼贴作用,但各个残留盆地内形成岩石组合、化石及沉积特征差异大。各块体间的拼贴作用时间在测区似乎是同步的,同时冈底斯-念青唐古拉板片(桑雄-那曲-麦地卡)上形成岩浆弧型中酸性岩浆侵位,在测区早白垩世中晚期已成陆,被剥蚀而缺K_1的记录。从区域资料上分析,东部丁青一带中侏罗统地层不整合于超基性岩体之上,其拼贴作用上限明显早于测区块体拼贴作用的时间上限,这可能是班公错-怒江结合带,东部闭合早于西部。

(二)碰撞造山阶段(K_2—N)

综合区域资料及测区资料分析,晚白垩世早期,随着雅鲁藏布江结合带的消减闭合,揭开了区域碰撞造山作用的序幕。在测区西侧,结合带内竞柱山组(K_1j)与下伏地层的角度不整合标志着测区造山作用的开始,而在测区内为海陆相沉积的地质体。之后发育一套成熟岛弧型钙碱性火山岩(K_2z),这说明造山作用的差异性、区域性和特殊性,古新世—始新世牛堡组($E_{1-2}n$)不整合于下伏地层,标志着陆内造山作用的开始,由于应力松弛过程中发育裂陷盆地(山前盆地),形成一套陆相红色磨拉石-复陆屑建造($E_{1-2}n$),并伴有碰撞型花岗岩侵位,同时对前期构造进行改造和破坏,使前期断裂构造性质发生变化,但它还包容或保留部分特征后受北向南逆冲推覆构造,使测区内的构造复杂化。在撞碰造山过程中,测区一度隆起遭受剥蚀,因而无渐新世—中新世地层记录,之后应力不均,使局部应力松弛产生裂陷盆地,形成一套河湖相磨拉石-复陆屑沉积建造(N_2b)。

通过挤压闭合碰撞造山作用,测区造山带基本形成,地壳缩短增厚隆起成山,但这一阶段并没有造成大幅度隆升,真正引起测区及青藏高原大幅度隆升的是碰撞后的高原隆升阶段。

四、高原隆升阶段

自白垩纪雅江结合带闭合之后,南侧西瓦利克带陆内俯冲体制的建立,致使整个青藏高原开始进行隆升阶段。测区在继承碰撞作用所形成的构造格架的基础上,掀起了又一次构造运动(高原隆升)的开始。碰撞作用晚期,由于近南北向强烈挤压,测区乃至青藏高原开始有大幅度隆升,并发育一系列近东西向挤压拗陷带和挤压隆起带,隆起带遭受剥蚀为拗陷带内沉积提供物质来源。由于持续的南北向挤压引发东西向伸展或拉张,产生近南北向的断陷,同时局部东西向拉张不均,使该张性断裂呈锯齿状或弯弓状,同时两侧岩性组合上有差异,主要是一隆一缓,隆起被剥蚀快、缓处接受沉积或剥蚀慢,故两侧的岩性组合有较大差异(F_{29}),其次由于南北向挤压应力不均,使发育北西向、北东向左行和左行走滑,导致前期形成的构造单元产生右行或左行走滑而变形变位。从邻幅班戈桥地震资料及测区地震资料表明,测区的构造活动并没有结束。

根据测区资料结合区域资料综合分析,青藏高原隆升的时代可能为上新世末至更新世。中上新世,测区已全面上升为陆,遭受长期剥蚀,但在拗陷沉积有新近纪地层。当时高原大面积地区处于海拔1000m左右的夷平面状态,没有造成测区大幅度隆升。导致大幅度隆升的时代是早更新世以来,测区现代高原面海拔4600~5900m,据此推算更新世以来测区隆升幅度为3100~4900m。也就是说,高原隆升的幅度在不同的区域及不同时期都有所不同,这说明高原隆升是有整体性、差异性、阶段性等特征的。

第六章　结束语

"1∶25万那曲县幅区域地质调查项目"是在中国地质调查局、成都地质矿产研究所、西南地调中心、西藏自治区地质调查院以及西藏自治区地质调查院一分院(西藏区调队)的直接领导、关心、支持、帮助下,在人、财、物力充分保证的前提下,通过项目组全体同仁的共同努力、团结一心、齐心协力,克服了高山缺氧恶劣的自然环境带来的种种困难,历尽艰险,付出了辛勤的劳动,终于如期圆满地完成了项目任务书和设计书的各项要求及任务,并按时提交了区域地质报告和专题报告等。

现将所取得的主要地质成果及存在的问题简述如下。

一、取得的主要成果

(一)地层方面

(1)基本查明了测区内地层分布状况,合理地划分了地层分区及地层小区,其与所划分的大地构造相一致。

(2)对测区不同构造-地层单元采用了不同的填图方法。对沉积地层采用岩石地层单位为主,兼以生物地层、年代地层和层序地层等多重地层划分方案。对聂荣变质(核)杂岩、扎仁岩群、嘉玉桥岩群及班公错-怒江结合带内的木嘎岗日岩群(各组岩组、余拉山岩组、班戈桥岩组)采用构造岩石(岩片)地层单位为主,结合生物地层和年代地层的划分方案。在前人研究的基础上,依据最新资料,重新厘定了测区的地层体系及地层单位的时空结构表。

(3)对原大面积分布的拉贡塘组分布区进行了有效的解体。解体出来的地层有拉嘎组(C_2l)、嘎加组(T_2^2g)、桑卡拉佣组(J_2s)、多尼组(K_1d)、宗给组(K_2z)等。

(4)新建立的嘎加组(T_2^2g)。该套地层为班公错-怒江结合带以南首次发现,以大面积硅质岩出露为代表的三叠系地层,所获放射虫化石时代为拉丁期(T_2^2)。本幅认为该套地层与区域上的确哈拉群和巫嘎群无论从岩性上,还是从化石种类上都有很大的区别,故新建了嘎加组,但因顶、底不全,暂定了非正式建组岩石地层单位。

(5)恢复使用了郭曲群(J_3K_1G),本次工作中采获有丰富的腕足类化石和少量的"锥石"化石,时代为J_3—K_1。郭曲群与下伏地层嘉玉桥岩群、聂荣片麻杂岩为角度不整合关系,为研究聂荣变质(核)杂岩及班公错-怒江结合带演化提供了依据。

(6)对木嘎岗日岩群进行了有效解体,解体出三个岩组,沉积-构造混杂亚带称为各组岩组,蛇绿混杂亚带称为余拉山岩组,无外来岩块的变形复理石亚带称为班戈桥岩组。

(7)对沉积地层利用基本层序调查,地层格架调查和沉积盆地分析方法,划分了测区沉积盆地类型,并对沉积建造、沉积组合或沉积相,碎屑沉积模型及沉积层序进行了研究,结合测区构造演化进行了沉积盆地演化史的分析。

(二)岩浆方面

(1)基本查明测区侵入岩、火山岩的时空分布,系统地作了岩石学、岩石化学、地球化学等分析,分析和研究将侵入岩划分为两个岩浆岩带,清晰地反映了其分布规律和活动特征,同时总结了各时代火山岩的喷发-沉积建造特征。并对侵入岩,火山岩的构造环境作了较为详细的研究。

(2)此次区调工作中在测区南部新发现了一套晚二叠世—早三叠世蛇绿岩,为进一步研究班公错-怒江结合带古特提斯演化提供了宝贵资料。

(三)变质岩方面

(1)弄清了测区变质岩的分布情况,变质岩石的特征、变质岩的变质程度等。
(2)弄清了测区的变质作用类型。
(3)合理划分了测区的变质带、变质相及变质相系。
(4)弄清了测区变质岩的原岩建造特征。

(四)构造方面

(1)合理划分了测区构造单元并编制构造纲要图,构造单元表现为"一带一片"的构造格局,即觉翁-各组-下秋卡结合带和嘎加-那曲-麦地卡板片。前者又划分出聂荣微地块(体)和余拉山-下秋卡混杂带。后者划分出三个构造带,那曲-色雄逆推构造带、嘎加逆冲断片构造带和桑雄-麦地卡岩浆构造弧带。

(2)在余拉山-下秋卡混杂带内识别出各组沉积-构造混杂亚带、余拉山蛇绿混杂亚带及班戈桥变形复理石亚带。并证实这三条混杂亚带同班公错-怒江结合带的构造-建造单元一致,并收集了这三条混杂亚带物质组成和时空演化的详细资料。

(3)系统收集了测区内各类变形变质特征,加强了结合带内的变形变质特征研究,对Ⅰ级、Ⅱ级构造单元的边界断裂特征及各构造单元内部的建造、后期变形等特征进行了全面论述。

(4)重视了新构造的研究,进行了地质单元划分。调查了新构造活动与第四系沉积盆地、地震、地热、矿产等的关系,对现代湖泊成因、现代沉积物、古泛湖演化等进行了重点研究,并探讨了高原隆升问题。

(5)班公错-怒江结合带(中特提斯洋)的闭合上限时间为J_3—K_1,其沉积一套残余盆地(J_3K_1s)。

(6)聂荣变质核杂岩的隆升(抬升)上限时间为J_3K_1,在这一时期内沉积一套残余盆地郭曲群(J_3K_1G),与下伏地层聂荣片麻杂岩和嘉玉桥岩群为不整合接触关系,在生雀弄巴断裂带上的石英脉电子自旋共振年龄为161.3Ma,标志着主拆离断裂的活动开始时间为中侏罗世。

(7)除测区内有新特提斯洋壳残片外,在测区内首次发现古特提斯洋壳残片(蛇绿岩)和之上的前陆残余盆地嘎加组(T_2^2g),标志着班公错-怒江结合带是一条复合的结合带。

(五)其他方面

注重区调项目向社会服务领域的延伸,收集了大量矿产资源、生态环境及旅游资源等资料,编制了资源环境图,为资源的综合开发利用和地方经济的发展提供了宝贵资料。

二、存在的主要问题

主要问题是铁路沿线缺少第四系钻孔资料,对研究铁路沿线地质灾害缺少地下资料,扎仁岩群缺少化石、同位素年龄资料等。

三、今后的工作建议

测区地处班公错-怒江结合带中段变窄部位,构造十分复杂,是研究班公错-怒江结合带的理想地段之一,有必要进行大比例尺(1∶50 000)的区调工作或专题研究工作。

主要参考文献

陈德潜,陈刚. 实用稀土元素地球化学[M]. 北京:冶金工业出版社,1990.
陈克强,汤加富. 构造地层单位研究[M]. 武汉:中国地质大学出版社,1995.
陈圣波,周云轩,邢立新,等. 地球空间信息学概论[M]. 长春:吉林科学技术出版社,2001.
陈诗越,王苏民,沈吉. 青藏高原中部错鄂湖晚新生代以来的沉积环境演化及其构造隆升意义[J]. 湖泊科学,2003,15(1):21-27.
成都地质学院沉积岩研究室. 沉积专辑[R]. 成都地质学院,1981.
赤烈曲扎. 西藏风土志[M]. 拉萨:西藏人民出版社,1985.
崔军文,李朋武,李莉. 青藏高原的隆升:青藏高原的岩石圈结构和构造地貌[J]. 地质论评,2001,47(2):157-164.
邓万明. 青藏高原北部新生代板内火山岩[M]. 北京:地质出版社,1998.
地质矿产部青藏高原地质文集编委会. 青藏高原地质文集(1—17册)[M]. 北京:地质出版社,1983—1985.
房立民,杨振升,李勤,等. 变质岩区1:5万区域地质填图方法指南[M]. 武汉:中国地质大学出版社,1991.
傅昭仁,蔡学林. 变质岩区构造地质学[M]. 北京:地质出版社,1996.
高秉璋,洪大卫,郑基俭,等. 花岗岩类1:5万区域地质填图方法指南[M]. 武汉:中国地质大学出版社,1991.
顾知微,杨遵仪,等. 中国标准化石(1—5册)[M]. 北京:地质出版社,1957.
韩同林. 西藏活动构造[M]. 北京:地质出版社,1987.
何强,井文涌,王亭. 环境学导论[M]. 北京:清华大学出版社,1994.
何绍勋,段嘉瑞,等. 韧性剪切带与成矿[M]. 北京:地质出版社,1996.
贺同兴,卢良,李树勋,等. 变质岩石学[M]. 北京:地质出版社,1980.
侯光久,朱云海,张天平,等. 东昆仑造山带托索湖地区玄武岩岩石地球化学特征及构造环境分析[J]. 中国区域地质,1998(S):31-37.
侯增谦,曲晓明,周继荣,等. 三江地区义敦岛弧碰撞造山过程花岗岩记录[J]. 地质学报,2001,75(4):484-497.
胡玲. 显微构造地质学概论[M]. 北京:地质出版社,1998.
黄立言,卢德源,李小鹏,等. 藏北色林错-蓬错-雅安多地带的深部地震测深[M]. 北京:地质出版社,1990.
姜枚,许志琴,Hirn A,等. 青藏高原及其部分邻区地震各向异性和上地幔特征[J]. 地球学报,2001,22(2):111-116.
科尔曼 R G. 蛇绿岩[M]. 北京:地质出版社,1977.
昆明地质学校. 构造地质及地质力学[M]. 北京:地质出版社,1978.
李才,程立人,等. 西藏龙木错-双湖古特提斯缝合带研究[M]. 北京:地质出版社,1995.
李昌年. 火成岩微量元素岩石学[M]. 武汉:中国地质大学出版社,1992.
李春昱,郭令智,朱夏,等. 板块构造[M]. 北京:中国地质科学院,1982.
李华芹,谢才富,常海亮,等. 新疆北部有色贵金属矿床成矿作用年代学[M]. 北京:地质出版社,1998.
林景仟. 岩浆岩成因导论[M]. 北京:地质出版社,1987.
刘宝珺,李思田. 第30届国际地质大会论文集第8卷[M]. 北京:地质出版社,1999.
刘宝珺,李思田. 盆地分析、全球沉积地质学、沉积学[M]. 北京:地质出版社,1999.
刘宝珺,李文汉. 层序地层学研究与应用[M]. 成都:四川科学技术出版社,1994.
刘宝珺,曾允孚. 岩相古地理基础和工作方法[M]. 北京:地质出版社,1985.
刘宝珺. 沉积岩石学[M]. 北京:地质出版社,1980.
刘德民,李德威. 造山带与沉积盆地的耦合——以青藏高原周边造山带与盆地为例[J]. 西北地质,2002,35(1):15-21.
刘和甫. 盆地-山岭耦合体系与地球动力学机制[J]. 地球科学,2001,26(6):581-597.
刘和甫. 伸展构造及其反转作用[J]. 地学前缘,1995,2(1):113-125.
刘鸿飞,赵平甲. 藏南晚白垩世滑塌堆积特征及形成机制[J]. 西藏地质,2001(1):8-14.
刘南威. 自然地理学[M]. 北京:科学出版社,2000.
刘培桐. 环境学概论[M]. 北京:高等教育出版社,1985.

刘增乾,李兴振,等.三江地区构造岩浆带的划分与矿产分布规律[M].北京:地质出版社,1993.
刘占.遥感地质模型、资源与环境[M].长春:吉林科学技术出版社,1995.
吕庆田,马开义,姜枚,等.青藏高原南部下的横波各向异性[J].地震学报,1996,18(2):215-223.
罗建宁,杜德勋,等.西南三江地区沉积地质与成矿[M].北京:地质出版社,1999.
马蔼乃.遥感信息模型[M].北京:北京大学出版社,1997.
马昌前,杨坤光,唐仲华,等.花岗岩类岩浆动力学——理论方法及鄂东花岗岩类例析[M].武汉:中国地质大学出版社,1994.
孟祥化,等,沉积盆地与建造层序[M].北京:地质出版社,1993.
穆元皋,陈玉禄.班公错-怒江结合带中段早白垩世火山岩的时代确定及意义[J].西藏地质,2001(1):1-7.
潘桂棠,王立全,李兴振,等.青藏高原区域构造格局及其多岛盆系的空间配置[J].沉积与特提斯地质,2001,21(3):1-26.
潘桂棠,王培生,等.青藏高原新生代构造演化[M].北京:地质出版社,1990.
邱家骧.岩浆岩岩石学[M].北京:地质出版社,1985.
单文琅,宋鸿林,等.构造变形分析的理论方法和实践[M].武汉:中国地质大学出版社,1991.
沈启明,纪有亮,等.青藏高原大地构造特征及盆地演化[M].北京:科学出版社,2001.
史大年,董英君,姜枚,等.西藏定日-青海格尔木上地幔各向异性研究[J].地球学报,1996,70(4):291-297.
四川省地质调查院.1∶25万甘孜县幅区域地质调查报告[R].2001.
王成善,伊海生,等,西藏羌塘盆地地质演化与油气远景评价[M].北京:地质出版社,2001.
王根厚,周详,等.西藏他念他翁山链构造变形及其演化[M].北京:地质出版社,1996.
王涛.花岗岩研究与大陆动力学[J].地学前缘,2000,7(S):137-146.
王希斌,鲍佩声,等.西藏蛇绿岩[M].北京:地质出版社,1987.
魏家庸,卢重明,等.沉积岩区1∶5万区域地质填图方法指南[M].武汉:中国地质大学出版社,1991.
温克勒.变质岩成因[M].北京:科学出版社,1980.
文世宣,章炳高,等.西藏地层[M].北京:科学出版社,1984.
吴根耀.造山带地层学[M].成都:四川科学技术出版社,乌鲁木齐:新疆科技卫生出版社,2000.
吴珍汉,江万,吴中海,等.青藏高原腹地典型盆-山构造形成时代[J].地球学报,2002,23(4):289-294.
吴珍汉,江万,周继荣,等.青藏高原腹地典型岩体热历史与构造-地貌[J].地质学报,2001,75(4):468.
西藏铬铁矿综合研究组.西藏安多县切里湖超基性岩体及其铬铁矿地质特征和找矿方向[R].1979.
西藏自治区地质局.1∶100万拉萨幅区域地质调查报告(地质部分)[R].1979.
西藏自治区地质局.1∶100万日喀则幅地质调查报告(地质部分)[R].1981.
西藏自治区地质局第五地质大队.西藏自治区东卡错、班戈县、东巧、江错幅1∶10万区域地质简测报告[R].1980.
西藏自治区地质矿产局.1∶20万八宿县、松宗幅区域地质调查报告[R].1994.
西藏自治区地质矿产局.1∶20万丁青县、洛隆县幅区域地质调查报告[R].1994.
西藏自治区地质矿产局.西藏自治区区域地质志[M].北京:地质出版社,1993.
西藏自治区地质矿产局.西藏自治区区域矿产总结[R].1994.
西藏自治区地质矿产局.西藏自治区岩石地层[M].武汉:中国地质大学出版社,1997.
西藏自治区地质矿产局第五地质大队.西藏安多、班戈、文部一带砂金矿开发利用可行性研究报告[R].1989.
西藏自治区地质矿产局区域地质调查大队.1∶100万改则幅区域地质调查报告(地质部分)[R].1986.
西藏自治区地质矿产局物探大队.1∶50万那曲幅地球化学报告[R].1989.
西藏自治区地质矿产勘查开发局区域地质调查大队一分队.1∶5万拉木幅、巴洛幅、普隆岗幅、班禅牧场幅区域地质调查报告[R].2000.
喜马拉雅地质文集编辑委员会.喜马拉雅地质(Ⅱ)[M].北京:地质出版社,1984.
夏斌.喜马拉雅及邻区蛇绿岩和地体构造图说明书[M].兰州:甘肃科学技术出版社,1993.
肖庆辉,邓晋福,马大铨,等.花岗岩研究思维与方法[M].北京:地质出版社,2001.
熊家镛,蓝朝华,曾祥文.沉积岩区1∶5万区域地质填图方法研究[M].武汉:中国地质大学出版,1998.
熊家镛,张志斌,胡建军,等.陆内造山带1∶50 000区域地质填图方法研究——以哀牢山造山带为例[M].武汉:中国地质大学出版社,1998.
熊盛青,周伏洪,等.青藏高原中西部航磁调查[M].北京:地球出版社,2001.
许效松,刘宝珺,等,中国西部大型盆地分析及地球动力学[M].北京:地质出版社,1997.
许志琴,杨经绥,姜枚.青藏高原北部的碰撞造山及深部动力学——中法地学合作研究新进展[J].地球学报,2001,22(1):5

—10.

杨德明,李才,王天武.西藏冈底斯东段南北向构造特征与成因[J].中国区域地质,2001,20(4):392-397.

杨巍然,纪克诚,孙继源,等.大陆裂谷研究中心几个前沿课题[J].地学前缘,1995,2(1):93-103.

尹安.喜马拉雅-青藏高原造山带地质演化——显生宙亚洲大陆生长[J].地球学报,2001,22(3):193-230.

雍永源,贾宝江.板块剪式汇聚加地块拼贴——中特提斯消亡的新模式[J].沉积与特提斯地质,2000,20(1):85-89.

游振东,王方正.变质岩岩石学教程[R].武汉地质学院,1986.

曾融生,吴大明,Owesn T J.青藏高原地壳上地幔结构及地球动力学的研究[J].地震学报,1992,14(S):521-522.

张克信,殷鸿福,朱云海,等.造山带混杂区地质填图理论.方法与实践[M].武汉:中国地质大学出版社,2001.

张旗,等.蛇绿岩与地球动力学研究[M].北京:地质出版社,1996.

赵希涛,朱大岗,吴中海,等.西藏纳木湖晚更新世以来的湖泊发育[J].地球学报,2002,23(4):329-334.

赵政璋,李永铁,等.青藏高原大地构造特征及盆地演化[M].北京:科学出版社,2001.

赵政璋,李永铁,等.青藏高原中生界沉积相及油气储盖层特征[M].北京:科学出版社,2001.

赵政璋.青藏高原地层[M].北京:科学出版社,2001.

中国地质科学院.西藏地球物理文集[M].北京:地质出版社,1990.

中国科学院高原综合队.西藏第四纪地质[M].北京:科学出版社,1983.

中国科学院青藏高原综合考察队.西藏地热[M].北京:科学出版社,1981.

中国科学院青藏高原综合科学考察队.西藏那曲地区的地热资源[R].1977.

周伏洪,姚正煦,薛典军.航磁概查对青藏高原一些地质问题的新认识[J].物探与化探,2001,25(2):81-89.

周详,曹佑功,等.西藏板块构造-建造图说明书[M].北京:地质出版,1986.

朱志澄,宋鸿林.构造地质学[M].武汉:中国地质大学出版社,1990.

Alleger G J,Hirn A,等.喜马拉雅山深部地质与构造地质[M].王休中,译.北京:地质出版社,1987.

Dicksinon W R.板块构造与沉积作用[M].罗正华,刘铭铨,译.北京:地质出版社,1982.布拉特 H,未德顿 G C,穆雷 R C.沉积岩成因[M].北京:科学出版社,1978.

图版说明及图版

图版 I

1、2　*Oertlispongus inaequispinosus longispinosus* Kozur et Mostler
3、4　*Oertlispongus inaequispinosus inaequispinosus* Dumitrica, Kozur et Mostler　3, ×120; 4, ×147
5、6　*Oertlispongus inaequispinosus unispinosus* Kozur et Mostler
7　*Paroertlispongus weddigei* Lahm　×133
8　*Oertlispongus longirecurvatus* Kozur et Mostler　×120
9～11　*Baumgartneria ambigua* Dumitrica　9, ×120; 10, ×100; 11, ×167
12～14　*Baumgartneria retrospina* Dumitrica　12, ×120; 13, 14, ×133
15、16　*Hozmadia pyranidalis* Gorican　15, ×234; 16, ×266
17、19、20　*Spongechinus triassicus* Kozur et Mostler　17, ×167; 19, ×180; 20, ×147
18　*Triassospongosphaera multispinosa* (Kozur et Mostler)　×100
21　*Tetrapaurinella tetrahedrica* Kozur et Mostler　×200
22、23　*Cryptostephanidium cornigerum* Dumitrica　22, ×234; 23, ×266
24　*Parasepsagon variables* (Nakaseko et Nishimura)　×200

图版 II

1、2　*Pseudostylosphaera tenue* (Nakaseko et Nishimura)　1, ×100; 2, ×114
3、4　*Pseudostylosphaera magnispinosa* Yeh
5　*Pseudostylosphaera fragilis* (Bragin)
6、7　*Pseudostylophaera compacta* (Nakaseko et Nishimura)
8、9　*Pseudostylosphaera compacta* (Nakaseko et Nishimura)
10～12　*Hozmadia pyramidalis* Gorican　10, 12, ×220; 11, ×200
13、14　*Hozmadia reticulate* Dumitrica, Kozur et Mostler　13, ×147; 14, ×114
15、16　*Sarla dispiralis* Bragin
17～19　*Eptingium robustum* (Kozur et Mostler)　17, 18, ×80; 19, ×67
20～22　*Eptingium manfredi* Dumitrica　20, ×120; 21, 22, ×100
23、24　*Triassocampe scalaris scalaris* Dumitrica, Kozru et Mostler　23, 24, ×100
25、26　*Triassocampe deweveri* (Nakaseko et Nishimura)　25, ×153; 26, ×100
27～29　*Pararuesticyrtium? tretoensis* Kozur et Mostler
30、31　*Pseudotriassocampe hungarica* Kozur et Mostler　30, 31, ×167

图版 III

1　*Pseudostylosphaera magnispinsa* Yeh　×80
2～5　*Pseudostylosphaera impericua* (Bragin)　2, 3, 5, ×120; 4, ×134
6～8　*Pseudostylosphaera coccostyla* (Rst)　6, 7, ×134; 8, ×100
9　*Pseudostylosphaera spinulosa* (Nakaseko et Nishimura)　×134

10、11　*Pseudostylosphaera* sp. A.　10、11，×120
12、13　*Parasepsagon* sp. A.　12，×147；13，×120
14　*Parasepsagon* sp. B.
15　*Cryptosephnidium longispinosum* (Sashida)　×180
16、17　? *Eptingium nakasesoii* Kozur et Mostler　16，×120；17，×134
18　*Sepsagon gaetanii* Kellici et De Wever　×147
19、20　*Tetrapaurinelle* sp. A.　19，×134；20，×147
21、22　*Triassocampe sulovensis* Kozur et Mostler　21，×147；22，×167
23～25　*Paroertlispongus multispinosus* Kozur et Mostler　23～25，×120
26　*Paroertlispongus weddigei* Lahm　×134
27　? *Falcispongus* sp. A.　×134
28～31　*Triassocampe companilis* (Kozur et Mostler)　28，×167；29、30，×147；31，×134

图版 Ⅳ

1　矽线石榴二云片岩

岩石主要有白云母(Ms)、黑云母(Bi)、石英(Qz)及少量矽线石、石榴石组成。石榴石为铁铝榴石(Alm)具筛状变晶结构,黑云母呈棕红色。40×(—)

2　放射虫硅质岩　40×(＋)

3　辉绿岩

岩石主要由拉长石和普通辉石组成。板条状拉长石(Ld)搭成格架,其间充填一粒普通辉石(Ha)组成典型的辉绿结构。40×(＋)

4　英安岩(流纹岩)

石英斑晶(Qz)具熔蚀港湾构造,基质具霏细结构。40×(＋)

5　长英质糜棱岩

岩石主要由石英、长石组成,斜长石(Pl)残斑沿解理剪切滑动形成走斜式(多米诺骨牌)构造,同时形成 S－C 组构造。40×(＋)

6　黑云母二长花岗岩(中长石的环带结构)

岩石主要由钾长石(Kf)、中长石(Ads)、石英(Qz)及少量黑云母(Bi)组成。中长石普遍发育环带结构。40×(＋)

图版 Ⅴ

1　下拉组灰岩地貌特征
2　嘎加组中硅质岩与钙质微晶灰岩韵律组
3　嘎加组中角砾状灰岩,角砾长轴与岩层层面近一致
4　多尼组中岩屑石英砂岩与岩屑石英粉砂岩韵律组
5　各组岩岩中灰岩岩块特征
6　牛堡组红层地貌呈阶梯状

图版 Ⅵ

1　灰白色斑状花岗岩特征
2　肉红色斑状花岗岩特征
3　肉红色斑状花岗岩及捕房体特征
4　灰白色二长片麻岩特征
5　玄武安山岩特征
6　岩体出露特征(远景)

图版 Ⅶ

1 各组混杂亚带中基质(砂板岩)褶曲特征
2 各组混杂亚带中地貌特征(远景)
3 各组混杂亚带中灰岩岩块地貌特征
4 嘎加组中硅质岩褶皱特征
5 各组岩组中砂岩透镜体特征
6 二长片麻岩发育塑性揉皱特征

图版 Ⅷ

1 郭曲群中发育褶皱特征
2 余拉山超基性岩地质特征
3 银波棍巴全景
4 色雄乡佛塔
5 翁棍巴全景
6 达仁棍巴全景

图版 Ⅸ

1 那曲镇远眺
2 藏北牧场
3 藏北的风力发电设备
4 藏北的宗教舞蹈
5 那曲县达庆乡的佛塔
6 那曲县各组乡灰岩地貌特征

图版 Ⅹ

1 那曲县罗麦乡薄阿查秋温泉地貌
2 那曲县查荣电站
3 各组乡温泉地貌
4 各组乡太阳能电站
5 那曲县水土流失现象
6 地质调查

图版 I

图版 II

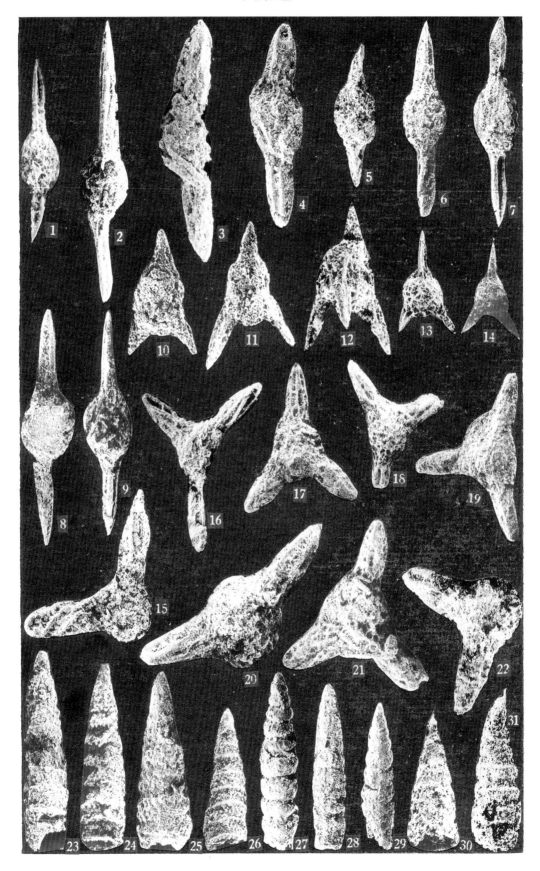

图版 III

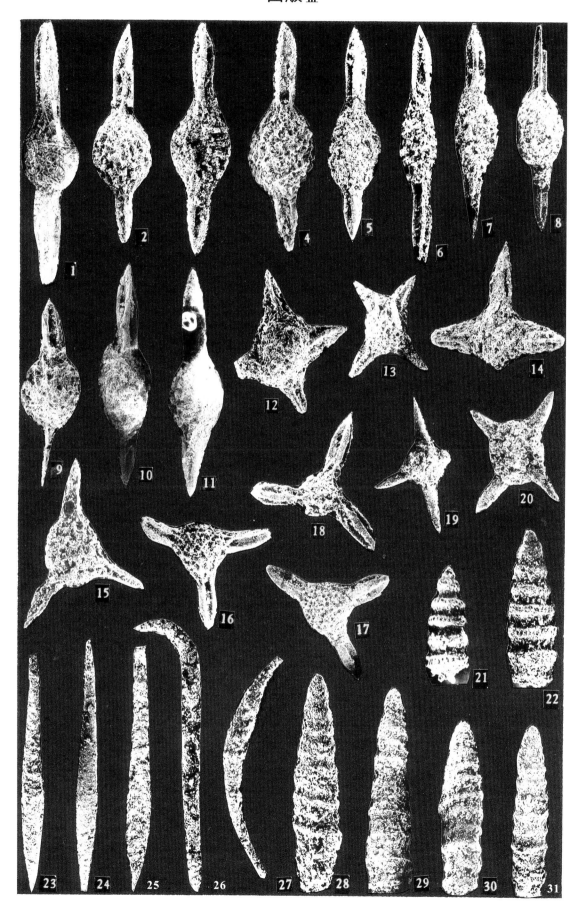

图版 Ⅳ

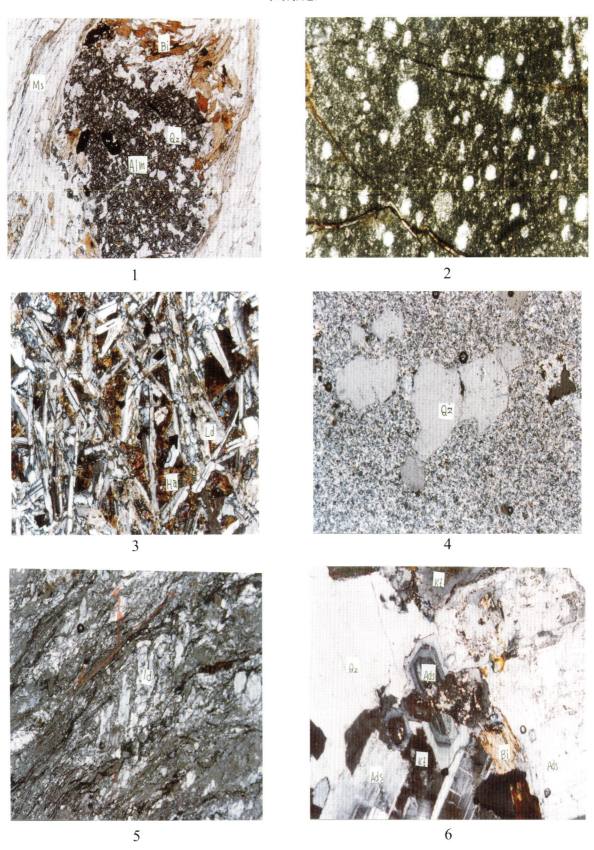

图版 V

图版 VI

图版 Ⅶ

图版 Ⅷ

图版 IX

图版 X